国家科技重大专项

大型油气田及煤层气开发成果丛书

（2008—2020）

卷35

超高压大功率成套压裂装备技术与应用

谢永金　王峻乔　吴汉川　等编著

石油工业出版社

内容提要

本书详细介绍了国家油气重大专项"超高压大功率成套压裂装备技术与应用"5年来在超高压大功率成套压裂装备基础研究、新技术开发、装备研制等方面的研究成果，内容包括：成套压裂装备的构成、配置与选型；大功率压裂泵、变频调速装置以及大功率整机集成技术；大型混砂设备、支撑剂输送技术以及高效混合技术；集群化网络控制以及数据采集技术。同时还介绍了相应的压裂管汇系统、压裂工具、辅助配套设备以及应用案例，最后对压裂装备的发展进行了展望。

本书适用于从事压裂装备研制的科研人员和从事压裂作业的技术人员阅读，也可供石油高等院校石油机械、石油工程等相关专业的师生参考。

图书在版编目（CIP）数据

超高压大功率成套压裂装备技术与应用 / 谢永金等编著 .—北京：石油工业出版社，2023.4

（国家科技重大专项·大型油气田及煤层气开发成果丛书：2008—2020）

ISBN 978-7-5183-4760-5

Ⅰ.① 超… Ⅱ.① 谢… Ⅲ.① 压裂设备

Ⅳ.① TE934

中国版本图书馆 CIP 数据核字（2021）第 140596 号

责任编辑：方代煊　王长会　沈瞳瞳

责任校对：张　磊

装帧设计：李　欣　周　彦

出版发行：石油工业出版社

　　　　（北京安定门外安华里 2 区 1 号　　100011）

　　　网　址：www.petropub.com

　　　编辑部：（010）64523583　图书营销中心：（010）64523633

经　　销：全国新华书店

印　　刷：北京中石油彩色印刷有限责任公司

2023 年 4 月第 1 版　2023 年 4 月第 1 次印刷

787×1092 毫米　开本：1/16　印张：26.25

字数：670 千字

定价：260.00 元

ISBN 978-7-5183-4760-5

《超高压大功率成套压裂装备技术与应用》

◇◇◇◇◇ 编写组 ◇◇◇◇◇

组　长： 谢永金

副组长： 王峻乔　吴汉川

成　员：（按姓氏拼音排序）

陈四平	池胜高	邓广渊	董　锐	董　永	樊建春
范　杰	龚起雨	胡　鹏	黄　勇	黄天成	雷　刚
李　宁	李　蓉	李　哲	李德清	李莉莉	李龙杰
李应虎	李卓航	刘　灼	刘艳容	陆英娜	骆竖星
吕文伟	潘灵永	潘南林	彭平生	石　权	宋全友
苏位峰	谭立军	汪承材	王　晋	王传鸿	王国荣
王庆群	王云海	徐　琬	徐国涛	许菊荣	杨国圣
杨小城	尹　进	应　杰	游　艇	张相权	周　歆
周思柱	邹　刚				

能源安全关系国计民生和国家安全。面对世界百年未有之大变局和全球科技革命的新形势，我国石油工业肩负着坚持初心、为国找油、科技创新、再创辉煌的历史使命。国家科技重大专项是立足国家战略需求，通过核心技术突破和资源集成，在一定时限内完成的重大战略产品、关键共性技术或重大工程，是国家科技发展的重中之重。大型油气田及煤层气开发专项，是贯彻落实习近平总书记关于大力提升油气勘探开发力度、能源的饭碗必须端在自己手里等重要指示批示精神的重大实践，是实施我国"深化东部、发展西部、加快海上、拓展海外"油气战略的重大举措，引领了我国油气勘探开发事业跨入向深层、深水和非常规油气进军的新时代，推动了我国油气科技发展从以"跟随"为主向"并跑、领跑"的重大转变。在"十二五"和"十三五"国家科技创新成就展上，习近平总书记两次视察专项展台，充分肯定了油气科技发展取得的重大成就。

大型油气田及煤层气开发专项作为《国家中长期科学和技术发展规划纲要（2006—2020年）》确定的10个民口科技重大专项中唯一由企业牵头组织实施的项目，以国家重大需求为导向，积极探索和实践依托行业骨干企业组织实施的科技创新新型举国体制，集中优势力量，调动中国石油、中国石化、中国海油等百余家油气能源企业和70多所高等院校、20多家科研院所及30多家民营企业协同攻关，参与研究的科技人员和推广试验人员超过3万人。围绕专项实施，形成了国家主导、企业主体、市场调节、产学研用一体化的协同创新机制，聚智协力突破关键核心技术，实现了重大关键技术与装备的快速跨越；弘扬伟大建党精神、传承石油精神和大庆精神铁人精神，以及石油会战等优良传统，充分体现了新型举国体制在科技创新领域的巨大优势。

经过十三年的持续攻关，全面完成了油气重大专项既定战略目标，攻克了一批制约油气勘探开发的瓶颈技术，解决了一批"卡脖子"问题。在陆上油气勘探、陆上油气开发、工程技术、海洋油气勘探开发、海外油气勘探开发、非常规油气勘探开发领域，形成了 6 大技术系列、26 项重大技术；自主研发 20 项重大工程技术装备；建成 35 项示范工程、26 个国家级重点实验室和研究中心。我国油气科技自主创新能力大幅提升，油气能源企业被卓越赋能，形成产量、储量增长高峰期发展新态势，为落实习近平总书记"四个革命、一个合作"能源安全新战略奠定了坚实的资源基础和技术保障。

《国家科技重大专项·大型油气田及煤层气开发成果丛书（2008—2020）》（62 卷）是专项攻关以来在科学理论和技术创新方面取得的重大进展和标志性成果的系统总结，凝结了数万科研工作者的智慧和心血。他们以"功成不必在我，功成必定有我"的担当，高质量完成了这些重大科技成果的凝练提升与编写工作，为推动科技创新成果转化为现实生产力贡献了力量，给广大石油干部员工奉献了一场科技成果的饕餮盛宴。这套丛书的正式出版，对于加快推进专项理论技术成果的全面推广，提升石油工业上游整体自主创新能力和科技水平，支撑油气勘探开发快速发展，在更大范围内提升国家能源保障能力将发挥重要作用，同时也一定会在中国石油工业科技出版史上留下一座书香四溢的里程碑。

在世界能源行业加快绿色低碳转型的关键时期，广大石油科技工作者要进一步认清面临形势，保持战略定力、志存高远、志创一流，毫不放松加强油气等传统能源科技攻关，大力提升油气勘探开发力度，增强保障国家能源安全能力，努力建设国家战略科技力量和世界能源创新高地；面对资源短缺、环境保护的双重约束，充分发挥自身优势，以技术创新为突破口，加快布局发展新能源新事业，大力推进油气与新能源协调融合发展，加大节能减排降碳力度，努力增加清洁能源供应，在绿色低碳科技革命和能源科技创新上出更多更好的成果，为把我国建设成为世界能源强国、科技强国，实现中华民族伟大复兴的中国梦续写新的华章。

中国石油董事长、党组书记
中国工程院院士　　戴厚良

石油天然气是当今人类社会发展最重要的能源。2020 年全球一次能源消费量为 $134.0 \times 10^8 t$ 油当量，其中石油和天然气占比分别为 30.6% 和 24.2%。展望未来，油气在相当长时间内仍是一次能源消费的主体，全球油气生产将呈长期稳定趋势，天然气产量将保持较高的增长率。

习近平总书记高度重视能源工作，明确指示"要加大油气勘探开发力度，保障我国能源安全"。石油工业的发展是由资源、技术、市场和社会政治经济环境四方面要素决定的，其中油气资源是基础，技术进步是最活跃、最关键的因素，石油工业发展高度依赖科学技术进步。近年来，全球石油工业上游在资源领域和理论技术研发均发生重大变化，非常规油气、海洋深水油气和深层—超深层油气勘探开发获得重大突破，推动石油地质理论与勘探开发技术装备取得革命性进步，引领石油工业上游业务进入新阶段。

中国共有 500 余个沉积盆地，已发现松辽盆地、渤海湾盆地、准噶尔盆地、塔里木盆地、鄂尔多斯盆地、四川盆地、柴达木盆地和南海盆地等大型含油气大盆地，油气资源十分丰富。中国含油气盆地类型多样、油气地质条件复杂，已发现的油气资源以陆相为主，构成独具特色的大油气分布区。历经半个多世纪的艰苦创业，到 20 世纪末，中国已建立完整独立的石油工业体系，基本满足了国家发展对能源的需求，保障了油气供给安全。2000 年以来，随着国内经济高速发展，油气需求快速增长，油气对外依存度逐年攀升。我国石油工业担负着保障国家油气供应安全，壮大国际竞争力的历史使命，然而我国石油工业面临着油气勘探开发对象日趋复杂、难度日益增大、勘探开发理论技术不相适应及先进装备依赖进口的巨大压力，因此急需发展自主科技创新能力，发展新一代油气勘探开发理论技术与先进装备，以大幅提升油气产量，保障国家油气能源安全。一直以来，国家高度重视油气科技进步，支持石油工业建设专业齐全、先进开放和国际化的上游科技研发体系，在中国石油、中国石化和中国海油建立了比较先进和完备的科技队伍和研发平台，在此基础上于 2008 年启动实施国家科技重大专项技术攻关。

国家科技重大专项"大型油气田及煤层气开发"（简称"国家油气重大专项"）是《国家中长期科学和技术发展规划纲要（2006—2020 年）》确定的 16 个重大专项之一，目标是大幅提升石油工业上游整体科技创新能力和科技水平，支撑油气勘探开发快速发展。国家油气重大专项实施周期为 2008—2020 年，按照"十一五""十二五""十三五"3 个阶段实施，是民口科技重大专项中唯一由企业牵头组织实施的专项，由中国石油牵头组织实施。专项立足保障国家能源安全重大战略需求，围绕"6212"科技攻关目标，共部署实施 201 个项目和示范工程。在党中央、国务院的坚强领导下，专项攻关团队积极探索和实践依托行业骨干企业组织实施的科技攻关新型举国体制，加快推进专项实施，攻克一批制约油气勘探开发的瓶颈技术，形成了陆上油气勘探、陆上油气开发、工程技术、海洋油气勘探开发、海外油气勘探开发、非常规油气勘探开发 6 大领域技术系列及 26 项重大技术，自主研发 20 项重大工程技术装备，完成 35 项示范工程建设。近 10 年我国石油年产量稳定在 2×10^8 t 左右，天然气产量取得快速增长，2020 年天然气产量达 $1925 \times 10^8 m^3$，专项全面完成既定战略目标。

通过专项科技攻关，中国油气勘探开发技术整体已经达到国际先进水平，其中陆上油气勘探开发水平位居国际前列，海洋石油勘探开发与装备研发取得巨大进步，非常规油气开发获得重大突破，石油工程服务业的技术装备实现自主化，常规技术装备已全面国产化，并具备部分高端技术装备的研发和生产能力。总体来看，我国石油工业上游科技取得以下七个方面的重大进展：

（1）我国天然气勘探开发理论技术取得重大进展，发现和建成一批大气田，支撑天然气工业实现跨越式发展。围绕我国海相与深层天然气勘探开发技术难题，形成了海相碳酸盐岩、前陆冲断带和低渗—致密等领域天然气成藏理论和勘探开发重大技术，保障了我国天然气产量快速增长。自 2007 年至 2020 年，我国天然气年产量从 $677 \times 10^8 m^3$ 增长到 $1925 \times 10^8 m^3$，探明储量从 $6.1 \times 10^{12} m^3$ 增长到 $14.41 \times 10^{12} m^3$，天然气在一次能源消费结构中的比例从 2.75% 提升到 8.18% 以上，实现了三个翻番，我国已成为全球第四大天然气生产国。

（2）创新发展了石油地质理论与先进勘探技术，陆相油气勘探理论与技术继续保持国际领先水平。创新发展形成了包括岩性地层油气成藏理论与勘探配套技术等新一代石油地质理论与勘探技术，发现了鄂尔多斯湖盆中心岩性地层大油区，支撑了国内长期年新增探明 10×10^8 t 以上的石油地质储量。

（3）形成国际领先的高含水油田提高采收率技术，聚合物驱油技术已发展到三元复合驱，并研发先进的低渗透和稠油油田开采技术，支撑我国原油产量长期稳定。

（4）我国石油工业上游工程技术装备（物探、测井、钻井和压裂）基本实现自主化，具备一批高端装备技术研发制造能力。石油企业技术服务保障能力和国际竞争力大幅提升，促进了石油装备产业和工程技术服务产业发展。

（5）我国海洋深水工程技术装备取得重大突破，初步实现自主发展，支持了海洋深水油气勘探开发进展，近海油气勘探与开发能力整体达到国际先进水平，海上稠油开发处于国际领先水平。

（6）形成海外大型油气田勘探开发特色技术，助力"一带一路"国家油气资源开发和利用。形成全球油气资源评价能力，实现了国内成熟勘探开发技术到全球的集成与应用，我国海外权益油气产量大幅度提升。

（7）页岩气、致密气、煤层气与致密油、页岩油勘探开发技术取得重大突破，引领非常规油气开发新兴产业发展。形成页岩气水平井钻完井与储层改造作业技术系列，推动页岩气产业快速发展；页岩油勘探开发理论技术取得重大突破；煤层气开发新兴产业初见成效，形成煤层气与煤炭协调开发技术体系，全国煤炭安全生产形势实现根本性好转。

这些科技成果的取得，是国家实施建设创新型国家战略的成果，是百万石油员工和科技人员发扬艰苦奋斗、为国找油的大庆精神铁人精神的实践结果，是我国科技界以举国之力团结奋斗联合攻关的硕果。国家油气重大专项在实施中立足传统石油工业，探索实践新型举国体制，创建"产学研用"创新团队，创新人才队伍建设，创新科技研发平台基地建设，使我国石油工业科技创新能力得到大幅度提升。

为了系统总结和反映国家油气重大专项在科学理论和技术创新方面取得的重大进展和成果，加快推进专项理论技术成果的推广和提升，专项实施管理办公室与技术总体组规划组织编写了《国家科技重大专项·大型油气田及煤层气开发成果丛书（2008—2020）》。丛书共 62 卷，第 1 卷为专项理论技术成果总论，第 2～9 卷为陆上油气勘探理论技术成果，第 10～14 卷为陆上油气开发理论技术成果，第 15～22 卷为工程技术装备成果，第 23～26 卷为海洋油气理论技术装备成果，第 27～30 卷为海外油气理论技术成果，第 31～43 卷为非常规油气理论技术成果，第44～62卷为油气开发示范工程技术集成与实施成果（包括常规油气开发7卷，煤层气开发5卷，页岩气开发4卷，致密油、页岩油开发3卷）。

各卷均以专项攻关组织实施的项目与示范工程为单元，作者是项目与示范工程的项目长和技术骨干，内容是项目与示范工程在2008—2020年期间的重大科学理论研究、先进勘探开发技术和装备研发成果，代表了当今我国石油工业上游的最新成就和最高水平。丛书内容翔实，资料丰富，是科学研究与现场试验的真实记录，也是科研成果的总结和提升，具有重大的科学意义和资料价值，必将成为石油工业上游科技发展的珍贵记录和未来科技研发的基石和参考资料。衷心希望丛书的出版为中国石油工业的发展发挥重要作用。

国家科技重大专项"大型油气田及煤层气开发"是一项巨大的历史性科技工程，前后历时十三年，跨越三个五年规划，共有数万名科技人员参加，是我国石油工业史上一项壮举。专项的顺利实施和圆满完成是参与专项的全体科技人员奋力攻关、辛勤工作的结果，是我国石油工业界和石油科技教育界通力合作的典范。我有幸作为国家油气重大专项技术总师，全程参加了专项的科研和组织，倍感荣幸和自豪。同时，特别感谢国家科技部、财政部和发改委的规划、组织和支持，感谢中国石油、中国石化、中国海油及中联公司长期对石油科技和油气重大专项的直接领导和经费投入。此次专项成果丛书的编辑出版，还得到了石油工业出版社大力支持，在此一并表示感谢！

中国科学院院士 贾承造

《国家科技重大专项·大型油气田及煤层气开发成果丛书（2008—2020）》

◇━◇ 分卷目录 ◇━◇

序号	分卷名称
卷 29	超重油与油砂有效开发理论与技术
卷 30	伊拉克典型复杂碳酸盐岩油藏储层描述
卷 31	中国主要页岩气富集成藏特点与资源潜力
卷 32	四川盆地及周缘页岩气形成富集条件、选区评价技术与应用
卷 33	南方海相页岩气区带目标评价与勘探技术
卷 34	页岩气气藏工程及采气工艺技术进展
卷 35	超高压大功率成套压裂装备技术与应用
卷 36	非常规油气开发环境检测与保护关键技术
卷 37	煤层气勘探地质理论及关键技术
卷 38	煤层气高效增产及排采关键技术
卷 39	新疆准噶尔盆地南缘煤层气资源与勘查开发技术
卷 40	煤矿区煤层气抽采利用关键技术与装备
卷 41	中国陆相致密油勘探开发理论与技术
卷 42	鄂尔多斯盆缘过渡带复杂类型气藏精细描述与开发
卷 43	中国典型盆地陆相页岩油勘探开发选区与目标评价
卷 44	鄂尔多斯盆地大型低渗透岩性地层油气藏勘探开发技术与实践
卷 45	塔里木盆地克拉苏气田超深超高压气藏开发实践
卷 46	安岳特大型深层碳酸盐岩气田高效开发关键技术
卷 47	缝洞型油藏提高采收率工程技术创新与实践
卷 48	大庆长垣油田特高含水期提高采收率技术与示范应用
卷 49	辽河及新疆稠油超稠油高效开发关键技术研究与实践
卷 50	长庆油田低渗透砂岩油藏 CO_2 驱油技术与实践
卷 51	沁水盆地南部高煤阶煤层气开发关键技术
卷 52	涪陵海相页岩气高效开发关键技术
卷 53	渝东南常压页岩气勘探开发关键技术
卷 54	长宁—威远页岩气高效开发理论与技术
卷 55	昭通山地页岩气勘探开发关键技术与实践
卷 56	沁水盆地煤层气水平井开采技术及实践
卷 57	鄂尔多斯盆地东缘煤系非常规气勘探开发技术与实践
卷 58	煤矿区煤层气地面超前预抽理论与技术
卷 59	两淮矿区煤层气开发新技术
卷 60	鄂尔多斯盆地致密油与页岩油规模开发技术
卷 61	准噶尔盆地砂砾岩致密油藏开发理论技术与实践
卷 62	渤海湾盆地济阳坳陷致密油藏开发技术与实践

为了全面、准确地反映"国家科技重大专项·大型油气田及煤层气开发"（简称国家油气重大专项）的创新研究成果，将成果的"精华"部分提炼和展现出来，根据国家油气重大专项办公室的安排，《超高压大功率成套压裂装备技术与应用》作为国家油气重大专项系列成果专著之一，由项目牵头单位中石化石油机械股份有限公司牵头，组织项目各参与单位的专家编写，内容包括超高压大功率成套压裂装备基础研究、新技术开发、装备研制等。这些成果是项目组科研人员心血的凝聚和智慧的结晶，是过去项目的工作总结，也是未来研发工作的基础。

项目牵头单位非常重视这项工作，将它作为一件大事来抓，力争使这本专著编成为国家油气重大专项系列专著的"精品"，成立由谢永金牵头的编写组。编写组组织召开了多次会议，广泛征求意见，讨论本专著的提纲和编写内容，确定各章节执笔专家。在内容编排上，考虑到超高压大功率成套压裂装备技术与应用的特点，内容主要包括成套压裂装备、压裂泵送设备、混砂设备、仪表设备、压裂管汇系统、辅助配套设备、压裂工具等方面的研究成果，同时，给出典型工程应用案例以及压裂装备发展方向，充分保证内容的先进性、系统性、实用性和可读性。

针对我国压裂作业压力高、规模大，且呈逐步扩大趋势的特点，围绕现有压裂装备功率储备率下降、燃料和易损件消耗高、超高压力施工风险大、噪声和环境污染，以及核心部件依赖进口的问题，项目组开展了节能环保、高效率和安全的成套压裂装备相关技术研究。"超高压大功率成套压裂装备技术与应用"是一项学科交叉性很强的工作，涉及压裂工程、压裂装备、工具、材料等科学和工程技术。

本书共10章，第一章由谢永金、吴汉川、宋全友、雷刚麦编写，第二章由王峻乔、吴汉川、李莉莉、张相权编写，第三章由王庆群、王云海、李蓉、范杰、谭立军、苏位峰、王晋、王国荣、黄勇、应杰编写，第四章由谢永金、尹进、潘灵永、周思柱、李宁、黄天成、李龙杰、吕文伟、刘灼编写，第五章由王峻乔、骆竖星、汪承材、刘艳容、邓广渊、陈四平编写，第六章由王庆群、徐国涛、樊建春、游艇、许菊荣、徐琬编写，第七章由彭平生、王云海、董永、徐国涛、李卓航、陆英娜、胡鹏、董锐编写，第八章由王传鸿、邹刚、杨小城、李应虎、周歆、潘南林编写，第九章由杨国圣、李莉莉、龚起雨、黄勇、李德清、张相权、石权编写，第十章由吴汉川、池胜高、李哲、王云海编写。

本书研究成果得到国家油气重大专项项目支持。项目合作单位华中科技大学、长江大学、中国石油大学（北京）、中国石油大学（华东）的相关研究人员参与了大量科研工作，为本专著提供了丰富素材并参与本专著的编写，在此一并表示诚挚谢意！由于作者水平有限，书中不足之处在所难免，恳请读者批评指正。

目 录

第一章 概 述

对于低渗透油气藏需要通过压裂改善地层的流动环境，才能使油气井求产和增产。压裂作业具有成本高、影响因素多、可控难度大等特点，如何提高压裂质量，最大限度地实现增产一直是压裂工程的重大难题。

第一节 油气开发现状与页岩气压裂开发技术

一、油气开发现状

我国可探明石油资源为 650 多亿吨，探明率仅为 39% 左右；可探明天然气资源量为 $25 \times 10^{12} m^3$，探明率仅为 24.6%。现有石油资源 70% 以上属于低渗透油田，施工作业量大；85% 以上天然气资源地层结构复杂，埋藏较深，地层压力高，开采难度大。

我国油气资源从 20 世纪 50 年代开始规模性开发。结合我国复杂的地质条件，相继发现了大庆、胜利、辽河等大型油田。近年来，我国油气勘探开发的对象发生了较大的变化。从地表来说，已从平原走向山区、沙漠、沼泽、海域；从地下的地质环境来说，已从构造油气藏走向隐蔽岩性油气藏，从陆相碎屑岩走向海相碳酸岩；从地域来说，已从国内走向国外。

我国东部油田油气资源开发已进入中后期，产量维持难度大，向深层油气开发是今后的工作重点。西部油田的地层结构复杂，开发周期长，开发条件恶劣，更多的深层、高压层有待开发。2007 年我国油气压裂量在 23000 井次，其中深井、超深井压裂作业量每年以 10% 的速度增长。在 5000m 以下的深层勘探和开发方面，储层开发需要进行水力压裂施工改造，深层压裂改造规模不断增大，最高工作压力超过 90MPa，总施工液量超过 1000m³，施工时间长达 200～300min。目前在国内投入使用的压裂设备已经不能满足施工作业的要求，或者使用上存在安全隐患，很多地区的勘探开发受到了制约。

随着我国经济高速增长，石油需求持续增长与资源自给能力严重不足的矛盾，对进口石油的依赖程度也越来越高，造成原油供给出现严重缺口。目前我国对国外石油依赖度已经达到 70%，对石油进口的过分依赖已严重影响我国经济的发展。同时东部的老油田已进入中后期开发，稳产难度大；西部油田更多的低品位、低渗透油区有待开发，尤其是深层天然气开发难度越来越大；非常规油气资源的勘探开发也加快步伐。这些油气田开发情况的变化，不断地给石油工程技术装备、工具带来新的挑战和需要。

二、页岩气压裂开发技术

压裂、酸化施工作业是改造油气藏的重要手段之一。压裂施工是通过注入高压流体使井底地层形成具有足够大小的填砂裂缝，以增加油气的流动性，提高油气单井产量的一种行之有效的方法。对于低渗透油气井需要借助于压裂和酸化作业才能达到稳产和增产的目的。压裂设备的配置和性能随着压裂工艺的进步在不断的发展。压裂施工作业需要成套的压裂设备，通常一套压裂机组包括4～20台压裂泵送设备、1～2台混砂设备、1台压裂仪器设备、地面管汇和其他辅助设备（图1-1-1）。在施工过程中混砂设备将压裂液、支撑剂和各种添加剂混合完成后，通过连接管汇提供给多台压裂泵送设备，压裂泵送设备将混合后的液体进行增压，通过高压管汇汇集后注入井底，压裂仪表设备对作业全过程进行监控并进行施工分析和记录。

图1-1-1　压裂设备配置图

页岩气压裂改造工艺、加砂规模与常规压裂改造有明显不同，较早的页岩气开发主要是在浅层，以直井为主，其压裂技术具有3个特征，即连续油管、水力喷砂射孔、环空加砂。该技术是用高速高压流体通过连续油管进行射孔，打开地层与井筒之间的通道后，环空加注携砂液体，从而在地层中压开裂缝。其技术要点为水力喷砂射孔，环空加砂，然后填砂封堵已压裂层段，上提连续油管至下一目的层段，重复上述步骤直至施工结束，然后用连续油管进行冲砂、返排。该技术具有作业周期短、成本低、排量选择范围广、连续油管磨损小、井下工具简单和成功率高等特点，目前该技术在页岩气直井开发中得到了很好的应用。

随着页岩气开发的深入，常规直井已经无法满足开发要求，水平井和水平井分段压裂技术目前已经成为了北美页岩气藏有效开发的主体技术。

（1）水平井多级可钻式桥塞封隔分段压裂技术。

水平井多级可钻式桥塞封隔分段压裂技术的主要特点是套管压裂、多段分簇射孔、可钻式桥塞封隔，压裂施工结束后快速钻掉桥塞进行测试、生产。可钻桥塞分段多级压裂技术的关键工具是可钻桥塞。目前，国内外复合材料可钻桥塞比较成熟，中国石油、中国石化等都不同程度地开展了复合材料桥塞的研究。由于该技术射孔坐封桥塞联作，压裂结束后能在很短时间内钻掉所有桥塞，大大节省了时间和成本，同时减少了液体在地层中的滞留时间，降低了外来液体对储层的伤害。目前，该技术已经成为页岩气压裂改造的主体技术。

（2）水平井多级滑套封隔器分段压裂技术。

水平井多级滑套封隔器分段压裂技术通过井口落球系统操控滑套，其原理与直井应用的投球压差式封隔器相同，具有施工时间短和成本低的优点。该技术采用机械式封隔器，主要适用于套管完井。该类封隔器需要压力坐封或者工具坐封，因此工艺过程复杂。

（3）水平井膨胀式封隔器分段压裂技术。

由于水平井开发的特殊性，部分水平井裸眼完井，常规封隔器难以满足后期压裂施工的需要，为此研制开发了遇油（遇水）膨胀封隔器。膨胀式封隔器，也称反应式封隔器，其工作原理为封隔器下入井底预定位置后，遇到油气或水后可膨胀橡胶即可快速膨胀，橡胶膨胀至井壁位置后继续膨胀而产生接触应力，从而实现密封。因为该技术具有可靠性高、成本和作业风险低、压裂后能很快转入试油投产等优点。

（4）水平井水力喷射分段压裂技术。

该技术是集射孔、压裂、封隔于一体的新型增产改造技术。水力喷射分段压裂技术可以选用油管或连续油管作为作业管柱，使用范围广，套管完井、筛管完井和裸眼完井都适用。其施工工艺分为拖动管柱式和不动管柱式。不动管柱式使用喷射器为滑套式喷射器，可实现多级压裂。拖动管柱式的优点在于，连续拖动施工管柱可以节省很多时间，降低施工成本，另外由于依靠水力喷射射孔定位准确，因此压裂针对性强，对于改造层段控制性高。

（5）水平井多井同步压裂技术。

水平井多井同步压裂技术是页岩气储层改造的重要技术。将两口或者更多的相邻井之间同时用多套车组进行分段多簇压裂，或者相邻井之间进行拉链式交替压裂，让储层的页岩承受更高的压力，增强邻井之间的应力干扰，从而产生更加复杂的裂缝网络，最终改变近井地带的应力场。该技术在北美页岩改造中应用广泛，并取得了较好的效果。

我国页岩气田已形成了"井工厂"压裂作业模式，即在一个"井工厂"平台集中对多口井采用批量化流水线式连续压裂作业（图1-1-2）。"井工厂"压裂作业模式主要有单套压裂机组拉链压裂模式和双套压裂机组同步压裂模式两类。拉链压裂就是使用一套压裂泵送设备组，在对一口井进行压裂作业的同时，对另一口配对井进行射孔、下桥塞等作业，两口井交互施工、逐段压裂。同步压裂就是使用两套机组对两口或两口以上的配对井同时进行大规模压裂作业。同步压裂需要更多的协调工作、较大的作业场所和后勤保障，费用较高。"井工厂"压裂模式实现了设备利用率最大化，极大缩短了作业时间，降低了工程成本。

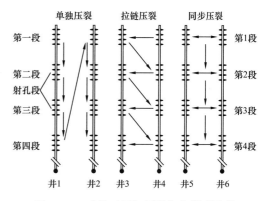

图1-1-2 "井工厂"压裂作业模式示意

第二节　压裂装备发展

压裂装备通常包含泵注、混配、供水储液三大系统。泵注系统的功能是把压裂液和支撑剂连续注入地层中，包括多台压裂泵送设备、混砂设备、仪表设备、高低压管汇组等。混配系统是将支撑剂和压裂液连续送到混砂设备中，包括配液车、砂罐、输砂装置等，不同的施工规模决定混配系统的配置。供水储液系统是把合格的压裂用水连续输送到现场并保障现场压裂液供应，主要由供水泵、输水管线、配液车、液体添加剂罐、酸罐、储液罐及控制阀门等组成。

一、压裂装备技术发展历程

1. 引进苏联及东欧压裂装备阶段

20 世纪 50 年代至 70 年代初期，主要引进苏联 300 型压裂泵送设备、苏联 500 型压裂泵送设备、罗马尼亚 ACF-700 型压裂泵送设备。压裂泵送设备最大输出功率 270hp，最高工作压力 70MPa。

2. 国产压裂装备起步阶段

20 世纪 60 年代中期至 70 年代末，研发了 300 型、500 型、700 型压裂泵送设备。压裂泵送设备最大输出功率 300hp，最高工作压力 70MPa。

3. 引进西方压裂装备阶段

1975—2006 年，我国先后从美国 BJ、S-S、Western、Halliburton，法国 Dowell 及加拿大 Nowsco、Crown 等公司引进压裂泵送设备（表 1-2-1 和图 1-2-1）。长达 30 年间，国内主流压裂装备基本依赖进口。

表 1-2-1　引进压裂泵送设备技术配置情况

制造企业	S-S、Halliburton、Dowell、BJ、Nowsco、Crown、Western
输出功率 /hp	1000、1600、1800、2000
台上发动机	Cummins、Caterpillar、MTU（Detroit）
传动箱	Allison
压裂泵	Weir SPM、Halliburton、GD、FMC、OPI
工作压力 /psi/（MPa）	15000（103.4）
操作系统	单机远控、机组远控
装载底盘	万国、KENWORTH、奔驰

图 1-2-1　引进西方国家的部分压裂装备

第 1 次引进：1975 年石油工业部从 Dowell、BJ、S-S 公司引进 8 套压裂机组（每套机组 4 台压裂泵送设备、1 台混砂设备、1 台管汇设备）。压裂泵送设备性能：1000hp、100MPa，单机远控，机组功率 4000hp。

第 2 次引进：1984 年石油工业部从 S-S 公司引进 3 套压裂机组。每套机组 6 台压裂泵送设备、1 台混砂设备、1 台仪表设备、1 台管汇设备。压裂泵送设备性能：1600hp、100MPa、单机远控，机组功率 9600hp。

第 3 次引进：1998 年中国石油引进 1 套 Halliburton 公司 HQ2000 型压裂机组给四川油田。共 10 台 2000 型压裂泵送设备、2 台混砂设备、1 台仪表设备、2 台管汇设备。压裂泵送设备性能：2000hp、100MPa，压裂机组实现集中远控操作，机组功率 20000hp。

第 4 次引进（中国石油最后一次引进项目）：2006 年中国石油招标采购 4 套压裂机组，美国 S—S 公司、加拿大 Crown 公司、中国石化四机厂参加了投标，结果为美国 S-S 公司中标。压裂泵送设备性能 2000hp、100MPa，压裂机组可集中远控操作。从此以后，国内基本停止引进国外压裂装备。

二、国产压裂装备发展现状及标志性成果

1. 国产压裂装备发展现状

国产压裂装备经过多年的发展，至 2009 年基本实现压裂装备国产化。首先是四机厂从 2004 年起研发生产 2000 型、2500 型、3000 型压裂机组。其后从 2009 年起，烟台杰瑞服务集团有限公司（简称杰瑞）、宝鸡石油机械有限责任公司（简称宝石机械）、三一重工股份有限公司（简称三一重工）等生产 2000 型、2300 型、2500 型压裂机组。近年来，四川宏华石油设备有限公司（简称宏华）、中国石化第四石油机械厂（简称四机厂）、杰瑞、宝石机械等相继研发了 5000～7000hp 电动压裂装备。借助川渝和新疆地区丰富的电力资源以及电动化带来的高效低成本优势，电动压裂装备在页岩油气开发中得到大规模

推广应用。

压裂机组是钻采装备中资金与技术最密集的装备，也是我国钻采装备中最后一个实现国产化的装备。我国从2007年开始终止了长达30来年对国外压裂装备的依赖，现已能够生产全套压裂机组及辅助装备，并开始向国外出口。到目前为止，国内压裂装备企业共生产600万水马力压裂泵送设备，有力地支持了我国高端油气装备的发展。

目前压裂装备的一些核心部件仍需进口，主要是大功率压裂装备用重载底盘、台上发动机和传动箱、液压元件等。近年来国内重载底盘的发展已经可以实现进口底盘的替代，电动压裂装备实现了动力系统的全面国产化，页岩油气开发中大型压裂装备整体性能和可靠性已经达到国际先进水平，尤其是电动压裂装备应用已经走在世界前列。

2. 国产压裂装备标志性成果

1) 2500/3000 型压裂机组

依托"川气东送"国家重点工程（普光气田）开发了2500/3000型压裂机组，其性能要求达到国际领先水平（表1-2-2，图1-2-2），主要适用于"山多""坡陡""弯急"等井场道路工况。

表1-2-2　2500/3000型压裂机组主要技术参数

序号	项目	参数	序号	项目	参数
1	最高工作压力 /MPa	140（$3^3/_4$in 柱塞）	5	螺旋输砂器输砂量 /kg/min	10000
2	单台泵车输出功率 /hp	2500/3000	6	仪表设备控制车台数	20台压裂泵送设备，2台混砂设备、1台管汇设备
3	成套装备输出功率 /hp	20000/50000	7	网络形式	工业以太网，环形网络
4	混砂设备最大排量 /m³/min	16			

(a) 3000型压裂泵车

(b) SHS20型（130桶）混砂车

(c) 140MPa型管汇车

(d) 压裂仪表车

图1-2-2　2500/3000型压裂机组

2500/3000 型压裂机组是国际上首套车载移动式压裂机组，也是国际上功率最大的车载式压裂机组，整套机组由 8～20 台压裂泵送设备、1～2 台混砂设备、1 台压裂仪器车和 1 台压裂管汇设备组成，具有施工压力高、排量大、能够快速移运、机动性能好等特点。在我国西南、西北、华北、中原等地区超高压井、水平井和页岩气井大型压裂施工中得到大面积的推广应用，支撑了我国深层、超高压油气资源的开发，为普光、元坝、长庆油气田的开发提供了装备支撑，标志着我国石油压裂装备综合技术水平和制造能力跨入世界先进行列。

2）大功率全电动压裂成套装备

随着勘探开发的深入，发动机、底盘、传动箱等进口件比例过高，制约了常规燃油压裂装备的发展，同时压裂机组噪声、排放、能耗以及占地面积等愈加受到关注和环保制约，开展电动压裂装备研制成为行业发展的趋势。大功率全电动压裂装备核心动力实现了电动化和国产化，整机装备国产化率达到 95% 以上，页岩气压裂连续工况下作业综合成本降低 30% 以上。有效解决了压裂施工中装备功率提升难、运维成本高、节能环保受限等难题，为我国深层油气高效绿色开发提供了装备引领。

超高压大功率全电动压裂成套装备研制围绕电传系统与压裂泵集成、连续工况下系统效率提升、装备自动化控制开展项目研发。创新突破了压裂装备负载特性与供配电系统安全控制技术、大功率电动机及多相变频工程应用技术、大功率压裂泵可靠性应用技术、大排量混配与混砂多流程集成技术、175MPa 超高压管汇制造与管汇组集成方法、全电动压裂装备流程自动化控制等六项关键技术。超高压大功率全电动压裂成套装备包括：10 台 5000 型电动压裂装置（图 1-2-3 和表 1-2-3）、1 台 HS40 型混砂装置、1 套 175MPa 高压管汇系统和 1 套压裂控制装置。

图 1-2-3　超高压大功率电动压裂成套装备

表 1-2-3　5000 型电动压裂机组主要技术参数

序号	项目	参数	序号	项目	参数
1	最高工作压力 /MPa	140（$3\frac{3}{4}$in 柱塞）	4	混砂最大排量 /（m³/min）	40
2	单机输出功率 /hp	5000	5	高压管汇最高压力 /MPa	175
3	成套装备输出功率 /hp	50000	6	仪表控制系统	油电混合控制

（1）电动压裂装置单机输出功率达到 5000hp，最高工作压力 140MPa，与柴驱（柴油机驱动）3000 型压裂泵送设备相比较功率提升 66.7%，核心部件国产化率从 50% 提升到 95% 以上，运行噪声从 110dB 降低到 75dB。

（2）HS40 型混砂装置采用双混双排电动混配集成，相当于两台柴驱 20 型混砂设备，单机最大排量 40m³/min，混砂能力较国际先进水平提升 100%，实现单台混砂装备完成施工作业，具备无人值守、远程操控功能。

（3）175MPa 系列高压管汇件和大通径高压管汇组，活接头（由壬）连接减少 75%，安装时间缩短 70%，安全系数提升 13%，提升了装备高压连续工况下的安全裕度。

（4）压裂控制装置采用全机组远程 PC 操控，兼容电动与柴驱装备，构建新型网络架构，能够实现 40 台大型电动和柴驱主力装备和辅助装备的集中控制。构建了电动压裂装备运行数据平台，实现设备信息可见、状态可查，远程监控及分析共享。

2020 年在涪陵页岩气开发中，国内全电动化 5000 型成套压裂装备首次开展 4 口井 24 天拉链式压裂施工。共完成 100 段压裂作业，充分展示了电动压裂装备功率大、能耗低、噪声低、智能化、安全环保等优势。

电动压裂装备研制及应用技术，国内外均处于起步发展阶段，随着页岩气开发规模化扩大及井场电网的逐步完善，电动压裂装备大功率、低成本、高效率优势逐步得到市场认可。未来压裂工况日益恶劣，工程装备为适应全天候连续工况，需要提升装备的可靠性和安全裕度；为满足高时效、大规模作业，需要提升装备协同能力；为实现高效绿色开发，要求降低压裂工程装备运维费用；为简化施工流程体系、降低劳动强度，需要提高压裂机组自动化、智能化水平，且行业内将进一步聚焦装备标准化、电动化、自动化以及数字化，为页岩气绿色低成本开发提供装备保障。

三、与国际先进水平的对标

美国低渗透油气田所占比例大，压裂作业技术发展快，压裂作业设备先进。美国也是国际上最大的压裂装备生产基地，从事研制压裂装备有 Halliburton、B J、S-S 等 20 多家公司。其压裂装备具有如下特点：

（1）2000 型压裂装备是国外压裂施工作业的主力机型。早期产品批量出口到中国并成为我国油田的主力机型。随着国产设备研发能力及竞争力的增强，进口设备已逐渐退出中国市场。

（2）近年来 2500hp 压裂装备开始在北美地区投入使用。由于北美地区的油气田大多位于平原地区，道路状况良好，在整机载重质量、外形尺寸等诸多方面可以不受道路条件限制。所以，国外生产的 2500hp 压裂装备全部采用拖挂式结构。2500hp 拖挂式压裂装备机组单机长度 20m、转弯半径 20m，而我国油气井大多位于山区、丘陵等复杂地理环境的作业区，所以不能满足国内油田的施工作业要求。2500hp 拖挂式压裂泵送设备采用输入功率为 2500hp 的五缸柱塞泵，考虑到压裂泵的传动效率等因素，压裂泵送设备的实际输出功率为 2250hp，比国内开发的产品输出功率小 10%。

（3）为电力驱动开发的 E-Max 5000 型压裂泵，材料采用不锈钢，提高现场可维护性。SPM®5000 E-Frac 泵是为电动化设计的连续工况 5000hp 地面压裂泵，100% 负荷下 24h 连续作业。新的设计方法使装备具有更长的保养周期，减少了更换液力端的停机时间。

（4）美国 Halliburton 公司的压裂机组网络控制系统可以实现多台压裂泵送设备之间的相互控制，自动编组操作，代表了当今压裂控制技术的最高水平；BJ 公司的输砂系统比较精确；CROWN 公司的混合搅拌比较均匀。

（5）高压流体控制元件技术主要被 FMC、SPM、Halliburton 等公司垄断，且形成产品系列，包括活动弯头、旋塞阀和试压装置，最高工作压力为 140MPa。

北美压裂装备大多采用 2500 型柴驱或双燃料拖车集成，装备体积大、全流程配套完善、工厂化自动作业、设备可靠性高；国内压裂装备大多采用 2500/3000 型柴驱车载集成，具有单机功率大、体积小的优势，辅助装备个性化配套，底盘、动力等核心部件依赖于进口（表 1-2-4）。

表 1-2-4　国产与北美压裂装备技术对标

设备		北美	国内	技术对标说明
主力装备	压裂	2500 型压裂拖	2500/3000 型压裂泵送设备	国内单机功率大
	混砂	20m³ 混砂拖	20m³ 混砂设备	性能类似
	管汇	105 型 3in 标准管汇	105/140 大通径管汇	实现国产化
	仪表	机组控制 + 数据传输	机组控制 + 数据传输	实现国产化
辅助装备	配液	20m³ 配液，浓缩液	粉料混配，过渡罐多	工艺体系造成装备差异
	供砂	输砂拖车 + 气体输送	地面砂罐 + 袋砂 + 吊车（螺旋）	国内吊装、运输繁琐
	液罐	自动计量、数量少	地面罐 + 人工计量，数量多	国外转运、流程简化

第二章 成套压裂装备构成、核心技术及配置

成套压裂装备由压裂泵送设备、混砂设备、仪表设备、管汇设备、配液设备、供砂设备等组成,可以完成压裂施工中的支撑剂、添加剂与工作液的混合、泵注、控制、数据采集存储等工作。

本章主要介绍成套压裂装备主要组成的功能特点、核心技术以及整体配置等内容。

第一节 成套压裂装备构成及核心技术

一、成套压裂装备构成

1. 压裂泵送设备

压裂泵送设备是压裂设备中最关键和最重要的组成部分之一,压裂泵送设备的主要功能就是将压裂、酸化用的流体进行增压,使之满足施工设计的压力和排量。

目前广泛应用于油田现场的压裂泵送设备有2000型、2300型、2500型、3000型四

种机型(图2-1-1,表2-1-1),压裂泵采用三缸柱塞泵和五缸柱塞泵两种结构。压裂泵的发展趋势为大功率、高泵压和大排量。适用于车载的柱塞泵输出功率在2000~3000hp,最高压力140MPa。压裂泵送设备主要由装载底盘、车台发动机、液力机械传动箱、柱塞泵、液气路及润滑系统、高低压管汇系统、电路及控制装置等几大系统组成,系统采用不同的型号、结构、连接和控制形式。

图 2-1-1 2500 型压裂泵送设备

表 2-1-1 不同型号压裂泵送设备基本性能参数

型号	YL2000	YL2300	YL2500	YL3000
单机输出水功率 /hp	2000	2300	2500	3000
设定最高工作压力 /MPa	100	83	140	140
压裂泵送设备整机重量 /t	36	38	45	45

2. 混砂设备

混砂设备的主要作用是将压裂液、各种添加剂及支撑剂按一定的比例快速、均匀的

混合，并根据施工设计的排量需求，通过连接管汇将混合液体供给多台压裂泵送设备（图2-1-2）。

作业中，混砂设备将配制好的压裂液通过吸入泵送至混合罐内，并与输砂系统、液添系统、干添系统所提供的其他压裂所需的辅助剂混合后，经排出砂泵

图 2-1-2　HS16 型混砂设备

排出至压裂泵送设备。混砂设备主要的性能参数包括输出排量、最大输砂浓度、输砂器（绞龙）输砂量、混合罐有效容积、吸入管路阀门数、排除管路阀门数和整车尺寸重量等（表2-1-2）。

表 2-1-2　混砂设备基本性能参数

型号	HS16	HS20
排出离心泵最大流量 /（m³/min）	16	20
排出离心泵最高压力 /MPa	0.7	0.7
螺旋输砂器最大输砂量 /（m³/min）	6	8
混合罐容积 /m³	1.5	1.5
吸入管路阀门	4in 碟阀 8 个	4in 碟阀 15 个
排出管路阀门	4in 碟阀 10 个	4in 碟阀 20 个
整车外形尺寸（长 × 宽 × 高）/mm	12000×2500×4000	12450×2500×4100
整车总重量 /t	30	31

3. 仪表设备

仪表设备作为整个压裂机组的控制中枢，在施工压力高、动用车辆多的大型施工中，显得尤为关键。压裂机组控制技术是将机械系统和操作系统有机结合起来，通过相互之间协同作业完成整个施工作业流程（图2-1-3）。控制技术是衡量压裂机组整体协调性和施工工艺适应性的重要指标。

图 2-1-3　仪表设备

仪表设备是成套压裂机组的控制中心，配备了对机组进行远程网络控制的系统，该系统可实时采集、显示、记录压裂作业全过程数据，并对数据进行处理，最后打印输出数据和曲线（图2-1-4）。除此之外，仪器车设计充分考虑了车体的防振、隔音及温度控制性能，确保控制系统的稳定性和控制精度。仪表设备的控制模式为环状网络控制。

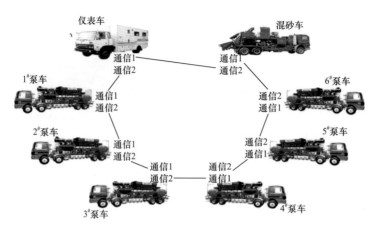

图 2-1-4　压裂作业环状网络控制

图 2-1-5　高低压连接管汇

4. 高低压连接管汇设备

高低压连接管汇的作用是将参与施工作业的所有装备，包括主力装备、辅助装备、压裂井口等根据功能的不同进行连接。地面管汇分为低压系统和高压系统，低压管汇用于连接液罐、水池、供液泵、混砂设备、压裂泵送设备等（图 2-1-5）。要求具有汇集功能，既能够将多个液罐进行并联，又能相互进行连接。汇集管汇的主管直径要求 12in，分支管路直径为 4～6in，采用活接头连接。与混砂设备连接的汇集管路出口应根据施工排量来设置数量以便满足吸入流量的要求。

高压管汇根据施工压力等级配置 105/140MPa 的管汇元件。高压管汇功能是实现压裂设备排出汇集功能，应用上需要考虑流速限制、管汇检测、试压、连接与固定问题。通常一根 3in 的 105MPa 高压管汇允许的流量在 3m³/min 以下，目前大型压裂工程普遍采用 130/180mm 大通径高压管汇系统，可以大幅减少高压管汇件的连接数量，提升管汇件的使用寿命。

5. 辅助配套设备

压裂辅助配套装备主要包括：配液装备、储砂和供砂装备、储液和供液装备、井口连接装备等。辅助配套装备的自动化升级将大幅提升施工安全和作业效率。连续配液装备实现 8～20m³/min 的"干 + 液"和"液 + 液"的压裂液在线混配功能；连续供砂装备结合国内沙袋供应模式，采用 100～200m³ 地面储罐，通过皮带输送模式实现连续供砂功能；储液和供液系统通过液位检测和电动阀位控制可以实现供液系统的自动控制功能；随着快插井口装置及大通径高压管汇元件技术的突破，高压井口连接效率将大幅度得到提升（图 2-1-6）。

二、压裂装备核心技术

1. 超高压大功率压裂泵送设备轻量化及优化集成技术

图 2-1-6　地面管汇现场应用

受国内压裂井场条件和道路条件的限制，大型压裂泵送设备采用车载式结构，在功率提升的情况下，为了保证设备可靠性，必然会增大整机的重量和体积。由于压裂泵送设备底盘桥荷、整车载重量、外形尺寸等很多因素的限制，现有压裂泵送设备已经达到国内道路行驶条件的上限，大型压裂泵送设备研制必须解决材料、结构、集成优化等瓶颈技术。

大功率压裂泵是压裂泵送设备研制的关键，需要同时满足体积小、重量轻的要求，因此构建了基于泵阀质量、液体超高压可压缩性等因素的泵阀运动精确数学模型，提出了压裂泵缸数、冲程、连杆负荷、传动结构和材料优选"五因素优化"的轻量化技术，形成了长冲程低冲次大功率压裂泵的设计方法。

在压裂泵送设备总体集成时，要求各大组件以重量最小进行最优化设计。在空间和质量的约束下，实现压裂泵送设备动力性能、轴荷分配、稳定性及车架静动态力学分析与实测误差控制在 10% 以内；将压裂泵送设备六大冷却模块进行集中散热，采用变频恒温控制技术实现转速与温度的耦合控制，以此研制出的集中散热装置，在散热量相同的条件下，重量达到 2.1t，同比减小 30%；压裂泵送设备轻量化整车集成后，工作时压裂泵送设备以弹性轮胎为基体，构建"底盘—动力—压裂泵"多体耦合动力学模型，来研制出不同阻尼双向隔振装置，用于解决共振难题，保障压裂泵送设备平稳运行。

2. 大规模压裂液全流程精确、高效混配技术

大规模压裂液的配置核心装备为混砂设备、连续混配装置、连续输砂装置等。混砂设备在 $14m^3/min$ 实际排量下，排出压力达到 0.5MPa，能够更好地满足大排量压裂施工的要求；配套的连续输砂装置具有带式输送、螺旋输送以及整体式砂罐输送等多种结构，实现了压裂过程中支撑剂的连续输送；大型混配装置能够实现压裂液的"即混即用"，减少了大液量配比所需的准备周期。

3. 超高压管汇设计、制造、在线检测及使用安全技术

压裂管汇系统由高压集流管汇、低压集流管汇和管汇配件等组成，通过流体动力学振动及流场分布特性分析，降低压裂液压力、流量脉动引起的高压管汇系统振动，提高深层页岩气大规模压裂施工中压裂管汇系统的安全性和可靠性。

通过高压管汇冲蚀试验，得出高压下管件冲蚀磨损速率随应力增加呈指数增长的规律，建立了结合管件强度计算、应力腐蚀临界强度分析、流体动力学模拟、冲蚀磨损预测的超高压管汇设计方法。在工艺方面，攻克了复杂几何形状的多分支整体接头锻造和厚壁零件

淬火工艺，研制出压力等级达 140MPa 的旋塞阀、活动弯头、直管等管汇系列产品。

为保障管汇产品可靠性，建立了最高试验压力达 700MPa 的程控实验室进行试验验证，在工业化应用中，研制出高压管汇早期损伤磁记忆检测装置，以应力集中敏感方式，将管汇探伤的灵敏范围提前至裂纹形成阶段，针对活动弯头、高压接头、高压直管等零部件的结构特点和主要失效形式，开发出集无损检测、危险截面壁厚检测、压力试验与产品维护保养于一体的高压管汇在线不拆卸检测服务车，实现了大规模压裂施工的在线检测。

4. 大型压裂工程成套装备集群化控制与应用技术

仪表设备是压裂工程的指挥中心。配套的压裂控制系统采用环形组网模式，较同类先进产品网络连接有效性提高一倍，单机实现了主辅装备 40 台集成控制。

我国油区地层和地表条件复杂，对大型压裂机组集群化应用提出挑战。以大型压裂施工配液、混砂、增压、高压集输为目标，建立压裂泵送设备和混砂设备配置、作业模式、地面管汇工程和返排液重复利用的优化集成方法。综合动力工况、易损件更换周期及管汇流速等约束条件，构建基于压裂工程的多装备柔性化作业系统，制定了功率储备系数、压力系数、液体流速的应用准则和规范；以系统流体动力学模拟分析为指导，创建了以降低沉砂和减小脉动为目标的典型井场成套机组模拟布置策略，实现受限井场大排量条件下，机组占地面积和数量的最小化集成和不间断连续安全作业。

第二节　压裂装备配置与选型

压裂装备的配置方案主要包括主力装备、辅助装备以及工具三方面，如图 2-2-1 所示。其中主体装备包括压裂泵车、混砂车、管汇车以及仪表车；辅助配套装备包括储液配液装置、支撑剂装备、安全装备、供液装置、加油设备和连续管装备等，工具主要包括施工工艺所需的各种井下配套工具等。

大型压裂施工现场系统方案包括施工现场的井场布置以及设备布置，其系统方案配置主要受井场条件限制，包括井场面积、道路条件以及水源分布等因素。通过典型设备布置图完成设备布置研究，图 2-2-2 为 XX 井井场压裂设备布置示意图。

一、机组配置原则与方法

压裂工程的装备配置需考虑计算水功率、安全系数、故障维护系数这三个因素，以此确定压裂所需压裂泵送设备的数量。

计算水功率目前依据压裂设计最高限压和最大排量进行计算，但实际施工中，当压力接近 90% 限压时，就会采取降排量或减少加砂量来稳定或降低压力，施工中不允许达到限压压力，否则立即停机，所以不应以最高限压作为压裂机组总水功率计算的依据，对于已经成熟的开发区块，建议采用平均施工压力作为计算压力依据。工程实践证明功率储备系数选用 1.3～1.4 能够保证施工安全。设备的故障维护系数是考虑到设备新旧程度、易损件损坏及管线刺漏的综合因素，以每层压裂过程中出现的故障车概率来确定。

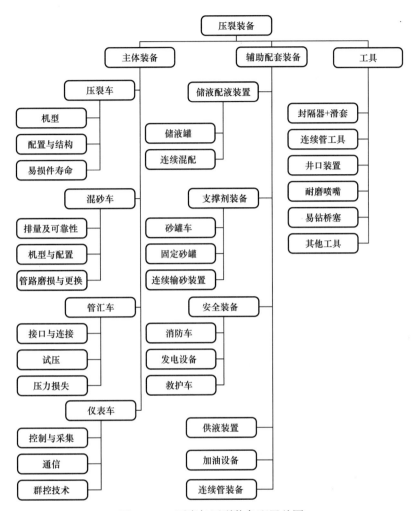

图 2-2-1 页岩气压裂装备配置总图

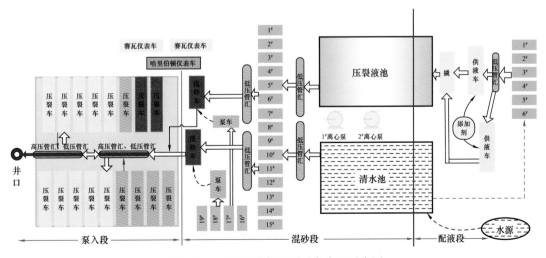

图 2-2-2 XX 井井场压裂设备布置示意图

机组需要的压裂泵送设备台数计算公式（单车考虑90%的容积效率）：

$$X \geqslant 0.9p \times Q \times 22.34 \times K \div 0.9N + (T_1 + 2T_2 + \cdots + nT_n)。$$

式中　Q——施工设计排量，m^3/min；

　　　p——设计施工限压，MPa；

　　　K——安全系数；

　　　N——单台压裂泵送设备理论水功率，hp；

　　　T_n——每层压裂过程中出现的故障车概率。

假如设计需要施工排量14m^3/min，设计最高限压85MPa，单台2500型压裂泵送设备理论功率2500hp，安全系数1.3。前期对使用的压裂泵送设备通过20段施工统计出现的故障车数量，假设施工中没有车辆出现事故有2次；出现1台车事故7次；2台车出现事故4次；3台事故2次；4台事故1次；可得故障车概率分别为$T_0 = 2/20$，$T_1 = 7/20$，$T_2 = 4/20$，$T_3 = 2/20$，$T_4 = 1/20$计算单个机组需要的压裂泵送设备台数（取整数）：

$$X \geqslant 0.9 \times 85 \times 14 \times 22.34 \times 1.3 \div (0.9 \times 2500) + (0.1 + 2 \times 0.35 + 3 \times 0.20 + 4 \times 0.10 + 5 \times 0.05) \approx 16（台车）$$

具体到75MPa条件下的配车方案：

以2500型采用4in柱塞，四挡施工为例：单车的理论排量1.025m^3/min，考虑到泵的容积效率0.90，实际的排量0.922m^3/min。如果施工排量要求14m^3/min，在不考虑其他因素的条件下至少需要15台压裂泵送设备，如果考虑设备备用及施工安全因素，设备配置16台是可以保障施工作业安全的。当出现故障的设备真多的紧急情况下，可以立即使用五挡作业，此时单车的理论排量1.287m^3/min，考虑容积效率后的排量1.158m^3/min。使用12台压裂泵送设备就可以满足14m^3/min排量的要求。

按照国内外目前的使用工况要求，16台2500型压裂泵送设备按照60%的负荷率连续作业，其输出水功率为24000hp（威远实际水功率为23500hp），能够满足施工作业要求。

二、装备应用规范

压裂装备长时间在高负荷下使用将大幅缩短装备使用寿命，从经济性角度出发，由于压裂工况为典型的间歇工况，国内外压裂装备制造、应用企业对压裂泵的工作曲线均形成了推荐规范。压裂泵送设备的使用被定义为间歇工况，在连续施工中，其平均使用功率应该在满功率60%以下。如果长时间超负荷运行将缩短动力装备的大修时间，增加压裂泵的失效频次。对页岩气压裂工程中装备的使用规范做如下推荐：最高工作压力90%~100%下的工作时间≤5%；最高工作压力80%~90%下的工作时间≤25%；小于最高工作压力80%下的工作时间100%（图2-2-3）。

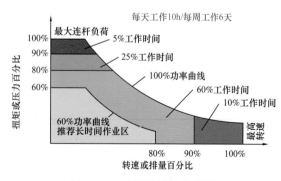

图2-2-3　压裂泵的工作曲线

即配置 4in 柱塞的 2500 型压裂泵送设备,在 110MPa 以上工况下的施工时间占工作总时间比例不超过 5%(0.5h/d),在 98～110MPa 工况下的施工时间比例不超过 25%(2.5h/d),若长时间在推荐工作压力以上施工作业,将降低装备可靠性水平,导致压裂泵送设备尤其是连杆、连杆瓦片以及高压泵头体过早失效,同时高压施工安全隐患增多。所以在压力超过 110MPa 情况下,推荐使用小直径的柱塞。

第三章　压裂泵送设备

压裂泵送设备是压裂设备中最关键和最重要的组成部分之一，压裂泵送设备的主要功能就是将压裂、酸化用的流体进行增压，使之满足压裂施工设计的压力和排量。

本章主要介绍压裂泵送设备型号与技术参数，压裂泵材料及工艺技术，大功率压裂泵的工作原理，交流变频电动机和变频调速装置以及整机集成技术。

第一节　设备型号与技术参数

一、设备型号

压裂泵送设备有车装式、半挂拖装式及橇装式三种形式；控制方式分为本地控制和远程控制两种。

车装和半挂拖装设备型号编制规则应符合 GB/T 17350 的规定。其表示方法如下：

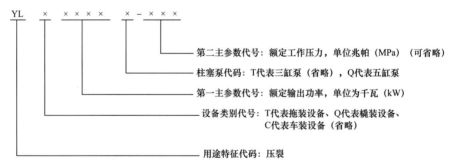

例如：某橇装五缸压裂泵送设备，额定输出功率 1490kW，额定工作压力 105MPa，其型号 YLQ1490Q-105。

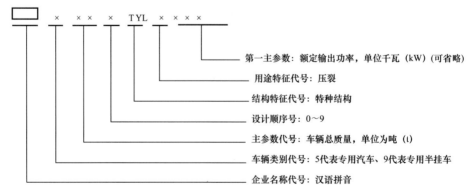

例如：某总质量为车装式 38t 压裂设备，额定输出功率为 1490kW，其型号为：

×××5381TYL1490。

二、基本技术参数

压裂泵送设备的基本参数见表3-1-1。

表 3-1-1　压裂泵送设备基本参数

参数名称	参数值		
最大输出水功率 / kW（hp）	230（300）、450（600）	750（1000）、1120（1500）、1490（2000）	1860（2500）、2240（3000）、2610（3500）、2980（4000）、3350（4500）、3730（5000）
额定工作压力 /MPa	70	70、105	105、140

第二节　压裂泵超高压材料及工艺技术

一、泵头体失效分析及材料分析

泵头体是压裂泵的主要承压件，可以将其理解成压裂装备的"心脏"，其工作时需要承受高交变应力、高速流固耦合介质冲刷等。泵头体的服役环境主要体现为压力高、冲蚀性强和腐蚀性强。

进行非常规压裂作业时，国内外泵头体产品合金钢泵头体使用寿命最长可达1000多小时，最短出现过几十小时；不锈钢泵头体最长出现过3000多小时，最短出现过100多小时，即在超高压工作环境下，泵头体使用寿命存在着较大的波动幅度。

为了提高泵头体使用寿命，首先需要对其失效机理进行分析，以利于泵头体新材料的研究、结构的优化、制定更加合理的加工工艺等。

1. 泵头体失效分析

1）腐蚀

某泵头体工作132h发现刺漏，工作最高压力为105MPa，打开检查发现柱塞孔第一腔存在微细裂纹。截取柱塞孔第一腔上半部分进行失效机理分析，并对该样品进行建模分析，实验样品及模型如图3-2-1所示。

（1）断口宏观分析。

经过宏观检查发现柱塞腔及排出腔裂纹贯穿，腔体内表面锈蚀严重，表层易剥落，裂纹总长约260mm，宽度在显微镜下显示为10～30μm不等，最宽位置为两腔相贯线处，达300μm。裂纹分布情况如图3-2-2及图3-2-3所示。

图 3-2-1　泵头体实验样品截取示意图及模型

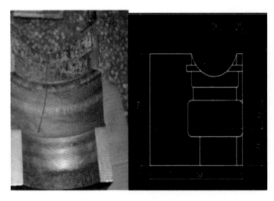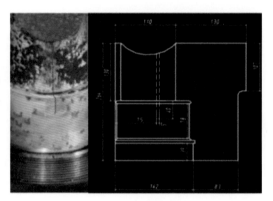

图 3-2-2　排出腔裂纹示意图　　　　　图 3-2-3　柱塞腔裂纹示意图

　　经过分解样品后发现裂纹已经由柱塞腔和排出腔的相贯处扩展到动力端支撑肋板处，三角形的肋板下端几乎完全断裂，距离排出腔内表面的深度约 90mm（图 3-2-4）。排出腔与柱塞腔相交的圆弧的断口处有撕裂台阶面与微裂纹，宏观形貌如图 3-2-5 所示，而且边缘被冲蚀严重，如图 3-2-6 所示。该凸台阻挡了流体介质的流动，因而承受了更大的工作压力与更猛烈的冲击，凸台两侧的过渡圆弧变形，冲蚀情况严重。

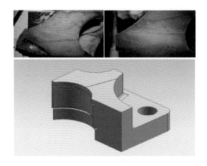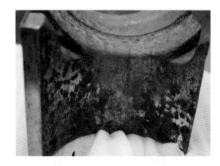

图 3-2-4　三角肋板处分解后裂纹情况　　　图 3-2-5　排出腔与柱塞腔裂纹

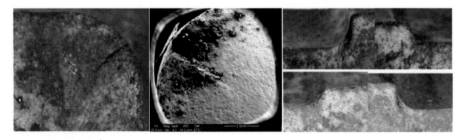

图 3-2-6　相贯线处断口形貌及排出腔凸台过渡圆弧处断口

（2）显微组织分析。

　　用光学显微镜观察交变腔过渡圆弧部位，发现有多处裂口，裂口尖端有细小裂纹延伸，这说明过渡圆弧处不只存在一条大的周向主裂纹，同时伴有多处裂口及细小裂纹。这些裂口和裂纹在工作载荷下均有可能扩展。图 3-2-7 显示了光学显微镜下裂纹的形貌，裂纹中明显被填充满颗粒物。

打开断口后，用电子显微镜观察可见典型的腐蚀坑，如图 3-2-8 所示。

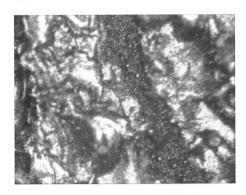

图 3-2-7 交变腔过渡圆弧光学显微镜下裂纹形貌

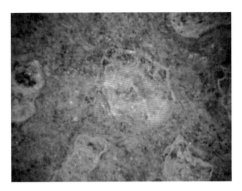

图 3-2-8 用电子显微镜观察到的断口腐蚀坑

（3）化学成分、探伤分析及力学性能试验。

在泵头体上截取试样进行化学成分分析，检测结果表明符合技术要求；超探执行标准为 JB/T5000.15 中的 I 级，探伤报告结果为合格；塑性夹杂物和脆性夹杂物各不超过 1.0 级。对打开的断口进行了硬度测量，在如图 3-2-9 的 2 个断面均匀测量 5×5 点阵的硬度（表 3-2-1，表 3-2-2）。

(a)

(b)

图 3-2-9 断口硬度测量点

表 3-2-1 图 3-2-9（a）断口 5×5 点阵的硬度（单位：HRC）

31.8	33.9	30.6	30.6	36.0
33.0	36.3	43.0	34.1	33.4
32.0	37.6	36.6	26.0	32.4
32.5	35.6	30.5	36.3	32.4
25.2	30.6	29.2	29.9	28.0

从硬度测量结果可以看出，泵头体的心部硬度偏高，靠近表面的地方硬度偏低。同时有少许测量点的硬度值低于技术要求（33～38HRC），硬度过高的地方若存在裂纹，则裂纹更易扩展。

表3-2-2　图3-2-9（b）断口5×5点阵的硬度（单位：HRC）

31.5	30.1	39.5	32.1	32.5
34.5	32.0	32.6	32.4	33.2
35.6	37.0	41.5	42.6	30.0
38.4	30.1	36.9	33.6	26.7
35.5	30.8	28.5	34.0	32.0

（4）力学性能实验分析。

在实验样品中用线切割方法切出三个不同方向共30根方料，并加工成国标试件进行力学性能测试，其中拉伸和冲击试样每个方向各5根。力学性能测试结果见表3-2-3。

表3-2-3　泵头体力学性能测试结果

取样方向	抗拉强度 /MPa	A_{kv2}/J	延伸率 /%	断面收缩率 /%
纵向	1046.43	42.84	15.91	32.7
横向	1031.51	30.64	13.6	38.3
竖直	1046.07	51.53	14.6	35.4
技术要求	≥1020	≥35	≥12	≥35

从力学性能测试结果可以看出，各方向的抗拉强度均符合设计要求，但横向冲击韧性值偏低，而横向正好与裂纹由腔表面向内部深度扩展的方向垂直，说明这个方向的冲击韧性不足可能是导致裂纹易于垂直腔体表面向内部扩展的原因。

（5）断口扫描电镜分析。

在打开的断口中锯下2个样品做了环境扫描电镜分析，试样在断口中的部位如图3-2-10所示。

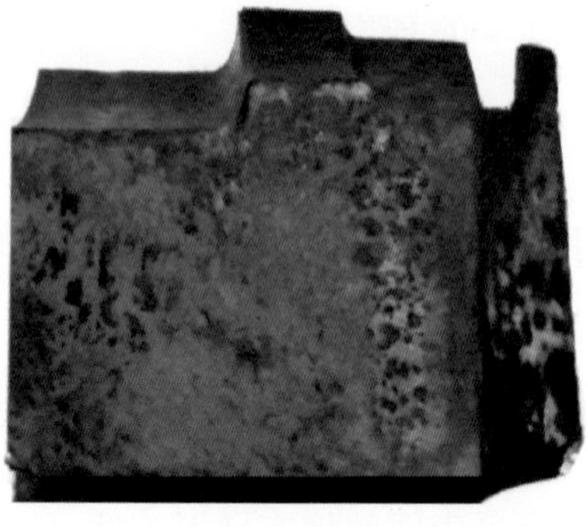

图3-2-10　泵头体环境扫描电镜取样示意图

在扫描电镜下对未清洗的裂纹断口进行观察，图3-2-11显示的是撕裂的新鲜断口区的韧窝形貌及其能谱分析结果，化学成分正常。

靠近瞬断区的断口氧化区的形貌及其能谱分析结果如图3-2-12所示。该区域具有比较明显的泥状花样，而且能谱显示腐蚀产物为氧化物，其中含有少量的 Al 和 Si 元素可能是砂粒或灰尘进入断口区所致。

而靠近裂纹源区的试样2的形貌及能谱分析结果如图3-2-13所示。该区域的泥状花样更明显，腐蚀更严重。能谱中同样表明了腐蚀产物主要为氧化产物，同时含有少量的 Al 和 Si 元素。而泥状花样属于典型的应力腐蚀断口的形貌特征，而且该压裂泵在含 20%HCl 的强酸性介质中工作，加之承受交变应力，也符合应力腐蚀产生所需要的条件。

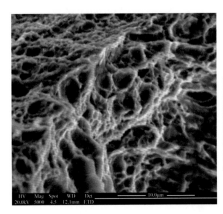

元素	wt%	At%
CK	5.55	21.47
CrK	2.10	1.87
FeK	89.25	74.20
NiK	3.10	2.45
模型	修正	ZAF

图 3-2-11　试样 1 瞬断区韧窝形貌及能谱分析结果

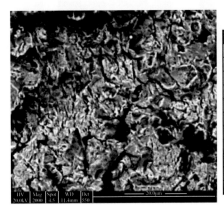

元素	wt%	At%
CK	11.44	33.52
OK	6.10	13.42
AlK	0.84	1.09
SiK	0.48	0.60
SK	0.33	0.37
CaK	0.35	0.31
CrK	1.43	0.97
MnK	0.53	0.34
FeK	76.16	47.98
NiK	2.34	1.40
模型	修正	ZAF

图 3-2-12　试样 1 断口氧化区形貌及能谱分析结果

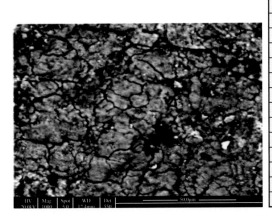

元素	wt%	At%
CK	24.35	47.42
OK	16.00	23.40
MgK	0.46	0.45
AlK	5.86	5.08
SiK	1.77	1.48
SK	0.90	0.66
ClK	0.28	0.18
KK	0.51	0.31
CaK	0.64	0.38
TiK	0.56	0.27
VK	0.28	0.13
CrK	0.93	0.42
MnK	0.78	0.33
FeK	44.74	18.74
NiK	0.192	0.77
模型	修正	ZAF

图 3-2-13　试样 2 断口区形貌及能谱分析结果

（6）分析小结。

① 泵头体的起始断裂区位于排出腔与柱塞腔的过渡圆弧处，最初产生很多微小裂纹，并开始扩展；邻近较大裂纹合并产生撕裂台阶，导致裂纹的加快扩展。

② 主裂纹起裂后，较平直地向内部扩展，同时偏向薄弱的外壁方向，在交变应力与腐蚀介质的作用下，该泵头体发生腐蚀疲劳开裂。

③ 断口 SEM 呈典型的泥状花样形貌，在整个开裂断面上存在 Si、Al、Ca、K、Cl 等成分，说明含有沙粒和盐酸的工作介质在裂纹扩展断面上存在，在裂纹扩展过程中增加应力集中和应力腐蚀程度，加快裂纹的扩展。

2）冲蚀

某泵头体使用一定时间后就不能工作了（失效泵头体见图 3-2-14），经检查，发现 1# 型腔内有一个呈穿透性的孔洞。剖开 1# 型腔，发现孔洞分布在泵体和阀座两个部件上，洞壁在这两个部件上的形貌如图 3-2-15 所示。

图 3-2-14　从泵体上取样检查

(a) 泵体上的孔洞

(b) 阀座上的孔洞

图 3-2-15　泵体和阀座的孔洞形貌

对距泵体端面 25mm 的整个横截面做热酸洗，未发现目视可见的宏观缺陷。在距泵体端面 25～50mm 的切片上取横向试样，做拉伸试验，常温和 -40℃ 的冲击试验，硬度试验。化学成分分析结果表明其符合规范。

由于泵头体该类型失效形式并不多见，且失效部位与阀座失效部位紧密接触，初步考虑为阀座首先失效后导致泵头体失效，因此，通过研究阀座的失效形式和机理，能间接反映出该泵头体的失效形式和机理。

图 3-2-16　失效阀座取样位置

（1）宏观检验。

如图 3-2-16 所示，在用白色标的 1、2、3 位置，其外圆母线与过渡圆弧相交处，都有各种程度不同的凹坑或者沟槽缺陷。位置 1 处局部形貌其凹坑中还堆积有圆形颗粒的砂；位置 2 处既存在底部光滑的凹坑，又有见不到底的沟槽；位置 3 处局部形貌为一个多棱角的小洞（图 3-2-17）。

（2）酸浸试验。

解剖位置 2 处的缺陷，将其剖面精磨抛光后，用 4% 的硝酸 + 酒精液浸蚀，浸蚀的结果如图 3-2-18 所示。用热酸浸 B—B 剖面，结果如

图 3-2-19 所示。从显示结果说明，在任意剖切的两个截面上，其外圆过渡圆弧部位渗层深度大幅降低，这是因为该面需要与泵头体锥面紧密贴合，其尺寸要求非常精密，光洁度要求亦较高，为机加工面。

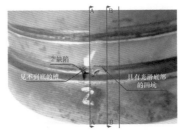

图 3-2-17　失效阀座局部形貌

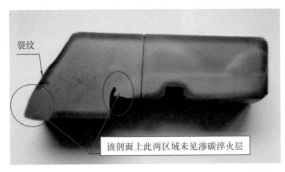
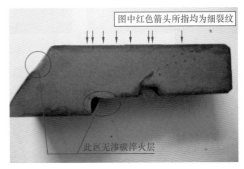

图 3-2-18　用 4% 的硝酸 + 酒精液浸蚀抛光后的剖面　　图 3-2-19　用热酸浸蚀后的 B—B 剖面

（3）微观检测。

渗碳组织为回火马氏体 + 颗粒状碳化物，如图 3-2-20 所示。

中心组织为回火马氏体 + 铁素体。由于该材料淬透性有限，渗碳淬火时中心部位冷却速率较低，未能转变成马氏体，其形态呈现出多样化，如图 3-2-21 所示。

图 3-2-20　渗碳淬火层金相组织　　　　　　图 3-2-21　中心金相组织

（4）高倍显微镜检查酸浸试验显现的微裂纹。

在高倍显微镜下，这些微裂纹中是大量片状的夹渣呈带或呈片分布，受高应力作用，这些块状夹渣之间形成微裂纹，有的地方微裂纹呈网状分布，如图 3-2-22 所示。

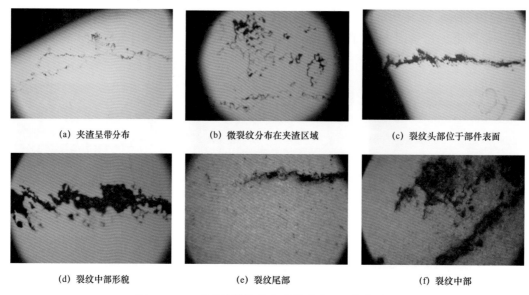

| (a) 夹渣呈带分布 | (b) 微裂纹分布在夹渣区域 | (c) 裂纹头部位于部件表面 |

| (d) 裂纹中部形貌 | (e) 裂纹尾部 | (f) 裂纹中部 |

图 3-2-22　高倍显微镜检查酸浸试验显现的微裂纹

（5）硬度检查。

用洛氏硬度计在阀座的表面检查，其结果为 HRC56～HRC57。在切片上中心部位检查，结果为 HBW292～HBW307。

（6）分析小结。

从宏观形貌观察和微观分析可以看出，泵头体和阀座漏洞的形成，是受磨粒磨损和高压流体冲刷的结果。压裂液普遍含砂比例较高，在高压下，高速流动的水带着砂对空隙壁做摩擦或犁削产生磨损，此时，硬度偏低的地方会被优先磨损。过渡圆弧处出现了凹坑、沟槽和小洞就是例证。它们可能是先被磨出小坑，再发展成洞或槽。此槽底部已深入到中间组织层，这些沟槽继续被磨削，就可能发展成小的穿透孔或槽，再进一步冲刷，就会形成孔洞。

孔洞的形成是受磨粒磨损和高压流体冲蚀的结果；泵头体发生该类型失效，往往伴随着相关配件提前损坏。

2. 泵头体材料

早期的泵头体采用铸铁制造，后来慢慢改成了焊接性相对较好的低碳铸钢，这是因为随着压力提高，液力端损坏的问题变得日益严重。随着锻造技术的进步和锻压设备的升级，又逐步改成了锻钢。在 20 世纪 60 年代，学者们已经认识到了液力端的主要失效形式是腐蚀疲劳开裂，液力端材料技术的进步主要方向是提高腐蚀疲劳强度极限，解决当时俗称的"湿疲劳"问题，受到生产技术及设备的限制，当时很难有较大突破。

随着材料技术的进步、生产工艺的提高及生产设备的进一步升级，耐应力腐蚀性能及腐蚀疲劳强度更高的材料更适合于制造泵头体，包括 Cr-Mo 系合金钢、Cr-Ni-Mo 及 Cr-Ni-Mo-V 系合金钢。下面将一些主要钢种进行介绍，并重点介绍其性能。

1）泵头体常规合金钢材料

（1）35CrMo。

① 材料特性。35CrMo 属于中碳调质钢，在 20℃水中淬火临界直径为 42mm，在静油中淬火临界直径为 25mm，循环状态下淬火临界直径可达 35mm；35CrMo 回火脆性不敏感，调质后综合力学性能较好，低温韧性一般，易切削加工，焊接性一般。

② 化学成分。35CrMo 的化学成分见表 3-2-4。

表 3-2-4　35CrMo 化学成分（质量分数 /%）

C	Si	Mn	Cr	Mo	Ni	Cu
0.32～0.40	0.17～0.37	0.4～0.7	0.8～1.1	0.15～0.25	≤0.3	≤0.2

③ 力学性能。35CrMo 合金锻钢件调质处理后，在距表面 1/4 半径处取样的力学性能指标见表 3-2-5。

表 3-2-5　35CrMo 钢 1/4 半径处取样的力学性能

毛坯直径 / mm	抗拉强度 / MPa	屈服强度 / MPa	延伸率 / %	断面收缩率 / %	冲击吸收功 A_{KV_8}/J	硬度 / HBW
101～150	800	585	17	45	48	
151～200	780	550	17	45	48	269～ 302
201～250	760	520	17	45	48	
251～300	680	480	17	45	48	

35CrMo 合金锻钢件调质处理后，在距表面 1/2 半径处取样的力学性能指标见表 3-2-6。

表 3-2-6　35CrMo 钢 1/2 半径处取样的力学性能

毛坯直径 / mm	抗拉强度 / MPa	屈服强度 / MPa	延伸率 / %	断面收缩率 / %	冲击吸收功 A_{KV_8}/J	硬度 / HBW
≤65（水）	883	735	17	45	48	287～323
66～90（水）	835	655	17	45	48	287～323
≤60	800	600	18	50	54	240～276
	880	700	16	50	42	287～323
61～100	700	500	18	50	42	240～276
	800	650	16	50	42	287～323
101～150	650	450	20	50	42	240～276
	745	520	17	45	42	269～302
151～200	705	480	16	45	—	269～302

（2）42CrMo。

① 材料特性。42CrMo 属于中碳调质钢，在 20℃水中淬火临界直径为 58mm，在静油中淬火临界直径为 40mm；42CrMo 回火脆性不敏感，调质后综合力学性能较好，低温韧性一般，焊接性较差。

② 化学成分。42CrMo 的化学成分见表 3-2-7。

表 3-2-7　42CrMo 化学成分（质量分数 /%）

C	Si	Mn	Cr	Mo	Ni	Cu
0.38～0.45	0.17～0.37	0.5～0.8	0.9～1.2	0.15～0.25	≤0.3	≤0.2

③ 力学性能。42CrMo 合金锻钢件调质处理后，在距表面 1/2 半径处取样的力学性能指标，见表 3-2-8。

表 3-2-8　42CrMo 钢 1/2 半径处取样的力学性能

毛坯直径 / mm	抗拉强度 / MPa	屈服强度 / MPa	延伸率 / %	断面收缩率 / %	冲击吸收功 A_{KV_8}/J	硬度 / HBW
≤60	850	750585	17	50	32	269～302
≤100	800	650	17	50	42	287～323
≤125	750	550	18	50	42	240～276
	800	630	17	45	20	287～323

（3）40CrNi2Mo。

国内外一些厂家采用 40CrNi2Mo 合金制造压裂泵泵头体。

① 材料特性。40CrNi2Mo 属于中碳调质钢，其淬透性高，在美标中对应牌号为 SAE4340，欧标近似材质为 34CrNiMo6 和 36CrNiMo4。在淬火回火后可获得很高的强度和韧性，冷变形塑性与焊接性较差。

② 化学成分。40CrNi2Mo 的化学成分见表 3-2-9。

表 3-2-9　40CrNi2Mo 化学成分（质量分数 /%）

C	Si	Mn	Cr	Ni	Mo
0.38～0.43	0.17～0.37	0.6～0.8	0.7～0.9	1.65～2.0	0.2～0.3

③ 力学性能。40CrNi2Mo 合金锻钢件经 880℃水淬，640℃回火后力学性能指标见表 3-2-10。

表 3-2-10　40CrNi2Mo 合金力学性能

项目	抗拉强度 /MPa	屈服强度 /MPa	延伸率 /%	断面收缩率 /%	冲击吸收功 /J
手册要求	≥1050	≥980	≥12	≥45	≥48（A_{KV_2}）
企业要求	≥980	≥870	≥15	≥45	≥27（A_{KV_8}）

2）泵头体不锈钢材料

常规合金钢泵头体使用寿命波动较大，据不完全统计，在超高压工况下，带压作业使用寿命不足 200h 的产品比例接近 10%，这极大影响了压裂施工效率和经济效益。为了进一步提高泵头体使用寿命，美国 GD 公司最早于 2012 年开始采用沉淀硬化性不锈钢制造泵头体，并取得了较为满意的实验效果。随后，世界各国公司开始跟进，分别采用 17-4PH、15-5PH、00Cr13Ni5Mo 等不锈钢制造泵头体，在各大油田得到了推广应用。

（1）17-4PH。

① 材料特性。17-4PH 对应美标材料 UNS S17400，为马氏体型沉淀硬化不锈钢，具有优良的耐腐蚀性能和力学性能，易于成型铸造，可焊接，可切削，在工程上得到了较多应用。主要热处理方式为固溶加时效处理，时效过程中沉淀硬化，经不同时效处理可得到不同的力学性能，其强度和韧性可以在很大范围内调整以满足不同使用要求。

② 化学成分。17-4PH 的化学成分见表 3-2-11。

表 3-2-11　17-4PH 化学成分（质量分数 /%）

C	Si	Mn	Cr	Ni	Cu	Nb
≤0.07	≤1.0	≤1.0	15～17.5	3～5	3～5	0.15～0.45

③ 力学性能。17-4PH 的力学性能要求见表 3-2-12（试样毛坯尺寸 25mm）。

表 3-2-12　17-4PH 力学性能要求

热处理状态	抗拉强度 / MPa	屈服强度 / MPa	延伸率 / %	断面收缩率 / %	冲击吸收功 A_{KV_2}/ J（-29℃）
一般要求	≥870	≥765	≥17	≥35	≥27
固溶 +480℃时效	1310	1180	10	35	≥27
固溶 +550℃时效	1070	1000	12	45	≥27
固溶 +580℃时效	1000	865	13	45	≥27
固溶 +620℃时效	930	725	16	50	≥27

（2）00Cr13Ni5Mo。

① 材料特性。00Cr13Ni5Mo 是在 CA-6NM 基础上发展的超低碳马氏体不锈钢。它具有良好的强度、韧性、可焊性及耐腐蚀性能。该钢以形成高强韧性的低碳马氏体并以 Ni、Mo 等合金元素补充强化为主要强化手段。热处理后具有低碳板条状马氏体与逆变奥氏体的复合组织，从而既保留了高的强度水平又具有良好的韧性和可焊性，适合于厚截面尺寸锻件。

② 化学成分。00Cr13Ni5Mo 的化学成分见表 3-2-13。

表 3-2-13　00Cr13Ni5Mo 化学成分（质量分数 /%）

C	Si	Mn	Cr	Ni	Cu	Mo
≤0.03	≤0.8	0.4～1.0	12～14	4～6	3～5	0.5～1.0

③ 力学性能。00Cr13Ni5Mo 的力学性能要求见表 3-2-14。

表 3-2-14　00Cr13Ni5Mo 力学性能要求

钢料	取样部位	抗拉强度 /MPa	屈服强度 /MPa	延伸率 /%	断面收缩率 /%	冲击吸收功 A_{KV_2}/J（-29℃）
A	常规	865	730～740	19～21	58.5	120～130
	S，T	865～870	740	20～21	60～63	200～250
	C，T	865	740	20～21	58.5	120
	S，L	865	730～740	21～22	68～69	200～250
	C，L	855	710～725	21～22	65～66	200
	Z 向	820～830	595～615	8.5～11	16～17	110～120
B	常规	855～860	745	21～22	62	160～190
	S，T	860	765～775	21～22	64～65	160～180
	C，T	855	745	21～22	62	160～190
	S，L	855～860	705～775	23～25	74	250～260
	C，L	855	715～735	22～23	69～73	250～270
	Z 向	855	725	17～18	47～48	130

二、泵头体焊接修复技术

1. 材料焊接性分析

试验采用材料 30CrNi3MoV 钢属于 Cr-Ni-Mo 系列的中碳合金钢，其化学成分和力学性能见表 3-2-15 和表 3-2-16。

表 3-2-15　30CrNi3MoV 钢的化学成分（质量分数 /%）

C	Mn	P	S	Si	Cr	Ni	Mo	V	Al
0.25～0.38	≤0.9	≤0.015	≤0.015	0.15～0.30	0.80～1.50	3.00～3.50	0.40～0.60	0.05～0.25	≤0.12

表 3-2-16　30CrNi3MoV 钢的力学性能

抗拉强度 σ_b/MPa	屈服强度 σ_s/MPa	伸长率 A/%	断面收缩率 Ψ/%	冲击功 A_{KV}/J		硬度 /HB
				常温	-40℃	
≥1020	≥880	≥15	≥30	≥34	≥27	280～340

由表 3-2-15 可知：30CrNi3MoV 材料中含 C 量及合金元素种类较高，因此液—固

相区间较大，偏析严重，有较大的热裂纹倾向。合金元素的加入，一方面提高了材料的强度和硬度，例如 Ni、Si、Cu 等起到沉淀强化的作用，Si 还有石墨化的作用，V、Mo、Cr、Mn 起到固溶强化的作用，使材料的强度、硬度等有了很大程度的提高；另一方面 Ni 的大量添加，在很大程度上提高其塑性和韧性。相关研究表明：材料在高韧性使用时采用预处理 +870℃淬火 +500℃回火的热处理工艺；而在超高强度下使用时采用预处理 +890℃淬火 +200℃回火的热处理工艺。材料的焊接性很差，焊接时具有较大的冷裂倾向，为了避免产生焊接冷裂纹，必须采取严格的工艺措施。

2. 焊接工艺与修复形状和尺寸之间的关系

焊接修复是为了在待焊位置熔敷金属，焊缝几何尺寸直接影响焊接接头的外观质量和内在质量，而焊接工艺参数对焊缝几何尺寸有重要影响，因此焊接工艺参数与焊缝几何尺寸的关系是制定焊接工艺方案、控制焊接质量的重要依据。

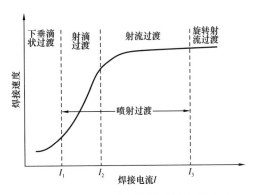

1）焊接工艺参数分析

图 3-2-23 示出焊接过程中可能出现的熔滴过渡变化区间。试验过程中，需要找到射滴过渡到射流过渡的临界电流 I_2，实际焊接的焊接电流 $I_实 \geq I_2$。为了确定焊接参数（焊接电流，焊接电压，焊接速度等），首先，在单道焊接情况下，通过观察电弧稳定性及焊后焊缝表面形貌，得到电弧稳定、焊缝表面形貌好、飞溅少、焊接质量好的焊接参数。

图 3-2-23 CO_2 电弧焊接过渡变化区间

2）焊接电流和电弧电压

试验所采用的焊接电源是数字化焊接电源，只需要调节焊接电流，电弧电压是跟焊接电流配套的。不同电流下焊缝成型如图 3-2-24 所示，三道焊缝自下而上分别是在 200A、220A、250A 下的焊后形貌，发现焊缝形貌逐渐改善，临界电流在 250A 附近。但是从经济效益来说，电流也不必过大。测量不同焊接电流下焊缝宽度和高度，由图 3-2-25、表 3-2-17，可以看出，在同样的焊接速度下，焊缝宽度、焊道高度随焊接电流的增大而提高，这是由于增大焊接电流，焊接热输入、焊丝的熔化速度以及熔滴冲击力、电弧压力均增大，从而使熔滴的分布区域变大。试验中采用的电流是 270～280A，电压为 27～29V。

图 3-2-24 不同电流下的焊缝成型

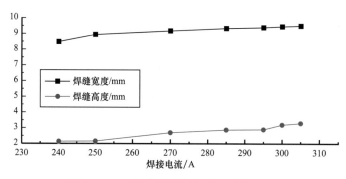

图 3-2-25　焊接电流与焊缝形貌关系图

表 3-2-17　焊接电流与焊缝形貌关系

焊接电流 /A	焊缝宽度 /mm	焊缝高度 /mm
240	8.48	2.12
250	8.94	2.14
270	9.18	2.68
285	9.34	2.86
295	9.40	2.88
300	9.46	3.18
305	9.50	3.28

3）焊接速度

不同焊接速度下焊缝形状参数见表 3-2-18，焊接速度对焊缝成型的影响如图 3-2-26 所示。在焊接电流、电弧电压确定后，不同焊接速度下的焊缝形貌如图 3-2-27 所示。最终确定的焊接速度是 75cm/min。

表 3-2-18　焊接速度与焊缝形状关系

焊接速度 /（cm/min）	焊缝宽度 /mm	焊缝高度 /mm
55	9.96	2.60
65	8.90	2.38
75	8.36	2.34
85	7.76	2.28
90	7.14	2.20

4）焊丝干伸长

根据经验，合适的焊丝干伸长应为焊丝直径的 10～15 倍，因此选择 12～18mm 作为本焊接系统的干伸长长度。

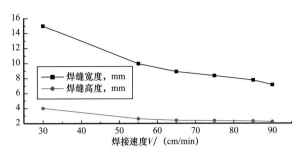

图 3-2-26　焊接速度对焊缝成型的影响

图 3-2-27　焊接速度对焊缝成型的影响

5）搭接量

图 3-2-28 为不同搭接量下的焊缝表面形貌。搭接量为 4mm 时，焊缝高度约为 4.36mm；搭接量为 6mm，焊缝表面平整，焊缝高度约为 2.24mm，波峰波谷相差约为 0.24mm；当搭接量达到 8mm 时，波峰波谷相差超过 1mm。优选焊接工艺参数见表 3-2-19。

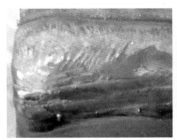

(a) 搭接量4mm　　　　　　　(b) 搭接量6mm　　　　　　　(c) 搭接量8mm

图 3-2-28　不同搭接量下的焊缝表面形貌

表 3-2-19　焊接工艺参数

焊接电流 /A	电弧电压 /V	焊接速度 /（cm/min）	搭接量 /mm	气体流量 /（L/min）
270～280	27～29	75	6	20

3. 抗裂性及组织性能试验

由于泵头体材料焊接性较差，首先采用斜 Y 坡口裂纹试验确定材料的最低预热温度，然后分别进行平板堆焊和对焊试验，分析研究接头的组织和力学性能。

1）斜 Y 坡口裂纹试验

斜 Y 坡口裂纹试验（Y-Slit Type Cracking Test）主要用于评定碳钢和低合金高强钢焊接热影响区对冷裂纹的敏感性。考虑试样加工余量及焊接收缩情况，试件的形状及尺寸如图 3-2-29 所示，试验焊缝的长度为 80mm，其坡口形式如剖面图 A—A，为斜 Y 形坡口；两侧为拘束焊缝，拘束焊缝的长度为 80mm，其坡口形式如剖面图 B—B，为双 V 形坡口，采用机械加工焊接裂纹试件的坡口。

先进行两侧拘束焊缝的焊接，拘束焊缝为双面焊接，为了防止焊接变形，两面交换依次焊接。焊接完成后测量坡口根部间隙均为 2.0mm±0.1mm，最后进行试验焊缝的焊接，试验焊缝为单道单层焊，焊接工艺按照表 3-2-20 中参数进行。试验焊缝焊接时采用 3 种预热温度，分别为不预热、100℃和 150℃预热，焊后静置 48h 再检测和解剖。可用肉眼和放大镜来观察焊接接头和端面上是否存在裂纹，并分别计算出表面裂纹率和断面裂纹率。

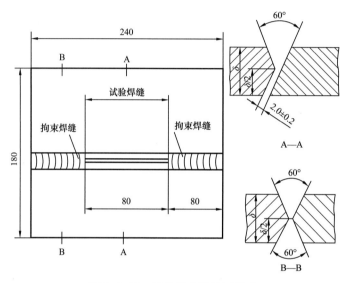

图 3-2-29　试件尺寸及坡口形式

表 3-2-20　30CrNi3MoV 钢的焊接裂纹率

板厚 /mm	预热温度 /℃	焊后处理	裂纹率 /%	
			表面	断面
30	室温	无后热	100	90.6
	100		0	0
	150		0	0

在不预热的情况下，焊缝表面出现较长的裂纹；焊前进行 100℃或 150℃预热，焊缝表面及断面均无裂纹。对表面和断面裂纹长度进行测量，计算得到焊缝表面和断面裂纹率见表 3-2-20。说明对该材料进行 100~150℃预热，能大幅提高其抗开裂性能。

2）表面堆焊试验

表面堆焊试验是用来模拟尺寸超差的焊接修复，在上面的试验研究已经确定的工艺参数下，分别进行了不同焊接顺序的表面堆焊，试样尺寸为 250mm×200mm×20mm，如图 3-2-30 所示。

按照上述方案进行表面堆焊，所得焊缝如图 3-2-31 所示（实际焊接 16 道焊缝）。图 3-2-31（a）是顺序焊试样（试样 A），另一块焊后进行去应力退火（500℃保温 3h 后随炉缓冷，试样 C，未在图中列出）；图 3-2-31（b）是折返焊接试样（试样 B）。

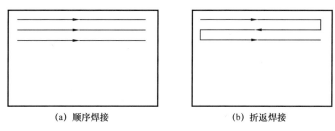

(a) 顺序焊接　　　　　　　　　(b) 折返焊接

图 3-2-30　表面堆焊的不同焊接顺序

(a) 顺序焊接　　　　　　　　　(b) 折返焊接

图 3-2-31　堆焊后焊缝形貌

　　焊接完成后，焊接试件先进行外观检查、无损检测，合格之后，加工显微组织硬度试样。显微组织试样采用 4% 硝酸酒精腐蚀后通过光学显微镜观察显微组织，硬度试验在 DHF-1000 型数显显微维氏硬度计上进行（试验力为 9.8N，维持时间为 15s）。

　　焊接后对每块试样（A，B，C 三块）取样，取样位置如图 3-2-31（b）所示，避开引弧或熄弧的地方，在焊接质量比较均匀的地方开始取样，取样后打钢印，分别记做 A1，A2，A3；B1，B2，B3；C1，C2，C3。然后进行显微组织试验及硬度试验。

　　在体视显微镜下观察 A1 焊缝形貌，如图 3-2-32 所示，能够看出焊缝中柱状晶明显，柱状晶是以熔化的母材晶核为基底，沿着温度梯度方向生长。

　　由图 3-2-32（b）可知，焊缝区金属组织主要是柱状晶，柱状晶区的晶粒粗大，晶界上有先共析铁素体以及从晶界向晶内平行生长的侧板条铁素体，板条之间有珠光体，还有少量针状铁素体。图 3-2-32（c）～（e）为热影响区的组织，图（c）为热影响区完全淬火区，其组织主要为粗大的板条马氏体，还有少量的粒状贝氏体；图（d）为热影响区的不完全淬火区，其组织为细小的板条马氏体；图（e）为回火软化区，图中黑色为碳化物析出，其组织为回火组织（回火索氏体）；图 3-2-32（f）为母材，其组织为回火索氏体，即在多边形铁素体基体上分布着细小的碳化物颗粒。

　　图 3-2-33 为试样 A2 及 A3 的显微组织照片，观察图（a）和图（b）可以看出，A2 及 A3 的焊缝组织均为细小的针状铁素体加贝氏体混合组织。从图（c）可以看出，A2 区域的组织主要为板条状马氏体；A3 区域因受到前后多道次焊接热输入的影响，其冷却速率相对较慢，组织主要为板条状马氏体加上贝氏体（图中箭头处）。

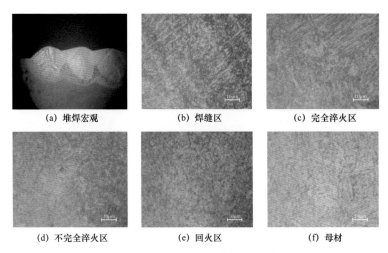

| (a) 堆焊宏观 | (b) 焊缝区 | (c) 完全淬火区 |
| (d) 不完全淬火区 | (e) 回火区 | (f) 母材 |

图 3-2-32 A1 试样的显微组织

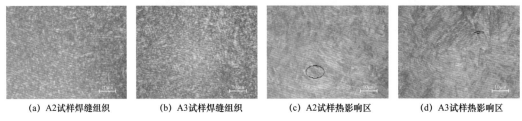

| (a) A2试样焊缝组织 | (b) A3试样焊缝组织 | (c) A2试样热影响区 | (d) A3试样热影响区 |

图 3-2-33 A2 及 A3 试样显微组织

试样 B 焊缝区靠近融合线为柱状晶，焊缝顶部为细小的等轴晶，其组织主要为先共析铁素体，板条状铁素体，针状铁素体，如图 3-2-34（a）及图 3-2-34（b）所示；热影响区靠近熔合线为板条状马氏体加粒状贝氏体，离融合线越远，板条马氏体尺寸越小；在回火软化区为回火组织。观察 B2 试样，在两焊道之间发现有裂纹，分析其应该为液化裂纹，是热裂纹的一种。液化裂纹是一种沿奥氏体晶界开裂的微裂纹，其形成与液膜的存在和拉应力的作用有关。由于试样 B 是折返焊接，焊道层间过高，焊层间部分低熔点共晶在焊接高温下重新熔化，使金属的塑性和强度急剧下降，在拉伸应力作用下沿奥氏体晶界开裂，说明折返焊接工艺不适用。

接下来对试样 C 进行分析，试样 C 跟试样 A 一样都是单道焊接，区别是在焊后进行了退火处理，其各个区域组织如图 3-2-35 所示。焊缝区组织为细小均匀的针状铁素体；热影响区板条马氏体在退火时发生分解，组织软化，得到回火马氏体及回火索氏体。

对不同焊接顺序下的表面堆焊试样进行硬度试验，试验结果如图 3-2-36 所示。试样 A 和试样 B 的硬度在热影响区淬硬区达到最高值，在回火区表现出不同程度的软化，最低硬度分别为 HBW285，HBW304，HBW298，均在母材要求的强度范围内。试样 C 焊后进行了退火处理，可以发现淬硬区的硬度明显下降，主因是马氏体发生了分解，这与上面的显微组织观察结果一致。

3）平板对焊试验

为了研究开裂泵头体修复以及焊接接头的强度、塑性等指标，进行了平板的对焊试

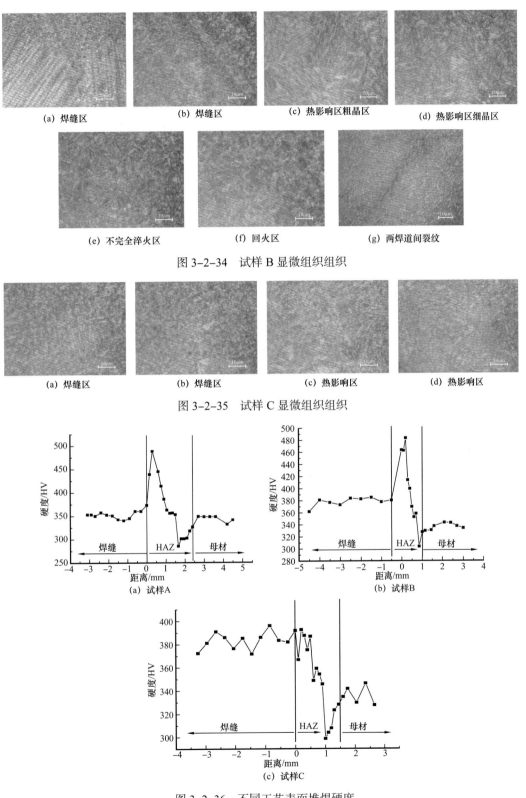

(a) 焊缝区　　(b) 焊缝区　　(c) 热影响区粗晶区　　(d) 热影响区细晶区

(e) 不完全淬火区　　(f) 回火区　　(g) 两焊道间裂纹

图 3-2-34　试样 B 显微组织组织

(a) 焊缝区　　(b) 焊缝区　　(c) 热影响区　　(d) 热影响区

图 3-2-35　试样 C 显微组织组织

(a) 试样A

(b) 试样B

(c) 试样C

图 3-2-36　不同工艺表面堆焊硬度

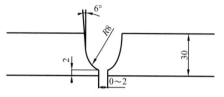

图 3-2-37　对焊试样坡口形式

验，并对焊接接头进行了力学性能试验。在对接焊接接头处，按照 GB/T 2651《焊接接头拉伸试验法》和 GB/T 228《金属材料　拉伸试验　第 1 部分：室温试验方法》取三个拉伸试样。对接焊接试验试样尺寸为 280mm×105mm×30mm，坡口形式如图 3-2-37 所示，其试样取样位置如图 3-2-38 所示。

对焊试验完成后，对试样进行表面观察及无损探伤，随后按照图 3-2-39 取样，得到拉伸冲击试样和显微组织试样。拉伸实验按照我国标准金属拉伸试样和金属拉伸试验方法（GB/T 228）来制作。试样采用矩形试样，拉伸部位的矩形截面为 20mm×6mm，其长度选取 60mm。

冲击试验标准为 GB/T 229《金属材料　夏比摆锤冲击试样方法》，其试样尺寸为 10mm×10mm×50mm 的方形标准试样，中间单面加工出 V 形缺口，缺口深度为 2mm。试验在型号为 JXB—300 的摆锤式冲击试验机上按照 GB/T 229 进行。

图 3-2-40 为对焊拉伸试样断裂照片，从图可以知道，试样均断于母材，断口有缩颈现象，产生了塑性变形，表明焊接接头的性能高于母材。3 个试样拉伸后抗拉强度分别为 957.2MPa、899.5MPa、915.3MPa。同时进行了坡口开在焊缝的常温冲击试验，冲击功分别为 47.01J、47.01J、54.03J，均达到冲击功的要求（大于 34J），综合说明焊接接头性能良好。

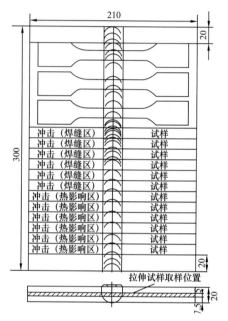

图 3-2-38　对焊试样取样位置示意图

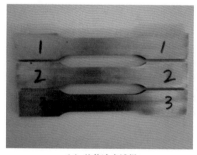

（a）拉伸冲击试样

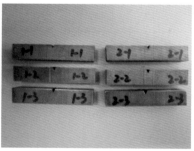

（b）显微组织试样

图 3-2-39　拉伸冲击试样和显微组织试样

试验进行的对接焊接试验板厚为 20mm，焊接接头宏观形貌如图 3-2-41 所示，从图中可以看出是多层多道焊，焊接热影响区比较小。在每一道焊缝都会看出腐蚀颜色的深浅不同，表明该区域组织有所不同，这主要是因为在多层多道焊缝施焊中，先焊焊道会受到后续焊道的不同程度的热作用,这样先焊焊道的组织会产生不同的变化。

图3-2-42是对焊接头各个区域的组织。试样焊缝[图(a)]中组织主要为针状铁素体和少量粒状贝氏体,晶粒比较细小,晶粒交界处有珠光体存在。完全淬火区[图(b)]的组织主要有粗大板条马氏体、上贝氏体和少量粒状贝氏体,马氏体板条位向关系明显。而在回火软化区[图(c)],均匀分布着细小的铁素体。

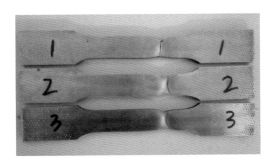

图3-2-40 拉伸后试样宏观图

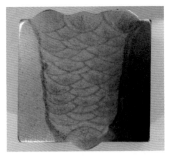

图3-2-41 对焊焊缝宏观形貌

(a)焊缝

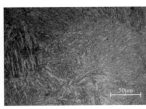

(b)完全淬火区

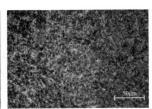

(c)回火区

图3-2-42 对焊接头各区域组织

4. 模拟件修复及实际焊接修复

1)模拟件修复试验

选用泵头体的模拟件来进行焊接试验。模拟件的焊接过程反映泵头体焊接的真实情况,为模拟件代替泵头体的实际焊接提供了依据。

从报废的三缸泵头体上取下一缸作为模拟件,模拟泵头体的焊接修复,其形状如图3-2-43所示。对于孔的表面焊接,一般采用立焊,在立焊条件下的焊接,表面成型较差,在使用变位机后,能够变立焊为斜坡焊。焊接过程中,变位机带着模拟件旋转,变位机旋转一圈,就会得到一道焊缝。可见端孔规则平整,另外一端是螺纹孔,对两端的孔分别焊接,观察焊后成型情况。为了研究焊后孔的变形情况,在孔的八等分位置,等距离打点,记录尺寸(图中记号笔标出的1-1′、2-2′、3-3′、4-4′),焊后再记录,计算焊接变形。通过焊接模拟件试验,可以确定焊接修复的变形情况,并且可以通过测量焊接完成后堆焊层的厚度,确定实际修复时需要焊接的层数,为实际焊接提供指导。

焊接过程中,首先确定变位机的转动速度,使模拟件焊接速度等于已经确定的焊接工艺的焊接速度。研究发现,变位机的转动角速度是与电压有关的,通过改变电压,得到不同的转动角速度,见表3-2-21。

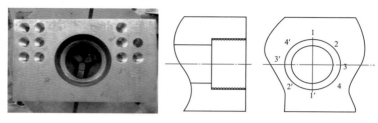

图 3-2-43　焊接修复模拟件

表 3-2-21　电压与变位机的角速度关系

电压 /V	一圈所需时间 /s	角速度 / (rad/s)
50	102.8	0.061120479
70	71.5	0.087876716
100	49.5	0.126933034
120	41.5	0.151402053
130	38.3	0.164051833
150	33	0.190399552

由表 3-2-21 的数据得出电压与角速度的关系曲线如图 3-2-44 所示。发现它们呈现线性关系，其关系式为 $\omega = 0.0012U - 0.002$。测量得到孔的直径为 12.381cm，上面所确定的焊接速度为 75cm/min，故设定的电压为 175V。实施焊接变位机偏转呈 60°角，变位机带着模拟件旋转实施焊接，如图 3-2-45 所示。

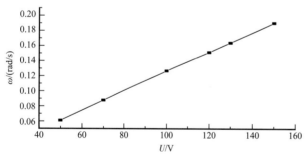

图 3-2-44　电压与角速度关系图

图 3-2-45　变位机带着模拟件旋转焊接过程

焊接后测量焊接变形情况见表 3-2-22，可以发现焊接变形量均在 0.2mm 以内；实际焊接时，焊接件的体积更大，焊后变形更小并通过微控加工消除焊后变形。

焊后形貌如图 3-2-46 所示，图 3-2-46（a）是焊后整体形貌，图 3-2-46（b）是线切割后取 1/4 观察其截面；图 3-2-46（b）左半部为泵头体规整端两层焊后形貌，焊后高度为平均值 4.20mm，右半部分为单层焊后形貌，焊后堆焊层厚度均值为 2.12mm，在实际焊接过程中，根据超差尺寸确定焊接层数。方块标出处为一夹渣，故建议在焊接时，每焊接一道后进行清渣处理；右半为有螺纹端单层焊后形貌，发现在每个螺纹根部都有未焊透，呈等距离排列，所以焊接前螺纹需要机加工去除掉。

表 3-2-22　模拟件焊接变形情况

序号	规整端		螺纹孔端	
	焊前距离 /mm	焊后距离 /mm	焊前距离 /mm	焊后距离 /mm
1–1′	154.56	154.36	149.94	150.51
2–2′	154.40	154.30	149.84	149.92
3–3′	153.86	153.78	150.50	150.38
4–4′	154.46	154.48	149.96	149.90

　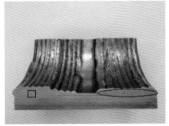

(a) 焊后整体形貌　　　　　　　　(b) 1/4 截面图

图 3-2-46　模拟件焊后形貌

2）实际焊接修复

在进行实际焊接修复之前，彻底清理待焊表面的粘砂、铁锈、油污、水分等脏物。由于实际焊接时需要装夹工件，适当提高预热温度，将加工超差的泵头体预热约 200℃后变位机偏转 60°角，采用表 3-2-21 的工艺参数对泵头体缸孔施焊，每焊完一道后都进行清渣处理并控制层间温度为 100℃左右，根据超差尺寸进行了两层多道焊。焊接完成后，对施焊部位进行无损探伤，未发现夹渣、气孔、未融合等缺陷，检验合格。泵头体装夹及焊接过程如图 3-2-47 所示。焊后经过变形三坐标测量，变形量小于 0.05mm。

　　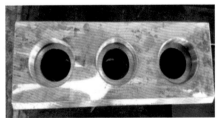

(a) 装夹　　　　　　(b) 焊接过程　　　　　　(c) 焊接修复后

图 3-2-47　泵头体装夹、实际焊接过程及焊接修复加工的泵头体

5. 焊接工艺对比分析

在对泵头体材料 30CrNi3MoV 进行分析的基础上，比较了传统手工焊（SMAW）与 Ar+CO_2 混合气体保护焊（GMAW）两种不同方法焊接后的接头性能，研究了微合金元

素 Cr、Ni、Mo 等对组织和性能的改善作用。

1）焊接材料及方法

具体焊接材料及工艺参数等见表 3-2-23。

表 3-2-23 焊接材料及方法

焊接方法	焊接材料	焊接工艺及参数		
		焊接电流 /A	电弧电压 /V	焊接速度 /（cm/min）
SMAW	CHE857CrNi	270～280	27～29	75
GMAW	JM130	140	30	≈25

按照表 3-2-23 的工艺参数，分别进行焊接试验。所有试样均为调质态的 30CrNi3MoV 钢板，取自于废弃的泵头体。对接试样尺寸为 280mm×105mm×30mm，坡口形式为 U 形坡口。焊接合格后进行力学性能试验、显微组织检验以评定焊接性能。

2）试验结果及分析

焊接完成后，进行外观检查，未发现气孔、夹渣、弧坑裂纹、电弧擦伤、咬边、未焊透、未焊满、根部收缩等缺陷。显示焊缝外观质量符合 GB50205《钢结构工程施工质量验收标准》一级焊缝的质量要求，所有焊缝进行 100%UT 检验均合格。对 SMAW 和 GMAW 两种焊接头分别进行拉伸和冲击试验，试验结果见表 3-2-24。

表 3-2-24 不同焊接方法焊接接头力学性能

焊接方法	抗拉强度 /MPa				断口位置	焊缝冲击功 /J			
SMAW	925	955	920	900	母材	39	34	31	52
GMAW	923	957	899	915	母材	49	47	47	54

数据显示，用 2 种不同的焊接方法得到的焊接接头抗拉强度在 900MPa 左右，差别很小，全部达到了 GB/T228 规定的要求。其断后断口位置全在母材，表明焊缝强度比母材高，说明焊材选择正确。焊缝冲击功平均值均大于母材冲击功要求，SMAW 个别试样冲击功略低于技术要求（31J），比较两种方法的冲击功可以知道，GMAW 的冲击功比手工焊的高，表明 GMAW 比 SMAW 性能更好。

两种焊接方法得到的焊缝显微组织如图 3-2-48 所示，焊缝区均为典型的正常焊接组织。因手工焊的输入线能量相对较大，奥氏体化温度高，有利于高温下的相变。另外，因冷速降低，随后的 A→F 相变相对充分，因而组织相对粗大。焊道柱状晶发达，从晶界向晶内生长的侧板条铁素体以及大块状铁素体的生成量明显多。气体保护焊后柱状晶内有大量的针状铁素体生成，针状铁素体的综合性能较好。

两种焊接方法的 HAZ 组织差不多。完全淬火区的组织为板条马氏体组织，板条马氏体随着热影响区最高温度的降低而细化；回火区的组织为回火索氏体和析出的碳化物，如图 3-2-48 中的黑色区域为聚集长大的碳化物。多层多道焊上一焊道由于受到了后续焊道后热作用，相当于进行了一定的焊后热处理，消除了焊接产生的热应力，均匀了焊缝和热影响区的组织，细化焊缝和热影响区的晶粒，使淬火粗晶区的粗大的板条马氏体组织细化，并且后续焊道的热作用会使焊缝中的氢有效排除，大大降低氢脆，这对低合金调质高强度钢是非常有利的。

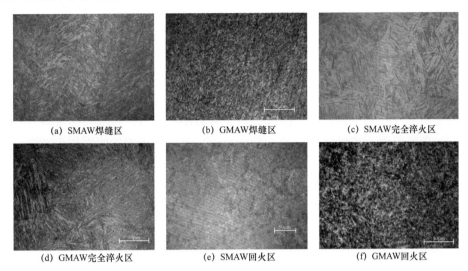

(a) SMAW焊缝区　　　　(b) GMAW焊缝区　　　　(c) SMAW完全淬火区

(d) GMAW完全淬火区　　(e) SMAW回火区　　　　(f) GMAW回火区

图 3-2-48　SMAW 和 GMAW 两种焊接方法组织比较

三、压裂泵泵头自增强技术

超高压泵泵头体的材料成本和制造成本昂贵，由于壁厚较大、内部结构复杂，导致其内壁应力远远高于外壁，此外由于整体毛坯的材料尺寸较大，在锻造加工及热处理中常产生难以检测的缺陷，这些都会成为泵头体疲劳破坏的隐患。大量的统计数据表明，泵头体的失效绝大多数是由于内壁萌生疲劳裂纹，进而扩展到外壁形成宏观断裂和泄漏所致，其使用寿命与同等材料的常规构件相比要低很多（严奉林等，2013）。因此，提高超高压泵泵头体的疲劳寿命变成了一个十分急迫的问题，而自增强技术便是解决这一问题的有效办法。

1. 自增强技术简介

1）自增强技术的原理

自增强技术的实质是在厚壁压力容器中合理利用残余压应力。在高压厚壁容器投入使用之前，对容器内部施加比正常工作压力高得多的内压，使容器内壁材料在一定范围内达到屈服状态，形成塑性区，而靠近外壁面的材料仍处于弹性变形状态。卸除自增强压力后，外壁面的材料由于弹性变形而试图恢复原状，但内壁面已发生塑性变形的材料无法恢复原状，这就导致内壁材料受到外层材料的箍紧作用，使内壁材料处于受压状态，而外壁材料处于受拉状态。内壁附近的压缩应力与外壁附近的拉伸应力组成自平衡力系，存在于容器内壁区域的应力称为残余压应力，外壁弹性区因收缩受阻而产生残余拉应力。压力容器承受正常工作内压时，工作应力为拉应力，残余应力为压应力，两者相叠加后工作应力降低。原本工作应力最大的内壁应力集中区，其应力峰值的降幅非常显著。而外壁区域的工作应力与残余拉应力叠加后，应力水平提高，从而使外层材料得到更大程度的利用。自增强残余压应力的存在，使容器内壁应力集中现象得到缓解，应力分布变得更加均匀。

2）自增强技术的优点

对于承受静载荷的厚壁容器，自增强处理的最大优点是可以提高其静压承载能力。自增强处理使厚壁容器内壁的局部产生残余压应力，与工作压力产生的拉应力相叠加后，内壁的最大应力得到了较大幅度的降低，整个容器的内外壁应力值变得更加接近。此外，用于制造容器的金属材料屈服后，进入塑性硬化状态后再卸载，材料的屈服强度会在原来的基础上得到一定程度的提高。因此，对于金属厚壁容器，自增强后其弹性承压范围获得提高，尤其是对于内腔结构复杂、存在内壁局部应力集中的容器，自增强处理提高承载能力的效果尤为明显。

对于承受循环内压载荷的厚壁容器而言，自增强处理的最大优点是可以延长其疲劳寿命。容器内层分布着残余压应力，承受循环工作载荷时，虽然应力幅值不变，但平均应力降低，疲劳寿命得到较大提高。特别是对于内腔有小孔、拐角或台阶等不连贯结构的容器，残余压应力的存在使其应力峰值点由内壁表面转移到表面以下，使裂纹萌生寿命得以提高。

3）自增强处理的方法

根据获得自增强压力方式的不同，可将自增强技术的处理方法可分为静液压法、机械挤扩法和爆炸法三种。

静液压法是在自增强容器内部缓慢注入高压液体介质，使容器内壁承受相同的压力作用。该方法适用于内部结构复杂、腔孔较多的容器，闭式容器的自增强加压通常用此方法。对于开式圆筒，如高压弯管、泵头体等，需要将各开口封堵住。该方法的缺点是配套设置较多，需要有压力足够高的高压源、可靠的容器端口密封装置、耐高压的管路和高压控制系统等。

机械挤扩法是将有一定过盈量的高强度心轴，在推力或牵引力的作用下，通过圆筒型容器内部，使容器内壁一定直径范围内的金属材料发生塑性变形，心轴移走后因外壁回弹而产生残余压应力。机械挤扩法主要适用于开式圆筒型容器的自增强处理，具有工艺设备简单、不存在密封问题、成本低等诸多优势。

爆炸法是利用高能炸药爆炸产生高密度的冲击波，使容器内壁金属发生塑性变形并扩展到一定深度。对于高压厚壁容器，一般有直接爆炸法和间接爆炸法两种自增强方式（华寅初等，1993）。直接爆炸法是将炸药与强化表面相贴合，均匀涂敷成薄层，然后直接引爆；间接爆炸法将炸药放在容器内腔中心，周围充满水，引爆炸药后，以水为介质传递冲击波。由于爆炸压力和爆炸速度较难控制，因此，精确控制残余应力分布的难度较大。

2. 泵头体最佳自增强压力分析

自增强压力的合理选择是自增强技术中的核心理论问题。施加的自增强压力太小，则达不到理想的提高使用寿命效果；压力太大，则不仅实施困难，而且会导致泵头体内腔提前破坏。关于最佳自增强压力的分析，国内外学者的研究对象主要集中在厚壁圆筒型容器上。圆筒型容器自增强残余应力的影响，主要体现在周向应力这一个方向上。而具有复杂内腔结构的泵头体，自增强残余应力为三向应力，其影响更为复杂。因此，有必要采用有限元分析方法，对泵头体进行三维弹塑性分析，分析并确定泵头体的最佳自增强压力。

1）泵头体的弹性有限元分析

由于泵头体各处壁厚不同，几何形状不同，因此在同一内压作用下，各处发生的弹性变形的大小是不同的。泵头体在小于弹性极限内压的压力作用下，其分析属于有限元的弹性模拟。可以采用有限元数值分析试算的方法，确定泵头体的弹性极限压力理论值。

（1）单元类型的选取及材料参数的确定。

在有限元分析中，计算结果受单元类型选择的影响比较大。目前，对于复杂模型的弹塑性结构有限元分析常采用等参单元，在 ANSYS 软件单元库中，能够用来做三维实体分析的实体单元比较多，如四面体单元 SOLID92、六面体单元 SOLID45 和 SOLID95 等。根据压裂泵泵头体的结构特点，选用了三维 10 节点等参单元 SOLID92。SOLID92 单元的每个节点有 X，Y，Z 位移方向的三个平移自由度，同时还有三个旋转自由度。该单元具有塑性、膨胀、大变形、蠕变、应力强化及大应变等特性。

泵头体材料为 25CrNi2.5MoV，力学性能参数见表 3-2-25。

表 3-2-25　泵头体材料性能参

材料	杨氏模量	泊松比	屈服极限	强度极限	切线模量	包辛格系数
25CrNi2.5MoV	204GPa	0.3	880MPa	1020MPa	20GPa	0.817

（2）网格划分。

泵头体的形状复杂，采用自由网格划分，泵头体受压面网格划分密集，外面网格划分疏松。

（3）边界条件。

根据其载荷和结构的对称性，有限元计算模型取整体结构的二分之一，剖分面位于结构的对称面处，在对称面上施加相应的平面对称位移约束，可以省去另一半模型进行计算。在底面加上 Y 向的约束，在前面加上 X 向的约束，在对称面上加上 Z 向约束，使刚体不能发生整体刚性位移。泵头体约束条件施加情况如图 3-2-49 所示。

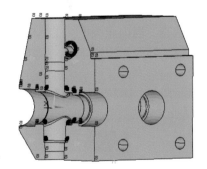

图 3-2-49　泵头体约束条件施加图

（4）载荷的施加。

由于是线性静态分析，模型为受均布内压的作用。载荷属于压力面载荷。载荷施加情况如图 3-2-50 和图 3-2-51 所示。

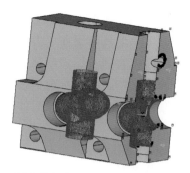

图 3-2-50　泵头体的载荷施加图　　　　图 3-2-51　泵头体的有限元模型约束条件及载荷施加图

（5）弹性极限载荷的确定及求解结果。

在 ANSYS 程序中对上面有限元模型分别施加 120MPa、190MPa、200MPa、210MPa 和 215MPa 的压力载荷，结果表明泵头体的相贯线处 51763 号节点产生应力集中，即此处是泵头体最危险的部位。使泵头体危险点的屈服应力达到材料的屈服强度极限的内压即为结构的极限载荷。在 51763 号节点处的等效应力见表 3-2-26。

表 3-2-26　不同内压时泵头体 51763 号节点处等效应力最大值

内压 p/MPa	等效应力 σ_{eqd}/MPa	内压 p/MPa	等效应力 σ_{eqd}/MPa
120	500.04	210	875.01
190	791.56	215	902.34
200	836.13		

泵头体材料的屈服强度 σ_s=880MPa。以泵头体的危险点 51763 号节点的 Von Mises 等效应力达到材料的屈服极限 σ_s 时的状态得出材料的弹性极限应力。由插值法试算可得到泵头体的弹性极限内压为 211.2MPa。即当自增强内压小于 211.2MPa 时，泵头体处于弹性状态。当内压大于 211.2MPa 时，泵头体内壁开始出现塑性区，此时泵头体呈现为两个区域，即内部为塑性区，外部为弹性区。

通过有限元的求解计算，可得到该泵头体在弹性极限内压 211.2MPa 下的等效应力云图、应变云图和变形云图，如图 3-2-52 所示。

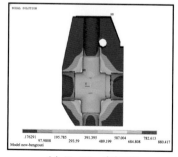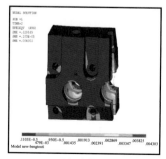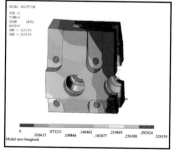

（a）Von Mises应力云图　　　　（b）应变云图　　　　（c）变形云图

图 3-2-52　内压为 211.2MPa 作用下的应力、应变和变形云图

由有限元分析结果可知：泵头体在弹性极限内压的作用下，内壁相贯线处的应力达到 880.4MPa，此处材料即将进入塑性变形阶段，材料的弹性应变为 0.0043mm。泵头体自增强处理第一压力加载步的大小即为弹性极限内压 211.2MPa，以此压力为基步，逐渐加大各步压力，直到最大自增强压力。

2）泵头体自增强弹塑性有限元分析

塑性是材料在某种给定载荷下发生的不可恢复的永久变形的性质。对于工程上常用的大多数金属材料来说，当其应力值在比例极限以下时，材料的应力应变是呈正比例关系的。也就是说，这类材料因为外载产生的应力在未达到比例极限时，其变形在卸载后是能够完全恢复的。当材料的应力超过屈服极限时，材料进入塑性变形阶段，产生的变形是不可恢复的变形。

材料非线性方面的材料强化模型有四种：双线性随动强化模型、双线性等向强化模型、多线性随动强化模型和多线性等向强化模型。双线性随动强化与双线性等向强化是将材料的应力应变关系简化为两个线性关系：一个线性是材料处于弹性阶段的应力应变关系为正比例关系；另一个线性是材料处于塑性阶段的应力应变关系为一次函数关系。在这个选项中需要获得材料的屈服极限、泊松比及切向斜率。

泵头体的自增强是在超高内压下进行的，其自增强弹塑性有限元仿真属于材料的高度非线性分析过程，需要定义材料的应力应变曲线、设置非线性的求解过程，并在ANSYS 的后处理中提取出泵头体的应力应变的数据。

（1）定义材料模型。

泵头体的材料都是高强度、高硬度的合金钢，其有塑性应变产生时，也会表现出很强的应变硬化和包辛格（Bauschinger）效应。我们选用比较接近实际情况的双线性随动强化的材料模型来模拟泵头体的自增强处理过程。在 ANSYS 程序中定义时需要输入材料的弹性模量 $E=204GPa$，泊松比 $\mu=0.3$，屈服极限 $\sigma_s=880MPa$，绘制出材料模型曲线如图 3-2-53 所示。

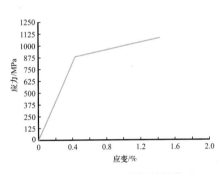

图 3-2-53　有限元分析材料模型

（2）最佳自增强压力的判定条件。

自增强压力的选取是自增强处理成功与否的关键。自增强压力过小，得到的残余应力过小，起不到自增强处理的作用；自增强压力过大，得到的残余应力过大，会导致材料的反向屈服，产生不良影响。

根据材料的包辛格系数 $BEF=\sigma_s/\sigma_c$，材料屈服极限 $\sigma_s=880MPa$，可以求出材料的反向屈服极限为 $\sigma_c=\sigma_s/BEF=718.96MPa$。泵头体通过自增强处理之后，外部材料压缩内部材料，当泵头体内部的压缩残余应力达到最大值 718MPa 时对应的自增强压力即为最佳自增强压力。泵头体在通过此压力自增强处理之后，内部有最大的反向压缩残余应力。

（3）边界条件及载荷的施加。

边界条件和载荷的加载形式与加载弹性载荷相同，在泵头体内部的受压面上加载表面载荷，载荷的大小按照载荷步加载，从弹性极限内压逐步加载到最大自增强压力，然后再逐步卸载到 0。

由于塑性变形具有路径相关性的特点，为了保证塑性变形能够充分发生，在加载的时候载荷要缓慢增加，通常是按照弹性极限内压 5% 的增量加载，直至加载到最大自增强压力；卸载的时候，可以用较快的速度卸载，通常按照最大自增强压力 10% 的幅度逐步卸载到 0。

泵头体的弹性极限内压 p_s 为 211.2MPa，则自增强处理应从这个压力开始，以 p_s 的 5% 为增幅，逐步加载到最大自增强压力，然后按照 p_{max} 的 10% 逐步卸载到 0。通过有限元分析试算，当自增强压力 433MPa 时，泵头体内部可以获得 718MPa 残余压应力。因此，取 p_{max} 为 433MPa，总共需要经过 22 个加压载荷步和 10 个卸压载荷步，见表 3-2-27。

表 3-2-27　泵头体自增强压力的载荷步

载荷步	1	2	3	4	5	6	7
压力 p/MPa	211.2	221.55	232.1	242.65	253.2	263.75	274.3
载荷步	8	9	10	11	12	13	14
压力 p/MPa	284.85	295.4	305.95	316.5	327.05	337.6	348.15
载荷步	15	16	17	18	19	20	21
压力 p/MPa	358.7	369.25	379.8	390.35	400.9	411.45	422
载荷步	22	23	24	25	26	27	28
压力 p/MPa	433	389.7	346.4	3030.1	259.8	216.5	173.2
载荷步	29	30	31	32	—	—	—
压力 p/MPa	129.9	86.6	43.3	0	—	—	—

（4）求解设置及结果输出。

求解考虑材料的应变硬化，将应变硬化效应打开（SSTIF，ON）。为了加速求解收敛，应同时开启线性搜索（LNSRCH，ON）和预测矫正（PRED，ON），使用牛顿—拉普森（Newton-Raphson method）迭代方法进行计算，计算过程中设置每个载荷子步的最大迭代次数为 50（NEQIT，50）；为了加快计算速度，设置计算机多核并行计算，使用 amg 算法，使用多个 CPU 并行计算，加快计算速度。每个载荷步时间为 1，每个求解步设 6 个子步，经非线性求解得到收敛的结果。

（5）自增强残余应力分析。

自增强处理的目的是尽可能得到有益的残余应力。经过最大值为 433MPa 的自增强压力处理后的泵头体，其整体残余应力和应变的云图（剖视图）如图 3-2-54 所示。

由图 3-2-54 可知，经过 433MPa 自增强压力处理过的泵头体内壁相贯线处有较大残余应力，最大残余应力为 718.07MPa，略小于材料的反向屈服极限。这也说明 433MPa 为此泵头体的最佳自增强压力,若再提高自增强压力,材料就会发生反向屈服。泵头体在经过自增强处理之后,内壁相贯线附近发生了不可恢复的塑性变形,形成了塑性层,最大塑性层厚度约22mm,最大塑性应变为0.059mm。泵头体外层的绝大部分材料都处于弹性状态。

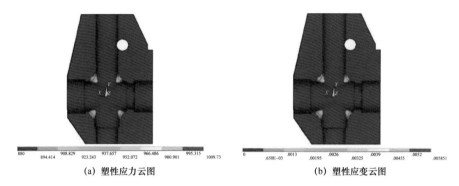

(a) 塑性应力云图　　　　　　　　(b) 塑性应变云图

图 3-2-54　经过 433MPa 自增强压力处理后塑性应力和应变云图

经过最大值为433MPa的自增强压力处理后的泵头体有限元模型中,残余应力最大的节点位于弹塑性交界面上,节点编号为32114。此节点在整个自增强处理过程中的应力变化如图 3-2-55 所示。在自增强过程中,处于弹塑性交界面上节点的应力随内部压力的增大而增大,在内压达到最大值时达到最大值;在卸载过程中此应力逐步减小,当内部压力为173.2MPa,也就是第 28 步载荷时,相贯线处节点的应力达到最小值,在压力继续减小的过程中,此处节点应力又逐渐增大。这就说明在自增强卸载的过程中先是内壁塑性层材料挤压外部弹性层材料——相贯线处节点应力表现为拉应力,后因自增强压力的减小而转变为外部弹性层材料压缩内壁塑性层材料的压应力,且此压应力在卸载完成后达到最大值。

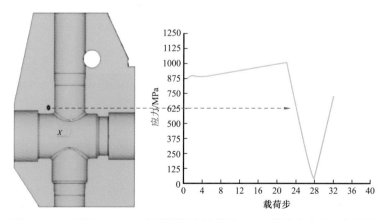

图 3-2-55　经过 433MPa 自增强压力处理后 32114 号节点的应力变化图

分析图 3-2-56 和图 3-2-57 可知:泵头体外层材料在整个自增强处理的过程中应力较小,都处于弹性范围内,没有塑性应力产生;内壁层材料的塑性应力随自增强压力的增大而逐渐增大,达到最大值后保持不变。

泵头体经过自增强处理后，内壁应力分布状况得到改善。图 3-2-58 分别展示了未经过自增强处理和经过自增强处理的泵头体在 120MPa 工作压力下的应力分布图。比较图 3-2-58 可知：

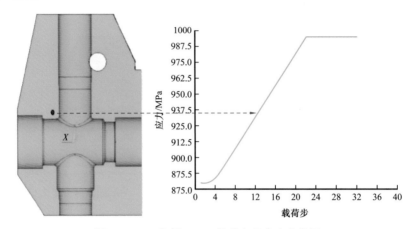

图 3-2-56　外部 67396 号节点的应力变化图

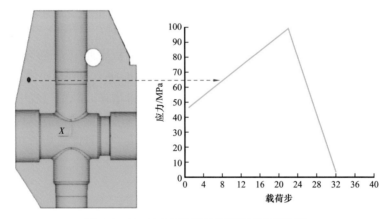

图 3-2-57　32114 号节点的塑性应力变化图

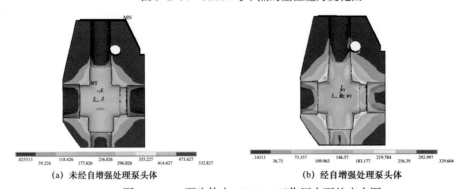

(a) 未经自增强处理泵头体　　　　　(b) 经自增强处理泵头体

图 3-2-58　泵头体在 120MPa 工作压力下的应力图

① 经过 433MPa 自增强压力处理的泵头体与未经过自增强处理的泵头体相比，后者在 120MPa 工作压力下的最大应力比前者小 203.2MPa。

② 未经过自增强处理的泵头体最大应力位置出现在泵头体内腔相贯线圆角的表面处，经过 433MPa 自增强压力处理过的泵头体在 120MPa 工作压力下最大应力出现在相贯线附近的内壁层中，而非相贯线内壁表面。

③ 经过自增强处理的泵头体在 120MPa 工作压力下的应力分布更加均匀，改变了未经过自增强处理泵头体在工作压力下应力由外壁到内壁逐渐增大的现象。

3. 自增强工艺技术

1）泵头体自增强工艺过程分析

复杂内腔高压容器的自增强处理，一般可采用爆炸冲击自增强和逐步升压的液压自增强两种，鉴于爆炸冲击方法的能量难以控制，因此，选用工艺过程可控的液压自增强处理技术，对泵头体实施液压自增强处理。以某型号的超高压泵头体为研究对象，对泵头体内腔结构、加工工艺流程、自增强工艺参数、超高压密封特点、泵头体加工设备和工装夹具等因素进行综合考虑，就液压自增强处理在泵头体的生产加工工序中如何处理进行分析。

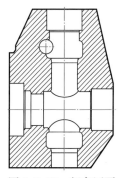

图 3-2-59　超高压泵泵头体内腔结构图

泵头体内腔中有三组互相平行的十字交叉腔，单个十字交叉腔有四个出口（图 3-2-59），上出口为排出腔、下出口为吸入腔、左出口为柱塞腔、右出口为堵头腔。四个出口腔中具有最大内孔径的为堵头腔。吸入腔和排出腔内各有一个锥孔，用来安放阀座。

现有压裂泵泵头体的加工工艺流程为（图 3-2-60）：锻造长方体毛坯→铣四方→加工竖孔→加工排出孔→加工柱塞孔→铣外形→加工安装孔→加工内腔相贯线圆角。

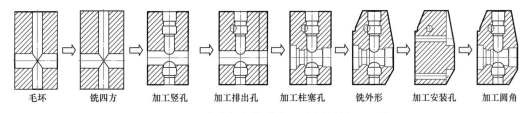

毛坯　　铣四方　　加工竖孔　　加工排出孔　　加工柱塞孔　　铣外形　　加工安装孔　　加工圆角

图 3-2-60　未进行自增强处理泵头体的加工工序

从上述工艺流程来看，加工圆角应放在自增强处理之前进行，因为自增强处理在泵头体内腔产生的残余压应力处于相贯线表面附近，若切除材料，会破坏残余压应力。此外，吸入、排出腔的锥面只能在自增强处理之后进行，因为当内腔施加超高压时，需要有可靠的密封面，并且，超高的液压力对密封面会有变形影响。综合考虑泵头体的内腔结构特点和自增强处理密封方式，对泵头体的加工工艺进行调整，如图 3-2-61 所示。

与图 3-2-60 的未自增强处理的泵头体的工序相比较，调整后的需进行自增强处理的泵头体生产加工工序，在加工排出孔这一工序后面增加了加工内腔和圆角的工序。该工序的内腔中需精加工出下出口、上出口和左出口的倒锥面，其目的是提高在自增强处理过程中的密封性能；保证内腔能够加压至所需压力，同时该工序中还将内腔相贯线圆角的加工安排在自增强处理之前，其目的是解决自增强处理过程中的应力集中和残余应力问题，若将此步骤放在自增强处理之后，容易破坏自增强后残余应力的分布情况，并且，再加工圆角容易对自增强后的壁面造成刮伤，产生裂纹，增加内壁面的粗糙度，引起内表面的应力集中，在循环载荷的作用下造成泵头体残余应力的松弛，减少泵头体疲劳寿命。该工序的内腔表面加工和倒圆角如图3-2-62（a）中红色区域所示，工序完成后的三维图如图3-2-62（b）所示。

完成这一道工序后，铣泵头体的外表面，加工泵头体安装孔，下一步工序开始对泵头体进行自增强处理，其内腔的加压方式如图3-2-63所示。

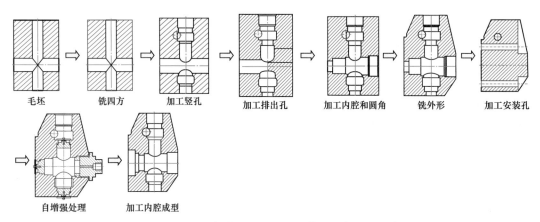

毛坯　　　铣四方　　　加工竖孔　　加工排出孔　　加工内腔和圆角　　铣外形　　加工安装孔

自增强处理　　加工内腔成型

图3-2-61　进行自增强处理泵头体的生产加工工序

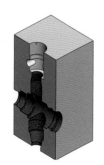

（a）内腔加工图　　　　（b）泵头体加工工序三维图

图3-2-62　内腔和圆角加工图

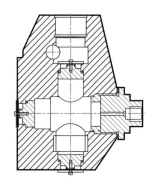

图3-2-63　自增强处理泵头体内部结构图

以上泵头体加工工艺流程，包含了自增强处理工艺，经初步分析认为可以在现有设备和工装上加工。

2）超高压泵头体自紧式密封与应力测试装置

结构如图3-2-64所示，采用液压油加压是目前最适合泵头体自增强的加压方式，即把泵头体内部十字交叉孔的四个方向堵塞密封后，向其内部注入高压液体。一方面，由于泵头体实施自增强的工艺步骤处于内腔已基本成型之后，使得密封方式、承压区域和变形区域受限，很难做到既方便、安全、可靠地实现密封和加压，又能使泵头体受到的变形影响最小；另一方面，在泵头体自增强加压过程中，腔体内表面相贯线区域的应力变化和残余应力值是重要数据，准确测量超高压腔体内表面的应力值并传输到泵头体外，难度很大。以上两方面的技术难题限制了自增强技术在泵头体上的应用。

针对超高压泵头体自增强技术的密封和测试难题，提出一种新的超高压泵头体自增强的自紧密封与应力测试装置，该装置的各密封面均采用锥面硬密封，使得密封面上的压力随泵头体内腔中的液压力增大而增大，可以确保超高压下的密封可靠性。除此之外，该装置还具有安装方便、初始预紧力可控、接线方便快捷的特点。

超高压泵头体内有水平和垂直相交的十字形通孔，水平通孔的左端为柱塞腔，右端为堵头腔，左端柱塞腔内安装有水平密封锥杆，右端堵头腔内安装有水平密封调整杆。水平密封锥杆和水平密封调整杆通过螺纹连接，水平密封调整杆的右端由里向外依次装有密封平垫片、外锥面密封环、内锥面密封环、环孔轴向挡圈组合和外锥面螺母。环孔轴向挡圈组合由两片环孔轴向C形挡片和两片环孔轴向D形挡片组成，水平密封调整杆的右端通过内锥面密封环径向支撑在超高压泵头体上，如图3-2-65所示。

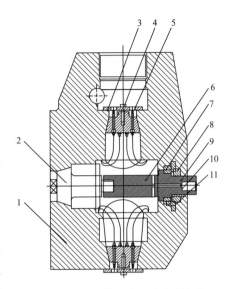

图3-2-64　泵头体的自紧式密封与应力测试装置

1—超高压泵头体；2—水平密封锥杆；3—预紧带孔盘；4—预紧拉力螺栓；5—信号引出密封锥；6—水平密封调整杆；7—密封平垫片；8—外锥面螺母；9—外锥面密封环；10—内锥面密封环；11—环孔轴向挡圈组合

垂直通孔的上端为排出腔，下端为吸入腔，排出腔和吸入腔内分别装有信号引出密封锥，信号引出密封锥通过预紧带孔盘和预紧拉力螺栓固定在超高压泵头体上。如图3-2-66和图3-2-67所示，信号引出密封锥上通过六角薄螺母和尼龙垫片固装有信号

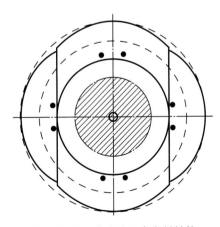

图3-2-65　堵头腔组合密封结构

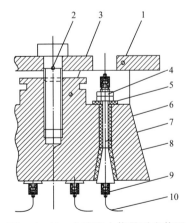

图3-2-66　内腔应力信号引出装置

1—预紧带孔盘；2—预紧拉力螺栓；3—信号引出密封锥；4—六角薄螺母；5—尼龙垫片；6—O形密封圈；7—信号引出杆；8—有机玻璃密封锥环；9—快插拔接头；10—高强度漆包线

引出杆，信号引出杆上套装有O形密封圈和有机玻璃密封锥环，信号引出杆的顶部和底部插接有快插拔接头，底部的快插拔接头上安装有高强度漆包线，高强度漆包线的另一端连接有应变片和接线过渡板。应变片和接线过渡板粘贴在超高压泵头体内腔的十字形通孔的相贯线处，其上覆盖有松香与凡士林混合剂的防护层。

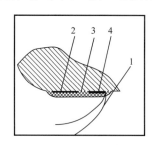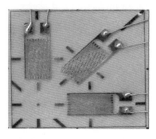

图 3-2-67　应变片贴片与防护及静态应变仪
1—高强度漆包线；2—应变片；3—松香与凡士林混合剂；4—接线过渡板

本装置的技术优势如下：

（1）由于各密封面都为锥面硬密封，因此泵头体内腔中的液压力越高，密封面上的压力越大，能够确保超高压下的密封可靠性。且各密封面在低压或无压状态时的密封性，可在组装时由螺纹预紧力的大小来控制。

（2）通过锥面密封可以将液压力分解成轴向和径向两个分力，减小泵头体密封面附近的局部应力，可有效保护泵头体的材料和内径圆柱度。

（3）采用环孔轴向挡圈组合与外锥面螺母配合使用，实现了轴向定位，挡圈可加厚、加宽，使其具有足够的强度；而且环孔轴向挡圈组合安装所需要的环形空间小，安装方便。

（4）通过有机玻璃密封锥环、O形密封圈和导线引出杆的组合使用，解决了从超高压密封容器中引出导线，实时测试器壁应力的难题，对泵头体自增强实施过程的闭环控制提供了直接数据。

3）泵头体自增强加压密封试验

由于泵头体的体积庞大，材料费用昂贵，在没有进行小模型验证试验之前，没有直接用超高压泵头体的实体进行自增强加压。为了验证超高压密封结构效果，对泵头体单腔方块模型（图3-2-68）进行自增强加压试验，自增强压力施加到450MPa时未发生密封泄漏。

通过加压实验可以看出，该实验装置的密封结构能够使内腔承受在400MPa与430MPa下的超高压力作用而未出现泄漏（图3-2-69），表明该类型结构能够满足超高压的密封效果，结构设计较为合理。

四、织构化柱塞密封技术

压裂泵在现场酸化压裂应用中柱塞密封摩擦副的失效形式主要为在腐蚀条件下的磨料磨损，并且伴随轻度腐蚀和疲劳，压裂泵柱塞密封系统的使用寿命不满足要求，造成密封失效，检泵频繁，劳动强度大。进一步提高润滑特性以减小柱塞摩擦副磨损亟待解决。

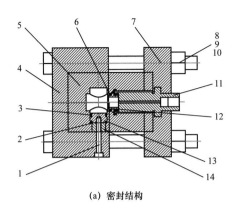

(a) 密封结构　　　　　　　　　　(b) 二通孔方块加工实物图

图 3-2-68　单腔方块模型

1—螺钉；2—堵头；3，6—O 形密封圈；4—端部压盖；5—方块；7—顶端压盖；8—螺栓；9—螺母；
10—垫片；11—密封堵头；12—密封块；13—铜垫片；14—挡块

图 3-2-69　方块模型加压试验

　　目前的国内外文献调研表明：表面织构技术在润滑、减摩及流体动压密封方面具有显著的作用，首先有规律的表面织构可以起到捕捉磨粒减少犁沟形成作用；其次作为储油器给表面提供润滑剂以防止咬合；表面织构产生的流体动压效应不仅可以增加承载能力、降低密封泄漏，同时还可以减少密封磨损等显著效果。

　　国内外学者在表面织构技术的润滑、减摩及提高端面密封性能方面进行了大量的研究，经过激光微坑造型端面的密封，可以产生流体动压开启力和具有一定刚度的流体膜，使密封面形成非接触。在相同工况下，与接触式密封相比，减小了摩擦副的摩擦力转矩、表面温升和磨损率。因此开展实验工况下具有表面织构的压裂泵密封部件的摩擦学性能研究，将为改进压裂泵柱塞密封系统的润滑和密封性能提供实验依据。

1. 密封系统摩擦实验设计

　　图 3-2-70 为压裂泵液力端密封结构简图。压裂泵柱塞受到的约束只能做往复直线运动；密封压盖 6 对密封起压紧调节作用；密封体 3 和 4 分别有两道夹布丁腈橡胶密封圈和一道丁腈橡胶密封圈叠合组成，压环 2 是支撑橡胶密封圈的重要部件；座圈 5

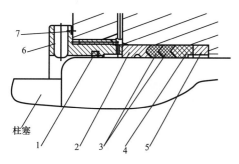

图 3-2-70 压裂泵液力端密封结构简图
1—密封环；2—压环；3—夹布；4—密封填料；
5—座圈；6—密封压盖；7—O 形密封圈

的作用是给橡胶密封圈形成初始压缩量，使其与密封面充分的接触，它与柱塞之间的间隙为 0.12～0.20mm，这样压力能更好地作用于密封圈的唇部，使其充分张开，泵头体上的小孔是强制润滑油的入口。这种结构能够保证第一道密封圈失效后，后面的各道密封圈都能起到密封作用。

万能摩擦磨损试验机如图 3-2-71 所示，其摩擦副为环环对摩方式。其中动环为密封（丁腈橡胶），静环为柱塞单元试件（表面均匀分布着机械雕刻的规则表面织构）。当摩擦副中的试件稳定运转时，动环与静环之间的密封将产生流体动压效应，从而产生非接触式密封，以此降低柱塞密封件的摩擦磨损。

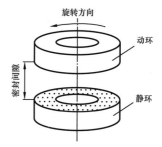

(a) 万能摩擦磨损试验机　　　(b) 表面织构柱塞试件摩擦副

图 3-2-71 压裂泵密封试件摩擦磨损实验设备及其对应的摩擦副

实验用平面圆环试样来模拟柱塞和橡胶密封件进行研究分析，本试样选用的材料与柱塞和丁腈橡胶密封圈的材料相同，然后利用雕刻机在柱塞试样上加工具有不同直径、不同深度和不同面积率的凹坑表面织构。采用 20 号钢作为模拟柱塞试样的材料，该材料的化学成分及力学性能见表 3-2-28 和表 3-2-29。

表 3-2-28　20 号钢的化学成分（质量分数 /%）

碳（C）	锰（Mn）	磷（P）	硫（S）	镍（Ni）	铬（Cr）	硅（Si）	铜（Cu）
0.17～0.24	0.35～0.65	≤0.04	≤0.04	≤0.25	≤0.25	0.17～0.37	≤0.25

表 3-2-29　20 号钢的力学性能

硬度	抗拉强度 /MPa	屈服强度 /MPa	伸长率 /%
HB156	≥420	≥250	≥25

柱塞密封试样采用丁腈橡胶，丁腈橡胶是丁二烯和丙烯腈的共聚体。使用温度范围：-30～+150℃，丁腈橡胶的密封圈的硬度为 HS90±5。

图 3-2-72 和图 3-2-73 为设计好的上下试样，上试样为摩擦磨损实验机的安装试样环与压裂泵橡胶密封试件硫化而成。下试样的背面开有销孔以与下面夹具固定防止其因摩擦力的作用而产生转动，由于该摩擦实验中摩擦副接触方式是面接触，对试样表面平行度要求较高。

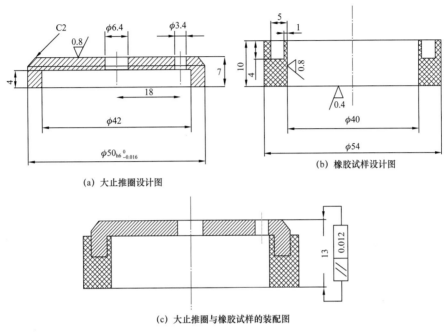

(a) 大止推圈设计图

(b) 橡胶试样设计图

(c) 大止推圈与橡胶试样的装配图

图 3-2-72　上摩擦副大止圈与橡胶硫固试样设计图

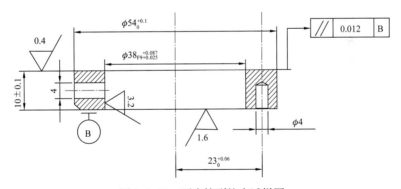

图 3-2-73　下摩擦副柱塞试样图

1）柱塞单元试件表面织构的设计及加工

根据雕刻机，结合柱塞试样表面织构设计参数（表 3-2-30），在柱塞试样表面加工具有不同织构类型、不同直径、不同深度和不同面积率的表面织构。试件表面织构的设计如图 3-2-74 所示。

图 3-2-75 为雕刻机，其加工定位精度 x、y 轴为 0.001mm，z 轴为 0.0008mm，其性能指标完全能满足柱塞试件表面织构的设计参数要求。

表 3-2-30　柱塞单元试件表面织构设计参数

类型	圆柱形凹坑		椭圆形凹坑		正方形凹坑		圆柱形与条形混合	
面积比率	5.86%	11.7%	5.86%	11.75%	5.86%	11.75%	5.86%	11.75%
分布形式	均匀	交错	均匀	交错	均匀	交错	均匀	交错
尺寸 /mm	$d=0.6$，$h=0.04$		$a=0.3$，$b=0.2$ $h=0.04$		$L=0.6$，$h=0.04$		$b=0.6$，$l=5$，$h=0.04$ $d=0.6$，$h=0.04$	

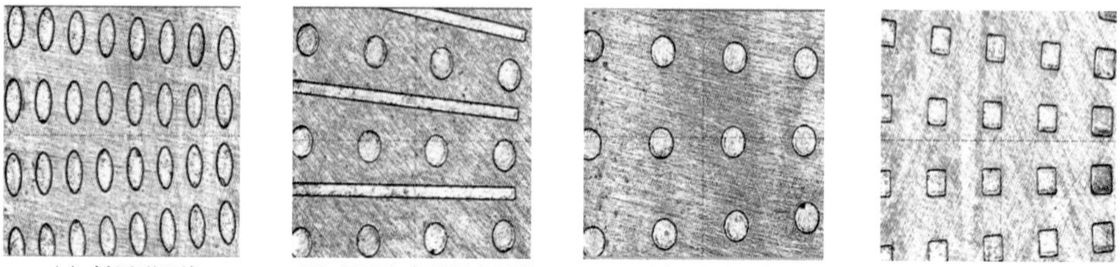

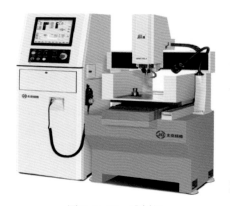

(a) 椭圆形凹坑　　(b) 圆形与条形混合凹坑　　(c) 圆形凹坑　　(d) 方形凹坑

图 3-2-74　加工柱塞试件表面织构的形貌

2）压裂泵密封单元试件摩擦磨损实验工况的确定

柱塞往复运动速度 u 由冲次和曲柄半径确定。柱塞移过某点的速度大小与该点在行程中的位置有关，建立如图 3-2-76 所示的坐标，则柱塞的速度

$$u = -R\omega\left(\sin\phi + \frac{1}{2}\gamma\sin2\phi\right) \qquad (3-2-1)$$

$$\gamma = R/L$$

式中　R——曲的半径；

　　　ω——曲轴的角速度；

　　　L——连杆的长度。

图 3-2-75　雕刻机

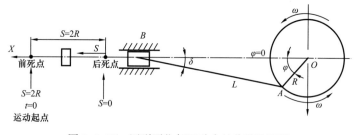

图 3-2-76　压裂泵往复运动中的位移和速度

当 γ 较小时，$\cos\gamma=1$，曲柄半径 $R=101.6mm$；连杆长 $L=612.5mm$；连杆比 $\lambda=R/L=0.166$，曲轴最大转速 $n=330r/min$（$\omega=34.55rad/s$），则可得到柱塞的往复运动速度在 $-3.56m/s$ 到 $3.56m/s$ 之间。

根据柱塞与密封圈接触应力计算的经验公式：

$$\sigma_{max} \approx 1.23p$$

式中　p——工作介质压力；

　　　σ_{max}——压裂泵密封面的最大接触应力。

则可得 $\sigma_{max} \approx 1.23 \times 123.4\text{MPa} \approx 151.782\text{MPa}$

由压裂泵中柱塞往复运动的最大直线速度 3.56m/s，同时结合 MDW-1 型万能摩擦磨损实验机的止推圈结构简图（图 3-2-77）可以计算出橡胶密封单元试件的等效转动速度。

$$V_L = \frac{2\pi R_L n}{1000 \times 60} = 3.56\text{m/s} \Rightarrow n = \frac{33995.5}{23.5} = 1446\text{r/min} \tag{3-2-2}$$

式中　V_L——止推圈压裂泵橡胶试样的实验速度；

　　　R_L——止推圈橡胶密封件的平均半径 $[R_L = (D_1 + D_2)/4]$。

结合柱塞密封系统单元试件的设计尺寸，可算出试验机所需加载力 $F = 250 \sim 157104\text{N}$ 之间。

本实验选用的润滑油为压裂泵现场使用的抗氧化、抗腐蚀及减摩性能良好的润滑油，见表 3-2-31。

3）压裂泵密封试件摩擦磨损实验的测量方法

由于压裂泵排出液压力在 0.3～123.4MPa 之间，其密封系统的摩擦副（柱塞—丁腈橡胶密封圈）所受的接触应力大概在 0.369～151.7MPa 之间，柱塞往复运动的速度在 0～3.56m/s 之间，根据橡胶摩擦副之间的接触面积可以算出试验机所需的载荷和转速。本实验在常温、油润滑条件下进行，试验力为 400N（0.4MPa），转速为 600r/min（1.96m/s），实验前有磨合阶段，此段时间为 20min，剩余 40min 作为测量阶段并且在测量阶段内每隔 5min 一次数据，最后 10min 作为观察阶段。

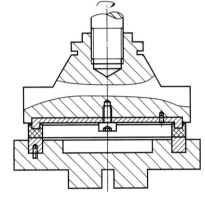

图 3-2-77　压裂泵摩擦磨损实验密封系统（柱塞—与橡胶密封件）的结构简图

图 3-2-78 和图 3-2-79 给出了无织构试样和直径为 600μm，深度为 40μm，面积比为 5.86% 的试样在压力 0.4MPa，速度为 600r/min（1.96m/s）实验条件下摩擦系数随时间及温度随时间的变化曲线。

表 3-2-31　润滑油的性能参数

项目	数据	试验方法
黏度等级	150	GB/T 3141
运动黏度 /（mm²/s）	151.2	GB/T 265
黏度指数	90	GB/T 2541
闪点（开口）/℃	232	GB/T 267
倾点 /℃	-13	GB/T 3535

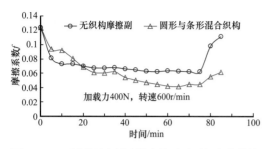

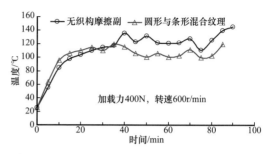

图 3-2-78　压裂泵密封试样摩擦系随时间变化曲线　　图 3-2-79　压裂泵密封试件温度随时间的变化曲线

关于摩擦系数的测量，我们采取的是方案是在加载力 400N、转速 600r/min 工况下，压裂泵密封单元试件磨合期过后，从进入稳定阶段后每隔 5min 取一次摩擦扭矩，共测量 40min；柱塞密封系统单元试件磨损量测量采用的试验方案是在试件超声波清洗烘干后用电子秤天平测量试件试验前重量，然后在相同的试验工况下运行 60min 后取下试件经清洗烘干后称重，则前后两次试件的重量之差即为该单元试件在 60min 时间内的磨损量；而压裂泵密封单元试件在相同试验工况下完成摩擦磨损试验后其表面磨痕的测量，我们采用三坐标测量仪设备中的 CCD 影响测量功能来完成。

2. 摩擦磨损试验结果分析

1）柱塞试件表面织构参数对摩擦副摩擦系数及温升的影响

从图 3-2-80 可以看出，在稳定测量阶段，柱塞织构试件 15、14、16、3、2、6、10、1 的摩擦系数在加载力 400N、转速 800r/min 工况下其摩擦系数都要大于无织构试件 17，即该织构参数组合下柱塞密封试件的润滑、减摩性能较差；通过图 3-2-81 可知，相同实验工况下以上编号织构单元试件的温升都要大于无织构柱塞试件。并且通过图 3-2-80 和图 3-2-81 还可以看出编号为 5、8、11、12、13 的柱塞织构试件摩擦副的摩擦系数和温升都要小于无织构试件，即这些编号织构形式的柱塞密封系统的润滑、减摩性能要优于原来的无织构试件摩擦副。图 3-2-80 和图 3-2-81 中的 4 号柱塞试件摩擦副的摩擦系数及温升没有画出是由于其在相同实验工况下的摩擦副表面磨损较严重、完全发生塑性变形，同时橡胶密封试件表面还发生老化现象，即其润滑、减磨性能是最差的。

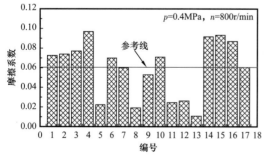

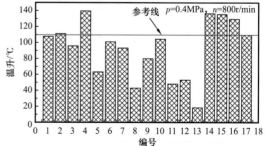

图 3-2-80　稳定阶段不同织构参数组合压裂　　图 3-2-81　稳定阶段不同织构参数组合压裂
　　　　　 泵柱塞密封摩擦副摩擦系数的变化　　　　　　　　　　泵柱塞密封试件温度变化

2）柱塞试件表面织构参数对摩擦副磨损量的影响

本次试验包含了圆柱形凹坑、椭圆形凹坑、正方形凹坑及圆柱形与条形混合凹坑的16个柱塞单元织构试件，此外还有作为对比分析的普通柱塞单元试件（17#）共计17个，表3-2-32列出了本次试验的各种柱塞织构摩擦副单元试件的磨损量测量结果，图3-2-82和图3-2-83给出了全油膜润滑试验条件下各种柱塞织构配对摩擦副的磨损量变化对比图。

表3-2-32　全油膜润滑条件柱塞织构试件及对偶副的磨损量试验结果（加载力400N，转速800r/min）

编号	类型	面积比/%	排列方式	柱塞磨损量	橡胶磨损量
1	圆形表面织构 $d=0.6mm$，$h=0.04mm$	5.86	J（均匀分布）	0.0023	0.02503
2			Z（交错分布）	9×10^{-4}	0.10077
3		11.7	J（均匀分布）	0.0011	0.06064
4			Z（交错分布）	0.00514	0.25
5	椭圆形表面织构 $a=0.3mm$，$b=0.2mm$， $h=0.04mm$	5.86	J（均匀分布）	0.00103	0.00133
6			Z（交错分布）	9.3×10^{-4}	0.05907
7		11.7	J（均匀分布）	8.7×10^{-4}	0.06623
8			Z（交错分布）	1×10^{-3}	0.00133
9	方形表面织构 $L=0.6$，$h=0.04mm$	5.86	J（均匀分布）	0.00106	0.02706
10			Z（交错分布）	4.3×10^{-4}	0.06243
11		11.7	J（均匀分布）	3×10^{-4}	0.002
12			Z（交错分布）	5×10^{-4}	4×10^{-4}
13	条形圆形混合表面织构 $b=0.6$，$l=5$，$h=0.04$ $d=0.6mm$，$h=0.04mm$	5.86	J（均匀分布）	2×10^{-4}	6.6×10^{-4}
14			Z（交错分布）	0.00577	0.0295
15		11.7	J（均匀分布）	0.002	0.111
16			Z（交错分布）	4×10^{-4}	0.1
17	无织构	0		9.7×10^{-4}	0.0088

图3-2-82为根据表3-2-33试验结果绘制的全油膜润滑试验下各织构柱塞试件的平均磨损量对比图，由图3-2-82可知，全油膜润滑条件下10、11、12、13号柱塞织构试件的磨损量要比无织构试件的磨损量小很多，其中10号、11号、12号正方形凹坑及13号条形圆形混和凹坑织构试件的磨损量（0.00043g、0.0003g、0.0009g及0.0002g）分别比17号无织构柱塞试件的磨损量（0.00097g）降低了55.7%、69.1%、48.5%及79.3%。

从图3-2-83可知，5、8、11、12、13号橡胶试件的磨损量基本为0，而4号、15号和16号橡胶试件磨损较为严重。结合图3-2-82和图3-2-83可以发现面积比为5.86%、均匀分布的圆形与条形纹理最好（13号），其次分别为面积比为11.7%分布形式为交错分布及均匀分布的正方形凹坑。

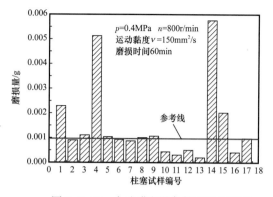

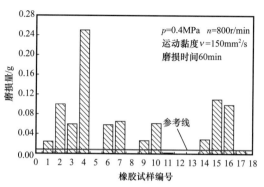

图 3-2-82　全油膜润滑条件下柱塞织构
单元试件的磨损量对比图

图 3-2-83　全油膜润滑条件下与柱塞织构试件
配对的橡胶试件磨损量对比图

3. 柱塞—橡胶摩擦副单元试件实验优化

1）实验优化方案设计

压裂泵柱塞—橡胶摩擦副单元试件通常采用万能摩擦磨损试验机进行试验，其摩擦副为环环对摩方式。其特点如下：

（1）橡胶密封圈在工作介质压力的作用下，有"偏离效应"的存在，即在密封圈的接触宽度上，唇部受拉伸，根部受压缩，主密封在靠近唇部位置。

（2）往复运动时，在密封圈工作范围内，最大压降发生在最外一道密封圈，而且在靠空气侧的一小段上急剧下降。压裂泵密封结构适合较高压力的密封，而不适合低压密封。

（3）主密封带的位置不随工作介质压力的变化而变化，且最大接触应力与工作介质压力之约比为 1.23。

由此可知在实验设备不变的条件下，为更好地模拟实际工况下密封摩擦副的环境就必须减小单元试件的摩擦副的接触面积。为此，优化后的单元试件实验采用销盘摩擦副。

如图 3-2-84 所示为新设计的上试样的 CAD 图和实物图，上试件由原来的橡胶环变为三个顶端圆弧状的橡胶块，同样采用硫化工艺将其固定在摩擦磨损试验机的安装实验环上。下试件没有太大变动，只是将外径扩大到 54mm、内径减小到 38mm，这样增大盘试件的面积以保持摩擦过程中的稳定性。

实验方案变为销盘摩擦副后，初期仍进行了大量较大孔（直径≥0.5mm）、较高面积比（≥5%）的表面织构柱塞盘试件的高载荷的摩擦磨损试验后，发现此类柔性材料在高压力下较容易陷入金属盘试件表面织构中，减磨效果不明显，甚至有加速磨损的现象存在。所以开始尝试采取小孔织构、低面积比的表面织构进行摩擦磨损减磨实验。方案实施初期大量继续尝试采用雕刻机，运用微小刀具在柱塞试样加工微坑型（直径≤0.5mm）表面织构。在加工过程中经常出现因凹坑数太多（如直径 0.04mm 面积比仅 2% 凹坑孔数将达 18340 个）造成雕刻机自带走刀路径软件无法生成代码、雕刻中刀尖过细极易断刀的等突发状况出现，造成实验进展缓慢。

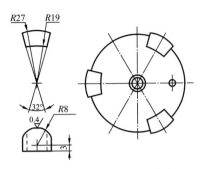

（a）优化后橡胶上试件CAD示意图　　　　（b）优化后橡胶上试件实物图

图 3-2-84　橡胶上试件示意图和实物图

在大量尝试雕刻机加工此类织构失败后，决定采用更现代化的激光加工技术。此次设计加工的柱塞单元试件表面织构参数均为圆柱形凹坑，具体参数见表 3-2-33。

表 3-2-33　表面织构参数表

编号	面积比 /%	凹坑直径 /mm	实际直径 /mm	排列方式	编号	面积比 /%	凹坑直径 /mm	实际直径 /mm	排列方式
1	0.25	0.04	0.06	均匀	11	0.5	0.10	0.11	均匀
2	0.25	0.04	0.09	正交	12	0.5	0.10	0.11	正交
3	0.5	0.04	0.09	均匀	13	1	0.10	0.12	均匀
4	0.5	0.04	0.04	正交	14	1	0.10	0.10	正交
5	1	0.04	0.06	均匀	15	2	0.10	0.11	均匀
6	1	0.04	0.06	正交	16	2	0.10	0.10	正交
7	2	0.04	0.08	均匀	17	2	0.20	0.20	均匀
8	2	0.04	0.07	正交	18	1	0.20	0.19	正交
9	4	0.04	0.05	均匀	19	2	0.20	0.20	均匀
10	4	0.04	0.05	正交	20	2	0.20	0.20	正交

摩擦磨损试验过程中采用四球摩擦磨损试验机磨斑测量软件进行孔径测量，如图 3-2-85 所示。

激光加工表面织凹坑所出现的毛刺抛光处理方法与采用雕刻机加工后处理方式相同，均利用M-2型金相试样预磨机进行。

2）优化试验结果及分析

（1）柱塞试件表面织构参数对摩擦副摩擦系数及温升的影响。

在试验过程中增添两组无织构柱塞单元试件以作对比分析，分别编号为 21 号和 22 号增添两

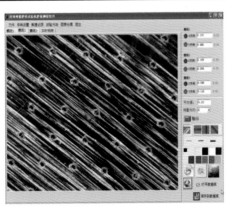

图 3-2-85　磨斑测量软件孔径测量

组无织构试验以保障对比试验的可信性。其余实验条件均与有表面织构的单元试件相同，试验工况条件为加载力100N、转速900r/min、试验时间60min。此次单元试件摩擦磨损实验采用万能摩擦磨损试验机自带软件实时测量获取了大量动态试验数据。将各组单元试件实验所得摩擦系数与温升数据整理见表3-2-34和图3-2-86。

表3-2-34　各组单元实验所得摩擦系数

编号	平均摩擦系数	稳定摩擦系数	温升/℃	编号	平均摩擦系数	稳定摩擦系数	温升/℃
1	0.0374	0.0353	10.9	12	0.0350	0.0339	11.2
2	0.0381	0.0359	8.2	13	0.0337	0.0328	9.5
3	0.0498	0.0455	13.9	14	0.0499	0.0477	16.5
4	0.0428	0.0368	11.8	15	0.0350	0.0333	9.0
5	0.0640	0.0634	20.5	16	0.0393	0.0381	12.3
6	0.0338	0.0325	10.3	17	0.0467	0.0463	14.4
7	0.0458	0.0455	16.4	18	0.0561	0.0549	16.5
8	0.0380	0.0383	13.0	19	0.0337	0.0323	9.5
9	0.0485	0.0486	15.2	20	0.0392	0.0373	10.6
10	0.0422	0.0399	12.0	21	0.0504	0.0408	13.9
11	0.0466	0.0451	16.2	22	0.0687	0.0736	21.3

从图3-2-86可以得出以下结论：

有表面织构的单元柱塞试件在摩擦磨损中所测得的稳定摩擦系数均小于平均摩擦系数，说明单元试件摩擦副在运动中存在磨合阶段，符合的摩擦过程理论中的磨合磨损阶段和稳定磨损阶段（由于试验时间较短并未进入剧烈磨损阶段），而无织构的22号实验出现稳定摩擦系数大于平均摩擦系数，其原因为摩擦过程已出现较小磨粒，在光滑表面滑动造成二次摩擦，增大摩擦系数。

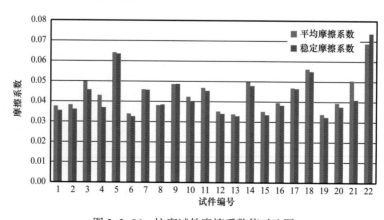

图3-2-86　柱塞试件摩擦系数值对比图

将有表面织构的 1—20 号摩擦系数与无织构的 21、22 号摩擦系数作对比,可得:1-20 号的摩擦系数均小于无织构 22 号,且 1、2、4、6、8、10、12、13、15、16、19、20 号同时也小于无织构的 21 号,说明这几组有很好减磨性能。其中最有效减小摩擦系数的单元试件表面织构几组组合为 6、12、13、15、19 号,以稳定摩擦系数为参考与 21 号无织构摩擦系数作对比分别减少 20.4%、17.0%、19.6%、18.3%、20.9%;与 22 号无织构摩擦系数作对比分别减少 55.9%、54.0%、55.5%、54.7%、56.2%,表明这几组织构减磨效果十分明显。19 号有表面织构试验与 22 号无织构试验过程中摩擦系数随时间变化曲线如图 3-2-87 所示。22 号无织构试件转动过程中摩擦系数中途出现较大起伏,而 19 号含表面织构的试件的摩擦曲线较为平稳,且始终处于 22 号摩擦系数之下,展示出良好的减磨性能。

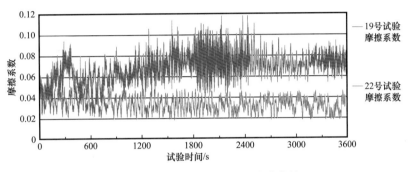

图 3-2-87　摩擦系数随时间变化曲线

在对比中发现并不是所有表面织构形式都具有减磨性质,说明只有合理的表面织构才具有明显的减磨特性,在表面织构应用于实际工况前都需做大量的试验来确保织构布局的合理性。

在实际工况柱塞往复过程中如果与橡胶密封件之间的摩擦副产生较大的温升会严重影响密封件的性能,甚至造成橡胶密封件高温变性而密封失效。因此,柱塞表面织构单元试件中温升也是重要的考察因数。将表 3-2-34 数据做成柱状图作对比分析,如图 3-2-88 所示。

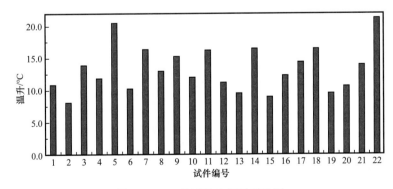

图 3-2-88　各试验中温升对比图

从图 3-2-88 可以看出,有表面织构的单元试件 2、6、12、13、15、19 号的温升都明显小于无织构的单元试件 21 号与 22 号。与 21 号无织构温升作对比分别减少 41.0%、

25.9%、19.4%、31.7%、35.3%、31.7%；与22号无织构温升作对比分别减少61.5%、51.6%、47.4%、55.4%、57.7%、55.4%。其中6、12、13、15、19号试件的摩擦系数也明显小于21、22号试件，在试件实验温升明显减弱中占很大比例。从而反映出温升与摩擦系数具有较大的统一性，即相同磨损时间内摩擦系数越大温升越明显。这样探索表面织构合理分布方向性也更加统一。

（2）柱塞织构摩擦副单元试件优化后表面磨痕分析。

压裂泵密封系统磨损磨痕的观察是分析柱塞—橡胶摩擦副磨损程度重要环节。为了简化分析数据只对能够明显降低摩擦系数的6、12、13、15、19号柱塞盘试件和无织构的22号柱塞盘试件进行实验前后的试件表面形貌对比分析，见表3-2-35。由表可得：摩擦磨损实验后柱塞试件均出现划痕，具有表面织构的盘试件划痕方向性较统一为运动方向，而无织构的盘试件划痕较为杂乱，其主要原因为织构凹坑具有存储磨粒、磨削的功能，避免因磨粒、磨削造成二次磨损；单从磨痕严重程度可以得出15、19号柱塞试件的磨损最为轻微。

3）压裂泵柱塞试件优选表面织构的加工工艺

（1）表面织构的加工技术。

表面织构应用于工程的最大挑战是微型织构的加工技术，因此开展表面织构加工技术的研究，这对于推进表面织构在工程中应用，特别是压裂泵柱塞密封系统润滑、减磨性能的应用意义重大。关于微型织构的加工技术目前国内外学者主要集中在以下几个方面：激光雕刻、光刻技术、化学刻蚀、机械雕刻（精密金刚石车削、浮雕、磨料喷射）技术。

2014年，马来西亚大学生物工程学院与捷克的布依诺科技大学机械工程学院的Taposh Roy、Dipankar Choudhury、Belinda Pingguan-Murphya等利用CNC微机械加工的方法在Al_2O_3表面通过微型刀具完成了所设计微型凹坑织构的加工（图3-2-89）。然后，通过机械分析的方法检测该加工方法对其机械特性是否有改变，并且通过XRD测试该加工工艺制作的试样的表面是否存在边缘毛刺。研究结果表明：由微型刀具精密雕刻的具有规则表面织构的Al_2O_3试样的机械特性没有明显的降低，该加工方法满足表面织构参数对摩擦副摩擦学特性的试验研究。

表3-2-35 部分试件实验前后磨痕形貌对比图

编号	表面圆柱凹坑织构参数		摩擦磨损试验前形貌	摩擦磨损试验后形貌
6	面积比	1%		
	设计直径	0.04mm		
	测量直径	0.06mm		
	排列方式	正交		
12	面积比	0.5%		
	设计直径	0.10mm		
	测量直径	0.11mm		
	排列方式	正交		

续表

编号	表面圆柱凹坑织构参数		摩擦磨损试验前形貌	摩擦磨损试验后形貌
13	面积比	1%		
	设计直径	0.10mm		
	测量直径	0.12mm		
	排列方式	均匀		
15	面积比	2%		
	设计直径	0.10mm		
	测量直径	0.11mm		
	排列方式	均匀		
19	面积比	2%		
	设计直径	0.20mm		
	测量直径	0.20mm		
	排列方式	均匀		
22	无表面织构			

（2）优选表面织构参数。

目前压裂泵柱塞密封系统的单元摩擦学性能的试验结果表明：大排量、高冲次的工况下由于柱塞与密封摩擦副为硬质材料与弹性材料摩擦副，表面织构的尺寸不宜过大，以免在较高的密封压力下弹性材料嵌入织构内部，从而加剧柱塞密封摩擦副的磨损与温升。柱塞的往复运动平均速度为 2.24m/s，密封圈与柱塞的局部接触压力为 0.6MPa 工况下，优选的润滑、减摩性能较优表面织构参数见表 3-2-36。针对初步优选的表面织构参数，下一步要进行全尺寸柱塞试样表面织构的加工。

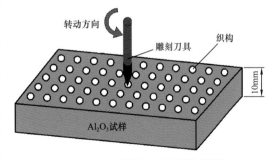

图 3-2-89 Al_2O_3 试样表面表面微型凹坑 CNC 微型雕刻的示意图

表 3-2-36　优选的表面织构参数

织构类型	尺寸 /μm	面积比 /%	深度 /μm	排列
圆柱形	$d=200$	2	30～40	均匀分布
圆柱形与条形混合	$d=200$，$w=200$ $l=6000$	5.86	30～40	均匀分布
椭圆形	$2a=300$，$2b=100$	5.86	30～40	交错分布
正方形	$L=200$	11.7	30～40	均匀分布

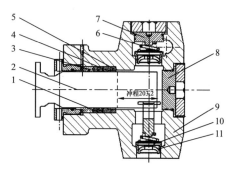

图 3-2-90　压裂泵液力端的装配剖面图
1—密封件；2—柱塞；3，4，5—摩擦副；
6—阀体；7—排出压盖；8—端盖；9—泵头体；
10—阀体；11—弹簧

（3）柱塞试样表面织构加工区域的确定。

从图 3-2-90 可以看出压裂泵液力端柱塞的运动冲程及柱塞密封组件装配后的轴向距离之和为柱塞试件表面布置织构的轴向长度，同时可以看出柱塞试件的冲程为 203.2mm，因为试件 1 夹布丁腈橡胶、试件 3 密封压环和试件 4 丁腈橡胶与柱塞的装配为动密封配合，所以可以求得柱塞密封组件装配后的轴向长度约为 86mm，则柱塞试件表面布置织构的轴向长度为 289.2mm（取 290mm）。由柱塞往复运动的极限位置和与柱塞配合为间隙配合的密封底座的轴向尺寸可以求得柱塞表面织构大约从柱塞右端 13mm 处开始布置。柱塞试件表面织构的布置定位如图 3-2-91 和图 3-2-92 所示，图中粉红色线即为布置织构的圆柱面区域。

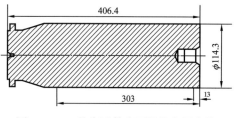

图 3-2-91　柱塞试件表面织构布置定位
示意图

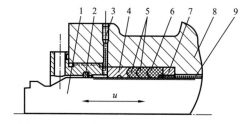

图 3-2-92　织构化柱塞密封摩擦副的局部
剖面图
1—柱塞；2—密封环；3—润滑油；4—密封压环；
5—密封夹布；6—密封；7—垫圈；
8—泵头体；9—压裂液

第三节　大功率压裂泵

压裂泵通常由动力端和液力端组成，动力端将原动机的旋转运动经过泵减速机构减速后通过曲轴、连杆和十字头转换成柱塞的往复运动，从而将原动机的机械能传递给液力端；液力端通过柱塞的往复运动，吸入低压液体并排出高压液体，从而将原动机的机械能转换液体压力能。动力端一般由泵壳、减速机构、曲轴、连杆和十字头等主要零部件组成，液力端一般由泵头体（阀箱）、柱塞及其密封总成、吸入和排出盖总成、吸入和排出泵阀零件等组成。

一、压裂泵的设计

图 3-3-1 是单作用压裂泵的工作原理简图。柱塞运动的两极限位置之间的距离称为柱塞冲程，用 S 表示（$S=2R$）。当曲轴以角速度 ω 逆时针旋转时，柱塞从左极限位置开始向右移动，泵头体吸入腔的容积增大，压力降低，液体在压力差的作用下克服吸入管路和吸入阀等的阻力损失使吸入阀打开，液体进入泵头体吸入腔中。当柱塞运动到右极限位置时，吸入液体过程停止，吸入阀关闭。当曲轴转过 180° 后，柱塞开始向左运动，液缸体中的液体被挤压，液体压力急剧增加。在这一压力作用下，排出阀被打开，泵吸入腔内液体在柱塞的作用下被排送到泵排出腔并通过排出法兰进入排出管汇中去。当压裂泵的曲轴以角速度 ω 不停地旋转时，压裂泵就不断地实现吸入和排出液体的过程。

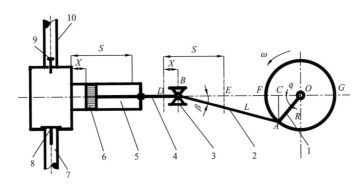

图 3-3-1 单作用压裂泵工作原理示意图

1—曲轴；2—连杆；3—十字头；4—小连杆；5—泵头体吸入腔；6—柱塞；7—吸入总管；
8—吸入泵阀；9—排出泵阀；10—泵头体排出腔

压裂泵的设计方法包括总体方案设计、曲轴连杆机构动力学和运动学分析（包含动力学仿真分析）、减速机构设计技术和液力端通用设计等。

1. 总体方案设计

压裂泵具有良好的工作性能和合理结构，必须对冲程、冲次、连杆负荷、连杆比等参数进行最佳选择。总体方案设计就是在充分考虑油田使用工况要求后，确定压裂泵的主要技术参数：最大制动功率、冲程、最大连杆负荷、传动比和净重等。

压裂泵的功率由排出压力和排量决定，而与压力和排量相关的设计主参数是泵冲程、连杆负荷和柱塞直径。在相同的最高工作压力下，只有通过提高泵的输出排量来增大泵的功率，而在柱塞缸数和柱塞直径一定及相同冲次下实现大排量，唯一办法是增大冲程，在优选连杆比前提下（连杆比一般为 4:1～6:1），必然要加长连杆长度，从而增加泵（泵壳）的体积和质量；另外，泵的最高排出压力由最大连杆负荷决定，所以在排量一定的工况下实现高排出压力只有提高柱塞泵的最大连杆负荷，因而会增加连杆承载的横截面面积，从而也会导致连杆以及整机体积和重量增大。

常用计算公式：

$$P_1 = P_2 \times \eta \qquad\qquad (3\text{--}3\text{--}1)$$

$$\eta = \eta_{容} \times \eta_{机} \qquad\qquad (3\text{--}3\text{--}2)$$

$$P_2 = Q \times p \qquad\qquad (3\text{--}3\text{--}3)$$

$$Q = A \times S \times n \times i / (6 \times 107) \qquad\qquad (3\text{--}3\text{--}4)$$

式中　η——泵效率；

$\quad\quad$ P_1——水功率，kW；

$\quad\quad$ P_2——制动功率，kW；

$\quad\quad$ $\eta_{容}$——容积效率；

$\quad\quad$ $\eta_{机}$——机械效率；

$\quad\quad$ Q——排量，L/s；

$\quad\quad$ p——排出压力，MPa；

$\quad\quad$ A——柱塞面积，mm^2；

$\quad\quad$ S——冲程，mm；

$\quad\quad$ n——冲次，次/min；

$\quad\quad$ i——缸数。

2. 曲轴连杆机构动力学和运动学分析

1）曲轴连杆机构的一般运动规律

曲轴 OA 以匀角速度 ω 旋转。曲轴转角 $\varphi = 0 \sim \pi$ 时为吸入冲程，$\varphi = \pi \sim 2\pi$ 则为排出冲程。规定 S 为柱塞位移的坐标，柱塞运动的后死点为 S 的原点，S 的指向以远离 O 点为正，即与 X 轴的指向一致，Y 轴以指向下为正。

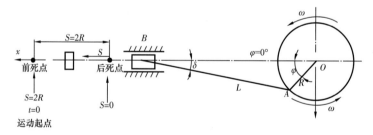

图 3-3-2　单个曲轴连杆机构示意图

由图 3-3-2 可推导出：

柱塞位移的精确计算公式：

$$S = R\left(1 + \cos\varphi - \frac{1}{\lambda} + \frac{1}{\lambda}\sqrt{1 - \lambda^2 \sin^2\varphi}\right) \qquad\qquad (3\text{--}3\text{--}5)$$

$$\lambda = R / L$$

式中　R——曲轴偏心距；

$\quad\quad$ L——连杆长度。

式（3-3-5）经简化后可得取柱塞位移近似公式：

$$S = R\left(1+\cos\varphi - \frac{\lambda}{2}\sin^2\varphi\right) \tag{3-3-6}$$

柱塞运动加速度公式：

$$a = -R\omega^2\left(\cos\varphi + \lambda\cos2\varphi\right) \tag{3-3-7}$$

2）十字头和连杆的受力分析

参照图 3-3-3，通过方程求解连杆对十字头的作用力、导板对十字头的正压力和摩擦力、连杆对曲轴的作用力。

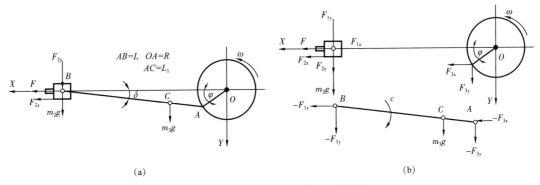

（a）　　　　　　　　　　　　　　　　　（b）

图 3-3-3　十字头和连杆受力分析简图

图 3-3-3 中所有的力均指向坐标的正方向。若求得的力值的正负号与图中力的正负号（正号未标）相同，则力的实际指向与图示方向一致；反之亦然。

3）惯性力分析

在压裂泵的设计中，曲轴连杆机构的力与力矩平衡是设计的关键问题。因为在高速运动中，各运动构件要产生巨大的惯性力和惯性力矩，这些力和力矩将通过运动副传递到泵壳上，产生一个合力（惯性力）和一个合力矩（惯性力矩），该力和力矩周期性变化将引起泵的振动，产生噪声，加剧零件的损坏，降低泵的运动和工作精度以及使用寿命。

机构动力平衡的目的就是要消除或减小机构的惯性作用，而机构各构件自身的惯性作用是由其质量和运动产生的，其本身不能自行消除。因此，必须在机构上附加其他能产生惯性作用的元件，以抵消原机构的惯性作用，从而使整个机构达到新的惯性平衡（图 3-3-4）。可以采用质量代换法求解惯性力和惯性力矩，设计安装平衡配置后可实现惯性力优化。

4）动力学仿真分析和关键零部件有限元分析

通过虚拟仿真分析，可以表示动力端关键零部件的受力情况，能真实反映动力端的受力以及变化情况，为优化结构设计提供依据。图 3-3-5 为曲轴有限元应力云图。

动力端关键零部件有：泵壳、十字头箱体、曲轴、连杆、十字头、小齿轮轴、齿轮等，通过对这些关键零部件有限元分析对于优化结构设计很有必要。

图 3-3-4　添加配重块的曲轴模型

图 3-3-5　曲轴有限元应力云图

3. 液力端的通用设计

1）柱塞及缸数对排出流量的影响

柱塞的往复运动速度决定液体从泵头体腔中排出的流量，而其速度是曲轴转角的函数，因而流量具有脉动性。压裂泵液体流量的脉动特性受柱塞数目和连杆比 λ 值（$\lambda = R/L$）影响，见表 3-3-1 和表 3-3-2。

表 3-3-1　柱塞数目对排出流量的影响

类型	柱塞数目	排出流量平均值以上占百分比 /%	排出流量平均值以下占百分比 /%	总变化量 /%	柱塞相位角 /（°）
双缸	2	24	22	46	180
三缸	3	6	17	23	120
四缸	4	11	22	33	90
五缸	5	2	5	7	72
六缸	6	5	9	14	60
七缸	7	1	3	4	51.5
九缸	9	1	2	3	40

表 3-3-2　三缸泵 λ 值对排出流量的影响

λ	排出流量平均值以上占百分比 /%	排出流量平均值以下占百分比 /%	总变化量 /%
1 : 4	8.2	20.0	28.2
1 : 5	7.6	17.6	25.2
1 : 6	6.9	16.1	23.0
1 : 7	6.4	5.2	21.6

2）泵阀的动态特性

泵阀的动态特性是通过对泵阀压力变化的机械响应。当柱塞从泵头体腔抽出时，泵头体腔容积增加，腔内压力下降，因为抽送液体的相对不可压缩性，很小的柱塞行程就能引起一个压降，当腔内压力完全降到吸入压力以下时，压差开始打开吸入阀即升起阀体，液流通过吸入阀流入而充满泵头体内由柱塞、吸入阀、排出阀及吸入堵盖之间围成的腔（以下称工作腔）。当柱塞在吸入行程的末端减速时，吸入阀逐渐返回其阀座即阀体下落回位。理想的情况是，当柱塞停止时吸入阀彻底关闭。连杆十字头机构的运动引起柱塞的反向运动，从而开始了它的排出行程，被截在工作腔内的液体被压缩，直到腔内的压力超过排出压力足以开始打开排出阀即升起阀体，工作腔内液体流入排出集流腔通过排出管汇排入井口，当柱塞在排出行程的末端减速时，排出阀逐渐返回其阀座即阀体下落回位。同样理想的情况是，当柱塞的运动停止时，排出阀恰好关闭。

通常泵阀的打开和关闭相对曲轴旋转和柱塞运动都有一个轻微的滞后。曲轴旋转5°～20°时柱塞开始运动，阀打开的滞后归因于需要克服泵阀的惯性和阀簧的预载以及液体分子与阀和阀座（即阀总成和阀座）的密封面之间存在的粘着力（泵阀静摩擦力）。泵阀延时关闭是指柱塞达到它的行程的终点和阀彻底关闭时间内曲轴旋转的角度，通常为2°～12°。泵阀延时开启对泵的综合性能影响较小，但泵阀延时关闭对泵的性能影响较大，特别是对泵的容积效率的影响。

3）泵阀参数

阀座内孔直径影响泵的流量和流过泵阀的速度。根据美国 Hydraulic Institute Standards 协会推荐，对固井压裂泵，理想的流过泵阀的平均液流速度为：10～20ft/s（3～6m/s）。当输送液体为悬浮浆液时，通过阀的最大流速不宜超过10.67m/s，以防悬浮颗粒分离，最小不低于1.8m/s，以防悬浮颗粒沉降。

泵阀升程要满足以下条件：在吸入冲程，为了保证泵的灌注吸入阀要开启快且具有足够的升程；升程能充分让全部固体颗粒通过，在循环末能立即关闭。阀弹簧的刚度及其预压缩量影响泵阀的开启和关闭，阀弹簧施加在阀体上的阀开启载荷不能太大，否则泵阀开启延迟，影响灌注或排液；但阀弹簧施加在阀体上的载荷也不能太小，否则泵阀延时关闭时间太长，液体回流过多，从而影响泵的容积效率。压裂泵阀弹簧刚度一般为8.75～26.27N/mm。一般来说，排量越高，阀弹簧刚度要求越高。

4）容积效率

容积效率是衡量压裂泵性能的重要指标，泵的容积效率是泵的实际排量与其理论排量之比。对压裂泵，若泵送的介质不含气体，则容积效率可推导为：

$$\eta_{\mathrm{v}} = \cos\varphi_0 - \frac{(\varepsilon\beta + C)p}{1 - \beta p} \tag{3-3-8}$$

变形写成：

$$\eta_{\mathrm{v}} = 1 - (1 - \cos\varphi_0) - \frac{\varepsilon\beta p}{1 - \beta p} - \frac{Cp}{1 - \beta p} \tag{3-3-9}$$

其中：

$$\varepsilon = \frac{V_{\mathrm{C}}}{V_{\mathrm{h}}} \tag{3-3-10}$$

式中　η_v——容积效率；

　　　φ_0——关闭滞后角，（°）；

　　　β——液体压缩系数，（10^5Pa）$^{-1}$；

　　　p——泵的平均排出压力，Pa；

　　　C——容积损失系数，（10^5Pa）$^{-1}$；

　　　V_C——绝对刚性液缸容积；

　　　V_h——泵的冲程容积。

可见泵的容积损失率由三部分组成：

（1）由吸入阀和排出阀滞后关闭而引起的回流量比例 $1-\cos\varphi_0$。

（2）泵头体腔中，由于存在着死区容积液体不能排出和液体介质的可压缩性造成的容积损失率 $\dfrac{\varepsilon\beta p}{1-\beta p}$。

（3）在排出压力下泵头体腔容积增大引起的容积损失率 $\dfrac{Cp}{1-\beta p}$。

另外还有高压介质通过密封不良的吸入阀、密封、吸入盖和排出盖等泄漏至液缸外的容积损失率，因设计要求不允许有明显泄漏，该部分容积损失通常很小。

在上述三部分容积损失率中，后两项与泵头内腔设计有关，因 β 和 C 很小，只有当排出压力足够大时这两项才有意义。当排出压力达到 42MPa 时，要考虑该项。

第一项主要与泵阀设计有关。压裂泵阀关闭滞后角一般为 5°～20°，当排出压力不是很大时（<42MPa），泵的容积效率最高极限值为 $\cos\varphi_0$，即 92.4%～97.8%。

二、动力端受力分析

以下计算以 2000 型 4in 柱塞泵为计算示例。

1. 最大柱塞力分析

柱塞泵的排出压力很高，而吸入过程中柱塞端面的压力约等于与柱塞泵配套的灌注泵出口压力，灌注泵出口的压力为 0.2～0.3MPa。为简便计算，须进行柱塞端面的压力变化规律的边界条件设置：

（1）在吸入过程中，不考虑柱塞端面的压力，柱塞密封两端的压力差约为 0.3MPa。

（2）在排出过程中，柱塞端面的压力值恒定不变，柱塞密封两端的压力差约为 100MPa。

柱塞泵内液体压力达到最大时，其作用于柱塞上的力也随之同时达到最大值，柱塞面积乘以液体压力所得的值即为它的大小，公式如下：

$$F_{柱}=\frac{\pi}{4}D^2p \qquad\qquad（3\text{-}3\text{-}11）$$

式中　p——泵的最大排出压力（取 97.5MPa）；

　　　D——柱塞直径（取 114.3mm）。

代入参数后：

$$F_{柱} = \frac{\pi}{4}D^2 p = \frac{\pi}{4}\left(114.3 \times 10^{-3}\right)^2 \times 97.5 \times 10^6 = 999.92\text{kN}$$

2. 活塞—十字头和连杆的受力分析

活塞、连杆、介杆、十字头、十字头销、十字头轴承以及随它们做往复运动的附件总质量为 m_2 为 106.3kg，连杆质量 m_3 为 108.6kg，十字头和导板之间的动摩擦系数 0.11，连杆质心距离 l_1 为 0.2184m，通过这些基本参数可计算十字头和连杆的受力。

由于在计算时包含有加速度项，加速度是随曲柄转角而变化的，因此不同转角处得到的计算结果也是变化的，为了简化计算，借助 Visual Basic 对十字头和连杆的受力进行计算，计算结果如图 3-3-6、图 3-3-7、图 3-3-8 所示。

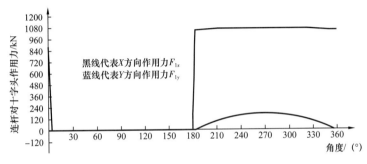

图 3-3-6　连杆对十字头作用力 F_1

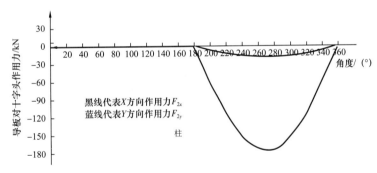

图 3-3-7　导板对十字头作用力 F_2

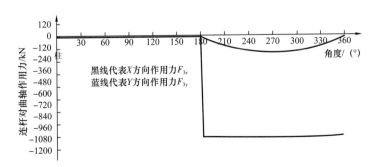

图 3-3-8　连杆对曲轴作用力 F_3

计算出各力在 X、Y 轴的分量后，即可求得他们的大小和方向。从图中可以看出水平方向力明显大于竖直方向作用力，吸入阶段作用力十分小，而排出阶段的作用力十分大。

3. 曲轴受力分析

1）偏心质量惯性力

偏心质量 m_4 为曲轴总质量 m_1 的 1/6，曲轴总质量为 1062.4kg，故偏心质量为 177kg。偏心质量惯性力即 m_4 的离心力为 $m_4 r \omega^2$，方向沿曲轴离心向外，令作用于 1#、2# 和 3# 曲柄的离心力分别为 F_4'、F_4'' 和 F_4'''，则

$$F_{4x}' = m_4 r \omega^2 \cos \varphi_1 \tag{3-3-12}$$

$$F_{4y}' = m_4 r \omega^2 \sin \varphi_1 \tag{3-3-13}$$

F_4'' 和 F_4''' 的表达式中将 φ_1 分别换以 φ_2 和 φ_3 即可。

2）小齿轮啮合力

2000 型三缸柱塞泵的齿轮呈对称分布，左右两边齿轮为大小相同旋向相反的斜齿轮，齿轮啮合力分解为切向力 F_t 和径向力 F_r。F_t 只决定于连杆力和偏心质量的自重，通过曲轴轴线的离心力，轴承反力和 F_r 对它没有影响，于是

$$F_t = \frac{R}{R_2}\left[F_{3x}' \sin \varphi' - \left(F_{3y}' + m_4 g \right) \cos \varphi' + F_{3x}'' \sin \varphi'' - \left(F_{3y}'' + m_4 g \right) \cos \varphi'' + F_{3x}''' \sin \varphi''' - \left(F_{3y}''' + m_4 g \right) \cos \varphi''' \right]$$

$$\tag{3-3-14}$$

式中 R_2——大齿轮的分度圆直径。

径向力

$$F_r = \frac{F_t \tan \alpha_n}{\cos \beta_0} \tag{3-3-15}$$

式中 α_n——法向啮合角（对标准斜齿轮 $\alpha_n = 20°$）；

β_0——斜齿轮的节圆螺旋角（$\beta_0 = 21°$）。

假定从动力端传递到小齿轮轴上的扭矩平均分配到两个齿轮上，则两个大齿轮受到的切向力和径向力相等，即

$$F_{1t} = F_{2t} = \frac{1}{2} F_t \tag{3-3-16}$$

$$F_{1r} = F_{2r} = \frac{1}{2} F_r \tag{3-3-17}$$

将切向力和径向力变换表达为沿 X 和 Y 轴分量形式：

$$F_{5x} = F_{6x} = F_{1t} \sin \gamma - F_{1r} \cos \gamma \tag{3-3-18}$$

$$F_{5y} = F_{6y} = F_{1t} \cos \gamma + F_{1r} \sin \gamma \tag{3-3-19}$$

式中 γ——大小齿轮中心连线和 OX 轴的夹角（$\gamma = 29.5°$）。

根据已知条件，将所有力分解到 X 和 Y 向，然后利用力矩分配法求解出曲轴 4 个轴承支撑处的支反力，则在最大排出压力 97.5MPa 时的支反力大小如图 3-3-9 所示。

从图 3-3-9 中可以看出最大支反力出现在 C 和 D 支撑点处，为 1349kN。

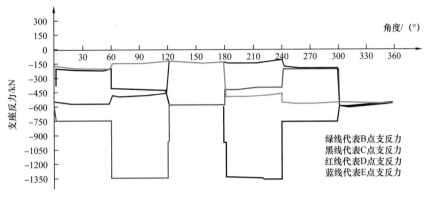

图 3-3-9　支反力曲线图

三、液力端流场分析

对于压裂泵来说，泵的效率和工作中经常出现的失效形式（如，阀体损坏、泵头刺穿、腔壁冲蚀、阀座磨损失效）与泵头体内部的流场分布有关（张丽娜，2007）。由于压裂泵输送的介质复杂，工况极其恶劣，流场的分布合理情况与泵的寿命密切相关。

1. 吸入腔流场分析

根据压裂泵阀体结构，对液力端模型进行了合理的简化。为了保证仿真计算的精度，对流场影响较大的阀座与阀体间隙位置、吸入阀和柱塞等部分按照实际设计尺寸进行了细致的描述。选取整个吸入流体通道作为流体计算模型区域。为了进行对比分析，选取了曲轴转角 ϕ 分别为 $\phi=15°$、$\phi=30°$、$\phi=90°$在三种时刻的流体域建立模型，如图 3-3-10 所示。

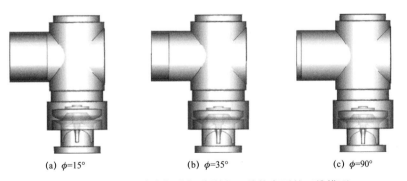

(a) $\phi=15°$　　　　(b) $\phi=35°$　　　　(c) $\phi=90°$

图 3-3-10　吸入腔内部流场分别在三种状态下的三维模型

1）有限元模型

采用 ANSYS 的前处理软件 ICEM CFD 来划分网格，三维流体数值计算采用的单元类型为四节点的四面体单元进行离散。实际计算时为了满足计算精度的需要，又不增加不必要的计算量，在进、出口位置设置单元尺度较小，同时为了提高计算精度，在阀座吸入孔处和活塞处进行加密网格，具体网格划分情况如图 3-3-11 所示。

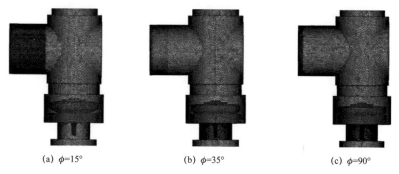

(a) $\phi=15°$ (b) $\phi=35°$ (c) $\phi=90°$

图 3-3-11 吸入腔内部流场在三种状态下的网格模型

2）湍流方程

根据流体力学理论，流体流动状态主要划分依据为雷诺数 Re，Re 小于 2150 时，流体流动为层流，Re 大于 4000 时流体流动为湍流。Re 的公式如下：

$$Re = \frac{\rho v D}{\mu} \qquad (3-3-20)$$

式中　　ρ——流体密度；

　　　　v——流体速度；

　　　　D——流动的特征尺度；

　　　　μ——流体动力黏度。

对湍流最根本的模拟方法是在湍流尺度的网格尺寸内求解瞬态的三维 N-S 方程的全模拟方法，此时无需引进任何模型。然而由于计算方法及计算机运算水平的限制，该种方法不易实现。另一种要求稍低的方法是亚网格尺寸度模拟即大涡模拟，也是由 N-S 方程出发，其网格尺寸比湍流尺度大，可以模拟湍流发展过程的一些细节，但由于计算量仍然很大，只能模拟一些简单的情况，直接应用于实际的工程问题也存在很多问题。因此，必须根据雷诺数和介质性质选择适用的湍流模型，常用的湍流模型主要有：

（1）Spalart-Allmaras 模型；

（2）$k-\varepsilon$ 模型，包括标准 $k-\varepsilon$ 模型、RNG $k-\varepsilon$ 模型、带旋流修正 $k-\varepsilon$ 模型三种；

（3）$k-w$ 模型，包括标准 $k-w''$ 模型、压力修正 $k-w$ 模型两种；

（4）雷诺兹压力模型；

（5）大涡模型。

没有一个湍流模型可以对所有的问题都通用，因此需要根据实际流动情况选择合适的模型。对于压裂介质，压裂液为近似不可压缩流体，Re 远远大于 4000，选择标准 $k-\varepsilon$ 模型，该方程对应流体力学中的二方程模型，即为连续性方程、雷诺方程、湍流动能方程（k 方程）和 ε 耗散率方程组合成的模型。

在工程中使用最为广泛，最基本的两方程模型是 $k-\varepsilon$ 模型，即分别引入关于湍流动能

k 和耗散率 ε 的方程：

$$\frac{\partial(\rho k)}{\partial t}+\frac{\partial}{\partial x_k}\left(\rho u_k k\right)=\frac{\partial}{\partial x_k}\left(\frac{\mu_e}{\sigma_k}\frac{\partial k}{\partial x_k}\right)+G_k+G_b-\rho\varepsilon \qquad (3\text{-}3\text{-}21)$$

$$\frac{\partial(\rho\varepsilon)}{\partial t}+\frac{\partial}{\partial x_k}\left(\rho u_k\varepsilon\right)=\frac{\partial}{\partial x_k}\left(\frac{\mu_e}{\sigma_\varepsilon}\frac{\partial k}{\partial x_k}\right)+\frac{\varepsilon}{k}\left(c_1 G_k-c_2\rho\varepsilon\right) \qquad (3\text{-}3\text{-}22)$$

其中：

$$G_k=\mu_t\left[2\left(\frac{\partial u}{\partial x}\right)^2+2\left(\frac{\partial v}{\partial y}\right)^2+\left(\frac{\partial u}{\partial y}+\frac{\partial v}{\partial x}\right)^2\right]$$

$$G_b=-\beta\rho\left(g_x\frac{\mu_t}{\sigma_t}\frac{\partial T}{\partial x}+g_y\frac{\mu_t}{\sigma_t}\frac{\partial T}{\partial y}\right)$$

$$\mu_e=\mu+\mu_t$$

$$\mu_t=C_\mu\rho\frac{k^2}{\varepsilon}$$

式中　k——湍动能；

　　　ε——湍动能耗散率；

　　　G_k——由于平均速度梯度引起的湍动能；

　　　G_b——由浮力引起的湍动能；

　　　c_1、c_2——常数；

　　　x、y、z——坐标量。

模型中各通用常数据计算经验可取为：

$$C_\mu=0.09,\ c_1=1.44,\ c_2=1.92,\ \sigma_k=1,\ \sigma_\varepsilon=1.3 \qquad (3\text{-}3\text{-}23)$$

3）模型假设

通过对液力端的分析可知，液力端在吸入液体的过程中，液缸内部流体流动为紊流，流场较为复杂，流场内各参数（压力、流速等）随时间作连续的无规则变化。在此种模型下对吸入腔内的流场进行模拟数值模拟，需要提出以下假设：

（1）压裂液为均匀连续不可压缩流体；

（2）由计算知此模型中的雷诺数 Re 远大于临界雷诺数 Re（2000～1500），因此模型中流体的流动状态主要是紊流，采用工程上常用的标准 k-ε 紊流模型。

（3）数值计算方法采用有限元体积法中常用的 SIMPLE（Semi-Implicit Method for Pressure-Linked Equations）算法，求解离散方程组。

（4）压裂液中固相颗粒含量小于 10%，假设流动中固相颗粒之间无碰撞。

4）边界条件

由图纸参数得各个部件的参数为：曲柄回转半径 $R=101.6$mm；连杆长 $L=612.5$mm；

连杆比 $\lambda = R/L = 0.166$；柱塞直径 $D = 114.3\text{mm}$。

根据柱塞位移公式：

$$S = R\left(1 + \cos\varphi - \frac{\lambda}{2}\sin^2\varphi\right)$$
$$= 101.6 \times 10^{-3} \times \left(1 + \cos\varphi - 0.083\sin^2\varphi\right) \qquad (3\text{-}3\text{-}24)$$

柱塞速度公式：

$$u = -R\omega\left(\sin\varphi + \frac{\lambda}{2}\sin 2\varphi\right)$$
$$= -0.1016\omega\left(\sin\varphi + 0.083\sin 2\varphi\right) \qquad (3\text{-}3\text{-}25)$$

柱塞缸的瞬时流量：

$$Q_t = A_{柱}u_{柱}$$
$$= \frac{\pi}{4}d_{缸}^2 \times R\omega\left(\sin\varphi + \frac{\lambda}{2}\sin 2\varphi\right) \qquad (3\text{-}3\text{-}26)$$

阀体升程公式：

$$h = \frac{A_{柱}r\omega\sin\omega t}{\mu\pi d_{阀}\sqrt{\dfrac{2(C+R)}{A_{阀}\rho}}\sin\theta}$$
$$= \frac{\dfrac{\pi}{4}d_{缸}^2 \times 101.6 \times 10^{-3} \times 34.5\sin\omega t}{1.12\pi d_{阀}\sqrt{\dfrac{2(2.2g+298)}{\dfrac{\pi}{4}\left(d_{阀}\cdot\sin 60°\right)^2\rho}}\sin 60°} \qquad (3\text{-}3\text{-}27)$$

阀体速度公式：

$$v_{阀} = \frac{A_{柱}r\omega^2\cos\omega t}{\mu\pi d_{阀}\sqrt{\dfrac{2(C+R)}{A_{阀}\rho}}\sin\theta} \qquad (3\text{-}3\text{-}28)$$

通过以上公式计算可分别得活塞在各个位置时刻的参数见表 3-3-3。

由此可得吸入腔的边界条件见表 3-3-4。

5）流体介质参数

取吸入过程中压裂液密度为 1200kg/m^3。根据 SY/T 5185《砾石充填防砂水基携砂液性能评价方法》，石英砂直径取值范围为 0.4～0.8mm，取直径为 0.6mm。

6）壁面函数

对于湍流边界层流场非常重要，边界层大致可分为两个区域：靠近壁面的近壁区，也称为内区，该区内的流动直接受壁面条件影响，其厚度占边界层厚度的 10%～20%；第二层是内层之外到自由流之间，占边界层总厚度的 80%～90%，该层内的流动接受壁面通过它的壁面剪切应力的影响。

表 3-3-3　活塞在各个位置时刻的参数

瞬时参数	102r/min		150r/min		200r/min		250r/min	
	排量 / L/min	压力 / MPa	排量 / L/min	压力 / MPa	排量 / L/min	压力 / MPa	排量 / L/min	压力 / MPa
	877	137.8	1290	103.0	1720	77.2	2150	61.8
阀体高度 / mm	3.84		5.64		7.52		9.4	
	1.92		2.82		3.76		4.7	
	1		1.46		1.95		2.4	
活塞速度 / m/s	1.1		1.6		2.1		2.7	
	0.62		0.92		1.22		1.52	
	0.33		0.48		0.64		0.8	

表 3-3-4　吸入腔边界条件

边界条件	102r/min		150r/min		200r/min		250r/min	
	排量 / L/min	压力 / MPa	排量 / L/min	压力 / MPa	排量 / L/min	压力 / MPa	排量 / L/min	压力 / MPa
	877	137.8	1290	103.0	1720	77.2	2150	61.8
入口流速 /（m/s）	1.03		1.5		1.98		2.53	
	0.58		0.86		1.145		1.43	
	0.31		0.45		0.6		0.75	
出口压力 /MPa	0.4							
壁面参数	壁面给定无滑移固壁条件，即 $W_{wall}=0$，$V_{wall}=0$，$k_{Wall}=0$，$\varepsilon_{wall}=0$							

本书所选用的标准 k-ε 方程，取壁面函数法来模拟边界层流动，k-ε 模型采用的壁面函数有三种：标准壁面函数、非均匀壁面函数和增强壁面处理。选用由 Launder 和 Spalding 于 1974 年提出的标准壁面函数，其广泛应用于模拟工程设计，流动方程如下：

$$U^* = \frac{1}{k} \ln Re^* \qquad (3-3-29)$$

式中　k——经验常数；

　　　Re^*——该处流体雷诺数；

　　　U^*——无量纲速度。

7）计算结果分析

通过对吸入过程实体模型进行 CFD 解析，可获得在最大冲次下三种工作状态所对应的吸入腔内流场的速度分布和压力分布，进而以速度和压力分布为基础来分析流道结构是否合理。

通过对吸入腔在最大冲次的三种瞬时边界条件下仿真的速度云图和压力云图对比分析可知（图 3-3-12～图 3-3-14），随着曲柄转角的增大，通过吸入腔的流场速度也在相应增加，三种情况下流体速度较大的地方都集中在阀座与阀体的间隙区域，在某些地区有漩涡产生，且阀体的升程越大，经过阀隙的速度也增大，由两个不同面上的速度和压力变化，进而对吸入腔内部流场变化情况更好的分析。对于加砂压裂，高速携砂的流体可能会对吸入腔尤其是阀体产生一定的冲蚀作用，需要对进行进一步分析。

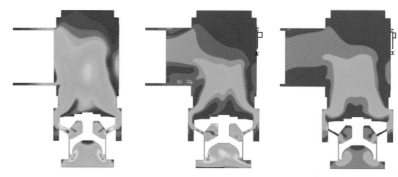

图 3-3-12　吸入腔内部流场在三种状态下的速度云图

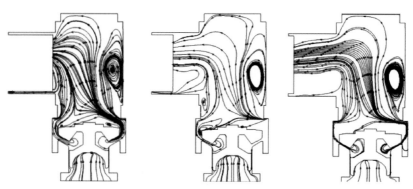

图 3-3-13　吸入腔内部流场在三种状态下的流线图

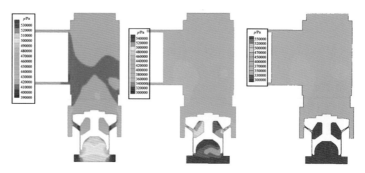

图 3-3-14　吸入腔内部流场在三种状态下的压力云图

通过对吸入过程实体模型进行 CFD 分析，可获得在最小冲次下吸入腔内流场三种工作状态的速度分布和压力分布（图 3-3-15、图 3-3-16），进而以速度和压力分布为基础来分析流道结构是否合理。

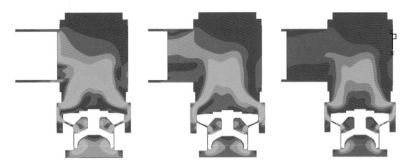

图 3-3-15　最小冲次下吸入腔内部流场在三种状态下的速度云图

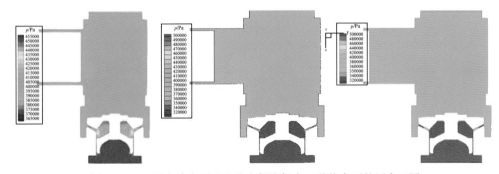

图 3-3-16　最小冲次下吸入腔内部流场在三种状态下的压力云图

通过对吸入腔内部流场在最小冲次的三种瞬时边界条件下仿真的速度云图和压力云图对比分析可知，随着曲柄转角的增大，通过吸入腔内部的流场速度也在相应增加，三种情况下流体速度较大的地方都集中在阀座与阀体的间隙区域，且阀体的升程越大，经过阀隙的速度也增大。在最小冲次下，经过吸入阀的流量较小所以流体的速度相对最大冲次时的速度小得多。整个吸入过程的平均速度相对较小，因此在小冲次下的流体对吸入腔冲刷、冲蚀的影响相对较小。

2. 排出腔的流场分析

1）实体建模

考虑到实际数值模拟的可行性，对液力端模型进行了合理的简化。为了保证仿真计算的精度，对流场影响较大的阀座与阀体间隙位置、排出阀和柱塞等部分按照实际设计尺寸进行了细致的描述。同样为了进行对比分析选取整个排出腔流体的在三种状态下的三种通道作为计算域，流场实体模型如图 3-3-17 所示。

2）有限元模型

采用 ANSYS 的前处理软件 ICEM CFD 来划分网格，为了提高计算精度，在局部进行加密网格，具体网格划分情况如图 3-3-18 所示。

图 3-3-17　排出腔内部流场在
$\phi=90°$状态下的三维实体模型

图 3-3-18　排出腔内部流场在三种
状态下的网格模型

3）边界条件

与吸入腔分析类似，排出腔边界条件见表 3-3-5。

表 3-3-5　排出腔边界条件

边界条件	102r/min		150r/min		200r/min		250r/min	
	排量 / L/min	压力 / MPa	排量 / L/min	压力 / MPa	排量 / L/min	压力 / MPa	排量 / L/min	压力 / MPa
	877	137.8	1290	103.0	1720	77.2	2150	61.8
入口流速 / (m/s)	1.1		1.6		2.1		2.7	
	0.86		1.266		1.688		2.1	
	0.62		0.92		1.22		1.52	
出口压力 /MPa	137.8		103.0		77.2		61.8	
壁面参数	壁面给定无滑移固壁条件，即 $W_{wall}=0$，$V_{wall}=0$，$k_{Wall}=0$，$\varepsilon_{wall}=0$							

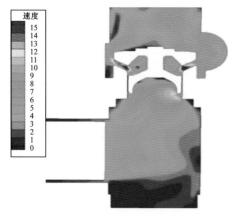

图 3-3-19　排出腔内部流场在曲柄转角
90°时刻下的速度云图

4）计算结果分析

通过对排出腔模型的 CFD 分析，得出了在最大冲次和腔内流场在压力 12.3MPa 下的三种工作状态的速度分布和压力分布云图，如图 3-3-19～图 3-3-21 所示。

通过对排出腔内部流场的速度云图和压力云图比较分析可知，随着曲柄转角的增大，通过排出腔的流场速度也在相应增加，三种情况下流体速度较大的地方都集中在阀座与阀体的间隙区域，且阀体的升程越大，通过阀隙的速度也增大并在排出阀排出孔中速度最为集中，特别是当曲柄转角达到 90°的时候，由于柱塞的瞬时速度较大，同时在排出的过程中过流面积的减小，在阀隙和排出孔产生流体速度较大，使排出的液体流速较快，因此最大冲次下的流体流经腔体内部时，流体也会对排出腔产生一定的冲蚀（图3-3-22）。从三个压力图的对比看出在给定的相同压力边界条件下，三种状态下的压力变化较小，三种流场的压力都处在6.18MPa左右。

分析表明吸入腔和排出腔在相同状态下的流速分布基本相同，最大流速都出现在阀体和阀座的间隙位置，最小压力出现在流速最大位置处，但压力变化波动很小，因此，阀体和阀座为受到液流冲蚀最危险区域。

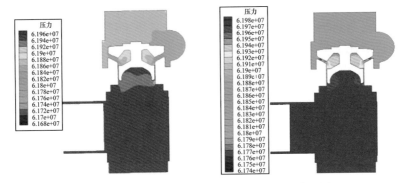

图3-3-20 250次/min下排出腔内部的压力云图

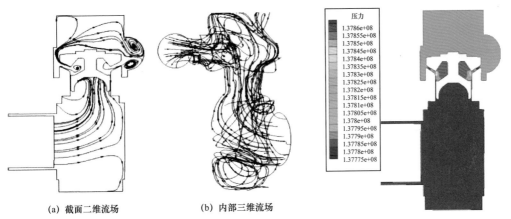

(a) 截面二维流场   (b) 内部三维流场

图3-3-21 曲柄转角90°下排出腔流线图   图3-3-22 102次/min下排出腔内部的压力云图

3.砂粒对阀体冲蚀磨损分析

1）失效因素

零件的冲蚀磨损除了与流体速度和零件的材料性质有关外，还与砂粒流的冲击角有关，对于塑性材料来说，只有当入射角较小时，才会出现较大的磨损，颗粒对壁面产生微切削作用，直接形成磨屑；脆性材料则相反，其磨损率的大小随着入射角的增加而单调递增，只有当冲击角为90°时，磨损率才达到最大。

气蚀使环形锥面流道中截面突然变化的密封圈下端形成海绵状、鱼鳞状的穴窝压裂液连续不断地冲刷，使穴窝扩展撕裂，形成更大的凹坑和大块材料的剥落，重者出现裂口，喷射出的压裂液刺蚀密封圈、阀座且刺裂泵头。

此外，阀体还要受到磨粒磨损。当阀隙高度等于或小于压裂液中微粒的直径时，尽管压裂液已经断流，但由于受阀体的带动，滞留在阀隙中的坚硬微粒在密封面之间发生滚动或滑动，在阀隙内形成磨粒磨损，有的甚至会嵌入密封面内，随着密封圈与阀座的相对运动，推挤阀体和阀座密封表面的材料。同时，颗粒自身也会受到挤压而破碎，相对运动过程中的多次碰撞使堆积在凹坑、沟槽两侧和前沿材料的根部产生疲劳裂纹，断裂后从表面上脱落，形成新的磨屑。在表面上形成的残留塑性变形、凹坑和划痕，为高压压裂液冲刷提供了通道。

阀体一旦出现密封不严，在高压作用下，尤其是排出过程中，密封间隙会产生高速反相液流，高速液流会对阀体、阀座甚至内腔造成很大的冲蚀作用，短时间内使阀体失效。液体被吸入、排出过程中砂粒在高速液流的带动下会对阀体产生严重的冲蚀磨损。

2）冲蚀模型

本书基于 FLUENT 的塑性冲蚀理论，对阀体的磨粒冲蚀作用进行模拟分析。分别分析了压裂泵在曲轴转角为 90°时刻，冲次分别为 250 次 /min 和 102 次 /min 下阀体受到含砂压裂液的冲蚀速率如图 3-3-23 所示。

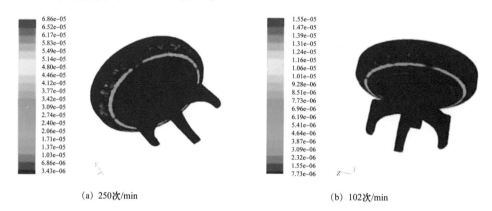

(a) 250次/min   (b) 102次/min

图 3-3-23　吸入腔在曲柄转角 90°下的阀体冲蚀云图

图 3-3-24 为粒子轨迹图，对阀的粒子冲蚀磨损分析表明，阀体受到冲蚀最严重区域为阀胶套与阀体相连的下底面，其次是配合锥面。锥面一旦受磨损厚度过高密封不严，

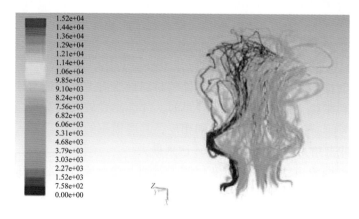

图 3-3-24　粒子轨迹图

工作工程中会产生高速的回流液体，使阀盘在短时间内失效。通过对阀体磨损率的评估可以有效评估阀寿命。

第四节　交流变频电动机

电机是实现机电能量转换的一种电磁装置，根据其功能的不同，电机可以分为电动机和发电机两大类，前者将机械能转换为电能，后者则将电能转换为机械能。随着变频调速和永磁无刷电机等技术的出现和不断进步，直流发电机的应用日渐减少，交流变频电动机逐渐替代直流电动机。

一、交流电动机概述

交流电动机分为异步电动机和同步电动机两大类。电动机的供电通常采用三相或单相，由于电力系统输电网络采用三相制，因此工业用交流电动机多为三相电动机。

1. 异步电动机

1）结构特点

异步电动机主要由固定不动的定子和旋转的转子两部分组成，定、转子之间的间隙称为气隙，在定子两端有端盖和轴承支撑转子。图 3-4-1 所示是鼠笼式异步电动机的结构示意图。

异步电动机的定子由铁心、绕组和机壳三部分构成，如图 3-4-2 所示。定子绕组是电动机的电路，由很多铜线绕制的线圈构成，构成定子绕组的铜线圈如图 3-4-2（b）所示。

异步电动机的转子由转子铁心、转子绕组和转轴构成。转子铁心是电动机磁路的一部分，一

图 3-4-1　鼠笼式异步电动机结构图
1—定子铁心；2—定子绕组；3—转子铁心；
4—转子绕组（鼠笼）；5—机壳；6—端盖；
7—轴承；8—转轴；9—冷却风扇

般由硅钢片冲制后叠压而成。转轴起支撑转子铁心和输出机械转矩的作用。转子绕组的作用是感应电动势、流过电流和产生电磁转矩。其结构型式有两种：鼠笼式和绕线式。

（a）定子机壳、绕组和铁心

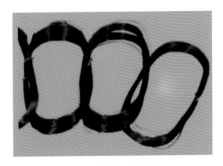

（b）构成绕组的铜线圈

图 3-4-2　异步电动机定子示意图

2）工作原理

异步电动机当定子接在三相交流电源上，在定子绕组会产生交流电流，根据电生磁原理，由定子磁动势在电动机中建立旋转磁场，磁场波形一般沿气隙圆周按正弦波分布，是一个旋转波。由于转子转速与气隙磁场的转速不相等，两者之间存在相对运动，在转子绕组中必然感生电动势，而由于转子绕组是短接的闭合绕组，进而就会产生转子电流，转子上载流导体在磁场中会受到电磁力的作用，从而产生电磁转矩，驱动转子旋转，实现电能到机械能的转换。

3）调速方法

异步电动机的转速 n 与供电频率 f_1、电动机极对数 p 和转差率 s 有关系式：

$$n = \frac{60f_1}{p}(1-s) \tag{3-4-1}$$

可见，通过调节 p、f_1、s 这三个参数都可以改变转速 n，从而实现调速。因此，异步电动机通常有三种调速方法：变极调速、变频调速、变转差率调速。

变极调速相当复杂，设计制造难度较大。改变转差率调速这种方式主要适合于风机水泵类负载，存在效率低、温升高等问题，一般较少采用。

变频调速的基本原理是：当改变电源频率 f_1，电动机的同步转速 n_1 成比例变化，这样当转差率 s 变化不大的话，转子转速 n 就会近似成比例变化。在调节电源频率时，在额定转速以下，电动机运行在恒转矩区，一般采用恒压频比控制方式以保持每极主磁通近似不变。而在额定转速以上，电动机运行进入恒功率区，变频器输出电压增大到额定值以后，只能采用恒压控制。随着频率增大，电压逐渐增大，但受限于变频电源直流母线电压、开关器件耐压水平以及电动机绕组耐压等级，变频器输出电压不能无限增大。当电动机转速高于额定转速以后，只能采用恒压控制，此时电动机的最大电磁转矩会随频率的增大而减小。为了维持过载能力不变，一般负载转矩要相应减小，电动机维持恒功率输出。由此可见，变频调速方法可以实现在很大转速范围内平滑地调速，调速性能好，过载能力强，由于需采用专用变频变压电源，控制技术难度大，系统成本较高。但随着电力电子技术和自动控制技术的进步，变频调速系统已经越来越普及。

2. 同步电动机

1）结构特点

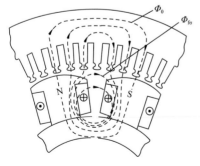

图 3-4-3　同步电动机横截面示意图

与异步电动机类似，同步电动机也主要由固定不动的定子和旋转的转子两部分组成，定、转子之间为气隙，在定子两端有端盖和轴承支撑转子。定子与异步电动机是相似的，一般是对称的三相交流绕组，区别主要在转子。同步电动机的转子结构有很多种，包括凸极式和隐极式两大类。凸极式同步电动机的转子由转子铁心、转子励磁绕组和转轴构成，如图 3-4-3 所示。其转子铁心是电动机磁路的一部分，一般由实心锻件机加工而成或由硅钢片冲制后叠压而成。转轴起支撑转子铁心和输出机械转矩的作用。同步电动机一般用在大功率场合。

若将励磁绕组用永磁体代替,则构成永磁同步电动机,由于永磁在转子上的安装方式非常灵活,其转子结构更是多种多样,如图 3-4-4 所示。采用永磁提励磁的最大优势是转子不需要电刷和滑环,且转子上没有铜耗,电动机结构简单可靠,效率高。近年来,随着永磁电动机设计制造及控制技术的进步,稀土永磁电动机逐渐拓展应用于新能源汽车、飞机、轨道交通、舰船推进和风力发电等中大功率领域。

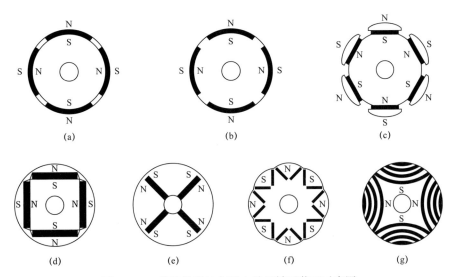

图 3-4-4 各种类型的永磁电动机转子截面示意图

2）工作原理

同步电动机定子绕组与异步电动机是类似的,当定子接在三相交流电源上,在定子绕组会产生交流电流,由定子磁动势在电动机中建立旋转的电枢磁场。而另一方面,转子上由励磁绕组通直流电励磁或由永磁体励磁,励磁磁场相对转子静止不动,但跟随转子一起旋转,由于励磁磁场与电枢磁场相对静止,两者叠加形成气隙磁场,其转速为同步转速,气隙磁场的空间相位超前于转子励磁磁场,则由磁场间的相互作用产生电磁转矩,带动转子旋转。但是同步电动机无法直接并网起动,需采用带起动绕组(类似于异步电动机的鼠笼绕组)的转子结构实现异步起动或者借助变频器实现变频同步起动。

3）调速方法

同步电动机的转速与供电频率成正比,其转速 n_1 与供电频率 f_1 和电动机极对数 p 有如下关系式:

$$n_1 = \frac{60 f_1}{p} \tag{3-4-2}$$

可见,通过调节 p 和 f_1 两个参数都可以改变转速 n_1,从而实现调速。因此,同步步电动机通常有两种调速方法:变极调速和变频调速。

变极调速采用的定子绕组变极方法与异步电动机的是类似的,不同的是,同步电动机转子有特定的极对数，且必须与定子极对数保持严格一致，因此，在改变定子绕组极对数的同时，需同步调整转子励磁磁场的极对数，才能保证电动机能够运行。同步电动机变频调速的基本控制思想与异步电动机类似，不同的是，同步电动机的转速严格决定于其供电电流的频率，因此当改变电源频率 f_1，同步电动机的转速 n_1 成正比变化。随着频率的改变，电动机转速随之改变，在励磁磁场恒定的情况下，电动机的反电势与速度（频率）成正比变化，因此，变频时需要同时变压，一般应维持恒压频比。

3. 多相电动机

多相电动机一般是指相数大于 3 的交流电动机，可以是异步电动机，也可以是同步电动机。由于无法直接接入三相制电网运行，多相电动机及其调速传动系统是典型的学科交叉与融合的产物。

1）技术原理

多相电动机的相数一般是指其定子（电枢）绕组的相数。一般按照电动机每对极相带数定义电动机绕组的相数，而不是仅仅根据出线端的数目来确定。电动机绕组每对极相带数 $q = 360°/\beta$，其中 $360°$ 是指对应一对极的电角度，β 为绕组的相带角。例如，一台电动机绕组的出线端为 9，对应九相电动机，其 β 角为 $40°$ 电角度，如图 3-4-5 所示。类似的这种绕组一般称为多相对称绕组。而如果 β 角为 $20°$ 电角度，则该电动机的相数为半十八相，这种一般接成三套 Y 接三相绕组，相邻两套之间的相移为 $20°$ 电角度，类似的这种绕组一般称为多相不对称绕组。

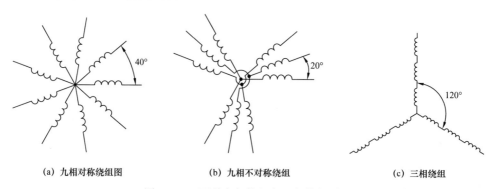

| (a) 九相对称绕组图 | (b) 九相不对称绕组 | (c) 三相绕组 |

图 3-4-5　两种九相绕组与三相绕组对比

交流电动机绕组磁动势谐波的含量是评估其性能的重要依据，一般三相电动机绕组磁动势的谐波均会对电动机性能产生负面影响，因此希望谐波磁动势的含量越低越好。但随着相数的增加，磁动势谐波并非只有负面影响，相反，有些谐波磁动势可以用来产生有用的平均转矩。例如，对于三相电动机来说，一般都采用正弦基波电流供电，而对于九相电动机来说，可以通过注入 3、5、7 次谐波电流来提高其转矩密度，但绕组磁动势谐波含量显著减少。

2）技术特点

与传统三相电动机相比，多相电动机技术优势包括以下几点：

（1）转矩脉动小。脉动转矩主要是由极对数相同但转速不同的磁场谐波相互作用产生的。随着电动机相数增大，绕组磁动势谐波含量显著减小，特别是对电动机性能影响较大的谐波次数增大，并且幅值减小，由其引起的转矩脉动频率增大、幅值减小，转矩脉动减小有利于提高低速运行性能，特别适用于低速直驱场合。此外，绕组磁动势谐波含量的减少可以降低电动机振动和噪声。

（2）运行效率高。多相电动机的磁动势谐波含量低，可以不必像三相电动机那样采用短距分布绕组，因此其绕组系数可以增大，在其他相同的情况下，多相电动机产生同样转矩的电流减小，因此定子的铜耗有所降低。此外，由于磁场谐波含量的降低，转子附加损耗也会减小。

（3）转矩密度高。在相同的电流有效值情况下，多相电动机可以通过注入谐波电流来提高转矩输出。当多相电动机采用整距集中绕组时，次数相同且低于相数的奇数次空间谐波和时间谐波相互合成基波转速的谐波磁动势，能够利用其产生额外的平均转矩，而不会产生波动转矩。也就是说，对于多相电动机，次数低于相数的奇数次谐波电流均可以用来做功。

（4）容错能力更强，可靠性高。多相电动机由于相数多，当有一相至几相出现故障时，可以将故障相断开，电动机仍能正常起动并降功率运行，通过适当的控制策略可以维持高性能运行。而三相电动机，若没有中性线，当发生一相开路故障时，则变成单相电动机，虽然仍可以继续运行，但无法再实现起动，而且功率大为降低。

如前文所述，多相电动机无法直接并网运行，一般需要由多相变频器驱动，对于多相电动机变频调速系统来说，相比于三相电动机调速系统，其优势主要表现在：

（1）实现低压大功率传动。在供电电压等级受限制的场合，采用多相电动机调速系统是实现大功率的有效途径。通过增加相数分摊电流和功率，降低了功率开关器件的电流和电压等级，同时也可以避免功率器件并联使用所带来的动态和静态均流问题，提高了系统的可靠性。

（2）提高调速系统的整体性能。多相电动机经过谐波注入之后的电流波形接近方波或梯形波，提高了电动机的转矩密度，同时也提高逆变器的利用率，为充分发挥调速系统的整体性能创造了条件。由于多相电动机对时间谐波的不敏感性，可以降低逆变器的开关频率，甚至采用方波电压驱动，从而减少逆变器的开关损耗，提高调速系统的效率。

（3）更多的控制自由度。随着相数的增加，电压空间矢量的个数成指数增长，为电压型逆变器的空间矢量脉宽调制控制等先进控制策略提供了充足的控制资源。

（4）在某些场合，采用多相变频调速系统可以降低成本。在大功率电动机驱动系统中，多相逆变器可以采用低成本的低压 IGBT，且器件不需直接并联或串联，对功率器件特性的一致性无要求，采用多相变频调速技术，成本也会有较大程度的降低。

尽管多相电动机及其调速系统具有诸多优点，但与三相电动机调速系统相比，多相电动机随着相数的增大，电动机的出线较多，使得结构设计复杂；多相变频器采用的功率器件数量相对较多，控制算法比三相逆变器变得更为复杂。因此，多相电动机主要适合应用于大功率传动场合，但随着研究的深入，更多应用潜能正在被不断地被发掘出来。

二、六相电动机及应用技术

结合压裂工况负载特性进行匹配设计，通过对增大压裂泵传动比和电动机的设计优化，实现页岩气压裂工程中压裂泵在低冲次下的连续运行。结合压裂工况负载特性进行匹配设计，首次在压裂动力上提出采用相移型多相绕组电动机，研制出 4100kW 多相电动机，较常规设计重量减轻 30%。

1. 六相异步电动机

由于压裂泵大部分时间工作在额定点以下，平均负载率不高于 65%，可以考虑压裂作业的特殊工况，适当缩小额定功率进行电动机设计，电动机额定功率取为 3300kW，最大功率为 4100kW，这样能够减小电动机重量、体积和成本。

限制电动机过载运行功率及时间的主要因素是电动机的温度，电动机输出功率越高、损耗越大、发热越大、温度越高。为了保证电动机能够满足额定功率 3300kW 长时间运行，最大功率为 4100kW 运行，需要进行温升计算，温度不能超过绕组绝缘要求限制的温度。

电动机的冷却方式按冷却介质的不同可以分为空气冷却和液体（水或油）冷却。空气冷却，常用在能量密度低，发热较低的电动机结构中。液体的比热容与导热系数远大于气体，冷却效果显著，常用在能量密度高，发热量大的电动机结构中。故采用水冷方式。电动机的水冷系统采用机壳水冷具有生产工艺简单、制造成本低的优点。

根据冷却水在电动机机壳内的流向采用轴向水路结构。轴向水路在电动机的轴向方向分布管道，水流沿着管道流动并带走电动机的热量，但遇到的水流阻力大，因而压力在冷却液流动过程中损失较大，需要在最初获得较大的入口水压。

电动机定子绕组的绝缘等级是指其所用绝缘材料的耐热等级，分 A、E、B、F、H 级。其中 H 级的耐热等级最高，H 级绝缘材料所能承受的最高温度为 180℃。

电动机定子绕组绝缘采用 H 级绝缘，绕组最高温度不超过 180℃。电动机采用机壳水冷，进水温度为 65℃，水流量为 150L/min。图 3-4-6 为电动机额定功率 3300kW 运行稳态温升径向图，绕组最高温度约为 170℃，满足绝缘要求。

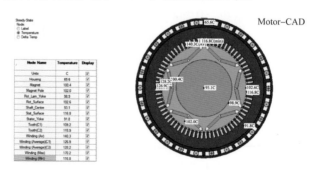

图 3-4-6　电动机额定功率 3300kW 运行稳态温度径向图

电动机以额定功率 3300kW 工作 3h 后以过载功率 4100kW 工作 0.5h 温升如图 3-4-7 所示及见表 3-4-1，过载运行 8min 后电动机定子绕组最高温度没有超过 180℃。满足

4100kW 过载工况下运行 2min 的要求。经温升计算校核，电动机额定功率取为 3300kW，最大功率为 4100kW。电动机能以 3300kW 额定功率长时间连续运行，能满足在额定功率长时间工作之后以 4100kW 的功率工作 2min 的要求。

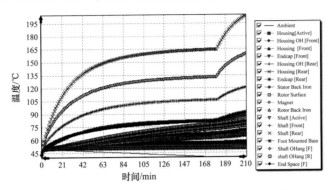

图 3-4-7　电动机 3300kW 工作 3h 后以过载功率 4100kW 工作 0.5h 温升曲线

表 3-4-1　电动机以 3300kW 工作 3h 后以过载功率 4100kW 工作 0.5h 绕组最高温度

输出功率 /kW	总计工作时间 /min	过载工作时间 /min	绕组最高温度 /℃
3300	…	…	…
3300	180	0	160.39
4100	182	2	164.54
4100	184	4	168.40
4100	186	6	171.96
4100	188	8	175.22
4100	190	10	178.20
4100	192	12	180.92
4100	194	14	183.40
4100	196	16	185.67
4100	198	18	187.75
4100	200	20	189.65
4100	202	22	191.39
4100	204	24	192.99
4100	206	26	194.46
4100	208	28	195.81
4100	210	30	197.06

2. 六相永磁同步电动机

针对压裂泵工作特性，比对并优选电动机功率、扭矩和转速，确保电动机高效运行区覆盖压裂泵的连续工作区，以大扭矩适应超高压工况；开展永磁同步和多相异步电动机性能研究，确定结构形式，电压3300V，额定功率3100kW，最大功率4100kW。

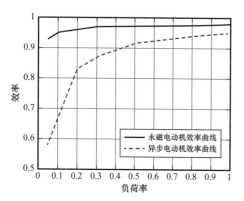

图 3-4-8　永磁电动机与异步电动机效率曲线对比图

在电动机体积和重量受限的情况下，采用高转矩密度的电动机才能输出足够的转矩，驱动压裂泵正常工作。永磁电动机和异步电动机比较，节能效果更好，特别是轻载时，异步电动机的效率会大幅下降，而永磁电动机的效率变化不大。相同功率的两种电动机效率曲线如图3-4-8所示。

目前，比较常见的高转矩密度永磁电动机主要有盘式永磁电动机、横向磁通电动机、永磁游标电动机以及常规永磁同步电动机，各种电动机的特点见表3-4-2。

表 3-4-2　永磁电动机优缺点比较

电动机类型	盘式永磁电动机	横向磁通电动机	永磁游标电动机	永磁同步电动机
优点	硅钢片利用率高，功率密度高	三维磁场，电磁负荷解耦，转矩密度高	磁场调制，定子绕组不需设计成多极对数	高效率、高功率因数、结构简单，技术成熟，广泛应用，可靠性高
缺点	端部长，用铜量大，铜耗大；国内主要开发小功率盘式永磁（几千瓦）	结构复杂，漏磁大，功率因数低（0.35~0.55）	功率因数低；大多处于研究阶段，实际投入工程应用少	转矩密度不是最高

相比其他三种电动机，常规径向的永磁同步电动机的转矩密度不是最高的，但是没有明显的缺点。因此，选择采用永磁同步电动机作为直驱电动机。

1）电动机极槽数确定

一般而言，电动机的极对数越多，磁场分布越均匀，硅钢片利用率越高，电动机转矩密度越大，电动机体积越小。但是当极数增多时，若保持每极每相槽数不变，定子槽数会增大，定子齿部磁饱和更加严重，并且随着定转子轭部变薄，电动机的机械强度会下降。因此，需要选择合适的极对数及定子槽数。

直驱电动机的功率转矩性能见表3-4-3。电动机的额定功率是4100kW，额定转速是100r/min，恒功率区最高转速为130r/min。由于驱动电动机的变频器可能不包含弱磁扩速控制功能，需要保证电动机在恒功率运行区域的最高转速130r/min时，端部线电压不超过3300V。

当电动机极对数 p 分别为10、12、14、15、16和18时，选择每极每相槽数 q 为2；

当电动机极对数 p 分别为 20 时，若依旧选择 q 为 2，则定子槽太多，定子齿部磁饱和严重，因此选择分别常见分数槽极槽组合 40 极 96 槽。分别计算电动机选择不同极槽数稳定运行时的性能参数，见表 3-4-3。由于采用相同的冷却方式，这些电动机在额定工作点有相同的热负荷。

表 3-4-3 极对数对电动机性能影响

极对数 p	每极每相槽数 q	频率 / Hz	电压 / V	电流 / A	功率 / MW	转矩 / kN·m	功率因数	效率 / %	有效材料质量 / t
10	2	16.7	2634	1000	4.2	401	0.941	97.91	15.46
12	2	20	2617	990	4.17	398	0.951	97.74	13.647
14	2	23.3	2641	980	4.14	396	0.946	97.72	12.879
15	2	25	2508	1050	4.24	405	0.952	97.7	12.456
16	2	26.7	2614	980	4.15	396	0.957	97.72	12.008
18	2	30	2545	1030	4.23	404	0.954	97.62	11.94
20	0.8	33.3	2666	1020	4.29	410	0.934	97.57	11.509

从表 3-4-3 可以看到，当电动机的极对数为 20 时，有效材料的质量最小，并且随着极对数增加，电动机有效材料量下降，如图 3-4-9 所示。需要说明的是，当电动机极对数继续增加时，考虑到定转子轭部的机械强度和刚度，其尺寸不会减小，电动机总重量也不会继续下降。因此，确定电动机的极对数为 20，定子槽数为 96。

2）电动机长径比确定

当电动机的极槽数确定以后，长径比（有效长度 / 定子内径）成为影响电动机体积、质量的主要因素。通过调整长径比，确保电动机在额定工作点的热负荷不变，计算该工况下电动机的性能参数，见表 3-4-4。

表 3-4-4 长径比对电动机性能影响

长径比	有效质量 /t	电流 /A	电压 /V	功率 /kW	转矩 /（kN·m）	功率因数	效率 /%
1.64	11.566	980	2687	4153	396	0.934	97.48
1.58	11.646	1000	2687	4231	404	0.932	97.51
1.52	11.554	1000	2645	4212	402	0.933	97.54
1.47	11.679	1020	2645	4257	406	0.933	97.58
1.44	11.311	1030	2581	4221	403	0.939	97.58
1.38	11.236	1050	2532	4201	401	0.934	97.6
1.36	11.281	1050	2530	4200	401	0.935	97.62
1.32	11.192	1050	2513	4175	399	0.935	97.64

续表

长径比	有效质量 /t	电流 /A	电压 /V	功率 /kW	转矩 /（kN·m）	功率因数	效率 /%
1.27	10.895	1080	2454	4174	399	0.931	97.63
1.15	10.595	995	2645	4150	396	0.932	97.69
1.03	10.465	1030	2564	4172	398	0.933	97.76
0.86	10.042	975	2686	4145	396	0.934	97.85
0.79	10.332	1080	2445	4194	400	0.936	97.93

　　电动机的长径比减小，额定工作点的效率和功率因数变化不大，有效材料质量呈减小趋势，如图3-4-10所示。在长径比为0.86时，电动机的有效材料质量最小，而效率和功率因数也可以接受，因此选择电动机长径比为0.86。

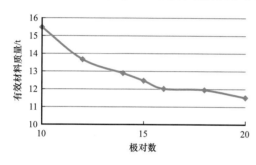

图3-4-9　有效材料质量与极对数关系曲线　　　　图3-4-10　有效材料质量与长径比关系曲线

　　3）电动机电磁方案与校核
　　确定电动机的最终电磁方案见表3-4-5，电动机全模型横截面设计如图3-4-11所示。

表3-4-5　电动机电磁方案

定子外径	1928mm	永磁体厚度	28mm	定子槽数	96
定子内径	1693mm	极弧系数	0.889	定子槽型	平行槽
气隙长度	5.5mm	有效长度	1450mm	并联支路数	4
转子内径	1552mm	极数	40	每槽匝数	10
槽宽	28.5mm	槽深	85.5mm	绕组节距	2槽

　　在有限元软件ANSYS Maxwell中建立该电动机的二维局部有限元模型，如图3-4-12所示。
　　对电动机的空载性能进行仿真校核。图3-4-13为电动机转速100r/min时，空载反电势波形及空载反电势的FFT谐波分析。可以看到，反电势的谐波成分主要是3次和5次谐波，而电动机三相绕组采用星型接法，三次谐波不会造成影响。而5次谐波的含量很低，影响不大。图3-4-14为电动机的齿槽转矩波形，峰值约为730N·m，仅占额定转矩的0.18%左右。

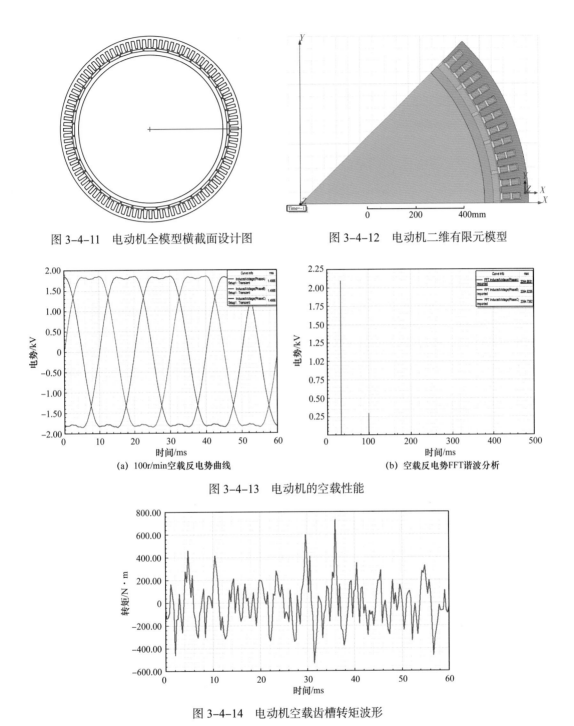

图 3-4-11　电动机全模型横截面设计图　　　图 3-4-12　电动机二维有限元模型

（a）100r/min空载反电势曲线　　　　　　　（b）空载反电势FFT谐波分析

图 3-4-13　电动机的空载性能

图 3-4-14　电动机空载齿槽转矩波形

对电动机的额定工作点性能进行校核。图 3-4-15 给出的是额定转速 100r/min，额定电流 975A 情况下的电磁转矩波形和额定转矩的 FFT 谐波分析。波动转矩的频率主要是 6 倍频，仅占平均转矩的 1.69%，是由反电势 5 次谐波造成的。可以看到，电磁转矩的平均值为 402N·m，与表 3-4-5 中计算结果相差不到 1%。图 3-4-16 给出的是额定电流时的输出功率波形。图 3-4-17 给出电动机在额定工况下的磁力线和磁密分布。

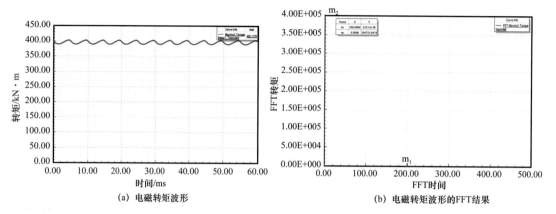

(a) 电磁转矩波形

(b) 电磁转矩波形的FFT结果

图 3-4-15　电动机额定电流 975A 时额定工作点性能

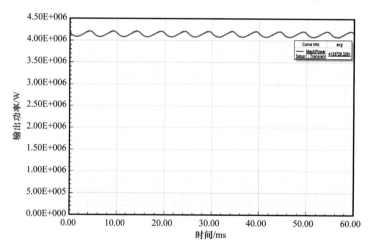

图 3-4-16　电动机额定电流 975A 时的输出功率

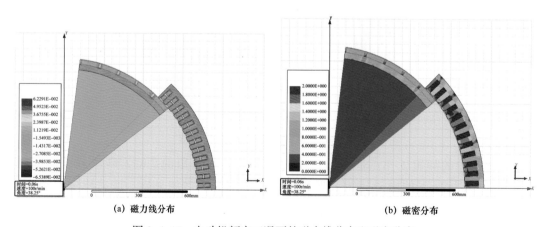

(a) 磁力线分布

(b) 磁密分布

图 3-4-17　电动机额定工况下的磁力线分布和磁密分布

确定电动机最终方案之后，对电动机不同负荷时的性能进行计算验证。分别对电动机满负荷以及 65% 负荷时电动机特性数值计算结果见表 3-4-6。转速不超过 100r/min 时，电动机恒转矩运行；当转速在 100r/min 到 130r/min 之间时，电动机恒功率运行。为了简化计算，在进行效率计算时，没有考虑风摩损耗、附加损耗以及永磁体的涡流损耗。

表 3-4-6　电动机 4100kW 负荷时的特性

转速 /（r/min）	频率 /Hz	电压 /V	电流 /A	功率 /kW	转矩 /（kN·m）	功率因数	效率 /%
10	3.3	300	975	414.8	396.1	0.947	86.5
20	6.7	565	975	829.9	396.2	0.94	92.5
30	10	830.1	975	1244.9	396.3	0.938	94.5
40	13.3	1095.3	975	1659.7	396.2	0.936	95.8
50	16.7	1360.4	975	2074.3	396.2	0.935	96.5
60	20	1625.6	975	2488.7	396.1	0.935	97.0
70	23.3	1890.8	975	2902.9	396	0.934	97.3
80	26.7	2155.9	975	3317	395.9	0.934	97.5
90	30	2421.1	975	3730.8	395.9	0.934	97.7
100	33.3	2686.3	975	4144.5	395.8	0.934	97.9
110	36.7	2918	890	4158.6	361	0.943	98.0
120	40	3153	820	4176.8	332.3	0.95	98.1
130	43.3	3387	740	4162.7	305.8	0.957	98.2

第五节　变频调速装置

一、变频调速基本原理

对于异步电动机，其转速 n 与供电频率 f 有以下关系：

$$n = \frac{60f_1}{p}(1-s) \tag{3-5-1}$$

式中　n——异步电动机的转速，r/min；

f_1——异步电动机的频率，Hz；

s——异步电动机的转差率；

p——异步电动机极对数。

由上式可知，转速 n 与频率 f_1 成正比，在电动机的极对数不变的情况下，只要改变

频率 f_1 即可改变电动机的转速。

变频调速就是利用电力半导体器件的通断作用，把电压、频率固定不变的交流电变成电压、频率都可调的交流电，给电动机供电，从而实现对电动机转速的调节。

二、变频器拓扑结构

变频调速是一种高效率、高性能的电动机调速手段。现在主要采用交—直—交方式，如图 3-5-1 所示。

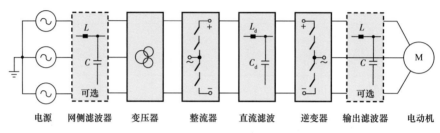

电源　　网侧滤波器　　变压器　　整流器　　直流滤波　　逆变器　　输出滤波器　　电动机

图 3-5-1　电动机变频调速系统框图

根据系统需求以及所采用整流器的种类，网侧滤波器是可选的。另外，为了降低网侧电流谐波，经常采用多个二次绕组的移相变压器。

整流器的作用是将网侧交流电压变换成幅值固定或可调的直流电压。经常采用的整流器拓扑为：6 脉波二极管整流器、多脉波二极管整流器、多脉波晶闸管整流器以及脉宽调制 PWM 整流器。作为直流部分的滤波器，电压型传动系统中采用电容支撑直流电压，而电流型传动系统则采用电感来平滑直流电流。

根据直流侧电源类型，可将逆变器分为电压源型逆变器（Voltage Source Inverter，VSI）和电流源型逆变器（Current Source Inverter，CSI）。VSI 将直流电压转换成幅值和频率可调的三相交流电压，而 CSI 是将直流电流转换为可调的三相交流电流。当采用PWM 方式时，VSI 的控制更加灵活，响应速度更快。目前市场上应用的变频调速装置，其逆变部分多采用基于绝缘栅双极型晶体管（Insulated Gate Bipolar Transistor，IGBT）的VSI 方式。经常采用的 VSI 拓扑为：两电平逆变器、中点箝位式逆变器、串联 H 桥逆变器、电容悬浮式逆变器以及模块化多电平逆变器。

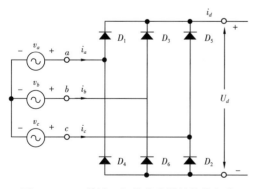

图 3-5-2　6 脉波二极管整流器的简化电路

1.6 脉波二极管整流器

图 3-5-2 为 6 脉波二极管整流器的简化电路。当 6 脉波二极管整流器运行在轻载条件下，在每半个供电电源周期内包含有两个独立的脉波，这也是整流器输出断续直流电流的原因。当 6 脉波二极管整流器运行在额定条件下，两个电流脉波会有部分重叠，使得整流器输出连续的直流电流。对于 6 脉波二极管整流器，由于网侧电流波形为半波对称，所以不包

含有任何偶次谐波；由于系统三相对称，所以也不含有3的整数倍次谐波。其主要的低次谐波为5次和7次谐波，且幅值相比其他谐波（11、13、17、19、23、25）而言要大很多；其网侧电流的总谐波畸变率（Total Harmonic Distortion，THD）大于20%，这在实际系统尤其是大功率系统中，是不可接受的。

2. 多脉波整流器

为了满足对网侧谐波的要求，多脉波整流器结构经常用于变频调速装置中。多脉波整流器实质上都是由具有多个二次绕组的移相变压器组成的，而每个二次侧的三相绕组均给一个6脉波整流器供电。

在多脉波整流器中，二极管和晶闸管（Silicon Controlled Rectifier，SCR）为常用的开关器件。多脉波二极管整流器多用于VSI变频调速装置，而SCR整流器则常用于CSI变频调速装置。除了二极管和SCR整流器以外，也可以采用基于IGBT或GCT等器件的PWM整流器。该整流器通常与对应的逆变器具有相同的拓扑结构。

根据逆变器的不同结构，6脉波整流器的输出既可以互相串联，组成一个单一的直流电源，也可以分别连接到多个需要独立供电的多电平逆变器，形成串联型多脉波二极管整流器及分离型多脉波二极管整流器。

在串联型多脉波二极管整流器中，所有6脉波二极管整流器在直流输出侧串联连接。这种类型的二极管整流器可以作为变频调速系统中仅需要一个直流电压的逆变器的前端，例如二极管箝位式（NPC）三电平逆变器和电容悬浮式多电平逆变器。

在分离型多脉波二极管整流器中，每一个6脉波二极管整流器给一个单独的直流负载供电。这种类型的二极管整流器可以用在需要多个独立直流供电电源的串联H桥式多电平逆变器中。

3. 两电平逆变器

图3-5-3给出了大功率中压系统中应用的两电平逆变器的简化电路框图。该逆变器主要由六组功率开关器件 $S_1 \sim S_6$ 组成，每个开关反并联了一个续流二极管。根据逆变器工作的直流电压不同，每个桥臂可由一个或多个IGBT/GCT等功率器件串联组成。

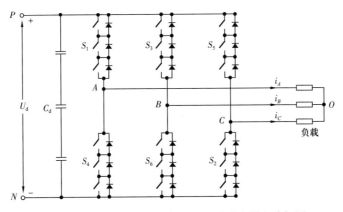

图 3-5-3　用于大功率场合的两电平逆变器电路框图

两电平逆变器具有以下优点：

（1）基于 PCBB 的模块化结构。将 IGBT 模块、门极驱动、旁路开关和吸收电路集成到一个开关模块，以便于组装和规模化生产，从而可以削减生产成本。模块化设计也有助于传动系统的维护和检修，例如在运行现场可快速更换故障模块。

（2）PWM 方案简单。可采用传统的正弦载波调制或空间矢量调制方案。所需门极信号的数量不随开关串联个数的变化而变化，六组同步开关器件只需要六个门极信号。

（3）便于实现高可靠性的 $N+1$ 冗余方案。在可靠性要求较高的系统中，如高压直流输电 HVDC 系统，可以在逆变器的每个桥臂中都增加一个冗余模块。当某个模块不能正常工作时，可将其旁路切除，从而使得逆变器系统仍可在满载下连续运行。

然而，两电平逆变器也存在一些致命的缺点：

（1）逆变器输出的 du/dt 高。由于 IGBT 的开关速度较快，因此其输出电压波形的上升沿和下降沿会产生较高的 du/dt。当 IGBT 串联并一起导通或关断时，逆变器输出的 du/dt 尤其高。这将产生一系列问题，如波反射导致电动机端部最高电压升高，造成电动机线圈绝缘和电动机轴承的过早损坏等。

（2）电动机谐波损耗大。中压两电平逆变器通常运行在较低的开关频率下，造成电动机定子电压和电流的严重畸变，而畸变产生的谐波会在电动机里产生附加损耗。

（3）共模电压高。共模电压的出现，将导致电动机绕组绝缘过早损坏。

380V、660V 以及部分 1140V 电压等级的变频调速系统中，通常采用两电平拓扑结构。更高电压等级则大多采用多电平逆变器。

4. 多电平逆变器

1）二极管箝位式多电平逆变器

二极管箝位式多电平逆变器通过箝位二极管和串联直流电容器产生多电平交流电压。这种逆变器的拓扑结构通常有 3、4、5 三种电平。目前，只有三电平二极管箝位式逆变器得到了实际应用，通常称为中点箝位式（NPC）逆变器，其拓扑结构如图 3-5-4 所示。

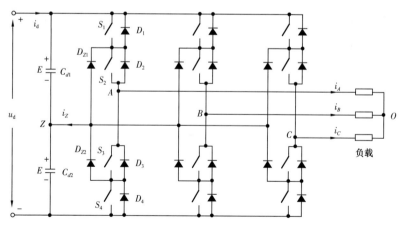

图 3-5-4 中点箝位式逆变器拓扑结构

NPC 逆变器的主要特征是，输出电压比两电平逆变器具有更小的 du/dt 和总谐波畸变率。3300V 电压等级的变频调速装置，通常采用 NPC 拓扑结构。在该电压等级下，不需要采用器件串联。

2）串联 H 桥拓扑结构逆变器

串联 H 桥多电平逆变器由多个单相 H 桥逆变器（也称为功率单元）组成，把每个功率单元的交流输出串联连接，实现高压输出，减小输出电压的谐波。实际系统中，功率单元的数目由逆变器工作电压和制造成本决定。图 3-5-5 所示为 5 电平串联 H 桥逆变器的拓扑结构。

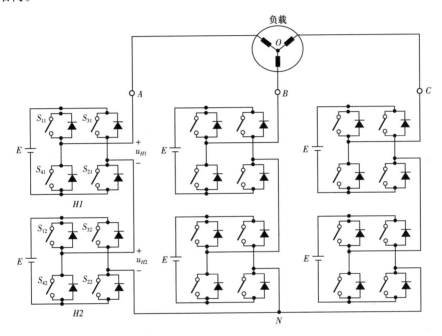

图 3-5-5　5 电平串联 H 桥逆变器拓扑结构

串联 H 桥多电平逆变器具有以下特点：

（1）模块化结构。多电平逆变器由多个完全相同的 H 桥单元组成，这使得模块化制造非常方便，可以降低成本。

（2）输出电压总谐波畸变率低和 du/dt 小。逆变器输出电压波形由多个电压电平组成，电压台阶低。与两电平电逆变器相比，多电平逆变器可以输出总谐波畸变率非常低的电压波形和很小的 du/dt。

（3）不需要器件串联，可实现高电压运行。H 桥单元输出电压的串联可以得到高电压，而不需要器件的串联，从而也无需解决器件串联时的均压问题。

（4）需要大量的独立直流供电电源。这种逆变器中的直流供电电源多由采用移相变压器供电的多脉冲二极管整流器得到。

（5）器件数量多。串联 H 桥逆变器需要使用大量的 IGBT 和二极管模块。例如，一个 9 电平串联 H 桥逆变器需要 48 个 IGBT 及同样数量的门极驱动器。

目前，6kV 和 10kV 电压等级的变频调速装置，大多采用串联 H 桥多电平逆变器，主要用于驱动风机、水泵等平方转矩负载。

此外，还有结合了 NPC 三电平逆变器和串联 H 桥式多电平逆变器特点的 NPC/H 桥多电平逆变器，以及模块化多电平逆变器等多种不同的多电平逆变器拓扑结构，在此不做详细介绍。

三、变频调速控制

近年来随着半导体技术的发展及数字控制的普及，变频调速技术已深入我们生活的每个角落，已在工业机器人、矿井、电梯、压缩机、风机泵类、电动汽车及其他领域中得到广泛应用。

变频调速系统的控制方式主要包括恒压频比控制（U/F）、矢量控制（Vector Control，VC）、直接转矩控制（Direct torque control，DTC）、模型预测控制（Model predictive control，MPC）等。U/F 控制主要应用在低成本、性能要求较低的场合；而矢量控制和直接转矩控制的引入，则开始了变频调速系统在高性能场合的应用。

异步电动机与同步电动机的控制有所不同，下面以永磁同步电动机为例，介绍其数学模型和高性能变频控制策略。

1. 同步电动机数学模型

永磁同步电动机的电压方程、磁链方程、电磁转矩及机械动态方程为：

$$\boldsymbol{u}_\mathrm{m}^\mathrm{dq}(t) = R_\mathrm{s}\boldsymbol{i}_\mathrm{s}^\mathrm{dq}(t) + \frac{\mathrm{d}\boldsymbol{\psi}_\mathrm{s}^\mathrm{dq}(t)}{\mathrm{d}t} + \omega_\mathrm{e}(t)\begin{bmatrix} 0 & -1 \\ 1 & 0 \end{bmatrix}\boldsymbol{\psi}_\mathrm{s}^\mathrm{dq}(t) \tag{3-5-2}$$

$$\boldsymbol{\psi}_\mathrm{s}^\mathrm{dq}(t) = L_\mathrm{s}\boldsymbol{i}_\mathrm{m}^\mathrm{dq}(t) + \left(\psi_\mathrm{pm}, 0\right)^\mathrm{T} \tag{3-5-3}$$

$$T_\mathrm{e}(t) = N_\mathrm{p}\psi_\mathrm{pm}i_\mathrm{m}^\mathrm{q} \tag{3-5-4}$$

$$J\frac{\mathrm{d}\omega_\mathrm{m}}{\mathrm{d}t} = T_\mathrm{e} - T_\mathrm{t} = B \cdot \omega_\mathrm{m} \tag{3-5-5}$$

式中　　$\boldsymbol{u}_\mathrm{m}^\mathrm{dq}$——电动机侧变流器在旋转坐标系下的输出电压；

$\quad\quad R_\mathrm{s}$——永磁电动机定子电阻；

$\quad\quad \boldsymbol{i}_\mathrm{s}^\mathrm{dq}$——旋转坐标系下的定子电流；

$\quad\quad \boldsymbol{\psi}_\mathrm{s}^\mathrm{dq}$——旋转坐标系下的定子磁链；

$\quad\quad \omega_\mathrm{e}$——转子电角速度；

$\quad\quad \psi_\mathrm{pm}$——永磁磁链；

$\quad\quad L_\mathrm{s}$——定子电感（$L_\mathrm{s}^\mathrm{d} = L_\mathrm{s}^\mathrm{q} = L_\mathrm{s}$）；

$\quad\quad N_\mathrm{p}$——极对数；

$\quad\quad \omega_\mathrm{m}$——转子机械角速度；

$\quad\quad T_\mathrm{t}$，T_e——分别表示负载转矩以及电磁转矩；

$\quad\quad B$——摩擦系数；

$\quad\quad J$——转动惯量。

2. 高性能变频控制策略

1）矢量控制

矢量定向控制通过将定子三相电流解耦为两个单独的、与转子磁链矢量同步旋转的分量，对转矩和磁链进行独立控制，实现类似于对直流电动机的控制。所谓的"磁场定向"则是通过将转子磁链矢量对准同步坐标系的 d 轴来实现的。通过控制定子电流的大小和相位，使得电流的磁通和转矩分量保持解耦。

通过建立系统数学模型，永磁同步电动机的电磁部分和机械转动部分可以各自简化为一阶系统。由于 PI 控制器可以控制一阶系统获得良好的稳态性能，因此通过两个 PI 控制器级联的结构就可以实现对系统电动机侧的控制。外环 PI 控制器实现对永磁同步电动机速度的控制，内环 PI 控制器实现对永磁同步电动机电流的控制，其控制框图如图 3-5-6 所示。

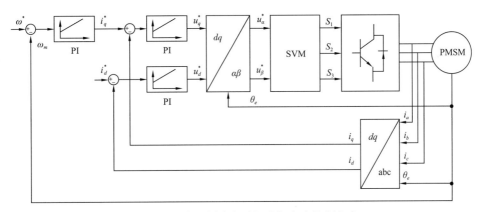

图 3-5-6　永磁同步电动机磁场定向控制方案

对于速度外环，由永磁电动机数学模型可得转速 ω_m 与转矩 T_e 之间的传递函数为：

$$TF_m^{\omega_m}(s) = \frac{\omega_m(s)}{T_e(s) - T_t(s)} = \frac{1}{JS + B} \tag{3-5-6}$$

由公式（3-5-6）可知，该方程是一个典型的一阶系统，可以通过 PI 控制器实现对速度的无静差控制。通过对 PI 控制器的合理调参，可以由速度实际值与参考值的误差获得转矩参考值。

类似的，可得电流内环中输出电流 $\boldsymbol{i}_m^{dq}$ 与相应等效参考电压 $\boldsymbol{u}^{dq,eq}$ 之间的传递函数为：

$$TF_m^i = \frac{I_m^d(s)}{\boldsymbol{u}_m^{d,eq}(s)} = \frac{I_m^q(s)}{u_m^{q,eq}(s)} = \frac{1}{L_s S + R_s} \tag{3-5-7}$$

由式（3-5-7）可知，该系统同样是一个典型的一阶系统，可通过 PI 控制器实现无静差控制。因此，基于速度外环获得的 dq 轴参考电流 $\boldsymbol{i}_{dq}^*$，将 $\boldsymbol{i}_{dq}^*$ 与电动机侧测量得到的实际电流的差值作为内环 PI 控制器的输入，可以获得等效参考电压 $\boldsymbol{u}_m^{dq,eq*}$。需要注意的是，通过内环 PI 控制器得出的 $\boldsymbol{u}_m^{dq,eq*}$ 中包含有 dq 轴电流耦合项，需适当处理后使用。

2）直接转矩控制

不同于矢量控制，直接转矩控制不需要同步旋转坐标变换，并且把矢量控制的内环线性 PI 控制器替换为响应速度更快的滞环控制器，提升了内环的控制带宽，因此 DTC 动态响应性能出色。此外，直接转矩控制基本不依赖系统参数，具有很好的鲁棒性。

直接转矩控制不借助调制器，通过直接选择变流器电压矢量，控制定子磁链和电磁转矩在预先设计的边带之内。这需要我们找到永磁电动机定子磁链、电磁转矩变化与变流器电压矢量之间的直接关系。

将永磁同步电动机转矩方程离散化，可知转矩变化量 $\Delta T_{e[k+1]}$ 与定子磁通角度变化量 $\Delta\delta_{[k]}$ 成正比，通过改变定子磁通角度就可以实现对转矩的控制。而磁通变化量在 $\alpha\beta$ 坐标系下的公式如下：

$$\Delta\boldsymbol{\psi}_{s[k+1]}^{\alpha\beta} = \boldsymbol{\psi}_{s[k+1]}^{\alpha\beta} - \boldsymbol{\psi}_{s[k]}^{\alpha\beta} = \left(\boldsymbol{u}_{m[k]}^{\alpha\beta} - R_{s}\boldsymbol{i}_{m[k]}^{\alpha\beta}\right)T_{s} \qquad (3-5-8)$$

式中　$R_{s}\approx0$。

直接转矩控制将估测的定子磁链、转矩与转子磁链幅值参考、转矩参考做比较，根据比较的逻辑结果和离线设计的开关表，直接选择变流器输出电压矢量。通过施加合适的电压矢量，即可以实现对定子磁链的幅值和角度的控制，进而间接实现对转矩的控制。

3）模型预测控制

模型预测控制由德国学者 Joachim Holtz、Ralph Kennel 在 20 世纪 80 年代被应用于电力传动系统，然而受当时控制器计算能力限制，模型预测控制在电动机控制领域并没有广泛应用。随着控制器计算能力的提升，模型预测控制在 2000 年之后由智利学者 Jose Rodriguez 推广，在电动机驱动、电动汽车、新能源并网等多个领域得到大力发展。

目前模型预测控制主要分为两类：连续模型预测控制（Continuous/Generalized Model Predictive Control，C/GMPC）和有限控制集模型预测控制（Finite Control Set Model Predictive Control，FCS-MPC）。连续模型预测控制为连续控制集，带有调制环节；有限控制集模型预测控制控制集离散，无需调制环节。

对于有限控制集模型预测控制，其充分考虑了电力变流器开关离散性和数字控制系统的采样离散性，依据系统的离散预测模型将脉宽调制与目标优化两个过程合二为一，克服了传统带有调制环节的"伏秒平均"机理只适用于高开关频率的限制，为尤其是中压大功率驱动的多目标高性能控制提供了有效解决方案。

模型预测电流控制方案如图 3-5-7 所示。

3. 高可靠性多相控制策略

如前所述，多相电动机通过增加电动机相数提升电动机容量，是实现低压大功率调速的重要手段，并使得电动机控制自由度及设计灵活性大幅提升。多相电动机有效的容错控制策略是系统高可靠性的关键，如何在多相驱动系统发生故障时仍然保证系统的继续运行，成为了国内外学者关注的重点。

对于多相驱动系统，其常见故障主要集中在逆变器及电动机本体两个部件，如逆变器功率器件的开路故障、电动机绕组匝间、相间短路等造成的电动机断相等，两者的容错处理方法也有所不同。

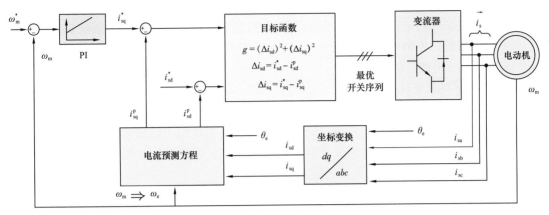

图 3-5-7　模型预测电流控制方案

对于逆变器故障，学术界广泛采用逆变器拓扑重构手段实现容错控制故障。仅逆变器故障时，多相电动机本体仍处于健康状态，电动机数学模型保持一致，因此只需对控制策略及逆变器拓扑进行更改。如图 3-5-8 所示，以双三相电动机为例，当逆变器其中一相发生故障时，可通过桥臂共享方式（即五桥臂拓扑）实现双三相电动机的容错控制。如当 A 相故障时，通过闭合开关 Say 进行桥臂共享，并辅以相应的控制策略，进而实现电动机的降额运行。

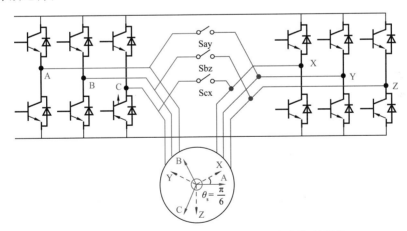

图 3-5-8　双三相电动机逆变器故障容错控制拓扑结构

但对于电动机本体发生缺相故障时，原有电动机模型将不再准确一般，需要进行模型修改进而实现容错控制。该类故障的处理思路主要是通过容错控制，使剩余的非故障相能够补偿故障相导致的转矩脉动，根据实现方法的差异可将现有容错控制算法分为两大类：最优电流给定容错控制、降阶解耦容错控制。

1）最优电流给定容错控制

当多相电动机系统发生一相或者多相故障时，可以通过调整非故障相电流保证磁动势不变。基于此思路，需要对非故障相电流进行优化计算，优化的原则是要保证相电流的幅值一致并保证铜耗最小。这类方法由于未重建缺相后电动机数学模型，一般只能基于"误后校正"原理进行控制，如通过滞环控制器、PI 控制器等实现电流控制。但是一般存在开关频率不固定或控制带宽有限、PI 参数整定困难、级联结构复杂嵌套导致动态性能缓慢的问题，控制效果具有优化空间。但是该类方法因为不依赖故障后的电动机模型、实现简单，仍被广泛应用。

2）降阶解耦容错控制

1996 年，威斯康星大学 T. A. Lipo 通过重构解耦矩阵，对双三相感应电动机开路故障实现了降阶解耦容错控制。近几年，降阶解耦容错控制得到了越来越广泛的关注，出现了众多解耦方法。其主要是利用矢量空间分解的思想，通过补偿故障带来的不对称及控制谐波空间分量确以保基波平面旋转磁动势不变。

相比于最优电流容错控制方法，降阶解耦容错控制方法无需实时跟踪交变电流，计算量小。但是，故障相位置的不同会直接导致解耦矩阵和数学模型的不同，算法缺乏通用性，此外，降阶矩阵往往带来电动机模型的不对称，也需要额外的补偿措施。

总体来讲，两类方法各有优劣，其中降阶解耦容错控制通过建立故障后容错电动机模型，实现了非误后校正，具有更快更准确的控制特征。逆变器开路故障情形亦可通过故障的隔离，转化为等效电动机绕组开路故障情况，因此降阶解耦容错控制也具有更广泛的应用范围。

4. 多电动机协调控制技术

多电动机协调控制主要实现各电动机间功率与转矩效率最优化分配，控制策略上采用基于效率最优的离散化模糊控制。以 6 组电动压裂装备构成的系统为例，由于 6 组"电动机 + 柱塞泵"驱动装置独立运行，效率与负荷率关系密切，实际需求负荷率为 60%，出力容易满足，此时经济性问题因而变得突出。传统方式采用的是不管负载工况，6 台电动机均同时工作，在负荷率低时，6 组同时工作，每台电动机出力很小，电动机效率在输出转矩偏小时效率降低严重，经济性差，存在"大马拉小车"的不合理现象，特别是在轻载时，这种情况尤为显著。

多电动机协调控制的主要功能为：当外界负载发生变化或者流量指令发生改变时，上位机能根据协调控制算法，根据当前负载和流量，实时确定六组电动机的有效工作台数和启停状态，以及各组电动机的转速目标值和最佳转矩运行范围，以保证变频传动系统在轻载、中载、重载三种负载情况和低速、常速、高速三种转速所对应流量情况下，已运行电动机维持在高效运行区，即使是轻载时系统依然能维持高水平，实现系统效率最大化。

为了更好利用六组电动机的相互独立与传动系统对称性，同时便于工程实际应用，本协调控制技术需要遵循如下原则：机组已运行的电动机尽量多的运行于高效率区；机组各电动机不能频繁启停；保持机组已运行各电动机运行状态一致。

电动机效率分区原理：永磁电动机效率并非随转矩转速线性变化，是额定转速与额定转矩呈中心离散分布，如图 3-5-9（a）所示，效率图明显分为三个区。靠近额定点的附近区域为高效区，此区间颜色最为鲜亮，效率也最高（≥90%）；高效区外围暗红区域为中效区（≥82%）；远离额定点并靠近横轴坐标的区域，颜色清淡，即所谓的电动机低效区（<82%）。故此，可以对效率图进行分层，离散化为三个区，即高效区、中效区和高效区，如图3-5-9（b）所示。

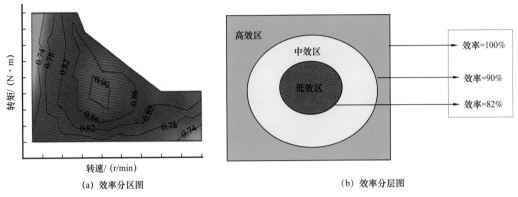

（a）效率分区图　　　　　　　　　　（b）效率分层图

图3-5-9　永磁同步电动机效率示意图

一般地，对于对称的传动系统，负载相同时，电动机运行状态也相同，对于系统，由于采用转速同步，转矩自适应，且各电动机转矩同分布，各运行电动机效率也相同，与当前电动机台数无关。故系统效率可以近似计算如下：

根据前述，定义最佳工作电动机台数 x 为保持电动机高效运行的最大机组开机数。因为电动机效率无法通过确定的解析公式直接得到，需要采用模糊数学语言来描述，可以达到简化的目的。

对于本系统，已知因数为系统目标流量以及实际负荷率，而目标流量对应为电动机转速，负荷率对应于电动机出力，并且实际效率是额定转速与额定转矩呈中心分布，靠近额定点的区域，效率高并且变化不大，即所谓的电动机高效运行区，而远离额定点区域效率较低且变化迅速，即所谓的电动机低效运行区。

根据以上特点，根据转速及转矩按照额定区间与远离额定区间，并结合电动机低速过载与高速轻载的特性，将转速离散为三个区间：高速、常速、低速；负荷离散为四个区间：轻载、中载、重载、过载，以得到实际运行时系统最佳工作电动机台数 x。

系统协调控制采用的是基于效率最优的离散化模糊控制算法，输入量为水流量与柱塞泵水压力，输出量为传动系统内六台电动机的转速值和转矩范围值，具体程序如下：

（1）根据目标流量所对应的电动机转速，按照效率分层图确定对应转矩限值确定电动机的转矩运行区间。

（2）根据实际负荷需求对应的总转矩值，除以上一步得到的转矩限值，得到初步电动机工作台数。

（3）传动系统运行时，为了避免电动机频繁启停，并且单电动机避免轻载，所选的电动机工作台数为1、3、6，结合步骤（2）所得到的初步电动机工作台数，向上进位确定最终的电动机工作台数。

协调控制方案见表 3-5-1。

表 3-5-1　协调控制方案

负载状态定义				
负载力矩 T_z	$(6T_n, \infty)$	$(50\%, 100\%]$	$(50\%, 20\%]$	$(0, 20\%]$
负载率 a	$(100\%, \lambda)$	$(50\%, 100\%]$	$(50\%, 20\%]$	$(0, 20\%]$
负载状态	过载	重载	中载	轻载
运行电动机数	6	6	3	1
单机负载率	>85%	50%~100%	40%~100%	0%~100%
控制方案				
电动机工作数	6	6	3	1
最佳效率转矩限值区间	低速（小于 $0.5n_N$）：$(50\%, \lambda)T_n$；运行区间：重载、过载区 常速（小于 $1.1n_N$，但不低于 $0.5n_N$）：$(50\%, 100\%)T_n$；运行区间：重载区 高速（高于 $1.1n_N$）：$(0, 50\%)T_n$；运行区间：轻载、中载区			
控制流程	先根据目标流量所对应的电动机转速，按照上述中转矩限值确定电动机的转矩运行区间； 然后根据实际负荷需求对应的总转矩值，除以上一步得到的转矩限值，得到电动机工作数； 为了避免电动机频繁启停，并且单电动机避免轻载，所选的电动机工作数为 1、3、6			
备注	只在低速时过载， 低速时，负载率低时效率过低，所以低速时设置转矩区间限值为 $(50\%, \lambda)T_n$ 常速时，重载区为额定工作点附近，效率最高 高速时，转矩下降很快，但效率下降不显著，所以高速时设置转矩区间限值为 $(0, 50\%)T_n$			

四、压裂变频器设计与应用

1. 主回路设计

变频器主回路的设计方案主要取决于其电压和功率等级。针对不同的电压和功率等级，以及应用对象对可靠性、功率密度等的不同要求，分别有不同的主回路适用拓扑结构。

1）电压与功率等级

目前国内压裂市场，2500 型压裂泵送设备是市场覆盖率较高的传统压裂泵送设备型号，其功率主要受限于柴油机、变速箱及整车的体积。为解决深井页岩气开发、连续工况运行、提高国产化率、降低能耗、排放和噪声等应用需求，国内主流压裂装备制造企业陆续开发了大功率电驱压裂装备及配套产品。国产配套产品的规格比较丰富，覆盖 2500~7000hp，以 5000 型和 6000 型为主力机型，其所配套变频器的额定功率为 4~5MW。

目前工业应用的电动机和变频器主要包括 220V、380V、660V、1140V、3300V、

6kV、10kV 几个主要电压等级。国外部分国家电动机有 110V、2200V、4160V 等电压等级。对于 4～5MW 这个功率等级，一般的考虑是其电压等级尽可能不要太低，否则电流会非常大，带来一系列问题。例如：对于一台 1140V、4MW 的三相电动机，其额定电流高于 2000A，会带来发热、损耗大、电缆粗、电动机铜排设计困难、电磁干扰大等诸多问题。对于全电驱压裂作业现场，往往配置 8 台以上的压裂橇和配套的变频器房，如果二者之间的连接电缆太粗或太多，不利于现场桥架布局以及电缆的连接与更换。为此，变频器的电压等级应不低于 3300V。

表 3-5-2 给出了世界主要变频器厂商生产的 3300V 及以上电压等级的变频器的相关信息。

表 3-5-2　世界主要变频器厂商生产的 3300V 及以上电压等级的变频器

变频器类型	开关器件	主要电压等级	功率范围	生产厂商
两电平电压源型逆变器	IGBT	2.3kV、3.3kV、4.16kV	1.4～7.2MVA	Alstom（VDM5000）
中点箝位式三电平逆变器	IGCT	2.3～4.16kV 2.3～3.3kV	0.3～5MVA 3～36MVA	ABB（ACS1000）（ACS6000）
中点箝位式三电平逆变器	IGBT	3.3kV	3～21MVA	GE Power Convertion（MV7000）
中点箝位式三电平逆变器	IGBT	2.3～4.16kV	0.6～7.2MVA	Siemens（SIMOVERT-MV）
多电平串联 H 桥式逆变器	IGBT	3～13.8kV	0.2～13MVA	利德华福（HARSVERT A/S/VA）
多电平串联 H 桥式逆变器	IGBT	2.3～11kV	0.12～24.4MVA	Siemens（Perfect Harmony）（GH180）
多电平串联 H 桥式逆变器	IGBT	2.4～13.8kV	0.31～16.7MVA	Hitachi（HIVECOL-HVI）
多电平串联 H 桥式逆变器	IGBT	2.3～11kV	0.1～11MVA	RockWell Automation（PowerFle×6000）
NPC/ 串联 H 桥式逆变器	IGBT	6/6.6kV	15～92MVA	TMEIC（TMdrive-XL75）
NPC/ 串联 H 桥式逆变器	IGBT	2.3～6.6kV	0.2～3.75MVA	Yasakawa（MV1000）
NPC/ 串联 H 桥式逆变器	IGCT	6～3.8kV	2～36MVA	ABB（ACS5000）
飞跨电容式逆变器	IGBT	2.3kV、3.3kV、4.16kV	0.5～9MVA	Alstom（VDM6000 Symphony）
PWM 电流源型逆变器	SGCT	2.4kV、3.3kV、4.16kV	0.2～25MVA	RockWell Automation（PowerFle×7000）
负载换相式逆变器	SCR	—	>10MVA	Siemens（SIMOVERT S）
负载换相式逆变器	SCR	2～2×10kV	>10MVA	ABB（MEGADRIVE-LCI）
负载换相式逆变器	SCR	1～10kV	>10MVA	Alstom（ALSPA SD7000）

2）主回路拓扑

由表 3-5-2 可以看出，适用于电驱压裂的 3300V 及以上电压、4MW 以上功率的变频器多采用中点箝位式三电平、多电平串联 H 桥式和 NPC/ 串联 H 桥式这三种逆变器拓扑结构。

中点箝位式三电平逆变器采用高压功率器件无需串联即可满足中压应用，设计成熟且元器件数量少，具有电路拓扑结构简单可靠、设备体积小、动态性能好等优点。

多电平串联 H 桥式逆变器一般采用低压功率器件，其功率单元数目多，功率密度偏低、体积偏大；多个模块的级联通信延时以及直流电压难以独立控制等因素，对整机的控制性能有一定的影响，比如低速和动态转矩特性。该类型变频器通常用于风机等平方转矩负载，较少用于柱塞泵等恒转矩负载；此外，该拓扑的功率器件数量非常多，整体可靠性偏低。国内企业在最初开发电驱压裂设备时，曾经采用过该项技术，但是因为电子器件和功率节点多、可靠性差、体积和重量大，不适合电驱压裂设备频繁移运的工况要求等缺点，最终放弃。

NPC/ 串联 H 桥式逆变器实际上是中点箝位式三电平逆变器和多电平串联 H 桥式逆变器结合的产物，具有一定的独特性。采用三个基于高压功率器件的 NPC-H 桥单元，可实现 5 电平输出，等效于两个中点箝位式三电平逆变器级联，输出电压可提高一倍至 6kV 或 6.6kV，有助于提高变频器的功率等级。不过，该类型逆变器需要三个隔离直流电源，增加了系统的复杂度和成本。

对于重要的应用对象，多相电动机的变频调速系统作为大功率、高可靠性驱动系统的解决方案之一应运而生。现代电力电子技术、微电子技术和现代电动机控制理论的迅速发展使得高性能多相电动机驱动系统的实现成为可能，其优势才得以充分发挥，应用范围迅速扩大。例如在舰船推进中，全电力推进是今后舰船推进方式的发展趋势，而多相电动机驱动系统的变频调速技术是其中的关键技术之一。对多相变频调速技术的研究必将大大促进我国舰船推进技术的发展。此外，多相电动机变频调速技术也特别适合于应用在电动汽车、航空航天、军事、核反应堆供水等应用场合。与三相系统相比，多相系统的故障容错能力更强，提高了系统可靠性。此外，在控制性能方面，多相系统还具有电磁转矩脉动小、静动态性能更优异的特点。随着电动机相数增加，最低次空间谐波的次数增大，幅值降低，使感应出的转子谐波电流幅值降低；频率增加，使转子谐波损耗和直流母线电压上的谐波电流减小，使得转矩脉动频率增加，幅值降低，系统的动静态性能都有较大改善。

电动压裂装备由于单机功率的提升，可以大幅减少现场施工装备的数量，同时增加了单台装备失效带来的施工隐患。以 10 台电动装备进行主压施工为例，单台装备失效将减少 10% 的总排量。如果电动装备采用双泵模式，单泵出现事故可以通过离合器快速脱离成单泵作业，使单台的失效损失降低到 5%。这也是国外电动装备采用双泵保障施工安全的原因之一。同理，变频主回路的设计也需保障系统的可靠性和持续运行能力，尽量降低单点失效导致的出力损失。

综合以上分析，考虑整个大功率电驱压裂系统的可靠性、控制性能和功率密度，设计变频器主回路如图 3-5-10 所示。

该变频器主回路由一个 24 脉波移相整流变压器供电，变频主回路为两个完全独立的中点箝位式三电平变频器，分别控制六相电动机（双三相独立绕组移相30°）中的一个三相绕组，并通过高速光纤通信进行协同控制。六相电动机拖动两个柱塞泵，除了降低单泵冲刺、提高使用寿命以外，同时也具备单泵故障时降载运行的容错能力。

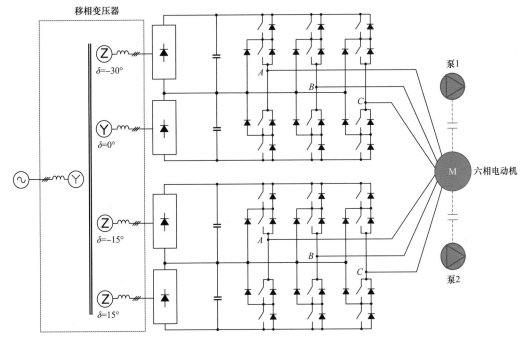

图 3-5-10　压裂变频器主回路示意图

该方案有如下特点和优势：

（1）可靠性高：变频主回路由两个完全独立的变频器组成，具备电气隔离的特性；控制上采取微秒级实时协同，实现六相电动机的高可靠、高性能控制。如果其中一个变频器因为意外情况发生故障，而无法立即恢复运行，本系统可立即切换至三相运行模式，由另一个变频器驱动电动机降额运行。这样可尽量降低单点故障的影响，变频系统实现较高的容错能力。目前，在单机电驱压裂功率容量日益提高的情况下，这种多相容错方案可有效降低单机故障带来的排量损失，为提高电驱压裂系统的功率动用系数、减少井场备用装备数量提供了保障。

（2）效率高、功率因数高、谐波小：如图 3-5-10 所示，每个变频器采用串联型12脉整流，由一个移相变压器的 4 个移相绕组分别供电。两套变频器以六相模式运行时，整体实现 24 脉整流。这样在系统额定运行时，从电网侧取电的电流总谐波畸形率（THD）可降低到 2% 以下，功率因数高于 0.95，如图 3-5-11 所示。这完全满足相关国家标准 GB/T 14549 的要求，而且也满足国际标准 IEEE Std 519 更为严格的相关要求。此外，基于三电平低载波调制比技术，中点箝位式三电平变频器的输出相比于传统两电平逆变器具有更小的电压变化率和总谐波畸形率，系统效率可达 98.5% 以上，更加高效。

（3）体积小、功率密度高：变频主回路采用 4500V 高压电力电子器件和高压薄膜电容器，功率密度高，而且无需器件串并联，可靠性高。此外，系统采用集成水冷散热方案，电力电子器件的电流利用率较高，且水路与电路完全分离，避免水路渗漏造成电气方面的安全隐患。变频器整体尺寸较小，可有效降低 VFD 电控房的占地面积，便于运输和安装。

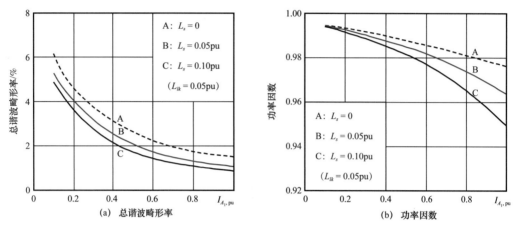

图 3-5-11　24 脉波二极管整流器的总谐波畸形率和功率因数曲线

3）主回路散热

变频器中核心的电力电子器件除了对电压、电流等电气参数有严格的应用限制以外，对温度也比较敏感。本系统采用的 4500V 高压 IGBT，其芯片的最高运行结温大多只有125℃。IGBT 在运行过程中会因开通、关断大电流以及导通压降等因素产生较大的损耗，而其散热面积又相对较小，发热集中，因此变频器主回路的散热条件直接影响 IGBT 等电力电子器件的安全可靠运行及其电流输出能力。

压裂变频器采用了高效的水冷散热方式。水冷系统的散热功率设计为 60kW，冷却液流量为 160L/min。恒定压力和流速的冷却介质源源不断流经换热器进行热交换，散热后再进入被冷却器件带走热量，温升水回至循环泵的进口。在水冷系统进出管路之间设置电动旁通阀回路，PLC 根据进阀温度控制电动阀实现冷却水温度的调节。电加热器置于主循环回路，主要用于当供水温度接近凝露温度时对冷却介质进行温度补偿，防止凝露。图 3-5-12 为水冷系统的工艺流程图。

其中，主循环泵提供密闭循环流体所需动力，选用高速多级离心泵。泵体采用机械密封，接液材质为 304 不锈钢。设置 2 台主循环泵，一用一备轮换工作，可定时自动切换或手动切换。为防止循环冷却水在快速流动中可能冲刷脱落的刚性颗粒进入阀体，在主泵出口至变频器进口管路设置了机械过滤器，采用折叠式不锈钢滤芯。另外，采用三通阀调节流过换热设备的冷却水流量与不经过换热设备的冷却水流量的比例，用于冬天温度低及变频器低负荷运行时的冷却水温度调节，避免冷却水温度过低。根据主回路的温度和设定值的差值，可自动调节三通阀的开闭程度。系统根据供水温度的变化，自动调节电动阀开度和电加热的启停，从而形成一个温度闭环调节系统，使系统工作在合适且相对稳定的温度环境内。

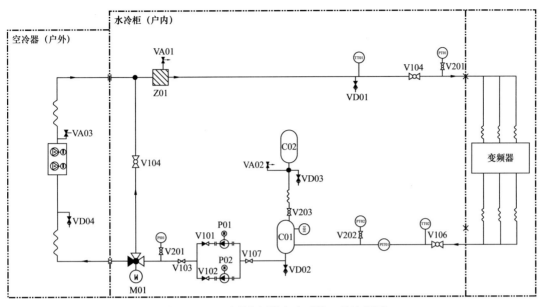

图 3-5-12　压裂变频器水冷系统工艺流程图

4）变频系统规格参数

表 3-5-3 给出了 5500 型压裂变频器的主要规格参数，图 3-5-13 所示为 5500 型柱塞泵的负载特性曲线。

表 3-5-3　5500 型压裂变频器主要规格参数

输入参数	额定输入电压	4×AC1800V
	电压波动范围	−10%～+10%
	额定输入频率	50Hz/60Hz
	整流方式	2×12 脉波整流
输出参数	额定功率	4100kW
	输出电压	0～3300V
	输出电流	2×440A 连续运行
	输出频率范围	0～100Hz
	过载能力	120% 额定负载 1min/10min
电动机控制方式	三相异步电动机或永磁同步电动机高精度矢量控制	
保护功能	过载反时限、输出短路、输出过流、过电压、欠电压、直流电压不平衡、缺相、过热、电动机故障、快速限流、通信断线等	
冷却方式	水冷	
尺寸（长×宽×高）	2400mm×800mm×2200mm	
质量	≤2500kg	

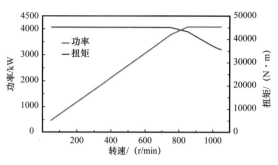

图 3-5-13 5500 型柱塞泵负载特性曲线

2. 控制与保护

在本超高压大功率电驱压裂系统中，主回路采取了两个中点箝位式三电平变频器协同控制六相电动机（双三相独立绕组移相30°，亦即半12相电动机）的方案，则系统的控制与保护也须与此对应一致。

1）多相电动机高性能控制

研究表明，在 d-q 子空间多相电动机与三相电动机具有相同的动态模型，因此可应用三相电动机的磁场定向控制、直接转矩控制和无速度传感器控制等策略，实现高性能的速度和转矩控制。多相感应电动机矢量控制系统动态响应快，电流谐波小，开关损耗小。H. A. Toliyat 通过磁链偏差和转矩偏差，根据 5 相逆变器的 32 个空间电压矢量对磁链—转矩调节的作用，按照不同电压矢量作用下定子磁链和电动机转矩的变化规律，动态选择最优的电压矢量，以实现五相电动机的直接转矩控制。结果表明在同样的给定情况下五相感应电动机的直接转矩控制比三相系统对磁通和转矩的控制更为精确。

不过多相系统仍存在一些特有问题：定子谐波电流幅值较大；电动机缺相运行时，如何确保系统稳定运行。因此，多相电动机的控制比较复杂，需综合解决多方面的问题。

三相电动机的矢量控制是多相电动机控制的最基本和最重要的基础，其本质上的主要区别就是组成旋转磁场的合成矢量数目不同。图 3-5-14 给出了三相电驱压裂变频器所用的转子磁链定向矢量控制原理示意图。

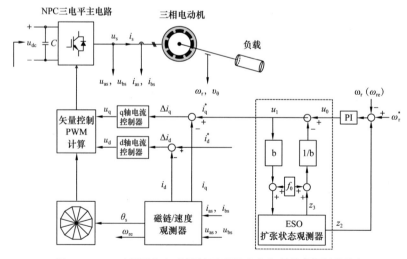

图 3-5-14 三相异步电动机转子磁链定向矢量控制原理框图

在该矢量控制模型中，以转速给定为输入，和电动机测量/观测得到的转速进行比较，并通过 PI 调节器产生转矩电流的参考值给定 i_q^*；励磁电流的参考值 i_d^* 则由磁链调节器或直接计算给定；转矩和励磁电流给定及其对应的反馈电流值分别进行比较，并通过各自的电流控制器和交叉耦合前馈控制，产生相应的电压指令。然后通过 NPC 三电平脉宽调制策略，产生主电路 IGBT 的驱动脉冲。

为了提高系统的抗扰动性能，本矢量控制模型中采用了基于扩张状态观测器（ESO）的自抗扰控制（ADRC）技术。通过对扰动造成被控对象的微小变化，利用 ESO 实现对扰动项的快速观测与补偿，达到抑制扰动的目的。同时，可以提高控制精度，缩小波动范围。磁链/速度观测器、扩展状态观测器、空间矢量控制算法是该矢量控制架构的核心。

两个三相逆变器分别控制两个三相绕组，两个逆变器采用实时主从协同控制策略。其中，主机采用上述完整的转子磁链定向矢量控制算法，从机则通过高速光纤接收主机实时更新的转矩电流与励磁电流参考值，并实现与主机控制周期的实时同步，进而完成相位偏移后的电流内环控制。基于这种主从同步协同控制策略，在全速度范围内实现了六相电动机的高性能矢量控制，且各相电流均衡、转矩脉动小。并且，在其中一个三相逆变器故障退出运行后，可立即切换到三相运行模式，保障压裂系统的持续运行。

2）空间矢量脉宽调制

当多相感应电动机由逆变器供电时，将不可避免地产生脉动转矩。随着电动机相数的增多，电动机谐波脉动转矩的最低谐波次数增大，转矩脉动幅值下降。如双 Y 移 30° 电动机，其谐波转矩最低次数是 12 次，而十五相电动机则是 15 次，其幅值随着转矩脉动频率的增大而明显减小。由于电流谐波确定气隙磁场和谐波转矩，而电流谐波取决于逆变器采用的脉宽调制方式，因而在设计逆变器的控制策略时，就可以根据上述分析结果，选择合适的脉宽调制方式。

空间矢量是一种脉宽调制方式，用于控制参考电压的数字化实现，并满足开关顺序、损耗等方面的约束。图 3-5-15、图 3-5-16 分别给出了三相 NPC 三电平逆变器的输出 PWM 空间电压矢量和开关顺序设计，以及变频器输出谐波示意图。在实际产品中，主要关心 50 倍频以下的谐波，通过滤波器的设计可以确保变频器的输出谐波满足标准要求。

在实际运行中，为进一步降低输出谐波尤其是偶次谐波，可专门设计功率器件的开关顺序。为消除低速运行时的偶次谐波而研发的专有技术，通过交替使用不同的开关顺序，可以最大限度地消除偶次谐波，降低电动机损耗和转矩波动（图 3-5-17）。其中 A 型顺序和 B 型顺序为不同的开关设计顺序。偶次谐波的消除将兼顾变频器的整体控制性能进行实现。

3）故障保护

变频器系统保护功能完善，具有短路保护、过载保护、过流保护、交流过压/欠压保护、直流过压/欠压保护、直流电压不平衡保护、缺相保护、过热保护、主回路对地绝缘保护、通信断线保护、外部故障连锁等全面的保护功能，保障设备运行安全。同时，具有完善的事件记录与故障诊断系统，可详细记录设备的操作控制与运行状态，有助于快速排除故障。

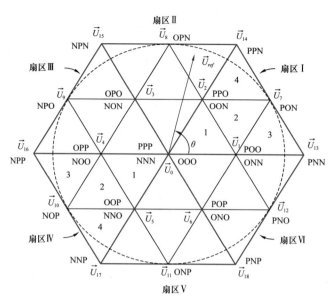

图 3-5-15 NPC 三电平空间电压矢量与开关顺序设计

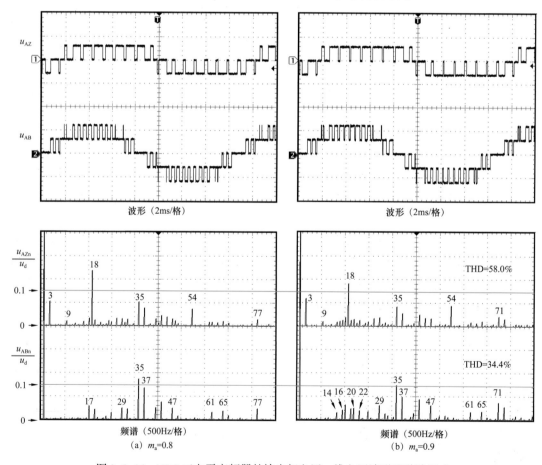

图 3-5-16 NPC 三电平变频器的输出相电压、线电压波形及谐波组成

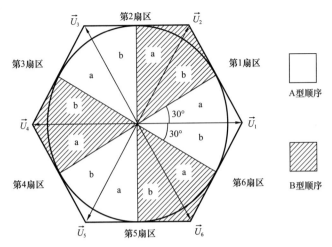

图 3-5-17 NPC 三电平变频器消除偶次谐波的开关顺序交替转换控制

以上大部分为变频器通用的故障保护功能，而对于应用于页岩气压裂的电驱压裂装备，对供电的可靠性和连续性要求较高，因此设计采用 IT 型供电系统，并为其专门配备了绝缘监测保护功能。所谓 IT 型供电系统，是指电源中性点不接地、用电设备外露可导电部分通过 PE 线直接接地的系统。由于 IT 系统发生接地故障时，接地故障电流仅为非故障相对地分布电容的电流，通常非常小，不需要立即切断故障回路，因此可以保证供电的连续性。但此时非故障相对地电压会升高至原来的 1.732 倍，对线路耐压要求提升；同时，一旦发生二次接地，则构成危险的相间短路，因此须配置绝缘监测功能，以便在发生接地时及时排除隐患。变频器由 24 脉波移相变压器供电，在变频器主回路对地装设专门的绝缘监测装置，用以在线监测变压器副边绕组及其输出线缆、变频器输入输出和直流主回路、变频器输出电缆以及电动机绕组的对地绝缘电阻，保障系统运行安全。

在完善保护功能的同时，电驱压裂变频器也应具备变频器的一些常见故障问题及可能的原因分析，见表 3-5-4。

表 3-5-4 变频器常见故障排查表

故障 / 报警信息	类型	可能原因	解决办法
超温故障： a. 放电电阻超温； b. 水冷板超温； c. 整流水冷板超温； d. 柜内超温； e. 温度继电器故障	故障	水冷系统异常，散热有问题； 变频器温度保护值设置偏低； 温度检测模块工作异常； 温度传感器或温度继电器异常	检查水冷系统运行及参数是否正常 检查变频器参数设置页温度保护值是否准确： 逆变水冷温度保护值默认 65℃； 放电电阻温度保护值默认 65℃； 变频器柜内温度保护值默认 55℃； 整流水冷板温度保护值默认 55℃ 检查温度检测模块是否正常： 观察电源和运行指示灯状态； 检查温度传感器 / 温度继电器

续表

故障/报警信息	类型	可能原因	解决办法
接触器故障	故障	接触器损坏不动作； 接触器主触点黏连； 接触器反馈触点或控制回路异常	检查接触器主触点、辅助触点及分合闸线圈即相关回路的状态
充电失败	故障	充电接触器存在异常； 充电回路开关未打开	检查充电回路控制开关是否已闭合； 检查充电接触器有无动作； 检查直流电压：从充电开始，如果20s后，直流电压还达不到额定值的85%，即为充电失败
水冷故障	故障	水冷系统出现故障	检查水冷系统，根据水冷系统故障提示进行处理
变压器故障	故障	变压器温控仪报超温故障	检查MCC柜门上的温控仪保护设定参数是否正确； 检查变压器是否超温
漏电故障	故障	变频器主回路局部绝缘失效	检查在线绝缘检测表漏电指示灯是否已指示，指示为真实漏电故障； 测量电动机及电缆的绝缘阻值
系统通信故障	警告	变频器主控箱未上电； 集控PLC与主控箱通信异常	检查变频器主控箱是否已经上电； 检查PLC到主控箱通信电缆是否存在异常情况
直流过压故障	故障	变频器输入电压过高； 变频器减速时间太短； 变频器直流过压阈值设置偏低	检查高压柜电能表输入电压确保入线满足供电要求； 在满足工艺条件下，增加减速时间设置值； 检查直流过压故障阈值参数，默认值125%
直流欠压故障	故障	输入电压过低； 欠压阈值设置偏高	检查输入电压； 检查直流欠压故障阈值参数，默认值75%
直流电压不平衡	故障	正/负直流母线电压偏差大于所设定阈值（默认10%）	检查正/负直流电压检测数据是否正常； 检查正/负直流电压检测回路是否接反； 检查预充电切除电压值是否偏低； 检查电压/电流检测回路是否正常
过流故障/ 硬件过流故障/ 反时限过流故障	故障	变频器加速时间设置过短； 负载超限； 变频器输出短路； 电流传感器异常； 有速度传感器模式下，转速传感器检测异常	在满足工艺要求的前提下，可将加减速时间增大； 降负荷运行； 检查变频器输出回路是否正常； 检查电压/电流传感器是否正常； 校查测速是否正确，如检测异常可将变频器切换为无速度模式运行
输出缺相故障	故障	电动机故障或电动机电缆故障	检查电动机和电动机电缆

续表

故障/报警信息	类型	可能原因	解决办法
IGBT 驱动故障	故障	IGBT 模块损坏； IGBT 驱动板异常； 输出短路； 驱动板供电电源异常	检查 IGBT 模块是否正常； 检查驱动板电源指示灯是否正常； 检查输出回路是否有相间或对地短路
IGBT 驱动反馈光纤断线	故障	IGBT 驱动板异常； 驱动板供电电源异常； 驱动板到主控之间的光纤异常； IGBT 模块损坏	检查对应驱动板电源指示是否正常； 检查主控箱上的光纤插头有无松动
IGBT 驱动上升/下降故障	故障	IGBT 驱动板异常； 驱动光纤异常	检查驱动光纤连接是否松动，重新插拔； 交换或更换光纤板，检查故障是否变化； 更换驱动板
急停故障	故障	上位机发来急停指令； 电控房或 MCC 柜急停按钮动作； 24V 驱动电源反馈故障信号	检查电橇急停按钮状态及连线； 检查电动机附近的急停按钮状态及连线； 检查电控房急停按钮状态及连线； 检查 24V 驱动电源状态及连线
光栅信号丢失故障	故障	转速传感器异常； 测速线路异常	检查转速测量回路是否有退针、断线或紧固不牢等情况； 检查转速传感器 A/B 信号是否正常
电流零偏故障	故障	电流传感器供电异常； 电流传感器异常	检查电流传感器供电是否正常； 检查电流传感器是否异常
输出电压零偏故障	故障	电压传感器供电异常； 电压传感器异常	检查电压传感器供电是否正常； 检查电流传感器是否异常
光纤通信超时报警	警告	用于两个变频器主控箱进行主从通信的光纤存在异常	检查主从通信光纤头是否有松动
变频器地址冲突	警告	变频器本机站号设置错误	修改主控箱站号
功率模块过温报警	警告	变频器水冷系统异常	检查变频器水冷系统运行情况
反时限过流告警	警告	热过载积分值大于反时限报警设定阈值	减速降负荷，否则热过载积分值持续增加达到 100%，会导致故障停机

3. 电气安全

电驱压裂设备一般具备 35kV、10kV、3.3kV 等高电压电气连接，在设计和应用时需严格遵守电气安全规范，以保障人身和设备安全。电气安全相关要求简要列举如下：

（1）所有的带电设备都应在可打开的门或围栏上设有带电警示标志。

（2）带电设备接地设计按国家标准 GB/T 50065 执行，设备应配置 2 个或以上的接地装置，接地装置宜采用钻孔铜排或铝排。

（3）设备的防雷电要求按国家标准 GB 15599 的规定执行。

（4）控制设备应满足国家标准 GB/T 12688.3 对电磁兼容性的要求。

（5）对于接入电网公用连接点的设备，注入该点的谐波电流允许限值与系统中的谐波电压限值应满足国家标准 GB/T 14549 的规定。

（6）电控设备电力电缆和控制电缆的选择应按照国家标准 GB 50217 执行。

（7）标称电压≤1000V 的设备，其电气间隙与爬电距离应满足表 3-5-5 规定。

表 3-5-5　电气间隙与爬电距离

额定绝缘电压 U_i/V	空气中的最小电气间隙 /mm	最小爬电距离 /mm
$U_i \leqslant 60$	3	4
$60 < U_i \leqslant 250$	5	8
$250 < U_i \leqslant 380$	6	10
$380 < U_i \leqslant 660$	8	14
$660 < U_i \leqslant 750$	10	20
$750 < U_i \leqslant 1000$	14	28

（8）标称电压为 3～110kV 的户内配电设备，其带电部分至接地部分之间的电气间隙应符合表 3-5-6 规定。

表 3-5-6　3～110kV 户内配电装置的电气间隙

系统标称电压 /kV	电气间隙 /mm	系统标称电压 /kV	电气间隙 /mm
3	75	20	180
6	100	35	300
10	125	66	550
15	150	110	950

（9）设备中带电回路之间，以及带电回路与接地导电部件之间直流电压应符合表 3-5-7 规定。

表 3-5-7　绝缘电阻试验器件施加直流电压的指导准则

额定电压 /V	绝缘电阻试验的直流电压 /V	额定电压 /V	绝缘电阻试验的直流电压 /V
<1000	500	5001～12000	2500～5000
1000～2500	1000	>12000	5000～10000
2501～5000	2500		

（10）设备额定绝缘电压不超过 1500V 的主电路与制造商已指明不适用于由主电路直接供电的辅助控制电路，按照表 3-5-8 规定执行。

表 3-5-8 工频耐受电压

额定绝缘电压 U_i/V	工频耐受电压（交流方均根值）/V	额定绝缘电压 U_i/V	工频耐受电压（交流方均根值）/V
$U_i{\leqslant}60$	1000	$690{<}U_i{\leqslant}800$	3000
$60{<}U_i{\leqslant}300$	2000	$800{<}U_i{\leqslant}1000$	3500
$300{<}U_i{\leqslant}690$	2500	$1000{<}U_i{\leqslant}1500$（直流）	3500

（11）设备额定绝缘电压大于 1500V 至 110kV 时，工频耐受电压值应按表 3-5-9 中的推荐值进行试验。

表 3-5-9 短时工频耐受电压

额定绝缘电压/kV	短时工频耐受电压（交流有效值）/kV	额定绝缘电压/kV	短时工频耐受电压（交流有效值）/kV
3	18	20	50
6	25	35	80
10	30	66	140
15	40	110	185

（12）户外敷设的电缆，应耐高温、耐油、耐磨。

（13）应采取措施防止意外触及电压超过 50V 的带电部件。对于设备内部的电器元件，可采取下述一种或几种措施：

① 采用绝缘材料完全包裹带电部件，或隔离带电部件，以避免打开设备遮拦时意外触及带电部件。

② 采用连锁机构，使得只有断开电源后才能打开或拆除遮拦；而且当遮拦被打开或拆除时，电源开关不能闭合。

③ 应使用专业钥匙或工具移动、打开和拆卸带电体遮拦。

④ 内部装设有电容器且电容器电荷能力 >0.1J 的设备，应具备电容放电回路。

（14）高压供电设备区域应采用专用遮拦或围栏进行隔离，遮拦或围栏应距离 35kV 带电体 1m 以上，距离 10kV 带电体 0.7m 以上，并悬挂相应的警示标识。

（15）高压供电设备内应配置经专业机构检验合格的绝缘用具和辅助绝缘用具。

（16）高压供电设备应安装专用保护接地装置。

（17）在高压电气设备上工作，应有停电、验电、装设接地线、悬挂标示牌和装设围栏等保证安全的技术措施。

（18）在电气设备上工作，保证安全的技术措施由运行人员或具有操作资格的人员执行。

（19）工作中所使用的绝缘安全工具应按照 GB 26860 规定的进行试验。

（20）符合下列情况之一的设备应断电：

① 检修设备。

② 带电部分临近工作人员，且无可靠安全措施的设备。

③ 与工作人员安全距离小于 0.6m 的设备。

（21）严禁验电器超额定电压验电。

（22）高压验电应戴绝缘手套，且人体与被验电设备的安全距离应大于 0.7m。

4. 工况适用性

大型水力压裂主要应用于页岩气和页岩油的开发。目前，我国页岩气的技术可采储藏主要集中在四川盆地、塔里木盆地及准噶尔盆地等。页岩油则主要分布于准噶尔盆地、松辽盆地和鄂尔多斯盆地。

目前，大功率压裂装备主要用于川渝地区，而新疆、大庆、鄂尔多斯等地也在逐渐建设完善相关的应用条件。因此，电驱压裂装备必须考虑满足各井场的地理和气候等应用的工况条件。例如，川渝地区井场坐落于山区、道路崎岖、井场面积小，温度条件较为适宜，雨季湿度大，这就要求压裂装备体积尽量小、体积重量便于运输、耐受运输振动能力强、防雨耐潮；新疆、大庆、鄂尔多斯地区则要求设备能够在冬季低温下正常运行，此外，新疆地区还有额外的防沙尘要求。

针对这些工况要求，下面分别从防护等级、环境适应性和减振措施等几个方面进行分析。

1）防护等级

由于压裂变频设备在野外露天使用，并考虑到超高压大功率的情况，通常将其安装于橇装房体内。为满足淋雨、低温、高温及沙尘等气候条件，变频设备和高压开关柜等所在房体应具备 IP54 的防护等级；干式移相变压器设计为风冷型式，其绝缘水平一般不低于 LI75AC35/LI60AC20，其所在房体应具备 IP23 的防护等级；主电源接入输出线宜采用压接型接线端子，主电源接线盒的防护等级应达到 IP55；辅助电源接线宜采用接插件，接插件防护等级应达到 IP67。

2）环境适应性

电驱压裂设备应能适应 –40～45℃作业环境温度。在低温作业环境下，设备依靠自动控温的加热装置，并采取其他保温措施，将压裂变频器所在橇装房体内部的温度提升至 –20℃以上，以保障各设备的安全可靠运行。在高温作业环境下，设备依靠可靠的水冷系统中的循环管路和水风换热装置，将压裂变频器的主电路损耗发热交换至房体外部大气中，并在房体内部装设工业空调，控制房体内部温度和湿度在合适的范围内。

3）减振措施

为防止设备在运输过程中，因颠簸或冲撞引起电气连接松动或绝缘强度降低，采取了相应的处理措施：

（1）通过加强型的结构设计，增加主母线约束点，有效避免运输中的振动对一次元器件的损伤。

（2）固定一次元器件时，采用优质的高强度螺栓和平弹垫甚至锯齿弹簧放松系统及厌氧螺纹胶，防止振动引起紧固件松动甚至脱落。

（3）对于二次元器件，采取增添减振垫片及悬挂系统，增加元器件安装的柔性，从而提高其防振性能。

第六节 大功率整机集成技术

一、重载底盘专用改造与减振测试技术

压裂设备集成安装于二类底盘上，底盘要求满足载荷分布，前后桥及左右侧实际载荷小于前后桥的额定载荷。整车具有足够的抗振性能及越野性能，能适应用油气田井场公路及普通公路行驶。因此对装载底盘副梁进行有限元分析、动态应力特性及振动特性研究，确定副梁在复杂工况下的危险点和模态测试点，为压裂设备的车架设计、上装布置和测试方案提供理论支持。

1. 装载底盘副梁有限元分析

为缩短多轴特种车辆的设计周期，确定了整车底盘性能匹配评价指标，结合相关计算方法设计出多轴特种车辆底盘性能匹配分析软件，软件可以进行多轴车辆的动力性能、重心及轴载荷分配，通过性、稳定性、制动性能、车载设备匹配及车架静动态力学性能分析。

利用有限元技术和车辆多体动力学理论分析了压裂泵送设备底盘的静强度、动态强度及模态振型，根据应力应变云图确定了车架在复杂工况下的危险点和模态测试点坐标，为压裂泵送设备副车架的设计、上装布置和测试方案的制定提供了理论支持，静动态缝隙结果如图 3-6-1 和图 3-6-2 所示。

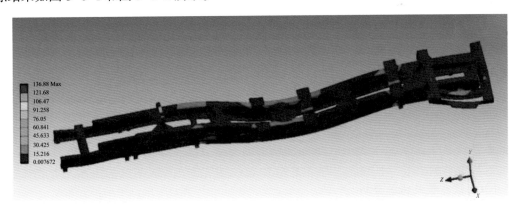

图 3-6-1 车架静强度分析结果

压裂泵送设备的底盘都是利用现有的二类底盘或对现有底盘改装（改变底盘轴距、增加副梁等），没有针对性的设计专用底盘车架，因此压裂泵送设备可能会出现车架大梁、副车架大梁等关键部件断裂现象，影响压裂泵送设备的使用、行驶的整体性能和运移安全。另外，压裂泵作业时振动剧烈，某些挡位下车架还会产生共振现象。

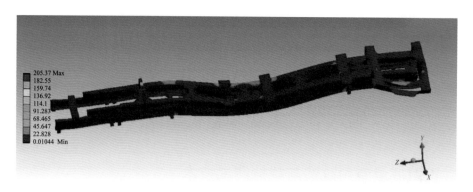

图 3-6-2　车架动态强度分析结果

2. 大功率压裂泵送设备振动特性分析

由于压裂泵送设备上的压裂泵属往复式容积柱塞泵，其吸入、排出性能呈间歇性和周期性，此外压裂泵柱塞的运动速度随柴油机的转速、变矩器的挡位发生变化，在不平衡力和周期性脉动力作用下，工作挡位极易出现共振现象，若整车各部件长期在共振区域运行，轻则造成连接失效，重则引起高压管汇件的爆炸，造成严重事故。

压裂泵送设备整车工作时，发动机工作转速为 1900r/min，通过调节传动箱速比，实现不同压力、排量的输出，压裂泵送设备的具体参数见表 3-6-1。

表 3-6-1　压裂泵送设备的具体参数

挡位	发动机转速 /（r/min）	传动箱速比	冲次 /（次 /min）	排量 /（m³/min）	压力 /MPa
一挡	1900	4.47	57	0.542	138
二挡	1900	3.57	71	0.679	138
三挡	1900	2.85	89	0.850	138
四挡	1900	2.41	105	1.005	133.2
五挡	1900	1.92	132	1.262	106.1
六挡	1900	1.54	164	1.573	85.1
七挡	1900	1.25	202	1.938	69.1
八挡	1900	1	253	2.423	55.2

1）测试系统及振源分析

振动测试分析系统具有数据采集、分析、图形显示、数据存储及输出等功能，分析系统为 Coinv DASP MAS 多通道信号采集处理分析软件，采集系统为与该软件配套的 UT8908-FRS 动态信号采集器，具备单峰值幅值谱、功率谱等 4 种频谱形式，可一边采样、一边示波、一边进行频谱分析，能够将采集到的响应端信号进行快速处理和分析。

由于压裂泵送设备结构复杂，激励源多，表面振动是各种激励源综合作用的结果，主要激励源有：（1）发动机曲轴的周期性激励；（2）发动机 16 个气缸产生的多角度冲击力；（3）传动箱的周期性激励；（4）压裂泵柱塞往复运动的激励、旋转运动的周期性激励；（5）液力端高低压液体压力、激荡力；（6）阀密封副运动的冲击力以及传动链旋转惯性力等其他激励等，表3-6-2给出了压裂泵送设备上装主要部件的转速及工频。

表3-6-2　压裂泵送设备主要旋转设备转速及工频表

挡位	一挡	二挡	三挡	四挡	五挡	六挡	七挡	八挡
发动机转速 /（r/min）	1900	1900	1900	1900	1900	1900	1900	1900
发动机曲轴频率 /Hz	30	30	30	30	30	30	30	30
变速箱输出轴转速 /（r/min）	425	532	666	788	989	1233	1520	1900
传动轴工频 /Hz	7.08	8.86	11.10	13.13	16.48	20.55	25.33	31.66
压裂泵曲轴频率 /Hz	0.94	1.18	1.48	1.75	2.20	2.74	3.37	4.21
往复不平衡的工频 /Hz	2.82	3.54	4.44	5.25	6.60	8.22	10.11	12.63

2）测点布置

测点的选择需要在不解体的情况下进行，振动信号在主副梁表面选取。压裂泵送设备在工作时，传动链上旋转运动与往复运动叠加，同时其负荷大、工况复杂，整车动态响应复杂，在测点选择时，尽可能靠近各运动部件的基座，使信号的测取路径更加短，防止信号衰减或受阻。基于上述考虑，测点分别选在发动机支座处（测点1和测点2）、传动箱支座处（测点3）、大泵支座处（测点4、测点5和测点6），具体的布置如图3-6-3所示。

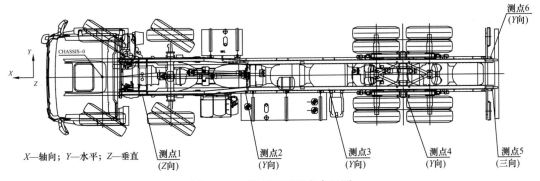

X—轴向；Y—水平；Z—垂直

测点1（Z向）　测点2（Y向）　测点3（Y向）　测点4（Y向）　测点5（三向）　测点6（Y向）

图3-6-3　振动测试测点布置图

3）振动频率

从压裂泵送设备的运行状况看，对其长时间的工作挡位进行频谱分析，其中，图3-6-4分别对应四挡、五挡、六挡下的振动加速度频谱图，提取出各挡位下前六阶固有频率见表3-6-3。

在四挡下，振动加速度信号呈现周期信号的特征，其主要工作频率成分为：1.66Hz、4.98Hz、5.37Hz、8.4Hz、10.06Hz、15.53Hz等，考虑到发动机转速波动及测量的部分不可靠性，其分别为压裂泵曲轴频率（转速1900r/min）的基频、3倍频、5倍频、6倍频、9.5

倍频，各点的振动不仅含有压裂泵曲轴相应工频的整数倍倍频分量，还包括 0.5 倍频的谐波，由此可见，整车固有频率与压裂泵的曲轴工频相近，压裂泵曲轴的低频振动易引起共振，分析压裂泵送设备在五挡、六挡的振动信号可以得到与四挡运行下相同的结论。

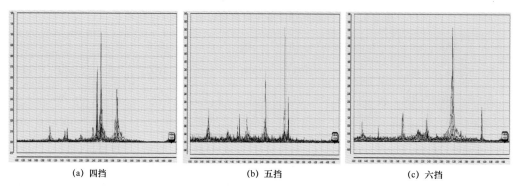

(a) 四挡   (b) 五挡   (c) 六挡

图 3-6-4 测点振动加速度频谱图

表 3-6-3 四挡、五挡、六挡的前六阶固有频率表

挡数	1 阶固有频率 / Hz	2 阶固有频率 / Hz	3 阶固有频率 / Hz	4 阶固有频率 / Hz	5 阶固有频率 / Hz	6 阶固有频率 / Hz
四挡	1.66	4.98	5.37	8.40	10.06	15.53
五挡	2.15	6.25	8.40	12.60	15.53	16.41
六挡	2.64	5.37	7.81	15.72	18.36	20.51

4）振动幅值

分别测试四挡、五挡、六挡下各测点振幅值，由表 3-6-4 可以看出：（1）压裂泵送设备各测点的最大振幅值为 16.198mm，出现在四挡工况下；（2）测点 5、测点 6 振动幅值远高于其他测点，压裂泵送设备尾部（压裂泵安装区）为振动剧烈区，振幅对压裂泵的平稳运行影响大；（3）对比各挡位振幅值，四挡出现了共振现象。

表 3-6-4 四挡、五挡、六挡下各测点振幅数据

测点	四挡下振动位移幅值 /mm	五挡下振动位移幅值 /mm	六挡下振动位移幅值 /mm
测点 1（Z 向）	2.092	2.152	1.707
测点 2（Y 向）	6.411	2.298	4.072
测点 3（Y 向）	1.777	3.025	1.700
测点 4（Y 向）	6.682	2.382	2.021
测点 5（Y 向）	16.198	7.865	6.638
测点 6（Y 向）	12.799	4.539	2.997
平均值	7.660	3.710	3.189

3. 结构优化及振动状态对比

解决压裂泵送设备共振的方法有：（1）提高固有频率，可采取减少上装设备及零部件的重量实现；（2）增大整车刚度，具体措施如：使用直径小宽度大的轮胎、增加车身宽度、缩短整车长度、使用刚性高的底盘悬架系统等。但由于整车选用的是二类底盘，减少压裂泵送设备上装设备重量、外形尺寸难度大，更改底盘悬架的设计也不可取。

为保障整车的平稳运行，需要对压裂泵送设备结构进行优化，考虑到压裂泵送设备减振方式的可实施性及操作的方便性，可在底盘副梁上增加四个支撑油缸，行驶时，液压缸支腿收起，工作时，利用液压油缸将整个压裂泵送设备顶起，使得压裂泵送设备的支撑方式由弹性支撑改变为刚性支撑，增加了整个装置的刚度。

以四挡运行工况为例，由表 3-6-5 可知，通过增加液压支腿，对压裂泵送设备结构进行优化后，六个测点的振动幅值平均减少 70.7%，经过整改后，减振效果明显。

表 3-6-5　整车优化前后的四挡实测振动数据

测点	优化前的振动位移幅值 /mm	优化后的振动位移幅值 /mm	幅值变化
测点 1（Z 向）	2.092	1.563	−25.29%
测点 2（Y 向）	6.411	1.077	−83.20%
测点 3（Y 向）	1.777	1.083	−39.05%
测点 4（Y 向）	6.682	2.092	−68.69%
测点 5（Y 向）	14.249	1.872	−86.86%
测点 6（Y 向）	12.799	5.210	−59.29%
平均值	7.335	2.150	−70.70%

以上分析可知，压裂泵送设备的振动工况复杂，激励源多，压裂泵送设备在四挡出现了共振现象，振动主要由压裂泵曲轴的低频振动引起。整车表面振动是各种激励源综合作用的结果，测点的振动频谱呈现规律性的倍频分布，谱图上谱峰多，利用个别特征频率难以预测上装设备振动带来的不利影响。利用刚性液压支腿改变整车结构刚性，能够有效降低整车振动幅值，抑制共振现象，减振效果明显。

二、动力匹配与散热技术

1. 动力系统设计匹配

以油田使用范围最广的 2500 型压裂泵送设备为例，采用 2235kW（3000hp）柴油发动机，在与相匹配的变速箱连接后驱动五缸压裂泵工作，集成的 2500 型压裂泵送设备。以下对车载 2500 型与 2000 型压裂泵送设备性能参数进行对比，见表 3-6-6。

一是采用快速离合技术的传动系统使 2500 型压裂泵送设备的装机功率达到 2235kW，较 2000 型压裂泵送设备提高 33%。二是传动系统采用 CAN 总线的控制系统，更加简洁、安全。

另外传动系统可以针对不同负载工况，通过控制系统调整输入到电磁比例阀电流的大小来控制离合器结合时间，使得变速箱的工作更加适合工作环境，延长变速箱离合器的寿命。

表 3-6-6　2500 型与 2000 型压裂泵送设备性能参数对比

机型	车载 2500 型压裂泵送设备	车载 2000 型压裂泵送设备
装机功率 /kW	2235	1675
输出水功率 /kW	1860	1490
最高工作压力 /MPa	140	105
传动系统	换挡柔和、迅速	换挡时间长、有冲击
控制系统	采用网络通信技术、数字控制	采用模拟控制，易出故障

1）快速离合技术

变速箱离合器工作时，换挡时间越短越好，换挡冲击越小越好。标准离合器是通过压力油进入离合器腔内，推动离合器活塞运动，从而压紧摩擦片实现离合器的结合。当离合器腔体设计完成以后，若要减少离合器的结合时间，只能通过提高压力油的压力使得活塞运行速度加快。但这将造成离合器冲击过大，结合不够平稳，会导致离合器内摩擦片寿命的缩短。

快速离合技术规避换挡时间与换挡冲击之间的矛盾，从而实现了迅速柔和换挡，离合器换挡时间是普通离合器的 1/5，并且通过调节离合器结合过程中的结合压力，使换挡平稳。图 3-6-5 是快速离合器与普通离合器结合特性图。

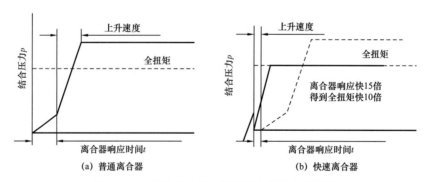

图 3-6-5　快速离合器与普通离合器结合特性图

2）控制系统

控制系统由控制器、数据总线、各类变速箱状态传感器、电磁阀、显示器和换挡装置等组成。变速箱控制系统各部分的作用：控制器控制变速箱使用过程中的各种信息；数据总线为控制系统提供数据通信。变速箱控制系统通过总线接收来自设备控制器的信号，同时也向其他控制器提供信号；显示器用于显示变速箱挡位、故障代码以及对电路进行自检时使用；电磁阀是控制器的执行机构，控制变速箱换挡；变速箱的各类传感器可以适时反馈变速箱状态的各种信息；换挡装置用于操作者操作变速箱换挡。

控制系统的特点：

（1）自动控制换挡。根据压裂施工作业工况及换挡操作置入的挡位，系统执行部件电磁比例阀接收控制器传来的调制信号在 0 至全压之间无级地调节变速箱挡位离合器压力油，保证了变速箱平滑无冲击地自动换挡，使压裂泵送设备的动力性达到最优。

（2）故障自诊。系统运行时，控制器持续监测电控系统各部件电路参数，是否与控制器内设定值一致。否则，将显示故障信息，提醒操作人员停机检查。

（3）诊断测试。控制器内有一套包含 15 项测试内容的测试程序，可以诊断测试控制系统的外部零件。

（4）黑匣子功能。控制器能够自动记录系统运行情况。自动记录故障记录代码和故障发生的时间，方便查找分析故障原因。

（5）CAN 总线传输。采用先进的 CAN 总线技术，以数据方式传输控制过程中的信号，避免了冗繁线路，提高了安全性。

2. 风扇冷却系统设计

降低能耗、减重、适应车载要求的多系统冷却温控技术是大功率压裂泵装置关键技术之一。通过采用冷却系统温度自动控制技术，可以最大限度地降低动力系统的功率损耗。研究装置多系统的冷却控制要求，采用多通道冷却测温与恒温控制技术，优化设计大型冷却器，合理降低动力系统的功率消耗和系统重量，提高动力系统运行效率。

1）结构形式

冷却系统的结构根据驱动风扇冷却的方式确定。一种为通过发动机皮带轮直接驱动水箱风扇的立式结构冷却系统，另一种为通过液压系统驱动风扇冷却的卧式结构冷却系统，两种结构形式各具特点。考虑到压裂泵送设备整车长度的限制以及能够实现风扇自动控制的要求，采用卧式结构冷却系统，即通过底盘发动机驱动液压系统带动风扇工作，实现发动机、传动箱和压裂泵等系统的冷却。

2）冷却通道

车载 2500 型压裂泵送设备冷却系统由发动机缸套水冷系统、发动机中冷器冷却系统、发动机燃油冷却系统、传动箱冷却系统、液压冷却系统和压裂泵动力端冷却系统等部分组成。设计中将整套系统集成为一个整体，分为 3 层架构，6 套系统各自具有自身的通道。由于各个系统的工作温度不同，需要在各个系统中增加不同温度的节温器来适应不同系统工作温度的要求。整套冷却系统采用卧式安装在压裂泵送设备的中部，通过液压马达驱动风扇来冷却。冷却水箱第 1 层包括液压系统液压油、发动机燃油、传动箱润滑油和压裂泵润滑油等 4 套冷却器水箱，它们并列布置在最底层。发动机中冷水和缸套水冷却水箱由于散热能力高，水箱体积较大，需要分为 2 部分，分别布置在水箱的第 2 层和第 3 层，如图 3-6-6 所示。

3）冷却系统循环回路

循环管路中除根据液体流量确定相应的管路系统外，重点考虑的是节温器以及旁通管路问题。节温器根据各个系统的设定温度进行标定。当系统处于冷却状况时，节温器关闭，冷却液绕过散热器，通过旁通管路进行内循环。当循环温度达到设定温度后，节温器打开，冷却液通过循环管路对系统进行冷却。对于所配置的发动机系统，设置了缸套水和中冷水 2 个

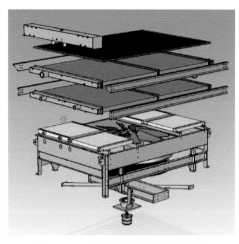

图 3-6-6 集中水箱散热器示意图

部分，节温器的控制温度设为 77～42℃，液力传动箱的控制点设定在 82℃，压裂泵润滑油的冷却温度为 60℃，液压系统的节温器控制温度为 43℃。

4）冷却系统的控制

常规的压裂泵送设备风扇控制系统采用手动控制方式，分为低速和高速两种模式。通常情况下，风扇工作转速为 700～800r/min，各个通道的循环完全通过节温器进行控制。风扇长时间在高速下运转增大了功率消耗，造成系统工作噪声；而且风扇从静止直接切入高转速，对其驱动轴冲击过大，会缩短系统的使用寿命。车载3000 型压裂泵送设备风扇冷却系统采用风扇转速自动控制模式。

风扇冷却系统的动力来自于底盘驱动的液压泵带动的液压马达。系统在发动机水路、传动箱油路、大泵润滑油路和液压系统油路上分别安装温度传感器。接收温度信号输入到设备控制系统，通过程序控制器内部对 4 个温度值进行上、下限分别比较，然后判断输出信号所需要的电压值，可编程控制器输出标准模拟量信号至放大器，控制液压马达的转速。当工作温度超过设定上限值时，提高风扇的转速；当温度下降到设定下限值后降低风扇转速，直到系统平衡。冷却装置控制系统流程如图 3-6-7 所示。

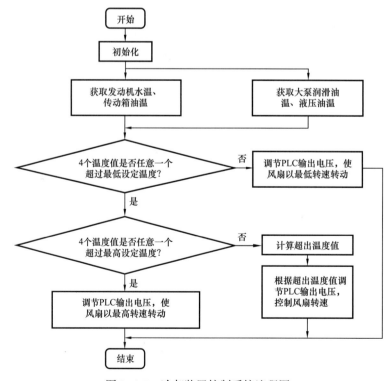

图 3-6-7 冷却装置控制系统流程图

5）性能测试

冷却系统设计制造完成后，需要对其冷却能力进行测试以验证其工作性能。测试参照发动机终端产品认证测试方法和流程进行。测试内容包括冷却系统总容量、添加能力、排放能力、排气试验、流量试验、水位降低量及各种温度下风扇的转速等。重点测试系统的控制和冷却能力。设风扇的最低转速为260r/min，逐步增加载荷直到最大值，随着系统温度的不断升高，风扇转速也在不断增加。

多通道冷却恒温控制，实现车台发动机、传动箱、液压系统和压裂泵的集中散热。优化散热器结构，大幅度降低散热器重量，实现散热器质量控制在2t以下，风扇转速随工作温度的变化自动调节（表3-6-7）。设计完成的散热器在45℃高温下长时间作业，发动机、传动箱、大泵各油温水温均在设计范围之内。

表 3-6-7 风扇转速与发动机水温对应表

序号	环境温度 / ℃	发动机水温 / ℃	风扇转速 / r/min	自动模式最低转速 / r/min	自动模式最高转速 / r/min
1	35	50	580	580	740
2		55			
3		60	565	565	730
4		65			
5		70	580	580	710
6		75			
7		80	645	645	700
8		85			

根据表3-6-7测得数据，绘制风扇转速与发动机水温的关系曲线如图3-6-8所示。

通过测试冷却系统总容量，增加能力、排放能力、排气试验、流量试验、水位降低量试验，试验数据满足发动机运行要求，发动机可以在100%负荷，环境温度45℃下，持续运行24h。

三、控制系统

压裂泵自动控制系统由本地控制系统、远程控制模块和信号采集模块三个部分组成，可实现发动机、传动箱、大泵的状态监测和控制，通过远程控制模块可以实现压裂泵本地／远程控制切换，压裂泵

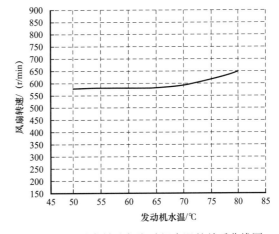

图 3-6-8 风扇转速与发动机水温的关系曲线图

自动控制功能如图 3-6-9 所示。

柴驱压裂泵自动控制系统包括发动机停机、油门调节、换挡、故障检测、一键怠速等控制功能，还可以采集到发动机、传动箱、大泵的故障报警、超压报警、传动箱锁定等各部件状态，以及发动机转速、大泵瞬时排量与累积排量、大泵排出压力值，并且通过计算机数据的设置还可以实现超压报警、超压回怠空挡刹车的功能。单泵运行界面如图 3-6-10 所示。

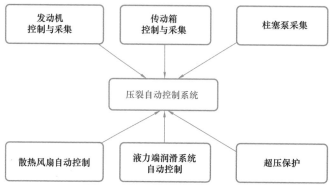

图 3-6-9　压裂泵控制系统

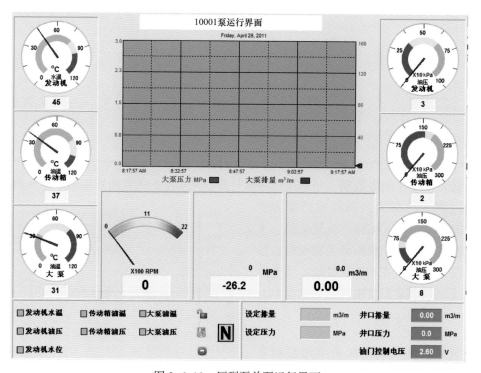

图 3-6-10　压裂泵单泵运行界面

第四章 混砂设备与技术

混砂设备是压裂机组重要的组成部分，其主要作用是完成液体与支撑剂的均匀混合，并以一定压力输送给压裂设备。由于混砂设备在整个压裂施工流程中不可替代的作用，因此要求其具有高可靠性和高稳定性。

本章主要介绍混砂设备的结构和参数、大型混砂设备的配置情况，以及与混砂设备相关的核心及前沿技术。高效砂液混合技术研究主要是通过构建混合搅拌装置理论分析平台、建立相应的理论和数值分析体系、解决搅拌装置（包括混合罐、搅拌器）设计与分析的难题以及研制喷射式混合搅拌装置。支撑剂混合技术研究主要是通过构建螺旋输送理论分析平台，解决传统螺旋输送理论无法适用于螺旋输砂器计算的难题，并在此基础上研制变螺距三绞龙螺旋输砂器。通过吸排系统性能研究、科氏力密度计的应用技术、液体添加剂系统应用技术、管道流动特性分析、纤维伴注技术的研究，提高了混砂设备的可靠性和安全性。

第一节 设备型号与技术参数

一、设备型号

根据 SY/T 7334—2016《石油天然气钻采设备 混砂设备》的规定，混砂设备表示方法如下：

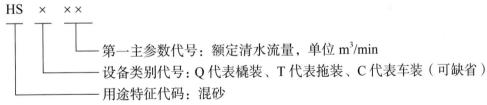

示例：混砂设备额定清水流量为 16m³/min，其型号 HS16。

二、基本技术参数

根据设备型号表示方法，混砂设备主要按额定清水流量进行标定，目前常用的混砂设备见表 4-1-1。

表 4-1-1 混砂设备主要技术参数

混砂系列代号	HS04	HS08	HS12	HS16	HS20	HS40
额定清水流量 /（m³/min）	4	8	12	16	20	40
最大输砂量 /（kg/min）	3500	5000	7000	10000	11500	16000
额定排出压力 /MPa	0.3～0.7					

第二节　大型电驱混砂设备

混砂设备系统主要包括装载底盘或橇架、动力系统、管路系统、混合系统、输砂系统、添加剂系统、液压系统和控制系统等。

常规油气井开发大多使用 SHS16 型以下排量等级的混砂设备即可满足使用要求，施工排量在 4~8m³/min。大型混砂设备最大清水排量可达 20m³/min，最大输砂能力 13000kg/min，如图 4-2-1 所示。

随着石油勘探开发技术的发展，以页岩气为首的非常规油气开采将逐渐成为我国油气开采中的重点工程，针对页岩气开发的一系列工程难点，尤其在目前国家对环保严格要求的大形势下，在页岩气开采中大型电驱成套压裂设备将逐渐取代柴驱压裂设备（吴汉川等，2011；吴汉川，2008）。

大型电驱混砂设备作为大型成套压裂设备的核心部分，设备的稳定性、安全性、可靠性需要得到足够的保证。我国自主研发的 HSQ40 电驱混砂橇的工业试验成功，是大型电驱压裂设备发展的一个里程碑。

HSQ40 电驱混砂橇采用两套供液泵加两套混排罐的模式，两套系统从电动机到液压系统，以及辅助的液添、干添系统等加独立控制（图 4-2-2）。其电驱模式为液压站与电动机结合，供液泵由变频电动机直驱，混排罐、输砂器等由液压马达驱动，主要技术参数见表 4-2-1。

图 4-2-1　大型混砂设备

图 4-2-2　HSQ40 电驱混砂橇

表 4-2-1　HSQ40 电驱混砂橇技术参数

混砂装置		变频控制房	
清水排量 /（m³/min）	40	额定输入电压 /kV	10
最大排出压力 /MPa	0.7	输出电压 /V	380
最大输砂量 /（t/min）	13	输出频率 /Hz	50
尺寸（长 × 宽 × 高）/mm	10050×2500×2910	馈电 /kV	10
整机质量（含油、水）/t	30	尺寸（长 × 宽 × 高）/mm	11000×30002×900
		整机质量（含水）/t	25

HSQ40电驱混砂橇核心部件为混排罐，它替代传统的混合罐加排出砂泵的结构形式，混排合一，既简化设备配置又增强了砂液混合能力；混砂橇实现了远程控制，打破了传统混砂设备均需本地操控的局限性。

电驱混砂橇的清水排量达到40m³/min，在实际操作中可以进行"双混双排"或者"单混单排"。"双混双排"即两套供液泵与混排罐同时工作，实现超大排量的压裂液泵注；"单混单排"即为一用一备，可将HSQ40混砂橇看成两台HSQ20混砂橇，避免因设备故障而产生的压裂生产损失。

第三节　高效混合搅拌技术

一、高效混合罐混合技术

为了满足压裂液与支撑剂添加剂等的混合要求，混合搅拌装置必须具有较强的搅拌混合作用，即混合时间短、混合均匀程度高，需要搅拌叶轮提供足够的能量，即搅拌功率需达到设计要求；同时由于搅拌功率过大易引起液面打漩，造成大量气体进入混合液而降低混合效果，应尽量减小搅拌功率。

1.结构方案

常规混合搅拌装置的排量已从4m³/min增加到16m³/min，最大搅拌功率值（最大黏度及最大砂比情况下）从27kW增加到46kW。为满足压裂工艺需求，混砂设备的排量要达到20m³/min，需研发更高效的混合搅拌装置。

常规混合搅拌装置主要采用罐内上部溢流进水的方式，需要的混合时间较长、叶轮的转速较高、搅拌功率较大。排量要达到20m³/min，如果继续采用原设计模式，将会使混合时间、转速及功率不断增大，且可能其搅拌混合效果难以达到要求。对于搅拌装置混合罐而言，混合罐容积越大对排量缓冲越有利，但需同时满足混砂设备的安装空间要求。根据布局约束及工况特点，提出了叶轮搅拌与水力射流相结合的混合搅拌模式，设计了具有射流作用的混合罐和具有导流筒的双层搅拌叶轮。搅拌装置主要由混合罐及搅拌叶轮两部分组成，结构如图4-3-1所示。

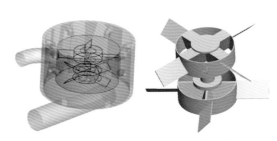

图4-3-1　混合罐和搅拌叶轮结构示意图

混合罐包括夹层和内腔两部分，内腔有上、中、下三层共18个进水口，其中上层和中间层为12个弯头进水口，下层为6个开孔式进水口。搅拌装置工作时，水通过混合罐切向进水口进入夹层，后通过上中下18个进水口进入内腔。水流进入内腔时具有一定的初速度，起到一定的射流作用，促进内腔中固液两相的混合。

搅拌叶轮设计为具有导流筒的双层搅拌模式（周思柱等，2013），两层叶轮结构形式类似，分别由中间导流筒和 4 个叶片组成；采用能产生混合流型（同时产生轴向流和径向流）的折叶结构，其中上下叶片均与水平方向成 45° 角，其旋向相反。搅拌装置工作时，上叶轮的导流筒对支撑剂起到一定的抽吸作用，从而加速支撑剂进入两叶轮中间进行混合；同时由于上下叶轮旋向相反，将会产生方向相对的轴向流，可将支撑剂控制在叶轮间的区域进行混合，起到加快固液两相混合的作用（周思柱等，2014）。

为使搅拌流场内不存在搅拌死区，将叶轮间距、上叶轮与液面距离和下叶轮与罐底距离取为等值。同时为了使上下叶轮产生的轴向流能很好地进行能量交换，因此将上下叶轮在周向上进行错位 45° 安装。

2. 数值计算模型与方法

1）混合罐网格划分

根据混合罐的结构特点，在 ANSYS Workbench 平台中新建一个 FLUENT 分析项目，

图 4-3-2　搅拌罐网格图

采用 ANSYS Workbench 与 Pro/E 的无缝接口，将在 Pro/E 中建立的搅拌罐三维模型直接导入 FLUENT 项目的模型对象中，在 ANSYS Workbench 中对模型划分网格（黄天成等，2012），对搅拌叶片附近区域、罐内入水口区域进行网格加密处理，采用金字塔网格形式，共划分为 187724 个节点，954676 个网格单元，网格划分如图 4-3-2 所示。

2）混合罐的混合过程模拟

以现有混合罐的结构参数，在混砂浓度为 20%，搅拌叶轮转速为 150r/min 工况下，数值模拟计算的结果为：出口携砂液达到混合所需密度时间为 8s，采用软件后处理提取搅拌叶轮的扭矩值，然后根据下式计算得到搅拌功率：

$$P = 2\pi Mn / 60 \qquad\qquad (4-3-1)$$

式中　P——功率，W；

　　　M——扭矩，N·m；

　　　n——转速，r/min。

图 4-3-3 是混合罐密度云图。从混合罐的纵向截面图［图 4-3-3（a）］可以看出，砂粒从罐顶落入罐内时，被吸入搅拌叶轮中间的圆环内，从而使罐中心的密度明显高于罐内其他部位。从罐底截面密度云图［图 4-3-3（b）］可以看出，罐中心的密度依旧高于罐内其他部位，因为有部分砂粒从下叶轮中间圆环排除。从下叶轮周围液体的密度图［图 4-3-3（c）］可以看出，从上叶轮中心圆环排出的砂粒在上下叶轮之间运动时有向外扩散的趋势，这样不仅可以减小中间圆环过多的吸砂量，导致砂粒过于向中间集中，又可以让下叶轮充分发挥混合的作用，进一步提高叶轮圆环外部液体的含砂浓度。从下叶轮横向截面云图［图 4-3-3（d）］可以看出，上叶轮区的搅拌效果并不理想，圆环中间与

罐壁边缘的砂粒浓度相对较高，而叶轮叶端部区域液体密度显低，这是由于上层出水口跟罐壁有一段距离，排出的液体还来不及在上层与砂粒充分混合。

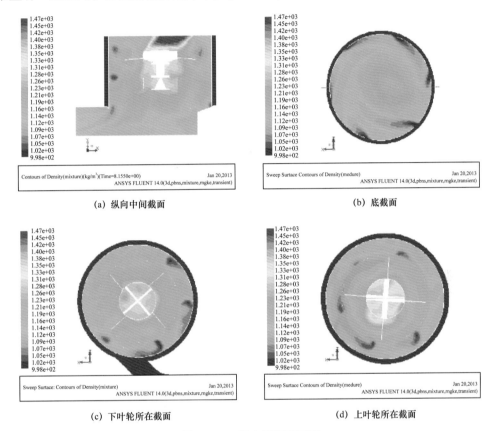

(a) 纵向中间截面　　　　　　　　　　(b) 底截面

(c) 下叶轮所在截面　　　　　　　　　　(d) 上叶轮所在截面

图4-3-3　混合罐密度云图

由图4-3-3可以看出，接近罐壁的部分是属于搅拌低效区，在靠近罐壁的位置存在明显的搅拌不均匀，这是因为叶轮中间圆环导砂过多所致，从图4-3-4可以看出，密度接近1170kg/m³的点明显多于密度接近1110kg/m³的点，说明大排量的搅拌叶轮使出口处的液体密度有明显偏高的趋势，所以液体在罐内混合的不均匀将直接导致出口处的混砂液的不均匀度增大，导致压裂液质量大打折扣。

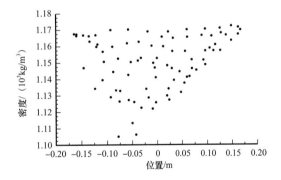

图4-3-4　搅拌罐出口密度分布图

3.结果分析

1）搅拌叶轮和混合液体的物性对搅拌性能的影响

根据混合罐设计要求确定正交试验的因素为搅拌叶轮和混合液体的物性参数（陈翔

等，2012）：上叶轮直径 A、下叶轮直径 B，上下叶轮距离 C，叶轮与罐底距离 D、叶轮转速 E、含砂比 F 等6个参数。

　　为了寻求被忽略的因素，将多个试验的流场及混合密度图对比观察分析。从图 4-3-5 中可以看出，从入砂口进入的砂粒只有少部分被吸入上叶轮的圆环之中，使搅拌叶轮的中间圆环失去了其导砂的作用，降低混合效率是显然的。分析其原因：一是因搅拌叶轮中间圆环直径较小，加上转速较低，使圆环中的压降较小，没有足够的吸砂能力；二是由于上下搅拌叶轮的距离过大，可以明显地看到上下叶轮的流场的分层，没有能够很好地连接起来，从而影响了上下叶轮圆环之间的流场，使大部分砂粒在上下叶轮之间被扩散，大大降低了搅拌叶轮的导砂能力，从而降低了搅拌混砂的整体效率，如图 4-3-5 所示。而且通过对比分析发现混合罐的进水口高度与搅拌叶轮叶片高度之间的关系对罐内液体的搅拌混合效果也有较大影响。

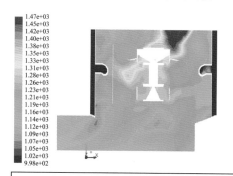

(a) 密度云图

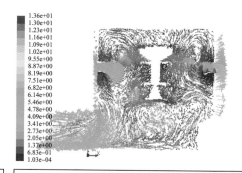

(b) 速度流场云图

图 4-3-5　混合罐纵向中间截面

　　通过对正交试验（黄天成等，2012）结果的分析，可以得到如下结论：

　　（1）在所考虑的5个因素中，搅拌叶轮转速（E）、下叶轮直径（B）、混合液浓度（F）、上叶轮直径（A）及其部分交互作用（$B \times E$、$E \times F$、$A \times E$、$B \times F$）对搅拌功率有显著影响，而交互作用 $E \times F$、$B \times F$ 及搅拌叶轮转速（E）对搅拌时间有显著影响。

　　（2）上下叶轮叶间的距离（C）与下叶轮罐底距（D）在选定的取值范围内对搅拌时间和搅拌功率无显著影响，其取值可以根据罐内的流场分布确定。

　　（3）对于叶轮叶的结构参数（上下叶轮直径、上下叶轮距、下叶轮罐底距）来说，它们之间的交互作用对搅拌时间和搅拌功率都无显著影响。对于搅拌的操作条件（转速与混合液浓度），它们之间的交互作用对搅拌时间和搅拌功率都有显著影响。

　　（4）叶轮结构参数与操作条件之间的交互作用对搅拌时间和搅拌功率有所影响，例如下叶轮直径与转速、上叶轮直径与转速的交互作用对搅拌功率有显著影响，下叶轮直径与含砂比的交互作用对搅拌时间有显著影响。

　　2）搅拌叶轮结构参数对搅拌时间和搅拌功率的影响

　　拟考虑的搅拌叶轮结构参数为上叶轮叶片长度、上叶轮圆环直径、下叶轮叶片长度、下叶轮圆环直径、上下叶轮距离和下叶轮罐底距。

试验结论：

（1）考察的各因素对搅拌功率和搅拌时间都有显著的影响，因素对搅拌功率影响的主次顺序为：下叶轮叶长度＞上叶轮叶圆环直径＞上叶轮叶直径＞下叶轮圆环直径，对搅拌时间影响的主次顺序为：上叶轮圆环直径＞上叶轮叶长度＞下叶轮叶长度＞下叶轮叶圆环直径。

（2）从各因素的趋势图中可以看出，各因素对搅拌功率的影响都是随着值的增大而增大，但对于搅拌时间的影响却稍有不同，随着上叶轮叶长度的减小，搅拌时间是逐渐缩小的，随着上叶轮圆环直径、下叶轮长度、下叶轮圆环直径的增大，搅拌时间成减小的趋势。

（3）从试验分析可以看出，对于空列的极差和方差值都远远小于试验的其他因素的极差和方差值，说明试验的因素考察较全，并证明了搅拌叶轮结构因素间的交互作用对试验指标的影响不显著。

（4）由于对搅拌时间的要求高于搅拌功率，以搅拌时间为最小的参数作为优化后的参数值，通过对正交试验结果的验证，符合优化的要求，正交试验结果可信。

3）入水口的分布对搅拌时间及搅拌功率的影响

（1）入水口个数对搅拌功率与搅拌时间的影响。

入水口的个数不仅决定了搅拌罐内挡板的个数，还决定了从入水口流入罐内的液体的流速。入水口如果过少，会使入水口在搅拌罐处在大排量的工况时入水速度过快，影响搅拌罐内的混合流场，进而不利于混合；如入水口过多，相当于罐内的挡板过多，会增大搅拌功率，浪费能源。图4-3-6为各个入水口的罐底截面密度云图，很明显的可以看到8个入水口的搅拌罐罐底的密度更为均匀，因此根据搅拌时间与罐内的混合均匀度，选定各层入水口为8个。

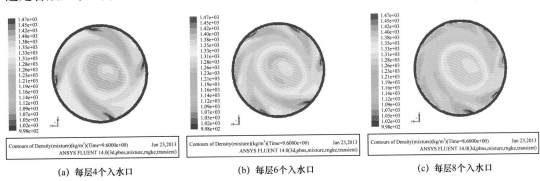

（a）每层4个入水口　　　　（b）每层6个入水口　　　　（c）每层8个入水口

图4-3-6　罐底的密度云图

（2）入水口与叶轮叶的距离对搅拌功率与搅拌时间的影响。

确定入水口的个数后，还需优化入水口的位置，设出水口的出水端面与搅拌叶轮的中间平面间的垂直距离为 m（图4-3-7）。本试验的研究目标就是找到合适的 m 值，使搅拌时间与搅拌罐内的流场更加令人满意。

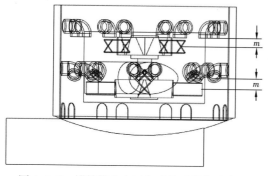

图 4-3-7　搅拌罐入水口与叶轮叶距离示意图

从图 4-3-8 中可以看出，在 m 低于 2.5in 时，搅拌功率下降幅度较大，搅拌时间增加幅度也较大，这是因为，搅拌叶轮端部的流场最为强烈，当 m 低于 2.5in 时，搅拌叶轮激发的流场会被入水口削弱，而从入水口流入的液体得不到叶轮叶的充分混合便向下层流动，极大地破坏了罐内的流场，导致混合效率降低，搅拌时间大幅增加。图 4-3-9 和图 4-3-10 分别为 $m=0.5$in 和 $m=4.5$in 时密度云图。

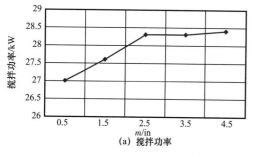

(a) 搅拌功率

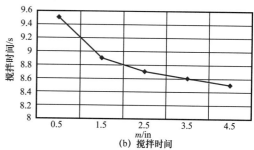

(b) 搅拌时间

图 4-3-8　m 与搅拌功率与搅拌时间的关系

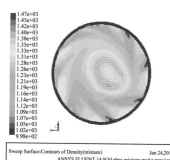

(a) 罐底

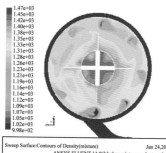

(b) 下搅拌叶轮所在横向截面

(c) 上搅拌叶轮所在横向截面

图 4-3-9　m 为 0.5in 时密度云图

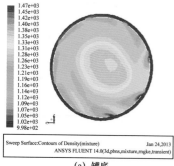

(a) 罐底

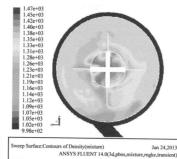

(b) 下搅拌叶轮所在横向截面

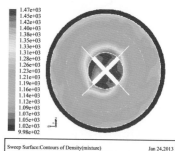

(c) 上搅拌叶轮所在横向截面

图 4-3-10　m 为 4.5in 时密度云图

通过对比模拟分析，找到了较好的入水口分布方式，即采用三层入水口，每层 8 个入水口，出水口的出水端面与搅拌叶轮的中间平面间的垂直距离为 4.5in。

4）混砂浓度对搅拌时间及搅拌功率的影响

由于在混砂设备现场工作中，混砂浓度会根据压裂需求来选用。从图 4-3-11、图 4-3-12 中可以看出，在混砂浓度为 20%～60% 之间，搅拌功率和搅拌时间基本上是成线性上升的趋势，其中搅拌功率的最大差值为 6.4kW，搅拌时间的最大差值为 1.4s。

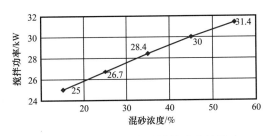 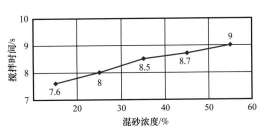

图 4-3-11　混砂浓度对搅拌功率的影响　　　图 4-3-12　混砂浓度对搅拌时间的影响

5）搅拌叶轮转速对搅拌时间及搅拌功率的影响

从图 4-3-13 可以看出，搅拌叶轮的转速对搅拌功率的影响是十分显著的，从 100r/min 到 200r/min，功率增加了近 5 倍。在图 4-3-14 中转速 125r/min 是一个转折点，通过观察罐内的密度分布情况，当转速低于 125r/min 时，进入上层搅拌叶轮的砂粒在上下叶轮叶之间被大部分扩散，严重降低了搅拌叶轮的导砂能力，使搅拌时间有较大幅度的增长。当转速达到 125r/min 时，搅拌叶轮才能正常发挥其导砂能力。低转速条件下，砂粒扩散趋势减弱；高转速条件下，罐内的整体流场及其混合均匀度可更快趋于稳定（李良超，2004；Rademacher FJC，1978；张帅等，2016），因此根据搅拌功率、搅拌时间和搅拌罐内的混合均匀度，推荐的工作转速为 125～150r/min。

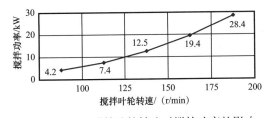 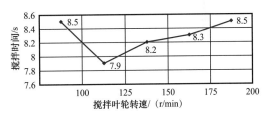

图 4-3-13　搅拌叶轮转速对搅拌功率的影响　　　图 4-3-14　搅拌叶轮转速对搅拌时间的影响

6）小结

表 4-3-1 列出了混合罐优化前后的结构和操作参数及其对应的模拟结果，从表中可以看出主要的改进为上搅拌叶轮、搅拌叶轮在罐内的安装高度及其转速。对比改进前后的结果，当达到相似的混合效果时，混砂浓度为 20% 时，搅拌功率降低了 46.7%，搅拌时间降低了 6.2%；混砂浓度为 40% 时，搅拌功率降低了 46.4%，搅拌时间降低了 11.2%，混砂浓度为 60% 时，搅拌功率降低了 45.3%，搅拌时间降低了 2.2%，性能提升明显。

从图 4-3-14 看出，出口液体的密度明显变得更加均匀，密度变化范围从优化前的

$1110\sim1170kg/m^3$ 变为 $1130\sim1150kg/m^3$，而且密度值分布更加均匀，没有明显集中现象，说明优化后的搅拌叶轮使出口处的液体密度混合效果优秀。

表 4-3-1　优化前后的搅拌罐参数及模拟结果对比

项目	上叶轮叶直径 / in	上叶轮圆环直径 / in	下叶轮叶直径 / in	下降圆环直径 / in	下叶轮罐底距 / in	搅拌叶轮转速 / r/min	混砂浓度 / %	搅拌功率 / kW	搅拌时间 / s
原搅拌罐	17	17	17	17	7.1	150	20	12.2	8.1
							40	13.8	8.9
							60	16.1	9.3
优化后搅拌罐	14	16	17	17	5	125	20	6.5	7.6
							40	7.4	7.9
							60	8.8	9.1

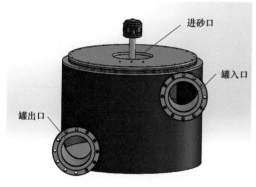

图 4-3-15　闭式罐外形结构图

二、闭式混排一体化技术

闭式罐（图 4-3-15）是闭式混砂设备的核心部件。常规混砂设备利用混合罐搅拌混合，然后排出砂泵增压输送的模式；闭式混砂设备仅利用闭式罐即可完成支撑剂的混合及输送。

闭式罐主要依靠罐内叶轮的高速运转，形成压力闭式空间，保持压裂液的高效压力输送，同时从叶轮中部进砂，依靠离心力快速达到支撑剂在液体体系中的均匀混合（张丽娜，2007），更适应于页岩气压裂施工中强加砂的工艺要求。

1.闭式罐结构

闭式罐由罐体、搅拌叶轮、中轴及动力端组成，其中罐体结构上端设有进砂口，在罐体一侧设有入口和出口，搅拌叶轮包括主叶片，并在叶轮下端设有辅助叶片。从整个闭式罐结构工作原理分析，其与离心泵类似，工作介质主要为滑溜水。随着搅拌叶片转速提高，进砂口处达到形成一定负压，实现在不漫灌条件下将砂液搅拌排出。搅拌叶轮旋向为逆时针旋转。

2.优化理论依据

根据能量守恒定律有：

$$p + \rho g h + \frac{1}{2}\rho V^2 = C \qquad\qquad (4-3-2)$$

式中　p——压能；

$\rho g h$——位能；

$\frac{1}{2}\rho V^2$——动能。

即压能、位能和动能之和不变。设罐体入口截面为基准面，高度为 $h_1 = 0$，入口压力为 p_1；罐下方出口相对高度为 h_2，出口压力为 p_2；加砂入口相对高度为 h_3，加砂口压力为 p_3，则有：

$$p_1 + \rho g h_1 + \frac{1}{2}\rho V_1^2 + W_{外} = p_2 + p_3 + \rho g \left(h_2 + h_3\right) + \frac{1}{2}\rho\left(V_2^2 + V_3^2\right) + W_{hf} \qquad (4-3-3)$$

即：

$$p_1 - p_2 - p_3 + \rho g\left(h_1 - h_2 - h_3\right) + W_{外} - W_{hf} = \frac{1}{2}\rho\left(V_2^2 + V_3^2 - V_1^2\right) \qquad (4-3-4)$$

式中　$W_{外}$——系统外部提供的能量；

W_{hf}——流体流动过程中的损耗。

从式（4-3-4）分析可知，闭式罐的入口速度确定，则 V_1 确定。随着叶轮的转速增加，V_2 和 V_3 增大，则 p_2、p_3 减小；同理叶轮转速降低时，V_2 和 V_3 减小，则 p_2、p_3 增大。

因此，闭式罐在工作时会出现 2 种工况：

（1）叶轮转速大于等于临界转速，p_3 小于临界压力 $p_{漫}$，流体都从下部出口排出；

（2）叶轮转速小于临界转速，p_3 大于临界压力 $p_{漫}$，流体从下部出口和罐体加砂口排出。

决定流体的是否漫灌的临界压力 $p_{漫}$ 就是流体需要克服的 2 个出口间的外部压力差和位能差之和，即：

$$p_{漫} = p_3 - p_2 + \rho g\left(h_3 - h_2\right) \qquad\qquad (4-3-5)$$

使用 PUMPLINX 软件仿真时，仿真模型边界条件设定入口为压力入口，出口为流量出口，且默认出口压力为 0，则 p_2 和 p_3 均为 0，则 $p_{漫} = 10^3 \times 9.8 \times 0.422 = 4136\text{Pa}$。

3. 仿真分析

1）网格模型

提取闭式罐几何模型，并以 STL 格式导入 PUMPLINX 软件，检查模型几何尺寸和坐标位置。将模型分割为旋转区域和非旋转区域，划分区域边界，按区域划分网格，设置交界面，如图 4-3-16 所示。

采用离心泵标准分析模块，将搅拌叶轮视为 2 级叶轮组成，因而添加 2 个 Centrifugal 模型、一个 Flow 模型、一个 Streamline 模型、一个 Particle 模型。

图 4-3-16　混排罐网格模型

设置 Transient 瞬态分析，采用二阶精度计算，叶轮转动圈数设置 15 转，每个叶片转动到下一个叶片位置的时间步设置为 30 步，2 个离心泵模板转速设置相同，转速根据算例设置，旋转方向为 Y 轴。

设置 Numeric Scheme 中的速度和压力为二阶模型。设置颗粒密度为 $1400kg/m^3$，重力加速度为 $9.8m/s^2$。设置罐入口为 inlet，入口压力为 0.5MPa，罐下出口流量为 $20m^3/min$，上方加砂口流量为 $0m^3/min$。根据搅拌叶轮不同转速，共计算 20 个算例，见表 4-3-2。

表 4-3-2　算例与转速对照表

算例	1	2	3	4	5	6	7	8	9	10
叶轮转速 / r/min	800	850	860	865	870	875	877	879	880	881
算例	11	12	13	14	15	16	17	18	19	20
叶轮转速 / r/min	882	883	885	887	888	890	900	950	1000	1200

2）瞬态流场特性

设置入口压力 $p_{in}=0.45MPa$，出口流量 $Q_{out}=0.1m^3/s$，转速为 $n=1068r/min$ 时，吸入口和排出口的流量随时间变化规律。从图 4-3-17（a）可以看出，入口流量从开始到 0.2s 波动较大，装置启动瞬间排量波动达 $0.15m^3/s$，造成这种现象的原因可能为在启动初期叶轮部分加速度较大，导致排量剧烈波动。0.6s 时进出口排量已经维持稳定，约为 $0.1m^3/s$，与排出口流量基本相等。

进出口压力曲线图 4-3-17（b）所示，从图中分析可知，当内部流场趋于稳定时，闭式罐进出口压力基本相等，即系统压力，表明该装置本身不产生增压效果，主要起到快速搅拌和保压输送功能，系统压力主要由吸入口前端的吸入离心泵决定。

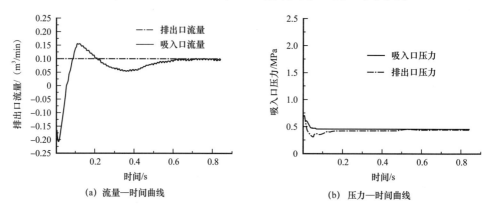

(a) 流量—时间曲线　　　　(b) 压力—时间曲线

图 4-3-17　吸入口和排出口曲线

图 4-3-18 为吸入口横截面在不同时刻压力分布云图，对比分析图可知，在叶轮转动过程中，叶轮中心处压力保持大气压不变，叶轮外围与罐体壁面处流体压力逐步增加直至与吸入口压力相等。流场趋于稳定时（$t=0.8s$），叶轮附近流体速度最高达 37m/s。另外，速度沿罐体直径方向递减，值得注意的是旋转轴附近流体速度基本为零。

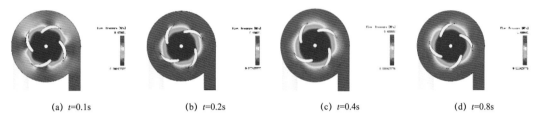

(a) $t=0.1s$ (b) $t=0.2s$ (c) $t=0.4s$ (d) $t=0.8s$

图 4-3-18 吸入口横截面处压力分布云图

3）转速对流场特性的影响

为研究叶轮转速对流场特性、输出性能的影响，分析吸入口压力和排出口流量恒定时，不同转速对闭式罐功率以及吸入口和排出口压力的影响，见表 4-3-3。

表 4-3-3 转速分析工况仿真参数表

名称	转速 /（r/min）	吸入口压力 /MPa	排出口流量 /（m³/s）
工况 1	300		
工况 2	400		
工况 3	500		
工况 4	600		
工况 5	700	0.54	0.1028
工况 6	800		
工况 7	900		
工况 8	1000		
工况 9	1200		

如图 4-3-19 所示为叶轮轴功率与转速的关系曲线。通过拟合曲线可知，当吸入口流量和排出口压力保持不变的条件下，系统轴功率 P 与转速 n 的平方成正比，轴功率拟合曲线表达式为：

$$\begin{cases} P(n) = 4.85135 - 0.07259n + 1.9542 \times 10^{-4} n^2 \\ p_{inlet} = 0.54\text{MPa} \\ Q_{outlet} = 0.1028\text{m}^3/\text{s} \end{cases} \qquad (4\text{-}3\text{-}6)$$

如图 4-3-20 所示为压力与转速的关系曲线。从图中可以看出，排出口压力与叶轮转速基本无关。因此，当流场趋于稳定时，排出口水功率与吸入口水功率也基本一致，这进一步论证了混排一体化装置的工作原理：轴功率一方面用来克服叶轮自身功率损耗和补偿流体流动水头损失；另一方面用来增加叶轮周边流体的周向速度，使其实现快速混拌功能。

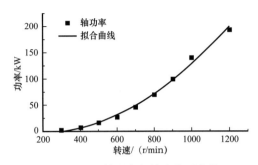

图 4-3-19　轴功率与转速关系曲线

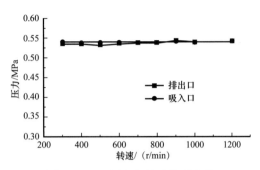

图 4-3-20　压力与转速关系曲线

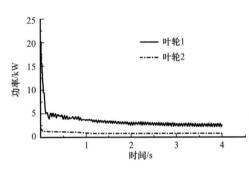

图 4-3-21　叶轮轴功率随时间变化曲线

在转速 300r/min 条件下，叶轮轴功率随时间变化曲线如图 4-3-21 所示。由图分析可知，当流场趋于稳定时，叶轮 1 功率约为 2.553kW，叶轮 2 功率约为 0.783kW，系统总功率约为 3.336kW。因为在启动瞬间有瞬态功率，因此，在设计驱动系统时需要额外考虑。

4）吸入口压力对流场特性的影响

在不改变叶轮转速和排出口流量条件下，仿真分析了 9 组不同吸入口压力工况，具体仿真参数见表 4-3-4。

表 4-3-4　吸入口压力影响分析工况参数表

名称	转速 /（r/min）	吸入口压力 /MPa	排出口流量 /（m³/s）
工况 10		0.2	
工况 11		0.3	
工况 12		0.4	
工况 13		0.5	
工况 14	1127	0.54	0.1028
工况 15		0.6	
工况 16		0.7	
工况 17		1	
工况 18		2	

图 4-3-22 所示为轴功率与吸入口压力关系曲线。可知，当转速和流量保持不变时，轴功率随吸入口压力增加而增加，当吸入口压力增加到一定值后，轴功率基本维持不变。进一步分析其内在原因，叶轮前后存在压力差，该压力差产生的作用力如图 4-3-23 所示，其中 Y 方向为轴线方向。可知，当流场趋于稳定时，叶轮轴方向上基本没有负载力，在叶轮径向方向存在周期性水动力负载。

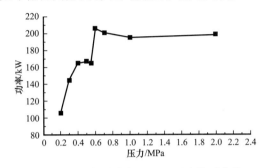

图 4-3-22　轴功率与吸入口压力关系曲线　　图 4-3-23　叶轮表面压力分布云图

负载大小与装置吸入口压力曲线如图 4-3-24 所示。由图可以看出，负载力随吸入口压力的增加而增加，但当压力大于 0.8MPa 时，负载力基本保持不变，即叶轮表面压力差基本维持不变。这一结果也验证了如图 4-3-25 所示轴功率与系统压力的关系。表明在一定系统排量条件下，闭式罐输出功率与吸入泵的输出压力存在一个最优组合。

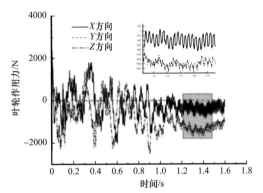

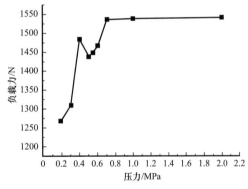

图 4-3-24　叶轮作用力随时间变化曲线（工况 14）　图 4-3-25　负载力与吸入口压力关系曲线

5）排出口流量对流场特性的影响

在不改变叶轮转速和吸入口压力条件下，仿真分析了 10 组不同吸入口压力工况，具体仿真参数见表 4-3-5。

图 4-3-26 所示，在一定转速和吸入口压力条件下，轴功率随排出口流量的增加而减小。这是由于当系统流量增大时，对应的流速也增加，且根据闭式罐结构，流体入口速度的增加有助于叶轮附近周向流体速度，从而对轴功率的需求也减少。

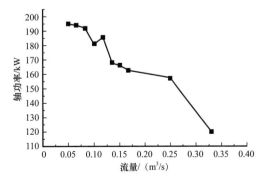

图 4-3-26　轴功率与排出口流量关系曲线

表 4-3-5　排出口流量分析工况参数表

名称	转速 /（r/min）	吸入口压力 /MPa	排出口流量 /（m³/s）
工况 18			0.05
工况 19			0.067
工况 20			0.083
工况 21			0.1
工况 22	1127	0.54	0.117
工况 23			0.133
工况 24			0.15
工况 25			0.167
工况 26			0.25
工况 27			0.333

6）不漫罐转速仿真分析

图 4-3-27 所示为分析参数曲线的监测图，用于检测速度、压力、残差等，从图中可以看出从 0.7s 开始，仿真结果就趋于稳定。

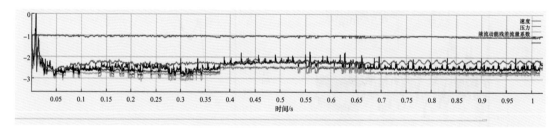

图 4-3-27　分析参数曲线监测

图 4-3-28 所示为加砂口的压力随时间步分布的曲线，从图中可见从 0.75s 开始，压力趋于稳定，压力变化微小。

根据表 4-3-6 中转速和边界条件设置，分别进行仿真计算。

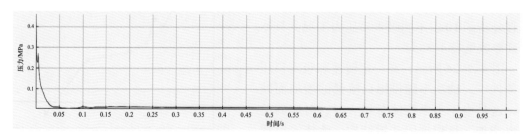

图 4-3-28　加砂口压力曲线

表 4-3-6 转速与加砂口压力对照表

转速 /（r/min）	800	850	860	865	870	875	877	879	880	881
加砂口压力 /Pa	19741	7029	5946	5414	4941	4599	4474	4363	4314	4230
转速 /（r/min）	882	883	885	887	888	890	900	950	1000	1200
加砂口压力 /Pa	4161	4126	4064	4002	3980	3924	3764	3785	3465	3345

如图 4-3-29 所示，随着转速的增加，加砂口压力迅速下降，在 880r/min 左右出现拐点。低于 880r/min 时，压力随转速降低而急剧升高；高于 880r/min 时，压力随转速升高缓慢下降。从表 4-3-6 中也可以看出，883r/min 转速以上开始，对应的加砂口压力低于理论预测的 4136Pa。

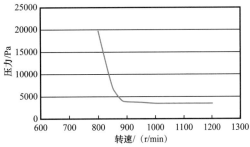

图 4-3-29 加砂口压力分布曲线

由 PUMPLINX 软件只能使用压力入口和流量出口，加砂口设置的流量为 0 的出口。当泵转速低于临界转速时，即加砂口漫灌时，流体无法流出，则泵内会憋压，压力快速上升。

根据现场试验数据，按试验数据得出的最小不漫灌转速设定仿真边界条件，将试验测得排量设为罐体下出口排量，罐入口压力按实际测量值设置，仿真后导出加砂口压力，结果见表 4-3-7。

表 4-3-7 现场数据仿真分析结果

最小混排不漫灌转速 / r/min	罐下出口排量 / m³/min	罐入口压力 / MPa	加砂口压力 / Pa
724	2.1	0.2	4218
729	4.08	0.2	3654
731	5.1	0.2	3605
725	6.06	0.2	3627
719	7.38	0.2	3592
722	8.22	0.2	3568
713	9	0.2	3564
663	9.95	0.2	3597
655	10.29	0.2	3594
612	11.25	0.2	3651
606	12.06	0.2	3606

表 4-3-7 中可以看出，最小不漫灌转速时，除了 724r/min 对应的压力 4218Pa 之外，加砂口压力大都在 3600Pa 附近，与理论预测的 4135Pa 接近。

20m³ 混排罐当在 0.5MPa 入口压力、20m³/min 出口流量时，最小不漫灌允许转速为 883r/min，达到此条件时加砂口压力为 4136Pa。

理论分析获得不漫灌压力条件与试验数据和仿真结果接近。

PUMPLINX 软件只能使用压力入口和流量出口，无法模拟漫灌条件时加砂口的实际流体流出状态。

7）下砂仿真分析

由闭式罐体上方设有砂斗，如图 4-3-30 所示。螺旋输砂装置将砂罐支撑砂粒连续输送至砂斗内，叶轮上放设有叶轮进砂口，支撑砂粒进入叶轮后，因高速旋转而产生离心力作用，进入罐体与基液混合排出。为满足大砂比情况下砂斗能够正常进砂，防止积砂、溢砂，需要对其下砂性能仿真。

对于闭式罐下砂仿真分析，主要采用 DEM 离散元方法（Distinct element method）。DEM 是基于分子动力学原理的一种颗粒离散体物料分析方法，其基本思想是将压裂支撑砂粒简化成为具有真实物料特性（质量、密度、几何形状、泊松比、剪切模量等）的颗粒体几何，赋予颗粒—颗粒、颗粒—实体边界之间接触力学模型，利用牛顿第二定律建立每个粒子运动方程，计算每个颗粒在特定时刻的运动特征，最终获得整个混砂装置系统的运动性能。按照螺旋输砂器结构参数建立输砂性能仿真模型，如图 4-3-31 所示。20m³ 混排罐上部砂斗最大进砂量为 6.4m³/min（170kg/s）时，考察设计的叶轮及进砂口结构是否满足不积砂、漫砂要求。

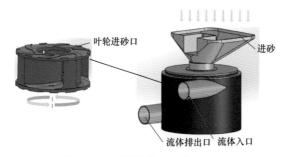 

图 4-3-30　混排装置工作示意图　　　　图 4-3-31　混排装置下砂仿真模型

针对闭式罐进砂量仿真，首先忽略罐内部流体影响。仅从颗粒离散元角度进行分析，将砂斗至叶轮底部延轴向高度分为 H_1，H_2，…，H_{10} 等 10 个平面，仿真计算颗粒通过各平面质量流率，如图 4-3-32 所示。

根据仿真分析结果，提出闭式罐砂斗改进结构，如图 4-3-33 所示。加大砂斗尺寸，增加方向板结构高度，由正方向改为带一定坡度的梯形，尽可能减少该结构在砂斗占用空间。

设置叶轮转速为 1000r/min，砂斗上方进砂量为 170kg/s，仿真分析 H_1，H_2，…，H_{10}

监控面处下砂量。混排装置改进后的砂斗不同时刻下状态如图 4-3-34 所示，不同时刻砂斗不同高度的下砂量如图 4-3-35 所示。

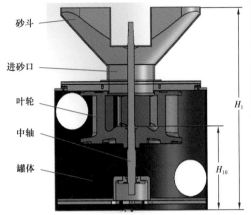

H_1	1383mm
H_2	1303mm
H_3	1223mm
H_4	1143mm
H_5	1063mm
H_6	991mm
H_7	911mm
H_8	831mm
H_9	751mm
H_{10}	570mm

图 4-3-32　流量监测高度设置

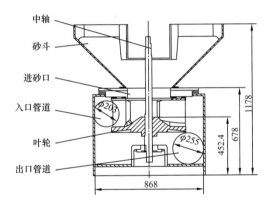 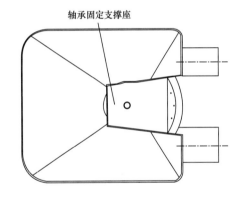

图 4-3-33　混排装置砂斗改进结构

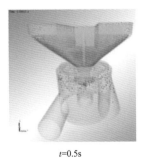  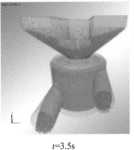 

$t=0.5s$　　　　$t=1.75s$　　　　$t=3.5s$　　　　$t=4.5s$

图 4-3-34　混排装置改进后的砂斗不同时刻下砂状态

由图 4-3-35 分析可知，改进后的砂斗结构在 1000r/min、170kg/s 进砂量条件下，砂斗内不存在积砂问题，整体下砂顺畅。

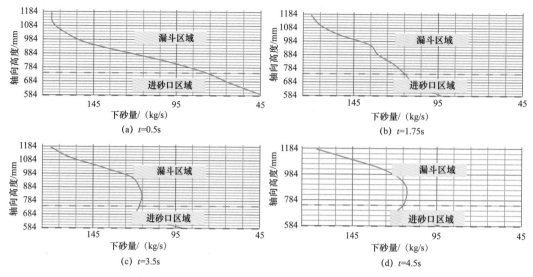

图 4-3-35　不同时刻混排装置砂斗不同高度的下砂量

4. 试验测试

建立闭式罐试验平台，完成脉冲加砂、排量测试、压力测试、纤维添加以及通过非放射性密度计来控制等试验，实现混砂设备的全自动控制功能。

1）试验总体设计

开发 $10\sim20m^3/min$ 闭式罐试验装置，建立输砂试验台，根据闭式罐的仿真分析结果，将该装置进行加工制造并进行水力性能试验。闭式罐清水试验平台原理和结构分别如图 4-3-36、图 4-3-37 所示。本试验装置由输砂斗、液压马达、油缸、闸板、吸入泵、闭式罐组成。通过液压马达控制油缸伸缩长度，从而控制闸板开启的大小，可测得在闸板不同开启程度时单位时间的下砂量，同时可以测得闸板开启时间、油缸反应速度对下砂量的影响。

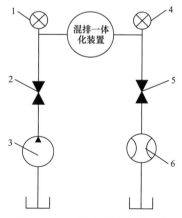

图 4-3-36　闭式罐试验原理图

1—吸入口压力表；2—吸入管道闸阀；3—吸入泵；
4—排出口压力表；5—排出管道闸阀；6—排出口流量计

图 4-3-37　闭式罐输砂试验台

此装置的开发，解决了精准加砂的控制问题，其试验数据和结果对以后在脉冲加砂设备上的研究有较好的参考价值，该装置的研发提升了系列装置的试验验证及开发能力，有效验证闭式罐。

2）清水连续测试

（1）吸入和排出压力关系测试。

保持排出排量的相对稳定，改变吸入口压力值，测试闭式罐的吸入口压力与排出口压力、叶轮转速与排出口压力的变化关系，试验结果见表4-3-8。

表4-3-8 转速与压力记录

序号	排出流量 / m³/min	吸入压力 / MPa	排出压力 / MPa	搅拌叶轮最小不漫罐转速 / r/min
1	5.94	0.07	0.06	398
2	6.00	0.09	0.08	434
3	6.03	0.11	0.10	503
4	6.00	0.13	0.12	551
5	6.03	0.17	0.16	615
6	6.03	0.25	0.24	791
7	6.03	0.36	0.35	951
8	5.97	0.45	0.45	1068
9	6.03	0.62	0.62	1323

绘制闭式罐转速随排出压力和吸入压力的变化曲线，如图4-3-38所示。

从试验结果可知，排出流量一定条件下，为达到最小转速条件下的不漫罐，叶轮转速与入口压力成正比，且吸入口压力与排出口压力相等。

（2）叶轮转速和排出流量关系测试。

保持吸入口压力的相对稳定，改变系统排量，测试的叶轮转速与排出流量的变化关系，试验结果见表4-3-9。

表4-3-9 转速与排量记录

序号	排出流量 / m³/min	吸入压力 / MPa	排出压力 / MPa	搅拌叶轮最小不漫罐转速 / r/min
1	2.10	0.20	0.22	724
2	4.08	0.20	0.21	729
3	5.1	0.20	0.20	731
4	6.06	0.20	0.20	725

续表

序号	排出流量 / m³/min	吸入压力 / MPa	排出压力 / MPa	搅拌叶轮最小不漫罐转速 / r/min
5	7.38	0.20	0.19	719
6	8.22	0.20	0.19	722
7	9.00	0.20	0.19	713
8	9.95	0.20	0.20	713
9	10.29	0.20	0.19	722
10	11.25	0.20	0.19	723
11	12.06	0.20	0.19	720

绘制闭式罐转速随排出排量的变化曲线，如图 4-3-39 所示。

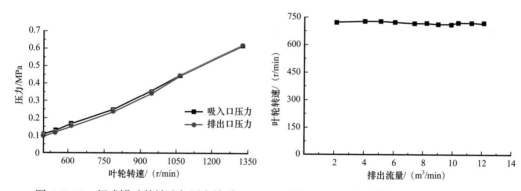

图 4-3-38　闭式罐叶轮转速与压力关系　　　图 4-3-39　闭式罐叶轮转速与排量曲线

从试验结果可知，在吸入口压力条件下，为达到最小转速条件下的不漫罐，叶轮转速与排出流量大小无关。当吸入口压力为 0.20MPa 时，闭式罐的不漫罐转速为 720r/min 左右。

（3）功率测试。记录数据见表 4-3-10。

表 4-3-10　吸入排出系统功率测试

序号	吸入泵转速 / r/min		搅拌叶轮转速 / r/min		排量 / m³/min		排出压力 / MPa		发动机负载 / %	
	左	右	左	右	左	右	左	右	左	右
1	0	0	0	0	0	0	0	0	18	17
2	1728	1712	668	645	11.73	12.99	0.16	0.12	54	57
3	1718	1730	774	792	11.16	11.58	0.22	0.23	59	62
4	1744	1765	903	938	9.48	9.66	0.33	0.34	63	65
5	1785	1800	1039	1007	7.59	7.65	0.44	0.45	64	69
6	1795	1813	1129	1127	6.06	6.17	0.51	0.54	68	75

说明：发动机额定功率为600hp，刨去17%空载运行功率，以及离心泵消耗功率，即为混排罐消耗功率，见表4-3-11。

表4-3-11　吸入排出系统功率计算值

序号	罐转速 / r/min	排量 / m³/min	排出压力 / MPa	离心泵功率 / kW	发动机负载功率 / kW	装置消耗功率 / kW
1	645	12.99	0.12	25.98	176	150.42
2	792	11.58	0.23	44.39	198.45	154.06
3	938	9.66	0.34	54.74	207.27	152.53
4	1007	7.65	0.45	57.375	229.32	171.945
5	1127	6.17	0.54	55.53	255.78	200.75

可知，闭式罐装置所消耗的最大功率为200kW。

（4）最大能力测试。

闭式罐最大排出能力，试验结果见表4-3-12。

表4-3-12　闭式罐最大能力测试

项目	吸入泵转速 / r/min		混排罐转速 / r/min		吸入压力 / MPa		排出压力 / MPa	排量 / m³/min
	左	右	左	右	左	右	总	总
最大排量	1728	1712	668	645	0.23	0.21	0.16	24.72
最大压力	1795	1813	1129	1127	0.61	0.60	0.61	3.17
工作参数	1744	1765	903	938	0.33	0.34	0.34	19.14
工作参数	1785	1800	1039	1007	0.44	0.45	0.45	15.24

从试验结果可知，采用两套离心泵分别匹配两台闭式罐的工作方式，实现双泵双排最大排量可达到24.72m³/min，最大排出压力为0.61MPa。

第四节　支撑剂输送技术

一、组合式螺旋输砂技术

1. 螺旋输送技术

螺旋输送机自1887年阿基米德发明以来，经历了多次的变革和改进。在工业上，螺旋输送机已经被广泛地应用于散状、固体物料的输送，例如GX型输送机和LS型螺旋输送机（胡勇克等，2000）。目前应用最广的是LS型螺旋输送机，其具有结构新颖、节能降耗显著、性能可靠以及适用范围广泛等优点。

混砂设备普遍采用的螺旋输砂器属于大倾角螺旋输送机，由于微粒物料在料槽内会因自重而产生的下滑分力大于其与料槽的摩擦力而下滑，故其工作原理与水平或微倾斜式螺旋输送机有着本质的区别。在水平及微倾斜方向输送物料时，螺旋输送机的作用原理是由带有螺旋叶片的转动轴在固定的圆形或半圆形封闭料槽内旋转，使装入料槽的物料由于本身自重及其与料槽的摩擦力的作用而不和螺旋一起旋转，只沿料槽向前运移（李英等，2002）。由于大倾角螺旋输送机的螺旋转速较高，输送物料在与螺旋绞龙摩擦力的推动下，产生较大的离心力，倾角越大，转速越高，离心力也越大。离心力的存在将使物料克服摩擦力被压向输送筒的附近，并且这些颗粒将会与输送管内壁产生新的摩擦力；当摩擦力足够大时，就能克服物料的重力及其他力所引起的下滑力，在螺旋叶片的推动下，物料又克服螺旋叶片间和输送管内壁间的两个摩擦阻力，从而以比螺旋转速较低的旋转速度上升，直到从出料口卸出。

为保证螺旋输送机有可靠的动力输入，将原先的圆柱齿轮减速机换为输出扭矩较大、效率高、体积小、质量轻的摆线针轮减速机，提高了产品的承载能力，传动更加平稳。采用变螺距技术提高螺旋输送机的输送能力（许岚，2006）。螺旋输送机进料段用较小螺距，中间段螺距增大 10~20mm，输出节螺距再增大 10~20mm。这样使输入节粉料填充量大，中间段和输料段随螺距变大、填充量减小，可有效防止高流动性粉料在输送时发生倒流或堵塞现象（Rademacher F J C，1981）。按一般规律，螺旋输送机在功率、螺距、转速、物料容重及填充系数相同的条件下，生产率随工作倾角加大而降低，呈一种非线性关系。综合考虑搅拌设备的整体结构和螺旋输送机生产率要求，螺旋机的工作倾角调整在 35° 左右较为适宜。螺旋输送机一般采用水平或倾斜向上送料方式，螺旋轴的防松主要由前支座完成。前支座内设有止推轴承，由双螺母加单耳止动垫圈对其压紧和防松。为了增强防松效果，在前端螺母两侧加设紧定螺钉（周建柱，2006）。

大倾角螺旋输送机是采用变螺距螺旋叶片，下端加料区段螺距较小，上面输送区段螺距较大，这样能使加料区段的充填系数 $\varphi \approx 1$，输送区段也能得到最佳的充填系数 $\varphi \approx 0.5 \sim 0.7$，从而能使输送机输送的比能容降低 40%~50%，还可防止高流动物料在输送时倒流。

2. 螺旋输砂装置分析

1）大倾角螺旋输送机的工作原理

由于大倾角螺旋输送机的螺旋转速较高，物料在它的推动下，产生较大的离心力，倾角越大，转速越高，离心力越大（A.W.Roberts，1999；胡大平，2007）。这种离心力足以使物料克服它与螺旋叶片之间的摩擦力而被压向螺旋叶片的周围，呈环状分布，如图 4-4-1 所示。物料与输送管内壁形成了新的摩擦阻力，当这种阻力达到足够大时，便能克服物料本身重力及其他力所引起的下滑力；在螺旋叶片的推动下，物料又克服螺旋叶片间的和它与输送管内壁间的两个摩擦阻力，从而以比螺旋转速较低的旋转速度上升，直到从出料口卸出。

大倾角螺旋输送机和水平螺旋输送机一样，结构比较简单。其基本构件包括有封闭料槽和在其内安装的、支承在轴承上的带有螺旋叶片的转动轴，螺旋轴借助于驱动装置而转动，物料通过装载料斗从下部装入料槽内，而在上部卸料口进行卸料。由于其特殊的工作原理，在结构上也有其自己的特点。

2）运动分析

物料在旋转输送机中的运动，不随螺旋体转动，只在旋转的螺旋叶片推动下沿螺旋向前移动。物料颗粒在输送过程中，物料的运动由于受旋转螺旋的影响，并非是单纯的沿轴线作直线运动，而是在一直复合运动中沿螺旋轴运动，是一个空间运动。

物料颗粒在合力的作用下，在料槽中进行复杂的运动，即具有圆周速度 $V_{圆}$ 和轴向速度 $V_{轴}$，其合成速度为 V，如图 4-4-2 所示。

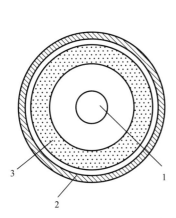

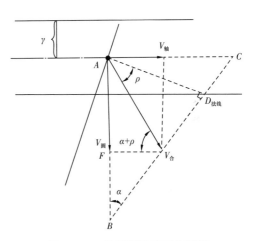

图 4-4-1 大倾角螺旋输送机横断面物料分布
1—螺旋管轴；2—输送管；3—物料

图 4-4-2 物料颗粒速度分解图

若螺旋的转速为 n，处于螺旋面上的被研究物料颗粒 A 的运动速度，由图 4-4-2 中三角形 ABC 可得：

$$V_{合} \cos \rho = AB \cdot \sin \alpha \qquad (4-4-1)$$

因为 $AB = \dfrac{2\pi rn}{60}$，所以

$$V_{合} = \frac{2\pi rn}{60} \cdot \frac{\sin \alpha}{\cos \rho} \qquad (4-4-2)$$

圆周速度为：

$$V_{圆} = V_{合} \sin(\alpha + \rho) = \frac{2\pi rn}{60} \cdot \frac{\sin(\alpha + \rho)\sin \alpha}{\cos \rho} \qquad (4-4-3)$$

以摩擦系数 $\mu = \tan \rho$ 代入上式，得：

$$V_{圆} = \frac{2\pi rn}{60} \cdot \sin\alpha\left(\sin\alpha + \mu\cos\alpha\right) \quad\quad (4\text{-}4\text{-}4)$$

由于 $\tan\alpha = \dfrac{S}{2\pi r}$，以及 $\sin\alpha = \dfrac{\dfrac{S}{2\pi r}}{\sqrt{1+\left(\dfrac{S}{2\pi r}\right)^2}}$，$\cos\alpha = \dfrac{1}{\sqrt{1+\left(\dfrac{S}{2\pi r}\right)^2}}$

因此，将上述各式代入并经过换算，可求得物料颗粒的圆周速度计算公式：

$$V_{圆} = \frac{Sn}{60} \cdot \frac{\dfrac{S}{2\pi r} + \mu}{\left(\dfrac{S}{2\pi r}\right)^2 + 1} \quad\quad (4\text{-}4\text{-}5)$$

式中 S——螺旋的螺距，m；

   n——螺旋的转速，r/min；

   r——研究的物料颗粒离轴线的半径距离，m；

   μ——物料与螺旋面的摩擦系数。

同样，根据图 4-4-2 所示的速度分解关系，可得物料颗粒的轴向输送速度的计算公式：

$$V_{轴} = V_{合}\cos\left(\alpha + \rho\right) = \frac{2\pi rn}{60} \cdot \frac{\sin\left(\alpha + \rho\right)\sin\alpha}{\cos\rho} \quad\quad (4\text{-}4\text{-}6)$$

以摩擦系数 $\mu = \tan\rho$ 代入上式得：

$$V_{轴} = \frac{2\pi rn}{60} \cdot \sin\alpha\left(\cos\alpha + \mu\sin\alpha\right) \quad\quad (4\text{-}4\text{-}7)$$

由于 $\tan\alpha = \dfrac{S}{2\pi r}$，以及 $\sin\alpha = \dfrac{\dfrac{S}{2\pi r}}{\sqrt{1+\left(\dfrac{S}{2\pi r}\right)^2}}$，$\cos\alpha = \dfrac{1}{\sqrt{1+\left(\dfrac{S}{2\pi r}\right)^2}}$

因此，将上述各式代入并经过换算，可求得物料颗粒的轴向速度计算公式：

$$V_{轴} = \frac{Sn}{60} \cdot \frac{1 - \mu\dfrac{S}{2\pi r}}{\left(\dfrac{S}{2\pi r}\right)^2 + 1} \qu\quad (4\text{-}4\text{-}8)$$

从上式可以看出，在一定的转速下螺距 S 在某一范围内物料可以得到较好的轴向输送速度，螺距过大或者过小，都会影响物料的轴向输送速度。

3）物料在输送机里向上输送的必要条件

在选择螺旋输送机的螺旋叶片直径 D 和螺距 S 时，必须满足 $\alpha_1 < 90° - \rho'$，$\alpha_2 < 90° - \rho'$ 的要求。螺旋叶片外缘和内缘的提升角 α_1 和 α_2 过大，物料就不能向上输送。ρ' 为物料对螺旋叶片外缘的摩擦角。

螺旋叶片的外缘提升角 α_1 及其内缘提升角 α_2 如图 4-4-3 所示。

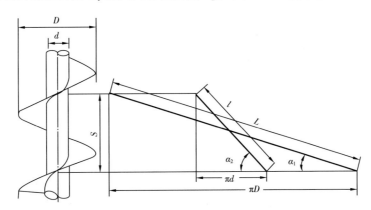

图 4-4-3 螺旋叶片外缘口和内缘口提升角 α_1 和 α_2

$$\alpha_1 = \arctan\left(\frac{S}{\pi D}\right) \qquad （4-4-9）$$

$$\alpha_2 = \arctan\left(\frac{S}{\pi d}\right) \qquad （4-4-10）$$

要使物料在大倾角螺旋输送机里向上输送，必须使物料上升的推力大于等于物料下滑力。

物料向上输送状态的受力情况如图 4-4-4 所示。M 表示处在螺旋叶片外缘被向上输送的物料；θ 为螺旋输送机的倾角。因为物料 M 在向上输送时作复合运动，所以把输送管作为静参考系，转动的螺旋叶片为动参考系（$\xi\eta\zeta$ 为坐标系）。螺旋叶片相对于输送管的运动为牵连运动，牵连运动为 V_e；物料 M 相对于螺旋叶片的运动称相对运动，相对运动为 V_r；M 相对于输送管的运动为绝对运动，绝对运动为 V_a。

物料 M 受到下面一些力的作用：

（1）本身的重力 $G = mg$。

（2）螺旋叶片对物料 M 的正反力 N'，方

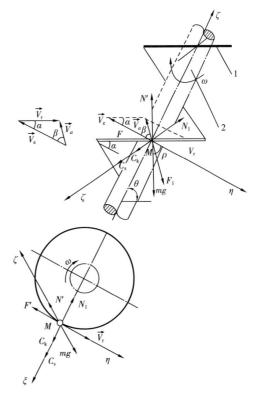

图 4-4-4 螺旋叶片外缘口的物料在输送状态时的受力图

1—螺旋叶片；2—螺旋管轴

向垂直叶片表面。

（3）螺旋叶片表面对物料的摩擦阻力 $F'=N'\mu$，方向为叶片的切线方向，与相对速度相反（ μ 为物料相对叶片表面的滑动摩擦系数）。

（4）物料在输送管里作旋转运动所产生的离心惯性力 $C_s=m\omega_0^2R_0$，方向指向输送管内壁，即 ξ 轴方向（ ω_0 为物料 M 相对输送管轴线的旋转角速度， $\omega_0<\omega$， ω 为螺旋叶片绕输送管轴线旋转角速度。 R_0 为物料 M 作绝对运动所形成轨迹的曲率半径， $\omega\approx R/\cos^2\beta$， β 为牵连速度和绝对速度的夹角， m 为物料的质量）。

（5）输送管内壁对物料的正反力为 N_1，方向指向螺旋轴线，同离心惯性力 C_s 反向。

（6）输送管内壁对物料的摩擦力为 $F_1=N_1f_1$，方向与物料的绝对速度相反（ f_1 为物料与输送管内壁之间的滑动摩擦系数）。

哥氏惯性力 C_k 方向与哥氏加速度 a_k 相同且垂直于螺旋叶片旋转角速度 ω 和相对速度所决定的平面，可用右手定则决定，与 ξ 轴同向。

$$C_k = 2m\omega^2 R_0\sin\theta = 2m\left(\omega-\omega_0\right)^2 R_0\cos\alpha$$

一般 ω_0 不大于 ω，为简化，在这里把哥氏惯性力 C_k 忽略。

当物料稳定地向上输送时，物料 M 所受的上述诸力在 $\xi\eta\zeta$ 轴上的投影：

$$\begin{cases}\sum\xi=0\\C_k+C_s=N_1\\C_k\text{忽略}\end{cases} \tag{4-4-11}$$

$$\begin{cases}\sum\eta=0\\F_1\cos\beta+mg\cos\theta=N'\sin\alpha_1+F'\cos\alpha_1\end{cases} \tag{4-4-12}$$

$$\begin{cases}\sum\xi=0\\N'\cos\alpha_1=F'\sin\alpha_1+mg\sin\theta+F_1\sin\beta\end{cases} \tag{4-4-13}$$

要使物料在螺旋叶片的推动下能向上输送，物料沿 ζ 轴的向上推力必须大于等于沿 ζ 轴的下滑力，则方程（4-4-13）就变成：

$$N'\cos\alpha_1\geqslant F'\sin\alpha_1+mg\sin\theta+F_1\sin\beta \tag{4-4-14}$$

由式（4-4-12）得：

$$F_1=\frac{N'\sin\alpha_1+F'\cos\alpha_1-mg\cos\theta}{\cos\beta}$$

将此式代入不等式（4-4-14）

$$N'\cos\left(\alpha_1+\beta\right)\geqslant N'\mu\sin\left(\alpha_1+\beta\right)+mg\sin\left(\theta-\beta\right)$$

$\mu=\tan\rho'$ 代入上式

$$N'\cos(\alpha_1 + \rho' + \beta) \geqslant mg\sin(\theta - \beta)\cos\rho' \qquad (4-4-15)$$

从速度三角形可见，β 角代表物料向上输送的速度，如果其他条件一样，β 角越大，物料向上输送的速度就越大，生产率（输送量）也就越高。若 $\beta=0$，物料只是随同螺旋叶片一起旋转，这时叶片处于临界转速状态。从不等式（4-4-15）可见，只有 $\alpha_1 + \rho' + \beta < 90°$ 时，式（4-4-15）才成立。

$$\alpha_1 < 90° - \rho' \qquad (4-4-16)$$

$$\alpha_2 < 90° - \rho' \qquad (4-4-17)$$

（4-4-16）、（4-4-17）两不等式是物料在输送机里能向上输送是必要条件，在选择叶片直径 D 和螺距 S 时必须被满足。

物料向上输送的第二个条件必须是螺旋叶片转速 $n_s >$ 螺旋叶片内缘的临界转速 $n_{2临}$。

对于垂直螺旋输送机，在螺旋叶片旋转时，内缘口的物料是沿着 α_2 向上输送，即物料在叶片推动下转一周就升一个螺距 S 的高度。由于倾斜式螺旋输送机倾斜角的存在，物料在叶片的推动下旋转一周只能上升 $h=S\sin\theta$ 的高度，螺旋叶片内缘口的物料提升角实际上不是 α_2 而是 γ，如图 4-4-5 所示。

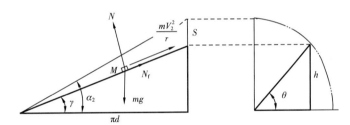

图 4-4-5 叶片内缘口的物料在输送状态时的受力图

叶片内缘口的螺旋线的展开长 $l=S/\sin\alpha_2$，具有倾斜角的螺旋输送机，物料实际提升角为：

$$\gamma = \arcsin\frac{h}{l} = \arcsin(\sin\theta \cdot \sin\alpha_2) \qquad (4-4-18)$$

一般情况下，γ 大于 ρ'，因此物料在叶片切线方向总有下滑的趋势。现在研究物料在螺旋轴到达临界转速时的受力情况。此时物料的下滑力与它同螺旋面的摩擦力所平衡，既不上升，也不下落，随同螺旋面一起旋转。

$$mg\sin\gamma = N_f + f'\frac{mV_2^2}{r} \qquad (4-4-19)$$

$$mg\sin\gamma = \mu mg\cos\gamma + \mu\frac{mV_2^2}{r} \qquad (4-4-20)$$

将 $\mu = \tan\rho'$ 代入上式

$$g\sin(\gamma-\rho')=\frac{V_2^2\sin\rho'}{r} \qquad (4-4-21)$$

$$V_2=\sqrt{rg\sin(\gamma-\rho')/\sin\rho'} \qquad (4-4-22)$$

如果将 V_2 的对应转速 $n_{2\text{临}}$ 代入上式得：

$$n_{2\text{临}}=60V_2\pi d=42.3\sqrt{\sin(\gamma-\rho')/d\sin\rho'} \qquad (4-4-23)$$

式中　V_2——螺旋叶片内缘口的圆周速度（此时物料开始不再下滑）。

螺旋管轴直径 d 处的物料回转半径 $d/2$ 为最小，向外缘渐渐增大，到外缘口时，$D/2$ 为最大。叶片任意位置上的物料提升角 α' 及回转半径 $d'/2$ 代入（4-4-23）式，得到的临界转速比 $n_{2\text{临}}$ 小，而以外缘口的临界转速 $n_{1\text{临}}$ 为最小。

因为 $\sin\gamma=\sin\theta\sin\alpha_2$，当 θ 减小时，γ 也减小，如 ρ' 不变，则 $\sin(\gamma-\rho')$ 随之减小，结果 $n_{2\text{临}}$ 降低了。

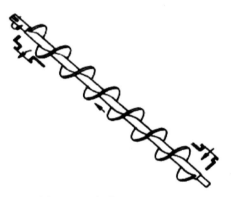

图 4-4-6　螺旋叶片布置简图

经分析可得出如下结论：螺旋输送机要使物料向上输送必须满足两个条件：提升角 α_1 和 α_2 均小于 $90°-\rho'$；叶片的旋转速度 n 大于 $n_{2\text{临}}$。

3. 结构参数分析

原始设计资料如下：

输送物料：砂；

物料松散密度：$\rho=1.6\text{t/m}^3$；

输送温度：常温；

输送量：$Q=3.1\text{m}^3/\text{min}$。

布置简图如图 4-4-6 所示，输送长度约为 4000mm，倾斜角度为 45°。

1）叶片直径 D

螺旋叶片直径是螺旋输送机的重要参数，直接关系到输送机的输送量和结构尺寸。一般根据螺旋输送机生产能力、输送物料类型、结构和布置形式确定螺旋叶片直径。经验公式为：

$$D\geqslant K\sqrt[2.5]{\frac{Q}{\varphi\rho C}} \qquad (4-4-24)$$

式中　Q——输送能力（$Q=297.6\text{t/h}$）；

　　　K——物料特性系数（对于砂，水平输送机取 $K=0.06$，但是对于快速的大倾角螺旋输送机取 $K=0.04$）；

　　　φ——填充系数（取 0.6）；

　　　C——倾角系数（见表 4-4-1，对于 45° 布置，取 $C=0.7$）。

表 4-4-1 倾角系数表

倾斜角度 $\beta/(°)$	0	≤15	≤20	≤30	≤40	≤45	≤50	≤60	≤70	≤80
倾角系数	1	0.9	0.87	0.8	0.73	0.7	0.67	0.6	0.53	0.47

计算得 $D \geq 0.4576m$。由于受结构形式的限制，D 的值可以进行圆整，参照表 4-4-2 可以取 $D=400mm$。混砂设备叶片直径取 $D=332mm$。

表 4-4-2 大倾角螺旋输送机螺旋体直径系列

D/mm	160	200	250	315	400	500	630	800

2）螺距 S

螺距不仅决定着螺旋的升角，还决定着在一定填充系数下物料运行的滑移面，所以螺距的大小直接影响着物料输送过程。最大螺距应满足螺旋面与物料的摩擦关系以及速度各分量间的适当分布关系来确定最合理的螺距尺寸。

必须满足条件 $\alpha < \dfrac{\pi}{2} - \rho'$。在最小半径 $r = \dfrac{d}{2}$ 处的螺旋升角 α 最大。根据这个条件，最大的许用螺距值由下式确定：

$$S_{\max} \leq \pi d \tan\left(\frac{\pi}{2} - \rho'\right) \text{ 或 } S_{\max} \leq \frac{\pi d}{\mu} \tag{4-4-25}$$

若以 $K_1 = \dfrac{d}{D}$（D 为螺旋的外径）代入上式，则得：

$$S_{\max} \leq \frac{\pi K_1 D}{\mu} \tag{4-4-26}$$

另外，在确定最大的许用螺距时，必须满足的第二个条件是应使物料颗粒具有尽可能大的轴向输送速度，同时又使螺旋面上各点的轴向输送速度大于圆周速度。螺距的大小将影响速度各分量的分布。当螺距增加时，轴向输送速度增大，但是圆周速度分布不恰当；相反，当螺距较小时，速度各分量的分布情况较好，但是轴向输送速度较小。其中

$$V_{圆} = \frac{Sn}{60} \cdot \frac{\dfrac{S}{2\pi r} + \mu}{\left(\dfrac{S}{2\pi r}\right)^2 + 1} \tag{4-4-27}$$

$$V_{轴} = \frac{Sn}{60} \cdot \frac{1 - \mu\dfrac{S}{2\pi r}}{\left(\dfrac{S}{2\pi r}\right)^2 + 1} \tag{4-4-28}$$

于是，根据在螺旋圆周处的 $V_{圆} \leq V_{轴}$ 的条件：

即

$$\frac{Sn}{60}\cdot\frac{\frac{S}{2\pi r}+\mu}{\left(\frac{S}{2\pi r}\right)^2+1}\leqslant\frac{Sn}{60}\cdot\frac{1-\mu\frac{S}{2\pi r}}{\left(\frac{S}{2\pi r}\right)^2+1}\qquad(4\text{-}4\text{-}29)$$

即 $S\leqslant2\pi r\cdot\dfrac{1-\mu}{1+\mu}=\tan\left(\dfrac{\pi}{4}-\rho'\right)\cdot2\pi r$。

可得出

$$S\leqslant\tan\left(\frac{\pi}{4}-\rho'\right)\pi D\qquad(4\text{-}4\text{-}30)$$

所以，S 需要满足 $S\leqslant\dfrac{\pi K_1 D}{\mu}$ 和 $S\leqslant\tan\left(\dfrac{\pi}{4}-\rho'\right)\pi D$ 两个条件。

对于大倾角两段式变螺距螺旋输送机，在加料区段，一般取 $S_1=(0.5\sim0.7)D$；在输送区段，一般取 $S_2=(0.8\sim1.0)D$；对于等螺距大倾角螺旋输送机 $S=(0.8\sim1.2)D$。

本设计取加料区段 $S_1=200\text{mm}$，输送区段，$S_2=320\text{mm}$。

现有常用结构取两段式变螺距形式，加料区段 $S_1=175\text{mm}$，输送区段，$S_2=230\text{mm}$。

3）螺旋轴直径

螺旋轴径的大小与螺距有关，两者共同决定了螺旋叶片的升角，物料的滑移方向及速度分布，应从考虑螺旋面与物料的摩擦关系以及速度各分量的适当分布来确定最合理的轴径与螺距之间的关系。

因为叶片内缘螺旋升角 $\alpha_2<\dfrac{\pi}{2}-\rho'$。将 $\tan\rho'=\mu$，$\tan\alpha_2=\dfrac{S}{\pi d}$ 代入上式并整理得出：

$$d\geqslant\frac{\mu}{\pi}\cdot S\qquad(4\text{-}4\text{-}31)$$

确定最小轴径还应满足的第二个条件是物料具有尽可能大的轴向速度，同时螺旋面上各点的轴向速度 $V_{\text{轴}}>$ 圆周速度 $V_{\text{圆}}$，即，$V_{\text{轴}}>V_{\text{圆}}$。得到：

$$d\geqslant\frac{1+\mu}{1-\mu}\cdot\frac{S}{\pi}\qquad(4\text{-}4\text{-}32)$$

根据上式计算，当 μ 取 0.35，$S=320\text{mm}$ 时，$d\geqslant211.5\text{mm}$。

当 μ 值增加时，$\dfrac{d}{D}$ 根据上式计算得出的轴径相当大，这势必降低有效输送截面。为了保证足够的有效输送截面，必须加大结构，成本提高。在能够满足输送要求的前提下，保证靠近叶片外侧的物料具有较大的轴向速度即可。推荐的轴径计算公式为：

$$d=(0.2\sim0.35)D$$

新设计取 $d=100\text{mm}$。

根据式（4-4-9）、式（4-4-10）对直径 D、d 及螺距 S 进行验算，均满足。

4）转速 n 的确定

按表 4-4-3 预选输送机螺旋管轴的转速。在尺寸和输送能力相同的情况下，倾角 θ 越大转速也越高，一般不宜超过 700r/min，否则输送机的比能会急剧增加，同时转速必须大于临界转速 $n_{1临}$ 和 $n_{2临}$。

表 4-4-3　转速系列

n/（r/min）	170	220	250	300	400	500	600	800

（1）参考图 4-4-4 中速度三角形，β 为物料的绝对速度 V_a 和牵连速度 V_e 的夹角。

① 输送机无因次系数 C_v，根据初选的 n 和 D 通过下式计算：

$$C_v = \omega^2 R / g = 0.56 \times 10^{-3} n^2 D$$

n 初选 400r/min 求得 $C_v = 29.7$

② $\mu = 0.35$ 时的特定角度 β_0 根据 C_v 和倾斜角 θ 从图 4-4-7 求得。

$\beta_0 = 0.466$，即 $\beta_0 = 25°$。

③ $\beta = \beta_0 K_\beta$，求得 $\beta = 28.75°$

修正系数 K_β 与摩擦系数 μ 的关系见表 4-4-4。

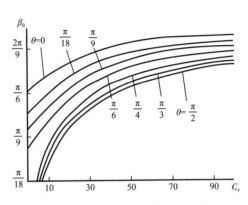

图 4-4-7　根据 C_v 和倾斜角 θ，求 β_0

表 4-4-4　修正系数 K_β 与摩擦系数 μ 的关系

μ	0.3	0.4	0.5	0.6	0.7	0.8
K_β	1.15	1.10	1.00	0.95	0.90	0.85

（2）理论速度系数 K_v：

$$K_v = \tan\beta / (\tan\alpha + \tan\beta)$$

物料对轴的平均半径为：

$$r' = \sqrt{(1-\varphi)(D/2)^2 + \varphi(d/2)^2}$$

则，

$$\tan\alpha = \frac{S}{\pi \times 2 \times r'}$$

式中　α——物料所在螺旋叶片平均半径位置上的提升角。

　　　　φ——充填系数（对大倾角输送机输送区段 $\varphi = 0.5 \sim 0.7$，取 $\varphi = 0.6$）。

将前面设计值代入求得 $\tan\alpha = 0.33$。从而求得 $K_v = 0.625$

（3）螺旋叶片的几何系数 K_r：

$$K_r = K_s(1 - K_d^2)$$

式中　$K_s=S/D=0.693$ 在输送区段 $K_s=0.8\sim1.0$；

　　　　$K_d=d/D=0.283$ 在输送区段 $K_d=0.15\sim0.40$。

　　因此 $K_r=0.693\times(1-0.28^2)=0.6375$

（4）输送能力系数 K_Q：

$$K_Q=\varphi\psi_v$$

式中　φ——充填系数（对大倾角输送机输送区段 $\varphi=0.5\sim0.7$，取 $\varphi=0.6$）。

　　　　ψ_v——轴向速度系数［决定叶片的直径和升角，根据 $\varphi=0.6$ 和 $q=1+(\tan\beta/\tan\alpha)=2.66$，按图 4-4-8 确定，$\psi_v=1.2$］。

$$K_Q=0.6\times1.2=0.72$$

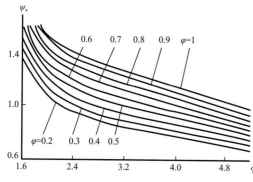

图 4-4-8　求速度系数 ψ_v 的曲线图

（5）由于物料充填了螺旋叶片和输送管之间的间隙而引起的输送能力增加系数 K_C：

$$K_C=(1+4C/D)K_0$$

式中　K_0——物料在间隙里轴向速度的下降系数。

　　　　K_0 根据倾角 θ 来确定（见表 4-4-5）。

　　　　$\theta=\pi/4$，从而 $K_0=0.922$。

　　　　从而 $K_C=(1+4\times7/332)\times0.925=0.998$

表 4-4-5　根据倾角 θ 确定 K_0

θ	0	$\pi/6$	$\pi/3$	$\pi/2$
K_0	0.98	0.95	0.90	0.85

（6）验算时叶片的转速 n 应大于 $n_{2临}$。

$$n=60Q/(45D^3K_rK_vK_QK_C)\quad(\text{r/min})$$

式中　Q——输送量（$Q=3.1\text{m}^3/\text{min}$），$\text{m}^3/\text{min}$；

　　　　D——叶片直径（$D=0.332\text{m}$），m。

　　以现有结构为参数代入具体数据求得 $n=60\times3.1/(45\times0.332^3\times0.6375\times0.625\times0.72\times0.998)=394$（r/min），圆整为 390r/min。

4. 振动理论分析

1）螺旋体简化模型

由于螺旋输砂器的螺旋体是由主轴和螺旋叶片构成的，而螺旋叶片绕着主轴呈周期性对称布置特征，所以，可将输送螺旋体近似为一均匀梁。根据安装形式，可将其螺旋体简化为两端铰支的情况，如图 4-4-9 所示。

带螺旋叶片的轴的质量计算公式为：

$$m = \left[\frac{\pi\left(d^2 - d_0^2\right)}{4} + \frac{\delta\left(D-d\right)}{2\sin\alpha}\right]L\rho \quad (4\text{-}4\text{-}33)$$

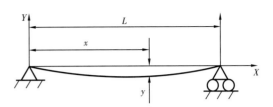

图 4-4-9　螺旋体简化模型

式中　D——螺旋叶片外径；

　　　d——螺旋叶片根径；

　　　d_0——空心螺旋轴内径；

　　　δ——螺旋叶片厚度；

　　　L——螺旋轴长度；

　　　ρ——材质密度；

　　　α——螺旋叶片中径处的螺旋升角。

$$\alpha \approx \arcsin\left[\frac{2S}{\pi(D+d)}\right] \quad (4\text{-}4\text{-}34)$$

式中　S——螺距。

代入实际数据计算得到 $m \approx 131\text{kg}$。

然而实际的螺旋体在两端还有端头结构，根据 Pro/E 软件建模后，如图 4-4-10 所示，计算两轴承之间总质量约为 141kg。

作为均匀梁的螺旋体，除启动和停机时，其振动属于稳态振动，与时间无关，故它属于连续介质的稳态振动。考虑自重和连续分布离心力的作用，则由机械振动学知，其振动方程为：

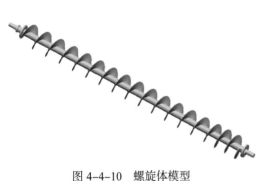

图 4-4-10　螺旋体模型

$$EI\frac{\mathrm{d}^4 y}{\mathrm{d}x^4} - m\omega^2 y = mg\cos\theta \quad (4\text{-}4\text{-}35)$$

令

$$\beta^4 = \frac{\omega^2 m}{EI} \quad (4\text{-}4\text{-}36)$$

$$\frac{\mathrm{d}^4 y}{\mathrm{d}x^4} - \beta^4 y = \beta^4 \frac{g}{\omega^2}\cos\theta \quad (4\text{-}4\text{-}37)$$

式中　y——螺旋体的位移（挠度）；

　　　ω——螺旋体角速度；

　　　E——弹性模量；

　　　I——横截面对中心轴的惯性矩；

　　　θ——安装倾角。

上述方程的齐次方程为：

$$\frac{\mathrm{d}^4 y}{\mathrm{d}x^4} - \beta^4 y = 0 \qquad (4\text{-}4\text{-}38)$$

且该齐次方程的通解为：

$$y = c_1 \sin\beta x + c_2 \cos\beta x + c_3 \mathrm{sh}\beta x + c_4 \mathrm{ch}\beta x \qquad (4\text{-}4\text{-}39)$$

式中　c_1，c_2，c_2，c_4——待定系数。

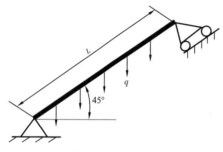

图 4-4-11　倾斜 45°轴静挠度计算模型图

需要注意的是，在上述结果中，由于螺旋叶片的按螺旋线均匀分布，导致惯性矩 I 难以直接计算出来。本设计采用有限元分析的方法将螺旋体的静挠度计算出来以后，利用静挠度公式反算出惯性矩 I。

根据材料力学知如图 4-4-11 所示的模型的静挠度公式为：

$$w_{max} = \frac{5ql^4 \sin 45°}{384EI} \qquad (4\text{-}4\text{-}40)$$

则

$$I = \frac{5ql^4 \sin 45°}{384Ew_{max}} \qquad (4\text{-}4\text{-}41)$$

下面通过有限元分析方法建立有限元模型如图 4-4-12 所示。计算得到的螺旋体静位移如图 4-4-13 所示。

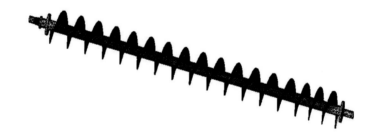

图 4-4-12　螺旋体有限元模型

图 4-4-13　计算得到的螺旋体静位移结果

由图 4-4-11 知最大静挠度为 $w_{max} = 0.306058\mathrm{mm}$。

将已知参数代入，得到 $I = 1.13494 \times 10^{-5}\mathrm{m}^4$

2）固有频率的计算

对于如图4-4-9所示的模型，当两端铰支时，两端点的位移和弯矩为0，其边界条件为：

$$y\big|_{x=0}=0;\ \frac{\mathrm{d}^2 y}{\mathrm{d}x^2}\bigg|_{x=0}=0 \quad 和 \quad y\big|_{x=L}=0;\ \frac{\mathrm{d}^2 y}{\mathrm{d}x^2}\bigg|_{x=L}=0 \qquad (4\text{-}4\text{-}42)$$

将条件（4-4-42）代入式（4-4-35）可解得两端铰支的螺旋体的固有角速度为：

$$\omega_r = \left(r\pi\right)^2 \sqrt{\frac{EI}{mL^3}} \quad r=1,2,\cdots \qquad (4\text{-}4\text{-}43)$$

当 r 取不同数值时，可产生多种振型。当 $r\geqslant 2$ 时，将产生多波形振动。由机械振动学可知，当螺旋体的角速度接近其固有角速度时，将产生强烈振动。当螺旋体的角速度等于固有角速度时，将产生共振。所以，由公式（4-4-43）可得螺旋输砂器的共振转速分别为：

$$n_r = \frac{30}{\pi}\omega_r = 30\pi\left(r\right)^2 \sqrt{\frac{EI}{mL^3}} \quad r=1,2,\cdots \qquad (4\text{-}4\text{-}44)$$

且

$$n_1 : n_2 : \cdots = 1 : 4 : \cdots \qquad (4\text{-}4\text{-}45)$$

将已知参数代入数值后得到：$n_1 = 1618.39\text{r/min}$

3）螺旋体挠度的计算

对于方程（4-4-39），易知

$$y_0 = -\frac{g}{\omega^2}\cos\theta \qquad (4\text{-}4\text{-}46)$$

其中，式（4-4-46）为方程（4-4-35）的一个特解。

根据式（4-4-39）和式（4-4-46），可以得到方程（4-4-35）的通解为：

$$y = c_5 \sin\beta x + c_6 \cos\beta x + c_7 \mathrm{sh}\beta x + c_8 \mathrm{ch}\beta x - \frac{g}{\omega^2 \cos\theta} \qquad (4\text{-}4\text{-}47)$$

式中　c_5，c_6，c_7，c_8——待定系数。

而方程（4-4-47）的边界条件同样为式（4-4-42）。所以将式（4-4-42）代入式（4-4-47）可得：

$$c_5 = \frac{g}{2\omega^2 \cos\theta}\left(\csc\beta L - \cot\beta L\right) \qquad (4\text{-}4\text{-}48)$$

$$c_6 = c_8 = \frac{g}{2\omega^2 \cos\theta} \qquad (4\text{-}4\text{-}49)$$

$$c_7 = \frac{g}{2\omega^2 \cos\theta}\left(\mathrm{csc}\,\mathrm{h}\beta L - \coth\beta L\right) \qquad (4\text{-}4\text{-}50)$$

将式（4-4-48）、式（4-4-49）、式（4-4-50）代入式（4-4-47），则可得两端铰支的螺旋体的横向位移为：

$$
y = \frac{g}{2\omega^2\cos\theta}\Big[\big(\csc\beta L - \cot\beta L\big)\sin\beta x + \cos\beta x + \big(\operatorname{csch}\beta L - \coth\beta L\big)\sinh\beta x + \cosh\beta x - 2\Big]
$$

（4-4-51）

对于两端铰支的螺旋输砂器，在工作过程中，由重力产生的初始挠度和连续分布离心力作用，若忽略轴向位移，则在 $L/2$ 处将出现最大挠度，由式（4-4-51）知：

$$
\begin{aligned}
y_{\max} &= y\Big|_{x=L/2} \\
&= \frac{g}{2\omega^2\cos\theta}\Big[\big(\csc\beta L - \cot\beta L\big)\sin\left(\frac{\beta L}{2}\right) + \cos\left(\frac{\beta L}{2}\right) \\
&\quad + \big(\operatorname{csch}\beta L - \coth\beta L\big)\operatorname{sh}\left(\frac{\beta L}{2}\right) + \operatorname{ch}\left(\frac{\beta L}{2}\right) - 2\Big]
\end{aligned}
$$

（4-4-52）

代入具体数值得到 $y_{\max}\approx 3.04\text{mm}$。

在设计时，为了使设计的螺旋叶片在运转时不与机筒产生直接摩擦，应使螺旋叶片与机筒之间的间隙大于最大挠度。该间隙可取：

$$
\lambda_1 = y_{\max} + \lambda_0
$$

（4-4-53）

δ_0 是考虑螺旋叶片直径的制造误差和质心偏移后增加的间隙。建议该间隙取 3～10mm。当螺旋体直径较大，且制造条件较差时，可取大值；而螺旋体直径较小，且制造精度较高时，则取小值。

针对现有结构设计取 $\lambda_0=4\text{mm}$，则叶片与砂筒之间的间隙为 $\lambda_1=3.04+4=7.04\approx 7\text{mm}$。新设计，求得固有转速为 1688.4r/min，$y_{\max}\approx 2.77\text{mm}$，$\lambda_1=2.77+4=6.77\approx 7\text{mm}$。

5. 驱动功率及轴强度校核

1）驱动功率计算

根据有关文献资料，倾斜螺旋输送机螺旋轴的功率可简化为在规定的速度下移动物料所需功率 N_m、克服输送机运动部件摩擦阻力所需功率 N_t 以及提升物料所需功率 N_H 的总和。

规定速度下移动物料所需的功率为：

$$
N_m = \omega_0 MgL
$$

式中　ω_0——物料物料阻力系数（查表 4-4-6，对于砂取 3.2）；

　　　M——单位时间输送物料的质量，kg/s；

　　　g——重力加速度；

　　　L——输送机长度，m。

表 4-4-6　物料阻力系数

物料特征	物料的典型例子	物料阻力系数 ω_0
干的，无磨琢性	粮食、谷物、锯木屑、煤粉、面粉	1.2
湿的，无磨琢性	棉籽、麦芽、糖块、石英粉	1.5
半磨琢性	纯碱、块煤、食盐	2.5
磨琢性	乱石、砂、水泥、焦炭	3.2
强磨琢性或黏性	炉灰、造型土、石灰、硫、砂糖、矿砂	4.0

规定速度下克服输送机运动部件摩擦阻力所需功率 N_t 的经验公式如下：

$$N_t = 75.7 L n D^{1.7}$$

式中　L——输送机长度，m；

　　　n——转速，r/s；

　　　D——螺旋叶片直径，m。

规定速度下螺旋输送机将物料提升所需的功率 N_H 为：

$$N_H = MgH$$

式中　N_H——螺旋输送机将物料提升所需的功率，W；

　　　H——螺旋输送机的进料点到出料点的垂直高度，m；

　　　M——单位时间输送物料的质量，kg/s。

由于以下三方面的原因导致大倾角螺旋输送机在输送过程中输送功率增加。

（1）在重力和离心力的作用下，物料呈现大量滚动和湍流。

（2）由于靠近螺旋轴的圆周速度比外层大，该处的轴向速度却显著降低，从而在螺旋输送机内部产生一个较大的附加物料流，增加了物料的输送阻力。

（3）大倾角螺旋输送机的转速要比水平螺旋输送机高，使物料的输送在离心力和摩擦力的作用下，产生向上移动的力。但是，螺旋输送机在超过一定的转速后，物料颗粒间会产生径向跳跃、碰撞，造成物料流扰动，增加功率消耗。

实际上，大倾角螺旋输送机的功率应在螺旋轴功率计算的基础上乘以修正系数 F_t。F_t 的取值范围为 1.8～3.2，当倾斜角度为 45° 时，物料黏性和磨琢性大时应取大值，对于砂，取 $F_t=3.2$。此外，在使用中要考虑超载的可能，超载系数 F_0，取 $F_0=1.5$。则轴的总功率为：

$$N_{轴}=F_0 F_t \left(N_m + N_t + N_H\right)$$

代入具体数值，计算得：

$$N_{轴} = 52029\text{W} \approx 52\text{kW}$$

再计入机械传动效率 η，取 0.9。

则总功率 N 可由下式确定：

$$N = \frac{N_{轴}}{\eta} = 57.8\text{kW}$$

新设计求得 $N_{轴} = 51651\text{W} \approx 52\text{kW}$。

$$N = \frac{N_{轴}}{\eta} = 57.4\text{kW}$$

2）轴的校核

轴的扭转强度条件为：

$$\tau_{\text{T}} = \frac{T}{W_{\text{T}}} \leqslant [\tau_{\text{T}}]$$

$$T = \frac{9550 N_{轴}}{n_{\text{s}}} = \frac{9550 \times 52}{390} = 1273.3\text{N} \cdot \text{m}$$

$$W_{\text{T}} = \frac{\pi}{16}\left(d^3 - d_0^3\right)$$

式中　T——轴的扭矩；

　　　W_{T}——抗扭截面系数。

代入扭转强度公式：

$$\tau_{\text{T}} = \frac{T}{W_{\text{T}}} = \frac{16 \times 1273.3}{3.14 \times \left(0.094^3 - 0.078^3\right)} = 18.22 \times 10^6 \text{Pa} = 18.22\text{MPa} < [\tau_{\text{T}}] = 60\text{MPa}$$

扭转强度满足要求。

6. 轴承选型

1）现有轴承结构计算

（1）计算输送区段的质量为：

$$m = m_1 + m_2$$

式中　m_1——轴和螺旋叶片的质量（$m_1 = 141\text{kg}$）；

　　　m_2——输送区段砂的质量。

$$m_2 = \left[\frac{\pi\left(D^2 - d^2\right)}{4} - \frac{\delta_0\left(D - d\right)}{2\sin\alpha}\right]\varphi\rho L$$

$$\alpha = \arctan\left[\frac{2S}{\pi(d+D)}\right] = \arctan\left[\frac{2 \times 0.23}{3.14 \times (0.094 + 0.332)}\right] = 0.331 = 18.9°$$

式中　d——轴的外径；

D——螺旋叶片的外径；

δ_0——叶片的厚度；

L——轴的长度；

φ——填充系数（取 0.6）；

α——螺旋叶片中径处的螺旋升角；

ρ——砂的密度（$\rho = 1.6 \times 10^3 \text{kg/m}^3$）。

可得，$m_2 = 297\text{kg}$

$$m = m_1 + m_2 = 141 + 297 = 438\text{kg}$$

（2）计算轴向力 F_a、径向力 F_r：

$$\begin{cases} F_a = mg \cdot \sin\theta \\ F_r = mg \cdot \cos\theta \end{cases}$$

式中　θ——轴的倾斜角度（为 45°）。

计算得 $F_a = 3035\text{N}$，$F_r = 3035\text{N}$

（3）计算装配轴承的轴的最小直径：

$$d_{\min} = A_0 \cdot \sqrt[3]{\frac{N}{n_s}}$$

式中　N——轴工作时的功率；

n_s——轴工作时的转速；

A_0——对于 Q275、35$^\#$ 钢，其最小值为 112。

将数据代入求最小直径：　$d_0 = 112 \times \sqrt[3]{\dfrac{57.8}{390}} = 59.3\text{mm}$

（4）轴下端轴承选型：轴承工作转速 $n_s = 390\text{r/min}$，装配轴承处轴直径选用，$d_0' = 70\text{mm}$，预期计算寿命 $L_0' = 5000\text{h}$，根据工作条件决定选用调心球轴承。

① 求比值。

$$\frac{F_a}{F_r} = \frac{3035}{3035} = 1$$

根据《机械设计手册》和查 GB/T 281—2013《滚动轴承调心球轴承　外形尺寸》，内径为 70mm 调心球轴承的 e 最大值为 0.38，故此时

$$\frac{F_a}{F_r} > e$$

② 初步计算当量动载荷 P_r。

根据 GB/T 281—2013《滚动轴承调心球轴承　外形尺寸》，对于调心球轴承：

$$P_r = 0.65F_r + Y_2F_a$$

Y_2 值初选 4.0，则

$$P_r = 0.65 \times 3035 + 4.0 \times 3035 \approx 14112\text{N}$$

③ 求轴承应有的基本额定动载荷：

$$C_r = P_r \cdot \sqrt[3]{\frac{60n_s L_h'}{10^6}} = 15578 \times \sqrt[3]{\frac{60 \times 390 \times 5000}{10^6}} \approx 76.2\text{kN}$$

④ 按照《机械设计手册》，选择 $C_r = 11.0\text{kN}$ 的调心球轴承 2314，此轴承的基本额定载荷 $C_0 = 37.5\text{kN}$。验算如下：

a. 查轴承表得相对轴向载荷对应的 Y_2 值，$Y_2 = 2.6$。

b. 求当量动载荷 P_r：

$$P_r = 0.65 \times 3035 + 2.6 \times 3035 \approx 9863\text{N}$$

c. 验算轴承 2314 的寿命：

$$L_h = \frac{10^6}{60n}\left(\frac{C_r}{P_r}\right)^3 = \frac{10^6}{60 \times 390} \times \left(\frac{110}{10.9}\right)^3 = 43922\text{h} > 5000\text{h}$$

即轴的下端选用调心球轴承 2314（GB/T 281—2013《滚动轴承调心球轴承　外形尺寸》）满足要求。

轴的上端装配轴承处轴直径选用 $d_0'' = 85\text{mm}$，选用单列圆锥滚子轴承 32917，计算过程同上。

2）轴承新设计计算

（1）计算输送区段的质量为：

$$m = m_1 + m_2$$

式中　m_1——轴和螺旋叶片的质量；

　　　m_2——输送区段砂的质量。

$$m_1 = \left[\frac{\pi(d - d_0)^2}{4} - \frac{\delta_0(D - d)}{2\sin\alpha}\right]\rho_{轴} l$$

$$m_2 = 0.6\left[\frac{\pi(D^2 - d^2)}{4} - \frac{\delta_0(D - d)}{2\sin\alpha}\right]\rho l$$

式中　d——轴的外径（100mm）；

　　　d_0——轴的内径（80mm）；

　　　D——螺旋叶片的外径（400mm）；

　　　δ_0——叶片的厚度（6mm）；

l——轴的长度（4000mm）；

α——螺旋叶片中径处的螺旋升角；

$\rho_{\text{轴}}$、ρ——轴的密度、砂的密度（$7.8 \times 10^3 \text{kg/m}^3$、$1.6 \times 10^3 \text{kg/m}^3$）。

$$\alpha = \arctan\left[\frac{2S}{\pi(d+D)}\right] = \arctan\left[\frac{2 \times 0.23}{3.14 \times (0.094 + 0.332)}\right] = 0.331 \text{rad} = 18.9°$$

可得，$m_1 = 96.5 \text{kg}$，$m_2 = 441.5 \text{kg}$

$$m = m_1 + m_2 = 96.5 + 441.5 = 538 \text{kg}$$

（2）计算轴向力 F_a、径向力 F_r：

$$\begin{cases} F_a = mg \cdot \sin\theta \\ F_r = mg \cdot \cos\theta \end{cases}$$

式中　θ——轴的倾斜角度（为 45°）。

计算得 $F_a = 3728 \text{N}$，$F_r = 3728 \text{N}$

（3）计算装配轴承的轴的最小半径：

$$d_{\min} = A_0 \cdot \sqrt[3]{\frac{N}{n_s}}$$

式中　N——轴工作时的功率，kW；

n_s——轴工作时的转速，r/min；

A_0——对于 Q275、35# 钢，其最小值为 112。

将数据代入求最小直径：　$d_0 = 112 \times \sqrt[3]{\frac{57.8}{210}} = 72.7 \text{mm}$

（4）轴下端轴承选型：

轴承工作转速 $n_s = 210 \text{r/min}$，装配轴承处轴直径选用 $d_0' = 75 \text{mm}$，预期计算寿命 $L_h' = 5000 \text{h}$，根据工作条件决定选用调心球轴承。

① 求比值：

$$\frac{F_a}{F_r} = \frac{3728}{3728} = 1$$

查 GB/T 281—2013《滚动轴承　调心球轴承　外形尺寸》，内径为 7mm 调心球轴承的 e 最大值为 0.38，故此时

$$\frac{F_a}{F_r} > e$$

② 初步计算当量动载荷 P_r。根据 GB/T 281—2013《滚动轴承　调心球轴承　外形尺寸》，对于调心球轴承：

$$P_r = 0.65F_r + Y_2F_a$$

查轴承表，Y_2 值初选 4.2。

$$P_r = 0.65 \times 3728 + 4.2 \times 3728 \approx 18081N$$

③ 求轴承应有的基本额定动载荷：

$$C_r = P_r \cdot \sqrt[3]{\frac{60n_8L_h'}{10^6}} = 18081 \times \sqrt[3]{\frac{60 \times 210 \times 5000}{10^6}} = 71945N \approx 71.9kN$$

④ 按照《机械设计手册》，选择 $C_r = 79kN$ 的调心球轴承 1315，此轴承的基本额定静载荷 $C_0 = 29.8kN$。验算如下：

a. 查轴承表得相对轴向载荷对应的 Y_2 值，$Y_2 = 4.4$。

b. 求当量动载荷 P_r：

$$P_r = 0.65 \times 3728 + 4.4 \times 3728 \approx 18826N \approx 18.8kN$$

c. 验算 2314 轴承的寿命：

$$L_h = \frac{10^6}{60n}\left(\frac{C_r}{P_r}\right)^3 = \frac{10^6}{60 \times 210} \times \left(\frac{79}{18.8}\right)^3 = 5889h > 5000h$$

即轴的下端装配轴承处轴直径选用 $d_0' = 75mm$，选用调心球轴承 1315 满足要求。

轴的上端装配轴承处轴直径选用 $d_0'' = 85mm$，选用单列圆锥滚子轴承 32917，计算过程略。

7. 变螺距理论分析

变螺距螺旋工作时，其物料的实际运动状态很复杂，只能在合理的假设条件下，通过建立数学模型、分析其变化规律。假设如下：

（1）假设螺旋工作时，物料在螺旋内的充满系数为 0.6，倾角 45° 影响系数为 0.7；

（2）不考虑物料在螺旋内的压缩情况；

（3）假设螺旋内物料沿螺旋的轴向运动速度等于螺旋叶片的轴向推移速度，不考虑螺旋表面对物料的摩擦情况。

1）变径与变螺距原理分析

为保证物料在料舱中全面流动，防止结拱，必须使整个下料段上单位长度的下料量相等，每个螺距的体积等于该螺距与其前面各螺距的下料量之和，其数学表达式为：

$$\begin{cases} V_1 = ES_1 \\ V_2 = E(S_1 + S_2) \\ \quad\vdots \\ V_n = \sum_{k=1}^{n} S_k = EL \end{cases} \quad (4-4-54)$$

式中　S_k——螺距，mm；

　　　L——下料宽度，mm；

　　　V_n——各螺距体积，mm；

　　　E——单位长度每转下料的体积，mm³/（r·mm）。

$$E = \frac{Q \times 10^9}{60 n' \rho \varphi L} \qquad (4\text{-}4\text{-}55)$$

式中　Q——绞龙输送量，kg/h；

　　　n'——绞龙转速，r/min；

　　　ρ——物质密度，kg/m³；

　　　φ——填充系数。

各螺距的体积又可表示为：

$$\begin{cases} V_1 = \pi \int_0^{S_1} \left[\left(R_1 + \tan\alpha \cdot S \right)^2 - r^2 \right] \mathrm{d}S \\ V_2 = \pi \int_{S_1}^{S_2} \left[\left(R_2 + \tan\alpha \cdot S \right)^2 - r^2 \right] \mathrm{d}S \\ \quad\vdots \\ V_n = \pi \int_{S_{n-1}}^{S_n} \left[\left(R_n + \tan\alpha \cdot S \right)^2 - r^2 \right] \mathrm{d}S \end{cases} \qquad (4\text{-}4\text{-}56)$$

由方程组（4-4-54）和方程组（4-4-56）解得：

$$\begin{cases} S_1^2 + 3R_1 S_1 / \tan\alpha + 3\left(R_1^2 - r^2 - E/\pi \right) / \tan^2\alpha = 0 \\ S_2^3 + 3R_2 S_2^2 / \tan\alpha + 3\left(R_2^2 - r^2 - E/\pi \right) S_2 / \tan^2\alpha - 3ES_1 / \pi \tan^2\alpha = 0 \\ \quad\vdots \\ S_n^3 + 3R_n S_n^2 / \tan\alpha + 3\left(R_n^2 - r^2 - E/\pi \right) S_n / \tan^2\alpha - 3E \sum_{k=1}^{n-1} S_k / \pi \tan^2\alpha = 0 \end{cases} \qquad (4\text{-}4\text{-}57)$$

此外还应满足：

$$S_1 + S_2 + \cdots + S_k = L \qquad (4\text{-}4\text{-}58)$$

$$\tan\alpha = \left(R_2 - R_1 \right)/S_1 = \left(R_3 - R_2 \right)/S_2 = \cdots = \left(R_n - R_{n-1} \right)/S_k = \left(R_n - R_1 \right)/L$$

由方程组（4-4-56）、方程组（4-4-57）、方程（4-4-58）联立，可解得未知数。但化简计算十分困难，因此有必要用另外方法求解。

由图 4-4-14 可知，R_1 不能小于轴半径 r，否则影响轴的强度。故 R_1 只能大于等于 r，即 $R_1 \geq r$。

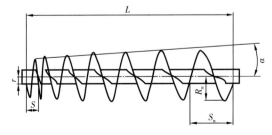

图 4-4-14　螺旋下料量示意图

另外，当 R_1 获得最大值时，S_1 有最小值，且第一个螺距的体积不能大于单位长度下料量 E，否则就不能保证物料在料仓中全面流动。由方程组（4-4-54）得：

$$\sum_{k=1}^{n} V_k = ES_1 + E(S_1 + S_2) + \cdots + EL \tag{4-4-59}$$

由方程组（4-4-56）得：

$$\sum_{k=1}^{n} V_k = \rho \int_0^L \left[(R_1 + \tan\alpha \cdot S)^2 - r^2 \right] dS \tag{4-4-60}$$

由式（4-4-59）和式（4-4-60）解：

$$ES_1 + E(S_1 + S_2) + \cdots + EL = \frac{\pi}{3} L \left(R_1^2 + R_{n+1} R_1 + R_{n+1}^2 - 3r^2 \right) \tag{4-4-61}$$

方程对两边所有 S 取极限，并注意到当 $S \to 0$ 时，$R_{n+1} \to R_1$，故有：

$$EL = \frac{\pi}{3} L \left(3R_1^2 - 3r^2 \right) \tag{4-4-62}$$

从而解得：

$$R_1 = \sqrt{E / \pi + r^2} \tag{4-4-63}$$

对 S 求极限的几何意义是，当 $S \to 0$ 时，该段下料体积就接近于 E，而此时所得 R_1 为最大值。综上所述，R_1 的有解范围为：

$$r \leq R_1 \leq \sqrt{E / \pi + r^2} \tag{4-4-64}$$

（1）螺距变化与螺距个数 n 的关系。

对用于计量的变径变螺距绞龙，为防止绞龙的末端产生"流延"影响精度，通常采用螺距由小变大的变径变螺距绞龙，而对于边输送边挤压的变径变螺距绞龙则要求螺距由大变小。

① 由小变大时最少螺距个数 $n_{\min}$，当 $S_1 < S_2 < \cdots < S_n$ 时，即螺距从小变大时有：$n \times S_k > L$ 即 $n_{\min} > L / S_n$，式中 S_n 是未知数，仍无法求解 $n_{\min}$。

现假定变螺距的后部有等螺距部分，则 $S_n / S_{n+1} > 1$，根据经验可取 $S_n = （1 \sim 1.3）S_{n+1}$，故：$n_{\min} > L / （1 \sim 1.3）S_{n+1}$

S_{n+1} 可按每转输送同体积的物料进行计算。

② 由大变小时的最多螺距的个数 $n_{\max}$，当 $S_1 > S_2 > \cdots > S_n$ 时，即螺距从大变小时有：$n \times S_k < L$ 即 $n > L / S_n$。由于 $S_n > S_{n+1}$，故有 $n < L / S_{n+1}$，所以：$n_{\max} < L / S_{n+1}$。

从而得出：要使螺距由小变大，其螺距个数必须满足 $n_{\min} > L / （1 \sim 1.3）S_{n+1}$；反之，螺距个数必须满足 $n_{\max} < L / S_{n+1}$。

螺距的计算。设变距变螺距螺旋轴的螺旋线方程为等角圆锥螺旋线，则其参数方程为

$$
\begin{cases}
x = c\exp(mt)\cos\tau \\
y = c\exp(mt)\sin\tau \\
z = b\exp(m\tau)
\end{cases}
\tag{4-4-65}
$$

式中 $c=a\sin\beta$，$b=a\cos\beta$，a 为常数，β 为圆锥顶半角，τ 为参数（其值分别为 0，2π，4π，$\cdots$，$2k\pi$），$m=\sin\beta\cos\alpha$，α 为等倾角变螺距圆锥螺旋线的螺旋角。

由式（4-4-65）可以看出：

$$
\begin{aligned}
&\tau=0 \text{ 时，} x=c\,;\ y=0;\ z=b \\
&\tau=2\pi \text{ 时，} x=ce^{2\pi m}\,;\ y=0;\ z=be^{2\pi m} \\
&\tau=4\pi \text{ 时，} x=ce^{4\pi m}\,;\ y=0;\ z=be^{4\pi m}
\end{aligned}
$$

以此类推可知：

$$
\tau=2k\pi \text{ 时，} x=ce^{2k\pi m}\,;\ y=0;\ z=be^{2k\pi m}
$$

所以螺旋线的直径为：

$$
d = 2\sqrt{x^2+y^2} = 2c\exp(m\tau) = ce^{2k\pi\sin\beta\cos\alpha}
\tag{4-4-66}
$$

螺旋线第 k 个螺距为：

$$
S_k = z_k - z_{k-1} = b\left\{\exp(2k\pi\cdot m) - \exp\left[2(k-1)\pi\cdot m\right]\right\}
\tag{4-4-67}
$$

（2）常规设计说明。

本设计设螺旋叶片内直径为 94mm，外直径 280～340mm 均匀变化，输送量为 $3.1\times60\,\text{m}^3/\text{h}$，螺旋轴长 3866mm，转速 390r/mm。

设填充系数为 1。可得单根螺旋轴单位长度上的下料量：

$$
E = \frac{Q\times10^9}{60n'\varphi L} = \frac{3.1\times60\times10^9}{60\times390\times0.42\times3866} = 4895\ \text{mm}^3/(\text{r}\cdot\text{mm})
$$

可得到叶片直径为：

$$
R_1 = \sqrt{E/\pi + r^2} = \sqrt{4895/3.14 + 47^2} = 61\ \text{mm}
$$

因此可得到叶片最小直径为：

$$
R_1 = \max\{47,61\} = 61
$$

叶片外径由 280～340mm 均匀变化，即最小半径为 140mm，最大半径为 170mm，螺旋长为 3866mm，始端螺距选择 $S_1=155$mm，整段螺距分成 20 段节距，则有：

$$
\tan\gamma = \frac{R_{\max}-R_0}{L} = \frac{170-140}{3866} = 7.76\times10^{-3} \Rightarrow \gamma = 0.4446°
$$

则有 $\sin\gamma=0.0077597$，$\cos\gamma=0.99996989$

$$R_0 = x_0 = n = a\sin\gamma = 140\text{mm} \Rightarrow a = \frac{140}{0.0077597} = 18041.93$$

$$b = a\cos\gamma = 18041.93 \times 0.99996989 = 18041.39$$

$$S_1 = Z_1 - Z_0 = b\left(e^{2\tau m} - 1\right) = 155$$

当 $k=1$ 时，

$$m_1 = \frac{1}{2\pi}\ln(155/b + 1) = \frac{1}{2\pi}\ln(155/18041.39 + 1) = 0.0013622$$

当 $k=20$ 时，$x = n e^{2k\pi m} = 170 \Rightarrow m_{20} = 0.0015458$

对中间两个螺旋叶片进行线性插值可得：$m_2 = 0.001372$，$m_3 = 0.001382$，$m_4 = 0.001391$，$m_5 = 0.001401$，$m_6 = 0.001411$，$m_7 = 0.00142$，$m_8 = 0.00143$，$m_9 = 0.00144$，$m_{10} = 0.001449$，$m_{11} = 0.001459$，$m_{12} = 0.001468$，$m_{13} = 0.001478$，$m_{14} = 0.001488$，$m_{15} = 0.001497$，$m_{16} = 0.0015707$，$m_{17} = 0.001517$，$m_{18} = 0.001526$，$m_{19} = 0.001536$

从而可以得出其他每段的螺距：

$$S_2 = z_2 - z_1 = 18041.39 \times \left(e^{4\pi \times 0.001372} - e^{2\pi \times 0.0013622}\right) = 158.6$$

$$S_3 = z_3 - z_2 = 18041.39 \times \left(e^{6\pi \times 0.001382} - e^{4\pi \times 0.001372}\right) = 162.3$$

$$S_4 = z_4 - z_3 = 18041.39 \times \left(e^{8\pi \times 0.001391} - e^{6\pi \times 0.001382}\right) = 165.6$$

$$S_5 = z_5 - z_4 = 18041.39 \times \left(e^{10\pi \times 0.001401} - e^{8\pi \times 0.001391}\right) = 169.8$$

$$S_6 = z_6 - z_5 = 18041.39 \times \left(e^{12\pi \times 0.001372} - e^{10\pi \times 0.0013622}\right) = 173.8$$

$$S_7 = z_7 - z_6 = 18041.39 \times \left(e^{14\pi \times 0.001372} - e^{12\pi \times 0.0013622}\right) = 176.9$$

$$S_8 = z_8 - z_7 = 18041.39 \times \left(e^{16\pi \times 0.00143} - e^{14\pi \times 0.00142}\right) = 181.75$$

$$S_9 = z_9 - z_8 = 18041.39 \times \left(e^{18\pi \times 0.00144} - e^{16\pi \times 0.00143}\right) = 185.9$$

$$S_{10} = z_{10} - z_9 = 18041.39 \times \left(e^{20\pi \times 0.001449} - e^{18\pi \times 0.00144}\right) = 188.95$$

$$S_{11} = z_{11} - z_{10} = 18041.39 \times \left(e^{22\pi \times 0.001459} - e^{20\pi \times 0.001449}\right) = 194.4$$

$$S_{12} = z_{12} - z_{11} = 18041.39 \times \left(e^{24\pi \times 0.001468} - e^{22\pi \times 0.001459}\right) = 197.3$$

$$S_{13} = z_{13} - z_{12} = 18041.39 \times \left(e^{26\pi \times 0.001478} - e^{24\pi \times 0.001468}\right) = 203.25$$

$$S_{14} = z_{14} - z_{13} = 18041.39 \times \left(e^{28\pi \times 0.001488} - e^{26\pi \times 0.001478}\right) = 207.88$$

$$S_{15} = z_{15} - z_{14} = 18041.39 \times \left(e^{30\pi \times 0.001497} - e^{28\pi \times 0.001488}\right) = 210.66$$

$$S_{16} = z_{16} - z_{15} = 18041.39 \times \left(e^{32\pi \times 0.001507} - e^{30\pi \times 0.001497} \right) = 217.3$$

$$S_{17} = z_{17} - z_{16} = 18041.39 \times \left(e^{34\pi \times 0.001517} - e^{32\pi \times 0.001507} \right) = 222.2$$

$$S_{18} = z_{18} - z_{17} = 18041.39 \times \left(e^{36\pi \times 0.001526} - e^{34\pi \times 0.001517} \right) = 224.86$$

$$S_{19} = z_{19} - z_{18} = 18041.39 \times \left(e^{38\pi \times 0.001536} - e^{36\pi \times 0.001526} \right) = 232.27$$

$$S_{20} = z_{20} - z_{19} = 18041.39 \times \left(e^{40\pi \times 0.001546} - e^{38\pi \times 0.001536} \right) = 237.5$$

此外还可以得到螺旋叶片的直径：

根据公式：$d = 2\sqrt{x^2 + y^2} = 2c\exp(m\tau)$ 可得：

$d_1 = 280$，$d_2 = 284.86$，$d_3 = 287.38$，$d_4 = 289.96$，$d_5 = 292.6$，$d_6 = 295.3$，$d_7 = 298.02$，$d_8 = 300.86$，$d_9 = 303.74$，$d_{10} = 306.68$，$d_{11} = 309.7$，$d_{12} = 312.76$，$d_{13} = 315.9$，$d_{14} = 319.14$，$d_{15} = 322.4$，$d_{16} = 325.78$，$d_{17} = 329.2$，$d_{18} = 332.72$，$d_{19} = 336.32$，$d_{20} = 340$。

2）等直径变螺距分析

（1）物料的轴向运动速度和流量。

在螺旋轴的设计过程中，螺旋升角不能太大。否则不能起到推动物料前进的作用，如图4-4-15所示为螺旋叶片的提升角，其中上斜边 L 与周长 πD 的夹角称为螺旋外提升角 α_1，斜边 l 与周长 πd 之间的夹角称为内提升角即 α_2，显然有 $\alpha_2 > \alpha_1$，并且 $\alpha_2 \rightarrow \alpha_1$ 是连续地渐渐升高的。

螺旋工作时，由于螺旋叶片上各点的螺旋转角随其截面的半径不同而变化，因此，物料的轴向运动速度在截面上的分布是很复杂的。圆周速度 V_0 是牵连速度，用 $\overline{OA}$ 表示；相对速度为平行于0点螺旋线的切线方向，用 $\overline{AB}$ 表示；绝对速度 V_a 应沿0点螺旋线的法线方向与 x 轴成 α 角，用 $\overline{OB}$ 表示。当考虑物料与螺旋面之间有摩擦，其运动速度 V_f 的方向与法线偏离一个摩擦角 φ。V_f 可分解为轴向速度 V_x 和切向速度 V_y（图4-4-16）。

$$V_x = V_f \cos(\alpha + \varphi) = V_0 \frac{\sin\alpha}{\cos\varphi} \cos(\alpha + \varphi)$$

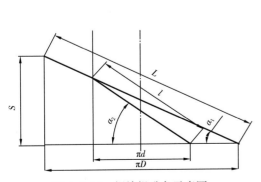

图4-4-15 螺旋提升角示意图

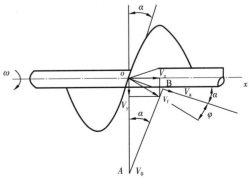

图4-4-16 物料输送速度图

把 $V_0 = \omega \times r = \dfrac{k\pi}{30} \times \dfrac{S}{2\pi \tan\alpha} = \dfrac{Sn}{60\tan\alpha}$ 代入上式可得：

$$V_x = \frac{Sn}{60}\cos^2\alpha\left(1 + f\tan\alpha\right) \tag{4-4-68}$$

式中　α——螺旋叶片升角（螺旋角）；

　　　　φ——物料与螺旋面的摩擦角；

　　　　f——物料与螺旋面间的摩擦系数；

　　　　n——螺旋轴转速，r/min；

　　　　S——螺旋的螺距，mm。

根据前面假设，如果螺旋的螺距变化不太大，假设在螺旋面的整个区域内，物料的轴向速度都相同，由此，根据物料流量的定义有 $Q = \int V_x \mathrm{d}\sigma$（$\mathrm{d}\sigma$ 为面积元，$\mathrm{d}\sigma = 2\pi r\mathrm{d}r$），则可求得：

$$Q = \frac{Sn\pi}{240}\left(D^2 - d_0^2\right) - \frac{S^3 n}{240\pi}\ln\left(\frac{\pi D^2 + S^2}{\pi d_0^2 + S^2}\right) + \frac{fnS^3}{120\pi}\left[\left(\cot\alpha_2 + \alpha_2\right) - \left(\cot\alpha_1 + \alpha_1\right)\right] \tag{4-4-69}$$

式中　D——螺旋叶片的外径，mm；

　　　　d_0——螺旋叶片的内径，mm；

　　　　Q——物料的流量，mm^3/s。

螺旋输送机倾斜角度的布置也将影响物料的输送效果，随着倾斜角度增大，输送能力会下降；另外倾斜角度还会导致螺距及填充系数的改变。物料在料槽中的填充系数对物料的输送和能量消耗有很大影响（李海燕，2009），靠近螺旋外侧的物料具有较大的轴向速度，而靠近螺旋轴的物料圆周速度比外层物料大。

$$Q = \left\{\frac{Sn\pi}{240}\left(D^2 - d_0^2\right) - \frac{S^3 n}{240\pi}\ln\left(\frac{\pi D^2 + S^2}{\pi d_0^2 + S^2}\right) + \frac{fnS^3}{120\pi}\left[\left(\cot\alpha_2 + \alpha_2\right) - \left(\cot\alpha_1 + \alpha_1\right)\right]\right\}K_0 \tag{4-4-70}$$

式中　K_0——倾角、填充系数影响系数。

式（4-4-70）即为计算螺旋输送器输送量的理论公式。通过分析式（4-4-70）中后面两项的计算结果相对总的结果影响很小，可以忽略不计，在计算时假设其填充系数为0.6，但实际上不可能达到，此外还应该考虑其倾角的影响，取其影响系数为0.7。综合上述因素，将理论公式（4-4-70）与360输砂器相比较，取倾角、填充系数影响系数 K_0 为0.42，得出下面的公式：

$$Q = \frac{0.34}{60}nS\left(D_2 - d_0^2\right) \tag{4-4-71}$$

对于等直径变螺距螺旋结构，由于螺距是变化的，因此，不同的螺距截面，其物料的流量也是不同的。如图4-4-17所示，设在 Z 处截面的物流流量为 Q_1，在 $Z+\Delta Z$ 处截面的物料流量为 Q_2，则其流量的差值为：

$$\Delta Q = Q_2 - Q_1$$

但在实际应用中，要求螺旋的物料均匀一致，即使 ΔZ 趋向于无穷小，其单位长度的物料也保持常数，即满足方程：

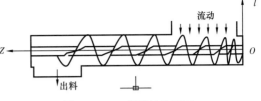

图 4-4-17　螺旋结构简图

$$\lim_{\Delta x \to 0}\frac{Q_2 - Q_1}{\Delta Z} = \lim_{\Delta Z \to 0}\frac{\Delta Q}{\Delta Z} = K$$

式中 K 为常数。将上式以微分形式表示为：

$$\frac{\mathrm{d}Q}{\mathrm{d}Z} = K$$

对其求积分即得：

$$Q = KZ + Q_0 \tag{4-4-72}$$

式中　Q_0——螺旋始端处的物料流量。

将式（4-4-71）代入式（4-4-72），则有：

$$\frac{0.34}{60} nS\left(D^2 - d_0^2\right) = KZ + Q_0$$

由上式可求得：

$$S = \frac{2K}{\left(D^2 - d_0^2\right)\dfrac{0.34}{60}n}\;Z + \frac{2Q_0}{\left(D^2 - d_0^2\right)\dfrac{0.34}{60}n} \tag{4-4-73}$$

为使式（4-4-73）简化，引用符号：

$$a = \frac{2K}{\left(D^2 - d_0^2\right)\dfrac{0.34}{60}n}\qquad S_0 = \frac{2Q_0}{\left(D^2 - d_0^2\right)\dfrac{0.34}{60}n}$$

式中 a、S_0 为常数，其中，S_0 为螺旋始端的螺距。于是：

$$S = aZ + S_0 \tag{4-4-74}$$

式（4-4-74）即为等直径变螺距螺旋的螺距表达式。

对于变螺距螺旋的螺旋转角，当螺旋以 ω 的匀角速度转动时，在 Δt 的间隔时间内，螺旋相应的转过一个角度 $\Delta \alpha$，由角速度定义有：

$$\omega = \lim_{\Delta t \to 0}\frac{\Delta \alpha}{\Delta t} = \frac{\mathrm{d}\alpha}{\mathrm{d}t} \tag{4-4-75}$$

而在 Δt 的间隔时间内，相应的螺旋叶片也沿轴向推移 ΔZ 的量，根据速度定义有：

$$V = \lim_{\Delta t \to 0}\frac{\Delta Z}{\Delta t} = \frac{\mathrm{d}Z}{\mathrm{d}t} \tag{4-4-76}$$

由式（4-4-75）和式（4-4-76）得：

$$V = \omega \frac{\mathrm{d}Z}{\mathrm{d}\alpha} \qquad (4\text{-}4\text{-}77)$$

将式（4-4-77）代入式（4-4-73），则有：

$$\omega \frac{\mathrm{d}Z}{\mathrm{d}\alpha} = \frac{\omega}{2\pi}S \Rightarrow S = 2\pi \frac{\mathrm{d}Z}{\mathrm{d}\alpha} \qquad (4\text{-}4\text{-}78)$$

再将式（4-4-78）代入式（4-4-74）得微分方程：

$$2\pi \frac{\mathrm{d}Z}{\mathrm{d}\alpha} = aZ + S_0 \qquad (4\text{-}4\text{-}79)$$

以初始条件 $Z=0$ 时，解微分方程得：

$$\alpha = 2\pi \frac{1}{a} \ln\left(\frac{a}{S_0}Z + 1 \right) \qquad (4\text{-}4\text{-}80)$$

公式（4-4-80）即为等直径变螺距螺旋的螺旋转角表达式。

（2）公式应用。

本设计中，输送量 $Q=3.1\mathrm{m}^3/\mathrm{min}$，螺旋外直径 $R=166\mathrm{mm}$，内直径 $r=47\mathrm{mm}$，螺旋长 $Z=3866\mathrm{mm}$，始端螺距选择 $S_0=175\mathrm{mm}$，转速 $n=390\mathrm{r/min}$。求每段螺距。

解：由公式 $Q = \dfrac{0.34}{60}nS_n\left(D^2 - d_0^2\right)$

$Q = \dfrac{3.1 \times 10^9}{60} = 51.666 \times 10^6\,\mathrm{mm}^3/\mathrm{s}$，解得：$S_n=237\mathrm{mm}$，取 235mm。

由公式 $S=aZ+S_0$，可得 $a = \dfrac{S_n - S_0}{Z} = \dfrac{235-175}{3866} = 0.0155$

再由公式 $\alpha = 2\pi \dfrac{1}{a} \ln\left(\dfrac{a}{S_0}Z + 1 \right)$，代入数据可得：$\alpha_n = 19 \times 2\pi$。

根据等差数列计算并圆整后得到每段螺距值为：175、178、181、184、187、190、193、196、199、201、205、209、213、217、221、224、227、231、235mm。

8. 基于 workbench 流—固耦合场分析

流—固耦合力学是流体力学与固体力学交叉而生成的一门力学分支，它是研究变形固体在流场作用下的各种行为以及固体位形对流场影响这二者相互作用的一门科学。流—固耦合力学的重要特征是两相介质之间的相互作用，变形固体在流体载荷作用下会产生变形或运动。变形或运动又反过来影响流体，从而改变流体载荷的分布和大小，正是这种相互作用将在不同条件下产生形形色色的流—固耦合现象（王福军，2004）。

流—固耦合问题可由其耦合方程定义，这组方程的定义域同时有流体域与固体域。

而未知变量含有描述流体现象的变量和含有描述固体现象的变量，一般而言具有以下两点特征：流体域与固体域均不可单独地求解、无法显式地消去描述流体运动的独立变量及描述固体现象的独立变量。

从总体上来看，流—固耦合问题按其耦合机理可分为两大类：

第一类问题的特征是耦合作用仅仅发生在两相交界面上，在方程上的耦合是由两相耦合面上的平衡及协调来引入的，如气动弹性、水动弹性等。

第二类问题的特征是两域部分或全部重叠在一起，难以明显地分开，使描述物理现象的方程，特别是本构方程需要针对具体的物理现象来建立，其耦合效应通过描述问题的微分方程来体现。

实际上流—固耦合问题是场（流场与固体变形场）间的相互作用：场间不相互重叠与渗透，其耦合作用通过界面力（包括多相流的相间作用力等）起作用；若场间相互重叠与渗透，其耦合作用通过建立不同于单相介质的本构方程等微分方程来实现。

关于流—固耦合问题的求解方式主要有两种：两场交叉迭代和直接全部同时求解。

流—固耦合的数值计算问题，早期是从航空领域的气动弹性问题开始的，这也就是通过界面耦合的情况，只要满足耦合界面力平衡，界面相容就可以。

气动弹性开始主要是考虑机翼的颤振边界问题，计算采用简化的气动方程和结构动力学方程，从理论推导入手，建立耦合方程，这种方法求解相对容易，适应性也较窄。

现在由于数值计算方法、计算机技术的发展，整个的求解趋向于 ns 方程与非线性结构动力学（袁恩熙，2005）。一般使用迭代求解，也就是在流场、结构上分别求解，在各个时间步之间耦合迭代，收敛后再向前推进。优点是各自领域内成熟的代码稍作修改就可以应用。其中可能要涉及一个动网格的问题，由于结构的变形，使得流场的计算域发生变化，要考虑流场网格随时间变形以适应耦合界面的变形。在数值计算的初步估计基础上，通过降维模型（reduced order model）可以很快地得到初步设计方案，再通过详细的数值计算来验证。

1）静力分析数学模型

螺旋输砂器在实际工作中的力学行为比较复杂。为了能够了解螺旋输砂器内物料的流动对螺旋绞龙的作用，需要对其进行流—固耦合计算。在 ANSYS workbench 中流—固耦合计算的实现方式如图 4-4-18 所示。

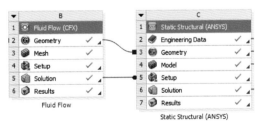

图 4-4-18　ANSYS workbench 中流—固耦合计算方式

静力结构分析是用来分析结构在给定静力载荷作用下的响应，结构的位移、反力、应力以及应变是我们所关心的。通用的运动方程如下：

$$[M]\{\ddot{x}\}+[C]\{\dot{x}\}+[K]\{x\}=\{F(t)\}$$

式中　$[M]$——质量矩阵；

　　　$[C]$——阻尼矩阵；

[K]——刚度系数矩阵；

{x}——位移矢量；

{F}——力矢量。

在离心力场中运动物理除受到惯性力、阻尼力外，而且当具有初应力时还要考虑初应力的影响，则整个叶片的平衡方程为：

$$[M]\{\ddot{\delta}\}+[C]\{\dot{\delta}\}+[M_G]\{\dot{\delta}\}+[K]\{\delta\}-[M_C]\{\delta\}=\{Q_C\}+\{Q_P\}-\{F_\sigma\}+\{R\}$$

式中 [M]——叶片总质量矩阵；

[C]——叶片总阻尼矩阵；

[M_G]——叶片总哥氏力矩阵；

[K]——叶片总刚度矩阵；

[M_C]——叶片总离心力质量矩阵；

{Q_C}——变形前离心力向量；

{Q_P}——叶片表面流体压力的等效载荷向量；

{F_σ}——叶片初应力引起的等效节点载荷向量；

{R}——节点集中力向量；

{Q_C}+[M]{δ}——变形后离心力载荷向量。

节点间的相互作用载荷$\{F_i\}^e$，在集合过程中表现为内力，其向量和为零。

由于叶片的静力分析与时间无关，故上面的方程可变为：

$$[K]\{\delta\}-[M_C]\{\delta\}=\{Q_C\}+\{Q_P\}-\{F_\sigma\}+\{R\}$$

如在小变形范围内，可以忽略初应力的作用，可以得到：

$$[K]\{\delta\}-[M_C]\{\delta\}=\{Q_C\}+\{Q_P\}+\{R\}$$

2）施加约束和载荷

首先在流场分析中将流场的压力施加到绞龙的实体表面，效果如图 4-4-19 所示。其中最大压力为 0.2MPa。

定义约束条件如图 4-4-20 所示，出料端加轴承约束，进料端固定约束。以螺旋绞龙的轴心为旋转中心施加转速为 390r/min，材料密度为 7850kg/m³。

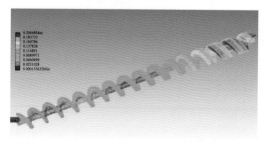

图 4-4-19　导入流场压力后效果图

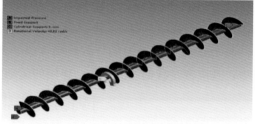

图 4-4-20　施加约束和载荷

3）计算结果分析

计算得出应力云图和位移云图，如图 4-4-21 和图 4-4-22 所示。

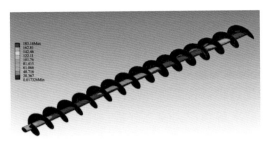 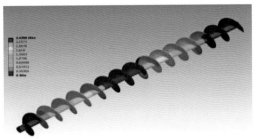

图 4-4-21　von-mises 应力云图　　　　图 4-4-22　总体位移云图

由计算结果可以看出，输砂器内砂的流动对螺旋绞龙强度影响比较大，最大应力值为 183.16MPa。最大应力在材料的许用应力范围内，满足强度要求。

螺旋绞龙的最大变形发生在绞龙的中部，这是由于重力和离心力的影响所致，最大变形量为 2.43mm。考虑螺旋绞龙的最大变形发生在螺旋轴中部，可以将螺旋轴设置为两段式，中间应用支撑的形式。

9. 预应力模态分析

1）螺旋体固有频率计算

由于螺旋输砂器的螺旋体是由主轴和螺旋叶片构成的，而螺旋叶片绕着主轴呈周期性对称布置特征，所以，可将输送螺旋体近似为均匀梁，根据安装形式，可将其螺旋体简化为两端铰支的情况，如图 4-4-23 所示。

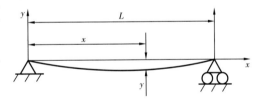

图 4-4-23　螺旋体简化模型

对于这种两端铰支的模型，两端点的位移和弯矩为 0，其边界条件为：

$$y|_{x=0}=0;\ \left.\frac{\mathrm{d}^2 y}{\mathrm{d}x^2}\right|_{x=0}=0\quad\text{和}\quad y|_{x=L}=0;\ \left.\frac{\mathrm{d}^2 y}{\mathrm{d}x^2}\right|_{x=L}=0 \tag{4-4-81}$$

可解得两端铰支的螺旋体的固有角速度为：

$$\omega_r=\left(r\pi\right)^2\sqrt{\frac{EI}{mL^3}}\quad r=1,2,\cdots \tag{4-4-82}$$

当 r 取不同数值时，可产生多种振型。当 r≥2 时，将产生多波形振动。由机械振动学可知，当螺旋体的角速度接近其固有角速度时，将产生强烈振动。当螺旋体的角速度等于固有角速度时，将产生共振。所以，由公式可得螺旋输砂器的共振转速分别为：

$$n_r=\frac{30}{\pi}\omega_r=30\pi\left(r\right)^2\sqrt{\frac{EI}{mL^3}}\quad r=1,2,\cdots \tag{4-4-83}$$

且 $n_1 : n_2 : \cdots = 1 : 4 : \cdots$

这里选取现有的螺旋输砂器的结构参数为参考，将已知参数代入数值后得到：$n_1 = 1618.39\text{r/min}$。

2）预应力模态分析

在某些情况下，结构上预加的应力可能会影响到整个模型的固有频率，因此，在进行模态分析时需要考虑预应力效果。这种分析称为预应力模态分析。在求解预应力模态分析的过程中，程序内部需要执行两个迭代过程：首先进行线性静态分析，再基于静态分析的应力状态考虑应力硬化矩阵，然后求解预应力模态分析。具体分析过程如图 4-4-24 所示。

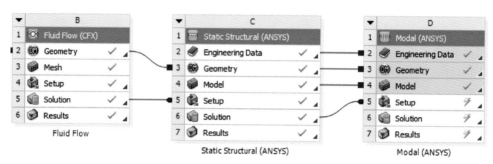

图 4-4-24 预应力模态分析流程

（1）螺旋绞龙预应力模态数学模型。

在不考虑外部载荷作用时，忽略阻尼对结构固有特定的影响，系统的运动微分方程为：

$$M\delta'' + K\delta = 0$$

由于绞龙在工作过程中，受到流体作用力以及离心力等载荷作用的影响，由此在分析绞龙振动特性时需要考虑这些载荷的作用。此时绞龙的模态分析数学模型可表示为：

$$M\delta'' + K\delta = Q_c + M_c\delta$$

（2）结果分析。前十阶预应力模态振型如图 4-4-25 所示。前十阶预应力模态频率见表 4-4-7。

表 4-4-7 前十阶预应力模态频率

模态	1	2	3	4	5	6	7	8	9	10
频率	29.872	30.337	83.312	84.57	159.56	161.97	202.64	238.86	253.07	265.15

前十阶静态模态频率见表 4-4-8，静态模态振型如图 4-4-26 所示。

表 4-4-8 前十阶静态模态频率

模态	1	2	3	4	5	6	7	8	9	10
频率	27.436	27.44	75.195	75.207	146.2	146.22	192.52	236.41	238.97	248.98

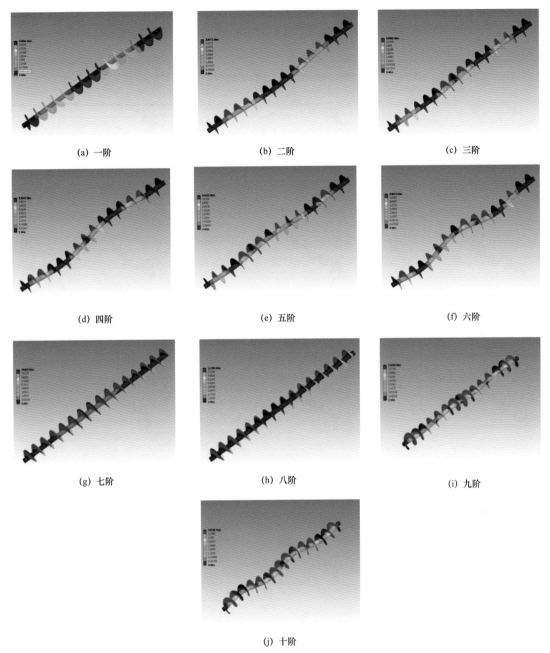

(a) 一阶　　　　　　　　　(b) 二阶　　　　　　　　　(c) 三阶

(d) 四阶　　　　　　　　　(e) 五阶　　　　　　　　　(f) 六阶

(g) 七阶　　　　　　　　　(h) 八阶　　　　　　　　　(i) 九阶

(j) 十阶

图 4-4-25　预应力模态振型

　　对比表 4-4-7 和表 4-4-8 中的前十阶模态的频率值，可以看出，当考虑流场对绞龙的影响后，前十阶模态的频率值皆有所增大，第十阶频率差值最大为 16.17，第一阶频率差最小为 2.436。具体情况见表 4-4-9。从频率的差异率来看，前六阶差异率较大，到第七阶后频率差异率反而开始变小；第四阶模态频率差异率最大为 12.45%，第八阶差异率最小为 1.03%。

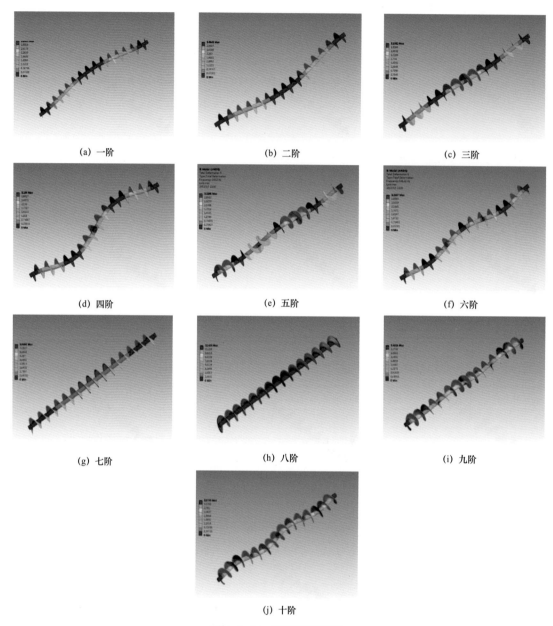

図 4-4-26 静态模态振型

表 4-4-9 预应力模态和静态模态前十阶频率比较

模态	1	2	3	4	5	6	7	8	9	10
频率差	2.436	2.897	8.117	9.363	13.36	15.75	10.12	2.45	14.1	16.17
差异率 /%	8.87	10.55	10.79	12.45	9.14	10.77	5.25	1.03	5.9	6.49

第一阶静态模态对应的临界转速为：$n=27.436×60=1646.16r/min$，而现在的螺旋输砂器绞龙的工作转速为 390r/min，所以不会发生共振。

二、基于数字比例阀控的输砂技术

1. 技术方案

基于常规泵控螺旋输砂装置性能的应用基础，构建数字比例阀控式螺旋输砂装置，从而提高螺旋输砂装置输砂量的控制精度和响应速度。

1）常规泵控螺旋输砂装置液压控制系统方案。

常规闭式液压控制系统如图4-4-27所示。该系统中，电液比例控制变量泵、低速大扭矩马达、大排量螺旋输砂装置、编码器以及输砂自动控制器构成完整的闭环控制回路。其中，液压系统为变量柱塞泵与大扭矩液压马达构成的闭式泵控系统。通过对螺旋输砂装置主轴的转速测量和反馈，实现大排量螺旋输砂装置旋向和转速的控制，间接实现对螺旋输砂装置输砂流量的控制。

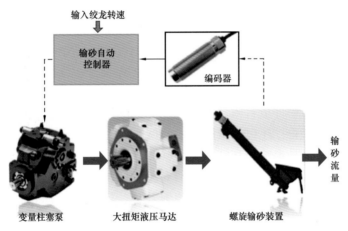

图4-4-27 闭式泵控系统示意图

2）数字比例阀控式螺旋输砂装置液压控制系统方案

常规泵控系统存在一定程度上的液压泵变量调整机构的响应速度慢的问题，导致螺旋输砂装置主轴响应速度慢，影响系统的整体工作效率；同时，液压马达等元件的泄漏会导致螺旋输砂装置低速爬行。

采用开式数字比例阀控系统可以提高系统的响应速度和响应精度，即采用数字比例阀来控制低速大扭矩马达，以实现对螺旋输砂装置转速和输砂量的控制。数字比例阀控螺旋输砂装置系统如图4-4-28所示，该系统主要包括液压泵、数字比例阀、速度反馈齿轮组、液压马达、控制器以及相应的连接附件。

数字比例阀控螺旋输砂装置的具体工作原理为：数字比例阀的进油口与液压泵的输出油路相连，数字比例阀接收控制器的指令信号后，阀芯产生相应的位移，液压油通过数字比例阀输送到液压马达，驱动液压马达旋转，液压马达通过链轮带动螺旋输砂装置主轴旋转，进行输砂；主轴的转速通过一套齿轮机构反馈到比例阀本体，对比例阀阀芯位置进行动态调整，从而调整马达的转速。控制器内部算法进一步提高比例阀的控制精度，实现对马达转速的双闭环控制。

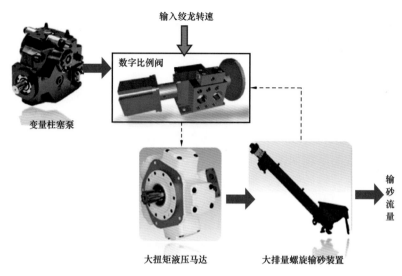

图 4-4-28　数字比例阀控螺旋输砂装置示意图

2. 仿真研究

1）物性参数标定

压裂支撑砂粒作为一种散料体，其主要力学特性包括泊松比、剪切模量和密度等材料参数，可查询手册获得；还包括接触碰撞模型所需的碰撞恢复系数、静摩擦系数和动摩擦系数等碰撞参数，是影响仿真精度关键参数，无法参考相关文献或手册，需进行参数标定。在离散元接触模型中，考虑到压裂支撑砂粒含水率低、黏附力基本可忽略，且其圆度、球度在 0.8 以上，可近似成为理想颗粒体，因此采用 Hertz–Mindlin（无滑移）接触模型，将砂粒的作用力分解为接触点的法向力和切向力，通过法向力和切向力的耦合计算获得颗粒间接触碰撞时受到空间作用力，在仿真时间内迭代计算出颗粒群的位置信息。Hertz–Mindlin（无滑移）接触模型中法向量 F_n、切向力 F_t、法向阻尼力 C_n、切向阻尼力 C_t，满足方程：

$$F_n = \frac{4}{3} E^* \sqrt{R^*} \delta_n^{\frac{3}{2}}$$
（4-4-84）

$$F_t = -S_t \delta_t$$
（4-4-85）

$$C_n = -2\sqrt{\frac{5}{6}} \beta \sqrt{2E^* \left(\sqrt{R^* \delta_n} \right) m^*}$$
（4-4-86）

$$C_t = \min \left[-S_t^2 - 2\sqrt{\frac{5}{6}} \beta \sqrt{S_t m^*} \delta_t, \ \mu F_n \right]$$
（4-4-87）

$$S_t = 8G^* \sqrt{R^* \delta_n}$$
（4-4-88）

式中　E^*——当量杨氏模量，Pa；

　　　R^*——等效接触半径，m；

　　　S_t——方向刚度，N/m；

　　　δ_n——法向重叠量，m；

　　　δ_t——切向重叠量，m；

　　　G^*——当量剪切模量；

　　　m^*——当量质量，kg；

　　　μ——静摩擦系数。

滚动摩擦在仿真计算中不可忽略，通过在接触表面施加力矩 τ 来考虑，则有：

$$\tau = \mu_r F_n X \omega \qquad (4-4-89)$$

式中　μ_r——滚动摩擦系数；

　　　X——接触点与质心之间的距离；

　　　ω——物体接触点处的单位角速度矢量。

结合正交试验及仿真分析方法，对压裂支撑砂粒的碰撞模型进行标定，具体操作流程如图 4-4-29 所示。参照 SY/T 5108—2014《水力压裂和砾石充填作业用支撑剂性能测试方法》规定，完成压裂支撑砂粒堆积测试，同时建立堆积角仿真模型，反衍推出压裂支撑砂粒—压裂支撑砂粒、压裂支撑砂粒—钢之间的恢复系数、静摩擦系数和动摩擦系数等参数。

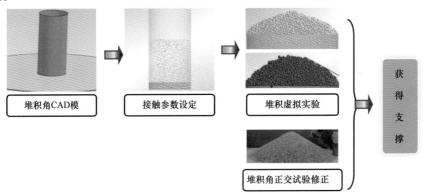

图 4-4-29　碰撞参数标定流程

2）堆积角虚拟试验

仿真实验模型由圆筒（或漏斗）和下方的基板组成，圆筒的规格根据预测颗粒的粒径确定，圆筒的直径应至少大于颗粒粒径的 5 倍，高度和圆筒直径之比应大于 3∶1，板材厚度为 10mm，圆筒和基板的材料均为钢。实验过程选取的物料为压裂用支撑剂（天然石英砂），取天然石英砂平均粒径为 5mm 的球体，天然石英砂粉初始堆积在圆筒中。结合文献研究结果，将支撑砂粒平均直径放大至 5mm，对应测试圆筒结构参数为直径 50mm，高度 250mm。料筒以缓慢速度垂直于料板提升，模拟过程如图 4-4-30 所示。

| (a) 仿真模型建立 | (b) 支撑砂粒生成 | (c) 圆筒体提升 | (d) 支撑砂粒堆积完成 |

图 4-4-30　支撑砂粒堆积过程示意图

建立 4 因素 4 水平的正交虚拟仿真实验，共进行 16 组仿真算例。泊松比、恢复系数、静摩擦系数和滚动摩擦系数等因素以及对应的水平数值见表 4-4-10。

表 4-4-10　正交虚拟仿真实验水平数值

实验水平	试验因素			
	泊松比	恢复系数	静摩擦系数	滚动摩擦系数
1	0.2	0.4	0.2	0.05
2	0.3	0.5	0.4	0.10
3	0.4	0.6	0.6	0.15
4	0.5	0.7	0.8	0.20

在完成 16 组算例堆积仿真实验后，利用 EDEM 仿真软件后处理工具，堆积斜面形成曲线进行线性拟合，见表 4-4-11。

表 4-4-11　正交虚拟仿真结果

算例号 ＼ 因素	泊松比 1	恢复系数 2	静摩擦系数 3	滚动摩擦系数 4	空列 5	堆积角
算例 1	1	1	1	1	1	16.85°
算例 2	1	2	2	2	2	21.03°
算例 3	1	3	3	3	3	23.91°
算例 4	1	4	4	4	4	26.79°
算例 5	2	1	2	3	4	23.34°
算例 6	2	2	1	4	3	18.52°
算例 7	2	3	4	1	2	19.45°
算例 8	2	4	3	2	1	20.56°

续表

因素 算例号	泊松比 1	恢复系数 2	静摩擦系数 3	滚动摩擦系数 4	空列 5	堆积角
算例 9	3	1	3	4	2	22.55°
算例 10	3	2	1	3	1	20.88°
算例 11	3	3	4	2	4	21.42°
算例 12	3	4	2	1	3	21.37°
算例 13	4	1	4	2	3	25.16°
算例 14	4	2	3	1	4	20.32°
算例 15	4	3	2	4	1	25.64°
算例 16	4	4	1	3	2	19.23°

3）支撑砂粒堆积试验及仿真参数确定

压裂支撑剂是用于支撑压裂裂缝的具有一定强度的固体颗粒物质，可分为天然石英砂和人造烧结陶粒。对现有压裂支撑剂进行堆积角测试，试验压裂支撑性能见表4-4-12。

表 4-4-12 支撑砂粒性能参数

压裂支撑剂类型	石英砂	圆度	0.7
粒径规格	850/425μm	破碎率	≤14.0%
球度	0.7		

参考 JB/T 9014.7—1999《连续输送设备 散粒物料 堆积角的测定》和 DEMSolution 软件官方推荐散料堆积角测试方法进行室内试验。采用 DN100mm×400mm 圆钢筒、纸盘、角度尺等工具，将圆钢筒放入料盘，并在圆钢筒内填充一定量压裂支撑砂粒；将料盘轻刷干净后，以 0.3～0.5m/s 速度向上提升圆钢筒，让物料自由下落在料盘上成锥形料堆，如图 4-4-31 所示。

图 4-4-31 压裂支撑砂粒堆积测试

堆积角室内测试结果见表 4-4-13。

表 4-4-13　压裂支撑砂粒堆积角室内测试结果

试验次数	坡面	堆积角 /(°)	堆积角小平均 /(°)	堆积角平均 /(°)
1	1	23	22.75	23.375
	2	22		
	3	23		
	4	23		
2	1	23	23.75	
	2	24		
	3	24		
	4	24		
3	1	23	23.625	
	2	25		
	3	23.5		
	4	23		

　　为了获得准确的仿真参数，采用堆积角虚拟仿真与试验验证相结合方式。室内支撑砂粒堆积角测试获得的平均堆积角为 23.38°。根据仿真结果正交分析，并调整仿真参数，并经过三次重复仿真，得到堆积角分别为 22.66°、24.27° 和 23.09°，平均为 23.34°，最终标定的支撑砂粒接触参数见表 4-4-14。

表 4-4-14　压裂支撑砂粒仿真物性参数

仿真参数	数值	仿真参数	数值
支撑砂粒—支撑砂粒的恢复系数	0.4	支撑砂粒—钢的恢复系数	0.5
支撑砂粒—支撑砂粒的静摩擦系数	0.4	支撑砂粒—钢的静摩擦系数	0.4
支撑砂粒—支撑砂粒的滚动摩擦系数	0.01	支撑砂粒—钢的滚动摩擦系数	0.05

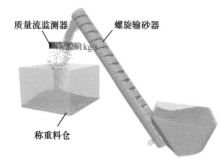

图 4-4-32　螺旋输砂器仿真模型

4）结构参数影响仿真分析

　　螺旋输砂器主要结构参数包括螺旋叶轮直径、螺旋叶片螺距、中轴轴径、螺旋叶片与壳体间隙和倾角。依据上述混砂装置螺旋输砂器设计方案，建立不同结构参数的螺旋输砂器仿真模型（图 4-4-32），分别建立螺旋输砂器、质量流监测器和称重料仓以及支撑砂粒仿真模型，实现螺旋输砂器性能仿真。根据各参数不同取值建立 16 个仿真算例，见表 4-4-15。

表 4-4-15 不同结构参数仿真算例

算例编号	结构参数							
	壳体内径 /mm	叶片直径 /mm	间隙 /mm	中轴轴径 /mm	螺距 1/mm	螺距 2/mm	总长 /mm	安装倾角 /(°)
算例 1	346	332	7	94	175	230	3540	45
算例 2	346	332	7	94	230	230	3540	45
算例 3	346	332	7	94	332	332	3540	45
算例 4	346	332	7	94	175	332	3540	45
算例 5	346	332	7	94	332	175	3540	45
算例 6	346	332	7	94	175	175	3540	45
算例 7	346	286	30	94	175	230	3540	45
算例 8	346	332	7	84	175	230	3540	45
算例 9	346	332	7	104	175	230	3540	45
算例 27	346	332	7	94	3540	175	66.4	6
算例 28	346	332	7	94	3540	175	99.6	6
算例 29	346	332	7	94	3540	175	132.8	6
算例 30	346	332	7	94	3540	175	166	6
算例 31	346	332	7	94	3540	175	199.2	6
算例 32	346	332	7	94	3540	175	232.4	6
算例 33	346	332	7	94	3540	175	265.6	6
算例 34	346	332	7	94	3540	175	298.8	6
算例 35	346	332	7	94	3540	175	332	6
算例 36	346	296	25	94	3540	175	230	6
算例 37	346	306	20	94	3540	175	230	6
算例 38	346	316	15	94	3540	175	230	6
算例 39	346	326	10	94	3540	175	230	6

注：螺距 1 为下部进料口处螺旋叶片螺距；螺距 2 为螺旋绞龙上部螺距。

（1）螺距影响分析。

建立不同螺距的仿真模型算例算例 27 至算例 35，如图 4-4-33 所示，螺距取值为螺旋叶片直径的 0.2～1 倍。在相同转速下随着螺距增加，螺旋输砂装置内支撑砂粒的填充系数降低。当螺距 P 为 66.4mm（0.2 倍螺旋叶片直径），由于进料区域的螺距比上部螺距大，支撑砂粒在罐体内螺距过度区域出现挤压现象，阻碍支撑砂粒输送，反映的现象是输砂量低，这与实际情况相吻合。

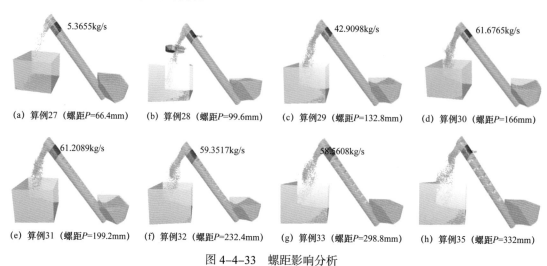

(a) 算例27（螺距P=66.4mm) (b) 算例28（螺距P=99.6mm) (c) 算例29（螺距P=132.8mm) (d) 算例30（螺距P=166mm)

(e) 算例31（螺距P=199.2mm) (f) 算例32（螺距P=232.4mm) (g) 算例33（螺距P=298.8mm) (h) 算例35（螺距P=332mm)

图 4-4-33　螺距影响分析

输砂量与时间关系曲线可知，当螺距为 0.2～0.5 倍螺旋叶片直径时，螺距与输砂量成正比；在 0.5～1 倍螺旋叶片直径时，螺距对平均输砂量基本无影响，只影响输送上返出料时间。

$$\begin{cases} Q \propto P^1, & 0.2D \leqslant P \leqslant 0.5D \\ Q \propto P^0, & 0.5D \leqslant P \leqslant D \end{cases}$$

① 算例1、算例4、算例6中螺距1为175mm，螺距2从175mm至332mm变化，仿真结果如图4-4-34所示。

可知，算例1、算例4、算例6仿真获得的平均输砂量基本相同，螺距2越大上返时间越快、但输砂量波动越大。

② 算例3、算例5中螺距1为332mm，螺距2从175mm至332mm变化，仿真结果如图4-4-35所示。

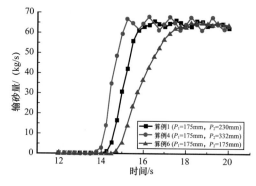

图 4-4-34　螺距1为175mm，螺距2变化时与输砂量关系

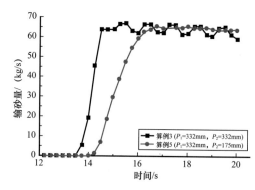

图 4-4-35　螺距1为332mm，螺距2变化时与输砂量关系

可知，算例5仿真获得的平均输砂量略微大一些，螺距2越大上返时间越快，但输砂量波动越大。

③ 算例1、算例2中螺距2为230mm，螺距1分别为175mm、230mm，仿真结果如图4-4-36所示。

可知，算例2仿真获得的平均输砂量略微大一些，螺距1越大上返时间越快，但输砂量波动影响小。

④ 算例3、算例4中螺距2为332mm，螺距1分别为175mm、332mm，仿真结果如图4-4-37所示。

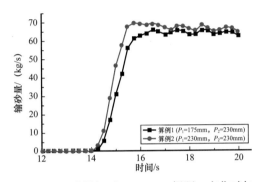

图4-4-36　螺距2为230mm，螺距1变化时与输砂量关系

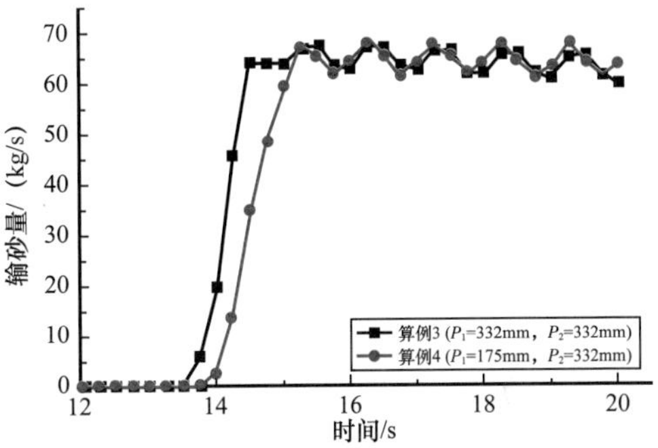

图4-4-37　螺距2为332mm，螺距1变化时与输砂量关系

可知，算例3、算例4仿真获得的平均输砂量基本相同，螺距1越大上返时间越快，但输砂量波动影响小。

⑤ 算例5、算例6中螺距2为175mm，螺距1分别为175mm、332mm，仿真结果如图4-4-38所示。

可知，算例5、算例6仿真获得的平均输砂量基本相同，螺距1越大上返时间越快，但输砂量波动影响小。

（2）中轴轴径影响分析。

算例1、算例8、算例9为调整螺旋输砂器的中轴轴径尺寸，取值分别为94mm、84mm、104mm，其他结构尺寸不变。仿真得到结果如图4-4-39所示。

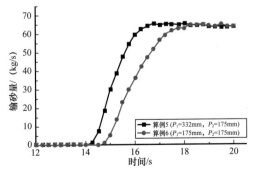

图4-4-38　螺距2为175mm，螺距1变化时与输砂量关系

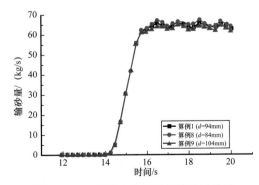

图4-4-39　不同中轴轴径与输砂量关系

分析可知，中轴轴径尺寸对输砂量、输砂响应影响甚微，因此在保证挠度及强度前提下，尽可能减轻重量。

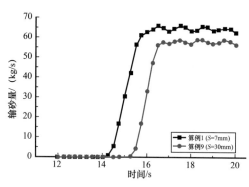

图 4-4-40　不同间隙 S 与输砂量关系

（3）壳体与螺旋叶片间隙影响分析。

对算例1、算例9对比，壳体外径不变，改变螺旋叶片直径，间隙 S 分别为7mm、30mm，其他结构尺寸不变，仿真结果如图4-4-40所示。

可知，随着间隙增大，平均输砂量降低，且输砂响应滞后。螺旋输砂器存在45°安装角，随着间隙增大砂粒延壳体内壁倒流，导致砂粒输送效率降低。因此，在保证颗粒在螺旋叶片与壳体间隙不出现卡阻前提下，尽可能减少间隙取值。

（4）安装倾角影响分析。

针对螺旋输砂器分别设置30°、45°、52°、60°四种不同倾角，建立仿真模型算例，见表4-4-16。各安装倾角仿真模型如图4-4-41示。

表 4-4-16　螺旋输砂器不同倾角仿真算例

算例编号	结构参数							
	壳体内径 / mm	叶片直径 / mm	间隙 / mm	中轴轴径 / mm	螺距1/ mm	螺距2/ mm	总长 / mm	安装倾角 / (°)
算例 11	346	332	7	94	175	230	3540	30
算例 12	346	332	7	94	175	230	3540	45
算例 13	346	332	7	94	175	230	3540	52
算例 14	346	332	7	94	175	230	3540	60

仿真获得螺旋输砂器出口处输砂量，与时间拟合曲线如图4-4-42所示。可知，随着倾角增加，平均输砂量减少，上返响应时间增加。

如图4-4-43所示也可直接反映出称重料仓内砂量随着倾角加大而减少。在相同长度条件，倾角越小，整个输砂装置占地更大。因此，综合输砂性能、占地空间考虑，推荐采用45°倾角。

5）螺旋输砂器静态特性分析

螺旋输砂器静态特性分析，主要研究不同转速条件下混砂装置的输砂量和填充率影响。在仿真模型中将转速范围设定在0～360r/min，仿真计算 $13\frac{1}{2}$in 螺旋输砂器转速与输砂量之间的关系曲线如图4-4-44所示。当转速在5～350r/min 时，转速与输砂量成线性关系，与理论分析结果一致。

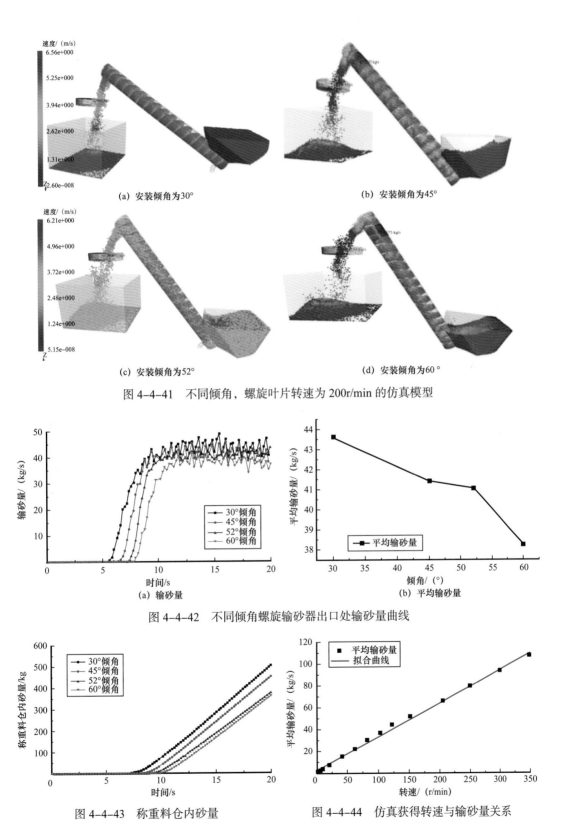

(a) 安装倾角为30°

(b) 安装倾角为45°

(c) 安装倾角为52°

(d) 安装倾角为60°

图 4-4-41　不同倾角，螺旋叶片转速为 200r/min 的仿真模型

(a) 输砂量

(b) 平均输砂量

图 4-4-42　不同倾角螺旋输砂器出口处输砂量曲线

图 4-4-43　称重料仓内砂量

图 4-4-44　仿真获得转速与输砂量关系

绞龙转速在 350r/min 时，仿真获得螺旋输砂器的输砂量达到 107.63kg/s，因此混砂装置双桶输送结构总输砂量可到达 215.26kg/s，最大输砂量可达 13000kg/min，满足 10～11500kg/min 设计要求。

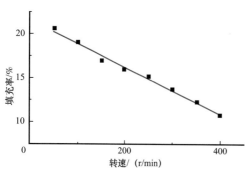

图 4-4-45　仿真获得转速与填充率关系

另一方面，填充率与转速基本成线性关系（图 4-4-45），且随转速的增加而减小。分析可知，当螺旋输砂器转速过高时，一方面，会增加螺旋输砂器壳体的振动、降低支撑轴承密封性能；另一方面，由于螺旋输砂器存在 45° 倾角，随着转速的提高，支撑砂粒物料相对于螺旋叶片的切向速度增大，而支撑砂粒与螺旋叶片及壳体的摩擦系数固定，从而使支撑砂粒填充率降低。因此，额定转速控制在 0～360r/min 范围内，这一转速范围与实际工程相吻合。

6）螺旋输砂器动态特性分析

为了解螺旋输砂器输砂量动态特性，进一步研究螺旋输砂器叶片螺距 P 对输砂量、平稳出料时间的影响。安装角度为 45°，在保持螺旋叶片直径 D 及按这种不变的前提下，分别模拟 $P/D=0.5, 0.7, 1$ 三种不同螺距的螺旋输砂器性能。其中，$P/D=0.7$ 为现有结构。不同螺距条件下的输砂量瞬时曲线如图 4-4-46 所示，分析可知，螺距越大，延迟时间越短，但稳态输砂量的波动越大，而且螺距 P 为（0.5～1）D 时对平均输砂量影响小。因此，在保证螺旋叶片结构强度的前提下，合理优化螺旋叶片螺距是保证平稳输砂的关键。通过仿真计算，当 $P/D=0.7$ 时，输砂量波动偏差在 ±5% 以内。因此螺旋叶片螺距取 $P/D=0.7$ 满足设计要求。

进一步分析螺旋输砂器启动到出砂口平稳出料时间与转速关系（图 4-4-47）可知，延迟时间随转速的增加而减小。

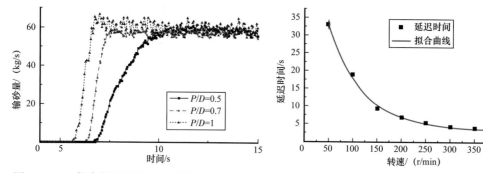

图 4-4-46　仿真获得螺旋叶片螺距对输砂量影响　　图 4-4-47　螺旋输砂器转速与平稳出料时间关系

平稳出料时间与转速近似成指数关系，拟合曲线方程满足式（4-4-90）。可通过液压马达转速先快后慢的调速原则，解决低转速出料时间长的问题。

$$t = 3.285 - 60.485 \times 0.986^{n} \qquad (4\text{-}4\text{-}90)$$

式中　n——螺旋输砂器转速，r/min；

　　　t——输送时间，s。

因此通过上述仿真结果，得到 HS20 脉冲式混砂装置的螺旋输砂器结构设计方案（图 4-4-48），结构参数见表 4-4-17。

表 4-4-17　HS20 混砂设备螺旋输砂器结构参数

序号	结构参数	设计值
1	总长 L	3644mm
2	壳体内径 D_{T}	346mm
3	螺旋叶片直径 D	332mm
4	螺旋叶片螺距 P	230mm/175mm
5	叶片厚度 δ	6mm
6	中轴轴径 d	94mm
7	叶片与壳体间隙 S	7mm
8	安装倾角 α	45°

基于离散元仿真技术的螺旋输砂器仿真模型，采用堆积角方法完成了支撑砂粒仿真参数标定；分析了螺旋输砂器关键参数对输砂性能影响，仿真确定了在 0～360r/min 转速下输砂量与转速成线性关系，满足最大输砂量设计要求。

3. 试验测试

1）总体设计方案

开发满足输砂范围为 10～13000kg/min 的螺旋输砂试验装置方案如图 4-4-49 所示。在试验用螺旋输砂器上端安装液压马达以及数字伺服阀，

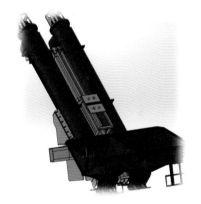

图 4-4-48　13000kg/min 大排量螺旋输砂器

提供动力并实现转速变化，转速传感器和扭矩传感器安装在液压马达和试验螺旋输砂器之间。在循环用螺旋输砂器 A 和循环用螺旋输砂器 B 上端也安装液压马达，实现循环运转。储料砂仓下方安装液压弧形闸阀。试验螺旋输砂器固定在活动支架上，活动支架的一端铰支于底座上，通过电动螺杆支撑装置改变活动支架倾角，从而改变试验螺旋输砂器倾斜角度。分流气缸 C 和分流气缸 D 分别驱动分流弧形闸阀 C 和分流弧形闸阀 D，引导砂流向 A、B 称重砂仓。A、B 称重砂仓支脚下方安装柱式称重传感器。

（1）称重设计。计量试验螺旋输砂器输砂量是设计混砂试验装置的主要目的，因此称重砂仓是一个核心部件。合理设计称重砂仓，是保证称重环节顺利进行的关键。称重

砂仓体积 $V=0.58\text{m}^3$。考虑到试验砂的流动性很差，必须要留出足够的余量，可以将称重砂仓的体积放大，经过设计，目前称重砂仓的体积 1m^3，可装砂 1.75t，可满足最大输砂量 $Q=150\text{kg/s}$、试验砂密度 $\rho=1.75\text{t/m}^3$ 和最大时间间隔 $T=10\text{s}$。称重方案时间流程图如图 4-4-50 所示。

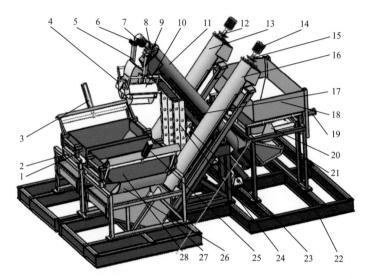

图 4-4-49　输砂试验装置方案及原理图

1—称重砂仓 A；2—弧形闸阀 A；3—闸阀气缸 A；4—分流弧形闸阀 C；5—分流气缸 C；6—试验螺旋输砂器液压马达；7—转速传感器；8—扭矩传感器；9—分流气缸 D；10—分流弧形闸阀 D；11—试验螺旋输砂器；12—转速传感器 A；13—循环用螺旋输砂器 A；14—循环螺旋输砂器液压马达；15—转速传感器 B；16—循环用螺旋输砂器 B；17—活动支架；18—储料砂仓；19—储料闸阀液压缸；20—储料弧形闸阀；21—后支架；22—底座；23—电动螺杆；24—角度定位支架；25—闸阀气缸 B；26—弧形闸阀 B；27—前支架；28—称重砂仓 B

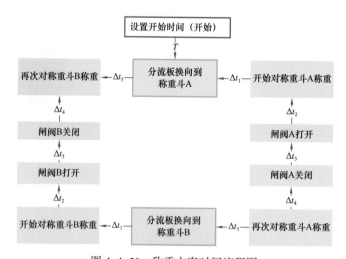

图 4-4-50　称重方案时间流程图

（2）螺旋输砂器液压系统设计。利用电比例控制（EDC）变量泵，与低速大扭矩马达形成闭式回路，实现输砂绞龙旋向和转速的控制，原理如图 4-4-51 所示。

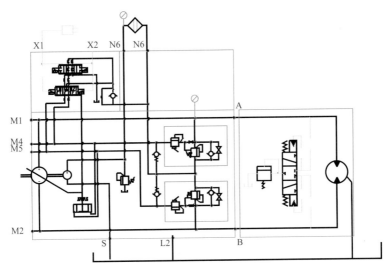

图 4-4-51　螺旋输砂器液压系统原理图

根据输砂量 10～11500kg/min，对应输砂绞龙转速 1～360r/min。液压系统最大工作压力 34.5MPa，输砂绞龙马达最大输出功率需求 100kW。根据公式：

$$N = \frac{pQ\eta}{600} \tag{4-4-91}$$

式中　N——马达输出功率；

　　　p——系统压力（345bar）；

　　　Q——马达流量，L/min；

　　　η——马达总效率（85%）。

计算得到 Q=204L/min；选型某低速大扭矩马达，排量 600mL/r，最高转速 450r/min。性能曲线如图 4-4-52 所示，满足需求。

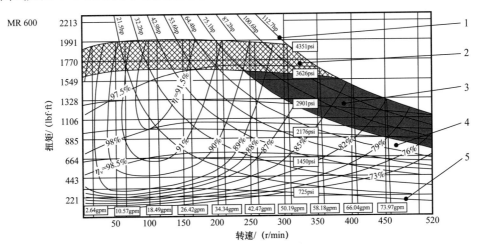

图 4-4-52　马达性能曲线

1—输出功率；2—间歇操作区；3—冲洗连续作业区；4—连续作业区；5—入口压力；η_t—总效率；η_v—体积效率

根据公式

$$Q = \frac{nq\eta}{1000} \tag{4-4-92}$$

式中 Q——泵所需输出流量（204L/min）；

n——泵转速（2400r/min）；

q——泵排量，mL/r；

η——泵总效率（85%）。

计算得到 $q=100$mL/r，选萨奥 H1P100 型变量液压泵。此泵最大工作压力可以达到 420bar，最大转速可以达到 3300r/min，满足需求。

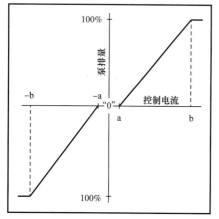

图 4-4-53 控制电流与泵排量曲线

通过给电磁阀不同大小的电流值，使阀芯移动，改变变量泵流量斜盘角度，达到控制变量泵流量的目的。电流与排量曲线如图 4-4-53 所示。

控制电压取 24V 时，a 点的电流为 352mA，b 点的电流为 820mA。从图 4-4-53 中可以看出，控制电流与变量泵的排量成线性关系。此方案对于输砂绞龙的转速控制原理为：马达转速传感器测的转速与控制端输入的需求转速进行实时比较，不断去改变变量泵控制器的输入电流，从而调整泵的排量，来保证马达转速与需求保持一致。但是由于一个液压系统本身无法避免的内泄、控制阀的响应时间等因素，会导致在绞龙马达转速调整时响应较慢，在低速段，马达旋转出现缓慢爬行的现象。

在泵和马达之间加入数字控制伺服阀，利用数字控制伺服阀来控制马达转速时，马达的转速反馈响应时间更短，通过数字伺服阀对马达低速旋转所需流量的控制更精确，避免了马达低速爬行的问题，优化后的液压系统如图 4-4-54 所示。

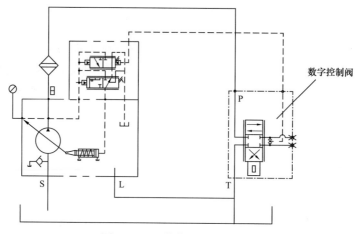

图 4-4-54 优化后的液压系统

（3）螺旋输砂器控制器设计。研究控制信号与变量泵的电流—排量控制特性、液压马达的低速特性、螺旋输砂器的响应特性等函数关系，建立控制器的设计方法，实现输砂量的精确控制。

从液压系统优化方案方面，建立变量泵—数字伺服阀—液压马达构成液压回路，主要解决转速精确控制。通过链轮结构将液压马达与螺旋输砂器中轴连接，为其提供动力传动；而数字伺服阀通过传动齿轮与螺旋输砂器中轴，PLC 控制器实时接受转速反馈信号，并通过阀口开度调整液压马达入口流量，实现液压马达转速调节。数字伺服阀安装结构及原理如图 4-4-55 所示。

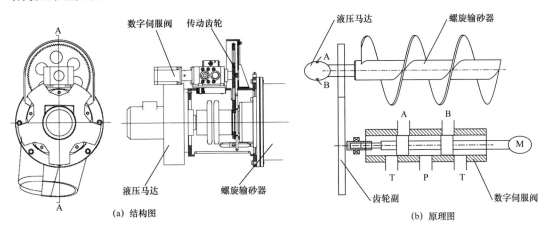

图 4-4-55　数字伺服阀安装结构及原理图

（4）控制系统设计。在控制系统方面，利用控制算法引入线性化补偿方法减少变量泵中位死区、马达低转速性能以及螺旋输砂器滞后、非线性特性，PLC 控制方案如图 4-4-56 所示。

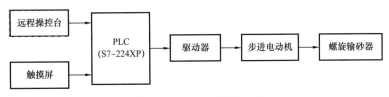

图 4-4-56　PLC 控制方案

PLC 控制系统发出脉冲给驱动器，使得电动机旋转开启阀芯驱动液压马达，1000 个脉冲使得电动机转 1 圈，同时液压马达驱动螺旋输砂器旋转 2 圈，即脉冲当量为 0.72°，模拟量输入 4～20mA 对应螺旋输砂器转速 0～360r/min，所以电动机最大转速为 180r/min，由于控制精度要求 ±1r/min，必须保证液压马达的灵敏度死区小于 8 个脉冲（设定转速与输砂量线性函数）。

2）系统仿真

主要利用 AMEsim 液压系统建模与仿真平台对螺旋输砂器控制系统响应速度、稳定性进行仿真，通过理论分析，调整相关参数，使螺旋输砂器控制系统性能更好。

泵控闭式系统仿真模型如图 4-4-57 所示。其中，主要液压元件参数设置见表 4-4-18。

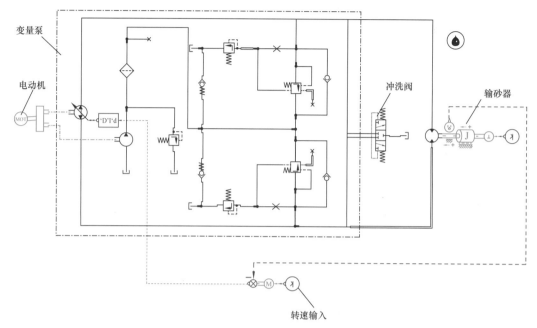

图 4-4-57　泵控系统仿真模型

表 4-4-18　液压元件参数设置

液压元件	参数	数值
变量泵	排量 / (mL/r)	101.7
	最高转速 / (r/min)	3000
补油泵	排量 / (mL/r)	24
	最高转速 / (r/min)	3000
主溢流阀	溢流压力 /bar	345
输砂器	转动惯量 / (kg·m²)	1100
	黏滞摩擦系数 / (N·m) / (r/min)	1
	库仑摩擦转矩 / (N·m)	1
	静力矩 / (N·m)	2

通过模型仿真出了绞龙实际转速跟随目标转速的速度与精度。曲线如图 4-4-58 所示。

从图 4-4-58 仿真曲线可以看出，泵控液压系统的系统仿真模型得到了 PID 控制的比例、积分、微分系数；通过系统仿真，确定了绞龙达到 0~360r/min 目标转速的时间，和在目标转速下的稳定性。

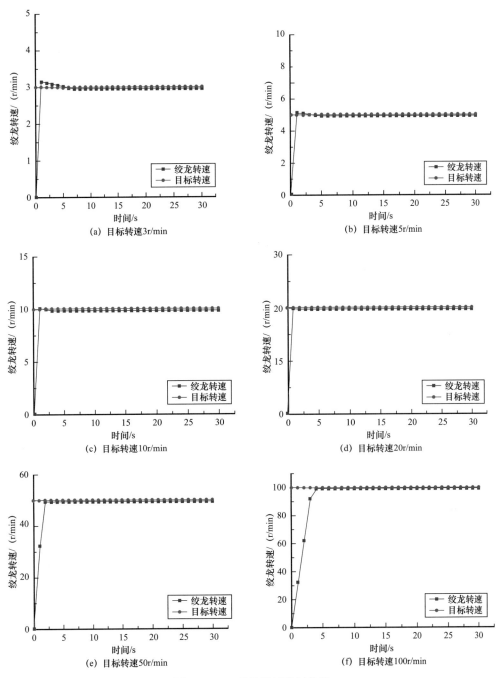

图 4-4-58　系统转速控制仿真

3）装置试验

由混砂设备提供动力源，试验流程如图 4-4-59 所示。工作开始时，首先利用电动螺杆和角度定位支架将试验螺旋输砂装置调到试验倾角，然后在储料砂仓中充满试验用砂，储料闸阀液缸打开储料砂仓弧形闸阀，利用液压马达带动试验螺旋输砂装置运转，分流

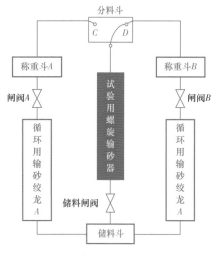

图 4-4-59 输砂试验装置试验流程图

气缸 C 打开分流弧形闸阀 C，分流气缸 D 关闭分流弧形闸阀 D，砂经过试验绞龙落入称重砂仓 A 中，经过时间 T，分流气缸 C 关闭分流弧形闸阀 C，分流气缸 D 打开分流弧形闸阀 D。在时间 T 内先后完成对称重砂仓 A 称重、闸阀气缸 A 打开弧形闸阀 A 卸料、关闭弧形闸阀 A 再称重称重砂仓 A，并利用称重砂仓 A 下方的循环用螺旋输砂装置 A 将卸料输送到储料砂仓中。经过时间 T 后，再将分流气缸 C 打开分流闸阀 C，分流气缸 D 关闭弧形闸阀 D，在时间 T 内先后完成对称重砂仓 B 称重、闸阀气缸 B 打开弧形闸阀 B 卸料、关闭弧形闸阀 B 再称重称重砂仓 B，并利用称重砂仓 B 下方的循环用螺旋输砂装置 B 将卸料输送到储料砂仓中，如此反复循环进行。

试验测试不同转速下螺旋输砂器的输砂量，测试结果见表 4-4-19。

表 4-4-19　螺旋输砂器输砂性能测试

序号	PLC 控制系统输入转速 / r/min	测定螺旋输砂器转速 / r/min	称重仓测得的输砂量 / kg/s
1	5	5	1.96
2	10	10	3.92
3	20	20	7.46
4	40	41	15.19
5	61	61	22.76
6	80	81	30.14
7	100	102	44.54
8	150	151	52.05
9	250	251	79.83
10	300	299	94.33
11	350	351	108.63

通过混砂试验装置测试，混砂装置在 0～360r/min 转速范围内，且螺旋输砂器输砂量与仿真结果基本吻合，如图 4-4-60 所示。

三、螺旋输砂装置仿真平台设计

螺旋输砂装置仿真平台是对系统化螺旋输砂装置的集成化设计，是研究螺旋输砂装置发展的方法。主要工作是为优化螺旋输砂装置的分析流程，提高设计效率，开发针对螺旋输砂装置协同设计仿真平台，实现螺旋输砂装置性能分析的自动化运行，并自动输出计算报告，无需人为操作和监测。

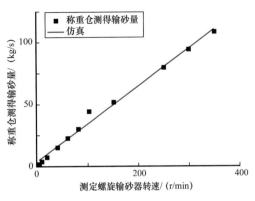

图 4-4-60　输砂试验装置试验与仿真对比

1. 平台架构设计

图 4-4-61 所示，本平台部分可分为 4 层：展示层、业务层、接口层和数据层。

展示层：设计人员从事研发设计活动的工作界面，为设计人员提供专业的视图，包括：参数设置调整、几何模型展现、结果展示等操作的界面。

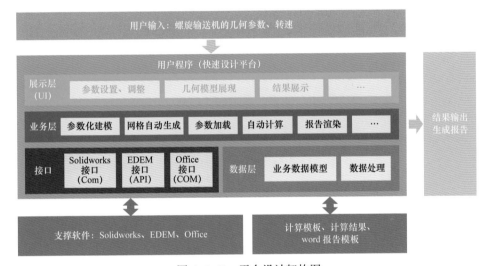

图 4-4-61　平台设计架构图

业务层：业务层封装了功能需求逻辑和过程，对应的功能需求业务层的组成有参数化建模、网格自动生成、参数加载、调用软件自动计算、报告渲染等。

接口层：接口层主要是对需要集成软件 Solidworks、EDEM 的调用接口实现，和业务层中功能模块执行的接口实现。

数据层：实现对业务的模型数据、过程数据的管理，为平台运行提供必要的基础支撑。

（1）平台功能模块。平台功能模块介绍部分描述了平台中主要功能点的实现原理、流程和步骤等。

（2）参数建模模块。该模块主根据设计关键参数实现螺旋输送机的参数化建模功能。运行流程是让用户设置参数电动机确定后平台自动生成模型。用户在界面上输入设计参数；平台后台启动 Solidworks，根据参数生成模型；运行脚本命令输出改模型的 STL 文件。

（3）前处理模块。导入模块根据用户在界面上设置的参数自动导入模型并设置模型参数。将上一步骤中的几何文件导入 EDEM 软件，并生成软件模型；然后自动生成网格文件；设置转动结构；根据界面工况设置，加载参数、工况；软件自动启动程序并运行脚本文件，导入网格并设置模型和计算参数。

（4）求解计算模块。本模块根据用户的选择和设置通过接口控制仿真软件计算的启动结束。

（5）后处理模块。本模块根据用户的选择和设置控制计算结果的展示并输出报告。软件自动读取计算结果文件；软件自动将计算结果文件中的指定数据展示在图形界面上；自动根据模板生成用户需要的分析报告。

2. 业务流程设计

软件使用的流程如图 4-4-62 所示。

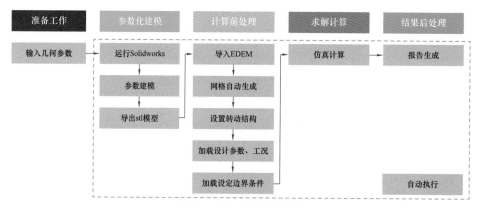

图 4-4-62　业务流程图

（1）项目文件编辑。项目文件编辑过程包括了 3 个业务过程：几何信息编辑、模型信息编辑和求解信息编辑。项目文件存储了几何信息、模型信息和求解信息，如图 4-4-63 所示。用户通过图形界面对项目文件进行编辑，系统将用户输入的信息写入项目文件中。

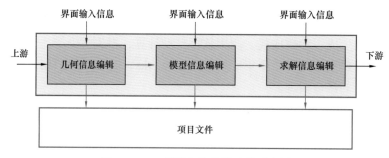

图 4-4-63　项目文件编辑过程示意图

（2）几何模型输出。几何模型输出过程分解成了 3 个过程：VBS 脚本文件生成，VBS 脚本文件执行和模型查看。如图 4-4-64 所示。

（3）计算模型预处理。计算模型预处理过程分解成了 3 个过程：xml 文件编辑，deck 文件生成，deck 文件编辑，如图 4-4-65 所示。

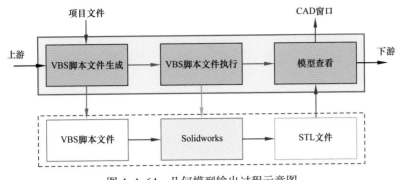

图 4-4-64 几何模型输出过程示意图

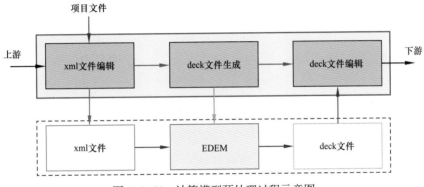

图 4-4-65 计算模型预处理过程示意图

xml 文件编辑：将模型信息写入 xml 文件模板。

deck 文件生成：后台运行 EDEM，以 xml 文件作为输入文件，自动生成 deck 文件。

deck 文件编辑：后台运行 EDEM，启动耦合，模块通过 API 连接到 EDEM，将几何信息写入 deck 文件。

（4）计算与结果输出。计算与结果输出过程分解成了 3 个过程：deck 文件编辑，计算与监视，计算结果输出，如图 4-4-66 所示。

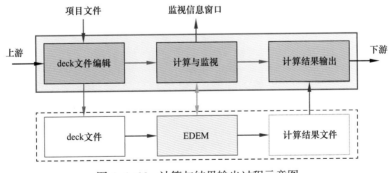

图 4-4-66 计算与结果输出过程示意图

deck 文件编辑：后台运行 EDEM，启动耦合，模块通过 API 连接到 EDEM，将求解信息写入 deck 文件。

计算与监视：模块通过 API 控制 EDEM 执行计算，获取计算结果，并输出到监视窗口。

计算结果输出：模块将计算结果写入文件。

（5）计算结果提取与显示。模块读取结果计算，并提取需要的信息；在 GUI 界面上显示结果信息（曲线图）。

（6）计算报告输出。模块读取 EDEM 的输出信息，然后基于计算报告模板生成计算报告，并输出到指定位置，如图 4-4-67 所示。

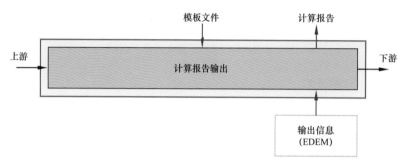

图 4-4-67 计算报告输出示意图

3. 平台开发环境

硬件平台为 PC 机或工作站即可，软件环境为 Windows 7（64 位）或 Windows Server 2012（64 位），网络环境为办公局域网络。

4. 平台开发关键技术

1）几何模型界面显示技术

参数化模型更新后，系统需要能够显示最新的几何模型。本项目采用可视化工具包 VTK（Visualization Toolkit）实现几何模型的显示，显示效果如图 4-4-68 所示。VTK 是一个开源、跨平台、可获取、支持并行处理的图形应用函数库，VTK 内部流程如图 4-4-69 所示。

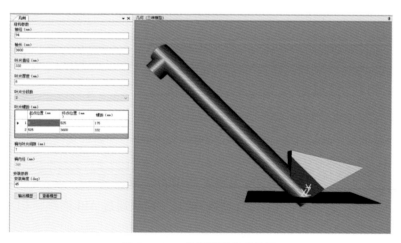

图 4-4-68 几何模型集成显示

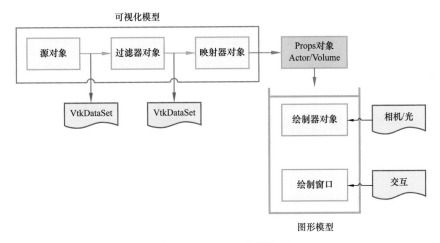

图 4-4-69 VTK 内部流程

2）EDEM 二次开发技术

EDEM 二次开发需要实现 EDEM 软件与平台的集成，采用的集成技术为 EDEM Coupling API 技术和托管 C++ 技术。

（1）EDEM Coupling API 技术。EDEM Coupling API 是 EDEM 提供的、用于第三方程序和 EDEM 进行耦合计算的接口，可参考相关文献。

（2）托管 C++ 技术。与 C# 和 Visual Basic.NET 对比，托管 C++ 的特点是旧代码可快速移动至新的平台，代码即便不重写，也能在模块里集成托管和非托管代码，从新的 .Net 框架中获益。

在面向对象编程方面，主要的变化是对多重继承的限制，这是因为 CLR 的限制和内存管理的需要。一个托管类不能基于多于一个的类。同时，类属性和微软中间语言（MSIL）的引入也使得托管类可以在其他语言中使用和继承。

托管 C++ 引入了大量的关键字和语义转换，减少了代码的可读性和明确性。缺少在很多语言中都支持的泛型和 for each 语句也增加了其他语言的程序员转向托管 C++ 的困难。在其后继者 C++/CLI 中泛型和 for each 语句才被支持。

5. 平台功能设计

1）导航界面设计

用户可通过导航界面进入螺旋输砂装置虚拟样机仿真设计平台，导航界面如图 4-4-70 所示。

2）仿真分析模块设计

（1）数据库设计。数据库存储如图 4-4-71 所示，在"全部项目视图"中可以查看所有项目信息。用户可以选择并打开所选项目，然后对该项目进行查看和编辑。

（2）项目设计。项目文件存储如图 4-4-72 所示，在"当前项目视图"中可以查看当前项目信息。

图 4-4-70　导航界面

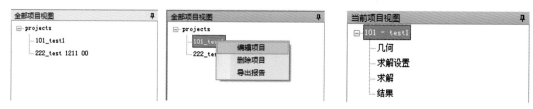

图 4-4-71　数据库存储信息示意图　　　　　图 4-4-72　项目存储信息示意图

　　项目信息如图 4-4-73 所示，包括 4 个节点：几何、求解设置、求解和结果。用户可以选择并打开所选节点，然后对该节点的信息进行查看和编辑。

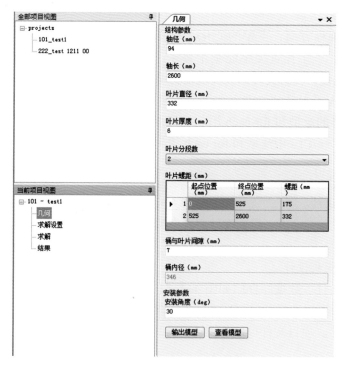

图 4-4-73　项目信息编辑示意图

（3）几何节点设计。如图4-4-74所示，用户可以在模型查看螺旋输砂装置的几何模型。

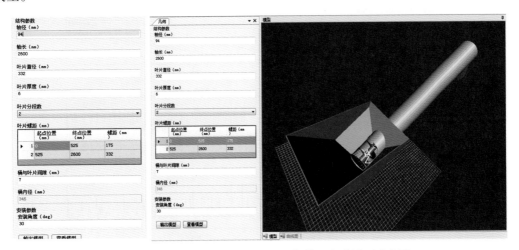

图4-4-74　几何节点界面示意和几何模型查看界面示意图

（4）求解设置节点设计。如图4-4-75所示，求解设置节点界面。

（5）求解节点设计。如图4-4-76所示，求解参数包括计算时间、时间步长、网格尺寸。

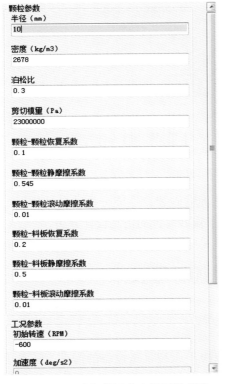

图4-4-75　求解设置节点界面示意图

图4-4-76　求解节点界面示意图

（6）结果节点设计。如图4-4-77、图4-4-78所示为结果显示和分析报告界面。

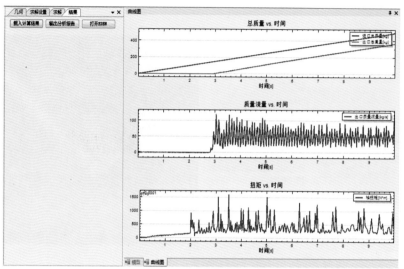

图4-4-77　结果显示界面

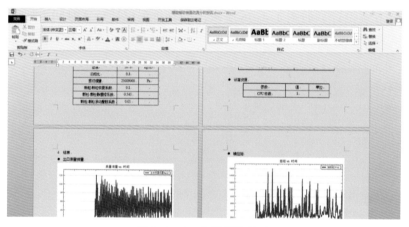

图4-4-78　分析报告界面

螺旋输砂装置协同设计仿真平台，实现了螺旋输砂装置性能分析的自动化运行，并自动输出计算报告，无需人为操作和监测，形成了输砂装置的仿真设计方法。

第五节　吸排与添加计量技术

一、吸入排出系统性能

混砂设备的吸入、排出流量以及排出压力取决于压裂泵送设备的需求。随着压裂工艺的发展，特别是非常规油气资源的开发对混砂设备排量的要求逐步增大，如何配置混砂设备的吸入和排出系统成为提升其工作能力的关键。

在混砂设备工作过程中吸入泵将外界提供的压裂液以自吸的方式吸入并排出到混合罐中，排出压力只受管路节流的影响，在 0.1MPa 左右；而排出泵是从混合罐内吸入压裂液与其他固、液体添加剂混合后的液体，再以大于 0.3MPa 的压力排出（吴汉川等，2013）。从排量要求来看需要保持吸入和排出流量的平衡，而输出压力的不同使混砂设备的吸入和排出离心泵发生变化。混砂设备设计，需要分析吸入和排出离心泵的性能以及外部接口管汇对其性能的影响，并通过试验验证离心泵在不同工况下的排量和功率需求。

1. 吸入泵和排出泵特性

1）吸入离心泵的选择

混砂设备在工作过程中要求吸入泵能实现自动控制以保持供给混合罐的液体流量恒定，所以吸入端不能有较高的压力，通常不超过 0.05MPa；同时吸入泵最大流量要大于排出泵最大流量，以弥补管路损失和排出流量的突变，所以混砂设备吸入泵全部采用的是离心泵。混砂设备吸入离心泵输送的介质通常以水基为主，下面对目前常用的一种离心泵曲线进行分析。

如图 4-5-1 所示为 12×12×14.875（数字分别表示吸入口、排出口和叶轮壳的直径，单位 in）型离心泵在工作转速 700～1250r/min 情况下的性能曲线。该离心泵流量的合理操作范围：4～26m³/min（横坐标）；工作压力：0.04～0.26MPa（纵坐标）。为使离心泵能够在高效状况下工作，尽量控制排出压力使离心泵的排量和压力匹配。假设混砂设备的最大工作排量 12m³/min（横坐标），工作压力在 0.07～0.2MPa（纵坐标）之间泵效均达到 80% 以上，所需要的驱动

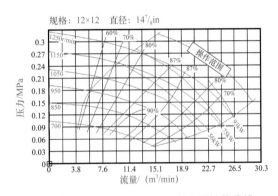

图 4-5-1　12×12×14.875 型离心泵性能曲线

功率对应为 15～50kW。由于该型号离心泵工作效率高、排量覆盖范围广、最大工作压力在 0.3MPa 以下，所以从大排量混砂设备所需求的排量考虑，12×12×14.875 型离心泵是较好的吸入泵选择。

通过以上分析可以看出：混砂设备吸入离心泵的选择首先考虑排量的要求，在供液充足的基础上，根据排量的范围来调节排出压力（通过调节出口阀门），使泵的工作区间尽量工作在高效区域。

2）排出离心泵的选择

排出离心泵输送的介质是具有一定黏度的砂液混合物，排出压力的建立是根据压裂泵送设备的需求通过离心泵转速的变化进行调节。根据压裂泵送设备使用的要求，混砂设备排出离心泵的工作压力在 0.3～0.6MPa 之间。长期以来国内外对排出离心泵的选择主要以清水排量进行标定。随着非常规油气压裂工艺的变化，混砂设备长时间连续工作成

为一种工作模式，所以国外部分厂家的混砂设备排出离心泵开始以混合液的排量进行标定，这样会使离心泵的驱动功率增加30%以上。根据排量和工作压力的范围合理选择排出离心泵，降低功率需求是设计上重点考虑的问题。

计上重点考虑的问题。

离心泵功率计算公式：

$$P = Q \cdot p / \eta \tag{4-5-1}$$

式中　P——功率；

Q——流量；

p——压力；

η——效率。

$12 \times 10 \times 23$ 型离心泵是目前国内外大型混砂设备普遍采用的排出泵，在1200r/min 条件下的性能曲线如图4-5-2所示。推荐的最大工作流量是 18m³/min，合适的工作压力在 0.6MPa 以上，如果工作压力降低，该泵的工作效率将降低。假设混砂设备的最大工作排量 15m³/min，工作压力 0.6MPa，所需要的功率在 260kW 左右。由于曲线中没有提供低于 0.6MPa 压力下的排量和功率值，所以无法了解离心泵在工作情况下的数据。如果直接降低工作压力，采用式（4-5-1）进行计算，该泵的效率成为未知数。现场使用过程中由于工作压力在 0.3～0.5MPa，实际该泵的最大流量只能达到 14m³/min，并且由于功率的增大造成离心泵转速的下降。

如图4-5-3所示是 $14 \times 12 \times 22$ 型离心泵在1200r/min 条件下的性能曲线。该泵的最大特点是工作压力范围在 0.2～0.6MPa 之间，符合混砂设备排出泵正常的工作压力。仍然假设离心泵工作排量 15m³/min，要求工作压力在 0.3～0.5MPa 之间，所需要驱动功率为 127～210kW 之间。根据公式（4-5-1）得到的计算泵功率为 124～210kW，与曲线数据吻合。

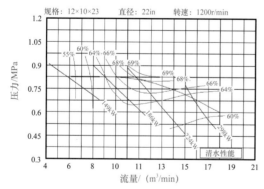
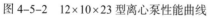

图 4-5-2　$12 \times 10 \times 23$ 型离心泵性能曲线

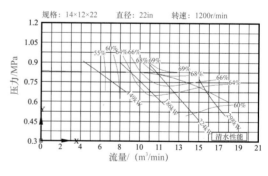

图 4-5-3　$14 \times 12 \times 22$ 型离心泵性能曲线

结合两种离心泵的曲线分析来看：混砂设备排出离心泵的选择不能只是考虑工作排量，重点是排出压力的工作区间必须与工况结合。针对混砂设备实际的工作压力

0.3～0.5MPa 要求，选择 14×12×22 型离心泵作为排出泵不仅排量的覆盖范围更广，而且所需要的有效功率更低。

3）吸入排出口及管线对性能的影响

混砂设备的吸入和排出性能还受到外部接口数量和介质的影响。为达到最好效果，在混砂设备与压裂液之间应连接合适数量的吸入软管，以满足吸入离心泵在不同排量下对吸入液体的要求。如果吸入管路数量减少或者吸入液体供给不足，会导致吸入泵抽空，对于离心泵的进口我们希望尽量降低液体流速以减少泵的气蚀。混砂设备的吸入离心泵入口的流速建议控制在 3.5m/s 以下，排出离心泵的出口受压裂泵送设备供液压力的需求，通常情况下压力范围 0.3～0.5MPa。

流速计算公式：

$$v = Q / A \qquad (4-5-2)$$

式中　　v——流速；

　　　　Q——流量；

　　　　A——过流面积。

根据公式（4-5-2）可以计算出不同排量下采用直径 4in（102mm）上水接口数量，见表 4-5-1。在实际使用过程中，不同的输送介质的黏度和外接软管的长度对吸入排出性能也会产生影响，通常情况下 4m³/min 以下的排量，吸入泵上水管线数量要求 4 根以上，排出泵的出水管线 2 根；8m³/min 的排量，吸入泵上水管线要求 8 根以上，排出泵的出水管线 4 根。

表 4-5-1　不同排量下采用直径 4in（102mm）上水接口数量表

排量 / （m³/min）	上水接口数量 / 个	流速 / （m/s）
2	2	2.04
4	3	2.72
8	6	2.72
12	8	3.06
16	11	2.96

注：每两根 6m 长的软管串联需增加一根软管。

2. 试验验证

为验证混砂设备吸入和排出离心泵工作性能以及外部接口的影响，我们分别采用不同的离心泵和接口数量进行装机试验。如图 4-5-4 所示是混砂设备工作示意图。混砂设备工作时吸入离心泵从外界连接多路管线吸入液体并排出到混合罐内进行搅拌；排出离心泵从混合罐内吸入液体，排出端连接多路管线与外界的储液罐进行连接。

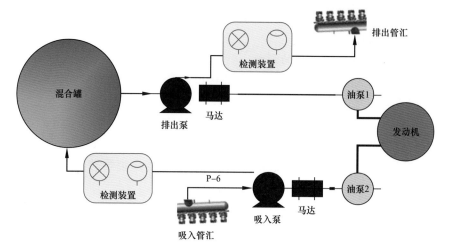

图 4-5-4 混砂设备工作示意图

1）试验装置

试验介质为清水，试验中吸入和排出离心泵采用液压马达驱动，液压油泵通过柴油机驱动，柴油机的控制系统可以实时显示消耗功率的数字。管路上配置压力显示表，检测系统实际工作压力；排出离心泵的排出压力通过开启和关闭出口的阀门进行控制，在离心泵的排出端分别安装流量计和压力表，实时显示流量和压力。

2）试验方法和数据

（1）吸入离心泵试验。混砂设备吸入口连接多根软管，根据试验要求调节软管数量。采用手动方法调节电位器保持排出泵与吸入泵的平衡（混合罐液面稳定），同时还要保证排出泵压力在 0.3MPa 以上。按照要求调定离心泵转速并记录所消耗的功率后生成的曲线，如图 4-5-5 所示。

上水管线的测试采用多根软管连接地面罐与混砂设备的吸入口，软管长 6m，试验介质为清水。通过阀门调整数量，管线数量从 2～10 根依次变化。以驱动吸入离心泵液压系统的油压稳定来判定管数与吸入流量的关系，记录试验数据并生成曲线，如图 4-5-6 所示。通过试验发现单根软管的吸入量为 2m³/min 左右（清水介质），考虑到黏度、输送距离以及备用接口等因素，建议混砂设备应配置 10～12 个 4in 吸入接口才能满足最大吸入 20m³/min 的要求。

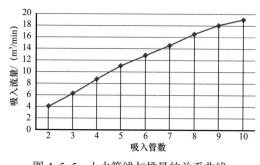

图 4-5-5 上水管线与排量的关系曲线

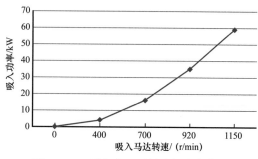

图 4-5-6 吸入离心泵转速与功率曲线

（2）排出离心泵试验。分别采用14×12×22型和12×10×23型离心泵进行试验。调节离心泵转速来改变排量，变换排出阀门的数量来保持排出压力在0.3MPa左右，通过发动机显示排出离心泵所消耗的功率。记录相应的参数后生成曲线如图4-5-7所示。通过试验可以看出：两种离心泵在相同工况下的功率消耗有较大区别，这与前面计算和曲线分析的结论相吻合。所以，大型混砂设备采用14×12×22型离心泵替代12×10×23型离心泵能够收到较好的效果。

如图4-5-8所示是试验中排出管线与输出排量的关系曲线。通过试验发现单根4in，6m长的软管，在0.3MPa的排出压力下可以输出5m³/min的排量（清水介质）。考虑到黏度、输送距离以及备用接口等因素，在实际使用过程中混砂设备配置6~8个4in的接口就可以满足最大输出20m³/min的要求。

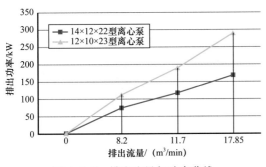

图4-5-7　排出流量与功率曲线　　　　图4-5-8　排出管线与排量的关系曲线

综上所述，可得出以下3条具有重要参考价值的结论，为混砂设备的设计提供依据：

（1）混砂设备吸入离心泵的选择：在排量满足的情况下考虑泵效。

（2）混砂设备排出离心泵的选择：首先要达到混砂设备实际排量要求，然后在满足高泵效的前提下判断离心泵的工作压力是否包含混砂设备工况压力。

（3）混砂设备吸入和排出管线接口数量的确定：不同施工排量下接口数量不同（表4-5-1、图4-5-6、图4-5-8）。

混砂设备输出排量的增大是国内外压裂装备的发展趋势，混砂设备的吸入和排出性能中离心泵的选择以及外部连接是重要的环节。针对大排量连续施工作业的要求，选择合适的吸入和排出离心泵会扩大离心泵的排量范围，降低功率需求并提升混砂设备的整体性能。另一方面，离心泵的外部连接也直接影响到混砂设备的性能，希望在混砂设备的设计上考虑到外部接口的影响，同时在实际的使用中遵循外部软管的连接要求，使混砂设备在合理的区间正常工作。

二、科氏力密度计的应用技术

在压裂施工中，混砂设备需要对压裂液的密度进行实时监测并可以反馈控制。较为广泛采用的是铯-137放射性元素密度计。因我国对放射源实施严格管理，因此在前期采购过程中，需要用户到相关部门办理复杂的审批手续，在后期使用及管理过程中，还存在安全操作隐患。

科里奥利力（Coriolis force）密度计简称科氏力密度计，也称为质量密度计，是一种常用的非放射性密度测量仪表，已得到广泛的工业应用，如在火电厂用于测量石灰石浆的密度。能否应用该方式监测压裂液的密度，以及应用中如何安装、如何设置测量管路，需通过理论分析、模拟实验及现场试验验证其可行性。

1. 应用分析

科氏力密度计主要包括两大部分：传感器和变送器。传感器主要由流量管、驱动线圈探测器和测量温度的热敏电阻组成。流量管以固有频率振动，变送器向装配在流量管上的驱动线圈提供一交替变化的电流，与装在另一流量管上的磁铁吸引和排斥，使得流量管以正弦波的方式上下振动。当流量通过以固有频率振动的传感器的流量管时，就产生了科氏力，科氏力使得流量管的进口和出口以相反的方向变形，变形的大小由安装在流量管的进口和出口的探测器进行检测，如图4-5-9所示。

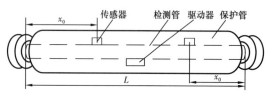

图4-5-9 科氏力密度计结构原理图

流量管以固有的频率在相反的方向振动，当流体的密度变化时，将引起流体的质量流速也发生变化，探测器输出的电压信号频率随之发生变化，通过测量探测器的信号频率就可以得知流量管的密度，公式如下：

$$\rho = k_1 \left(1/f_1\right)^2 - k_2 \qquad (4\text{-}5\text{-}3)$$

式中　ρ——流体的密度，g/cm^3；

　　　f_1——流量管的频率，Hz；

　　　k_1，k_2——标定常数。

按压裂施工排量为$16m^3/min$，混砂设备主管道尺寸为10in，管道最大压力为0.7MPa，压裂液最大密度$2400kg/m^3$。由于混砂设备主管道排量大，根据科氏力密度计的使用条件以及考虑成本等因素，采用设置旁通管路安装密度计的方式，如图4-5-10所示。

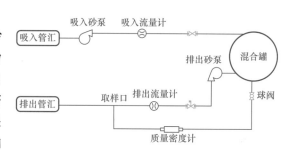

图4-5-10 科氏力密度计安装流程简图

2. 介质模拟试验

由于受模拟试验条件限制，考虑到试验场地内压裂液的排放及处理问题，采用GB 6549—2011《氯化钾》I类工业用KCl配比模拟携砂压裂液的密度。试验过程如下：

（1）按图4-5-10连接混砂设备及科氏力密度计。

（2）准备密度测量秤，从主管路分批次取样检测实际密度。

（3）运转混砂设备，管路切换为内循环状态，保证整个管路系统内液体总量不变。

（4）通过螺旋输砂器先后输送定量的KCl至混合系统中，记录密度值，并取样使用密度测量秤测量；调整主管路排量，记录相关密度值。

（5）绘制密度对比曲线。

图4-5-11为模拟试验对比曲线，蓝色线为密度秤实际测量值，红色线为小排量时密度计，绿色线为大排量时密度计监测值。由图4-5-11可知，小排量时，采集的数据与静态取样的样品数据基本一致；但在大排量时，数据存在比例上的失真。主要原因是在大排量施工时，由于进液及搅拌速度的加快，此过程中带入大量气体，造成密度值整体偏小；而取样的液体中气

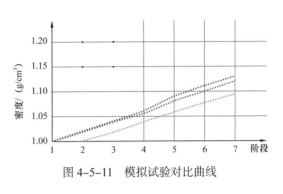

图4-5-11　模拟试验对比曲线

体已不存在，测量值仍与原值接近，从模拟试验可以看出，采用旁通管路取样监测密度的方式可以较为准确地采集到主管路混合液的密度。

3. 工业应用示例

介质模拟试验验证了混砂设备采用旁通管路测量密度方式的可行性。但由于压裂携砂液与模拟试验用KCl介质存在着本质上的区别：携砂液为固液混合体，KCl混合液为溶液。因此需要进行工业试验以进一步验证科氏力密度计监测压裂液密度的应用可行性。

科氏力密度计按照图4-5-10的安装方式安装于配置有放射源密度计的混砂设备上，基液介质涉及减阻水、胶液等多种压裂液体系，密度监测试验与现场施工同步进行。试验所用的科氏力密度计，使用单直测量管进行测量，无任何阻流件或分流装置；选用抗磨性优异的钛作为测量管材质，有着低压损、高通过量、高抗磨损的优点，适合携砂压裂液要求管道耐磨损的特性。

科氏力密度计无放射性，可测量液体范围广，测量管的振幅小，可视作非活动件，测量管路内无阻碍件或活动件，维护方便，对流速分布不敏感，无上下流直管段要求。理论分析、模拟实验及现场试验的结果表明，科氏力密度计可以应用于混砂设备进行压裂液密度的监测，降低了施工作业的风险及成本。

三、液体添加剂系统应用技术

混砂设备的液体添加剂系统（简称液添系统）属于压裂施工的必备功能部件，主要用于在作业过程中根据工艺需求添加压裂交联剂。其主要由液添泵系统、驱动系统以及数据采集控制系统组成。一台混砂设备上往往配置有2至4套液添系统，以满足同时添加不同种类交联剂的需求。

1. 构成及原理

混砂设备液添系统由伺服阀、液添泵、流量计及控制和数据采集单元组成。现场作业过程中，控制系统控制伺服阀的过油量，进而实现对液添泵转速的控制，液添泵的实

时排量通过安装在液添排出管线上的流量计进行采集，并将数据实时反馈至混砂设备数据采集系统。

2. 类型及对比

目前混砂设备的作业多采用泵后胶联的方式。混砂设备液添泵根据排量及功能的不同，主要有柱塞泵、齿轮泵、螺杆泵、凸轮转子泵等几种，见表4-5-2。

表4-5-2　液添泵的主要类型

类型	优点	缺点
柱塞泵	额定压力与转速较高、容积效率高、寿命较长、变排量快、单位功率的重量轻	结构较复杂，零件数较多；自吸性差；制造工艺要求较高，成本较贵
齿轮泵	结构简单、体积小、工作可靠、自吸性能好、对油液污染不敏感、维护方便等	流量和压力脉动大、噪声大、排量难调节以及容积效率低等
螺杆泵	压力和流量范围大；运送液体的种类和黏度范围大；可使用较高的转速；吸入性能好，具有自吸能力	加工和装配要求较高；泵的性能对液体的黏度变化比较敏感
凸轮转子泵	使用寿命长；安装便捷，维护清洗方便，易损件少；高效节能，故障率低，密封可靠，噪声低。可输送介质黏度为≤2000000cP以及含固量为60%的浆料	物料中不能含有焊渣、铁屑等硬性杂质，须安装过滤网

柱塞泵工作压力高，较易实现泵注效果，泵排量受管路中压力波动影响较小。螺杆泵、凸轮转子泵、齿轮泵等，虽其标定参数也大于管路压力，但实际应用受压力波动大，易造成压裂液对泵的倒灌，从而加快液体对泵的冲蚀。

混砂设备输送的液体添加剂都具有一定腐蚀性、黏度低、润滑性差，加之恶劣的工况和工作环境，还可能会在添加剂中带入磨蚀性固体颗粒物杂质。输送介质的这种特点决定了传统泵送技术普遍存在着磨损严重、运行维护费用高、可靠性不佳的问题。

1）单螺杆泵技术

单螺杆泵的转动部件主要由转子、连轴杆和驱动轴3部分组成。转子、驱动轴与中间的连轴杆通过2个万向节连接起来，当螺杆泵工作时，转子的运动轨迹为圆周运动和上下往复运动复合而成。万向节内预装润滑油，外面用橡胶护套密封，从而保证万向节内运动部件的自润滑。为了形成严格的密封腔，转子与橡胶定子是过盈配合的。从上述结构特点来看，单螺杆泵在液添泵的应用主要存在如下几方面的隐患：

（1）启动扭矩大，超低速运行时稳定性差。转子与定子是过盈配合，所以启动时转矩大。此外在极低转速运行时，转动可能不太平稳，出现抖动，转动不连续等问题。

（2）磨损严重。转子与橡胶定子采用过盈配合结构，磨损不可避免。当添加剂中含有固体颗粒物时，磨损尤其严重。一旦磨损后，将不能形成严格的密封腔，导致泄漏量增加，输出流量和压力急剧下降，不能满足工况要求，因此橡胶定子需要经常更换。

（3）禁止干运转。泵腔内无介质时干运转对橡胶定子的影响将是致命的。这时金属转子与橡胶定子直接干摩擦（过盈配合结构），温度短时间内急剧升高，橡胶定子极易烧毁。因此当吸入口意外断料或发生误操作而引起螺杆泵烧毁的例子屡见不鲜。

2）齿轮泵技术

齿轮泵其特点是结构简单、成本较低，只有两个转动部件，在润滑性介质的输送上面应用广泛。但将这种容积泵技术应用在混砂设备液体添加剂输送方面时，出现问题如下：

（1）齿轮磨损严重。转动过程中，相互啮合的齿之间会先发生挤压，然后沿齿廓面发生直接刮擦，最后分开。因此齿与齿之间的磨损是直接的刮擦，而不像螺杆泵的滚动摩擦。同时添加剂润滑性又差，因此齿与齿的磨损会格外严重。一旦磨损严重后，压力、流量等指标均不能满足要求，只能整泵更换。

（2）不能干运转。一旦发生干运转，齿的磨损会急剧加快。但是实际操作中不可能完全杜绝干运转现象，所以会大大降低泵的正常使用寿命。

3）柱塞泵技术

柱塞泵的特点是高压力小流量，主要作为动力泵使用，在液压系统中作高压泵应用普遍。将这种泵型应用在混砂设备上输送添加剂时，主要是考虑到其容积泵的特性，可以作计量泵使用。但是由于添加剂润滑性差且含有颗粒物杂质，因此普遍存在如下问题：

（1）密封易磨损。由于柱塞与缸套间频繁相对运动，加上添加剂中颗粒物的存在，密封磨损极快。一旦密封失效，抽吸时就不能形成足够的真空度，导致添加剂吸入不足。另外加上介质中颗粒物的存在，有可能造成柱塞和缸套件的磨损，这种磨损对泵而言往往是不可修复的。

（2）泵体的发热。发热有两种情形最为普遍：一是泵长时间工作后，密封不断摩擦发热，由于升温可能会导致其他部件的失效，而油田有时需要混砂设备尽可能长时间持续工作，这样柱塞泵就会成为整个混砂设备可靠运行的瓶颈；二是断料或吸空后发生的干运转，密封发生干磨急剧升温而烧毁，类似于单螺杆泵情形。

4）凸轮转子泵技术

凸轮转子泵是一种新型的低压容积泵，凸轮转子泵的工作腔内由两个互相不接触的凸轮配合而成，两个凸轮旋转的传动部分是泵腔旁边的一个独立的同步齿轮箱，凸轮转子由泵齿轮箱中的齿轮驱动，两根轴同步旋转从而带动两个凸轮同步转动，可提供精确的转子时序或转子同步。凸轮之间互不接触，凸轮外沿表面与泵壳内表面也不接触，由于凸轮之间间隙很小，因此容积效率受到的影响并不大。由于混砂设备上添加剂输送应用的压力一般为低压（10bar 以下），因此虽有间隙，但是并未过多影响到凸轮转子泵的自吸性能。其结构特点决定了其在混砂设备添加剂输送应用时具有如下优点：

（1）可干运转。所有运动部件没有直接接触，所以可直接干运转而不会对转子部件及壳体有任何影响。这一点特别适用于油田恶劣的工况，大大增加了生产工艺和操作的灵活性以及泵的可靠性。

（2）低磨损。非接触设计及特有的三叶凸轮转子形状，可保证即使在介质中含有颗粒物杂质也不会发生严重的磨损。另外，凸轮转子泵的转子表面和内壳材质做过特殊的耐磨和硬化处理，进一步提高了其抗磨蚀性。

（3）低功耗。齿轮泵、螺杆泵、柱塞泵在工作时都有很大一部分能量转化为了机械摩擦热能，而凸轮转子泵工作时基本不会发热，能量利用率较高。

（4）在线自清洁和全排空（采用上下进出口时）设计，最大限度避免了停机时添加剂在泵腔内的残留，防止由于添加剂结冰或干涸在泵内结块。

（5）黏度范围宽。在黏度从（1~2）×10⁶mPa·s的范围内工作都不受影响，区别仅在于低黏度时容积效率比高黏度时略差。因此凸轮泵适应介质黏度波动的应用场合。

（6）运行维护成本低。检修非常方便，只需打开前盖板，拧开凸轮转子的锁紧螺母就能对泵腔体进行全面维护，降低了日常维护冗长的停机时间。一般凸轮转子泵常用备件为机械密封件及O形垫圈，其他主要部件几乎无损耗。这样，一来平均无故障工作时间更长，二来设备总使用成本降低。

（7）低剪切，占地少，噪声低。凸轮转子泵对添加剂的破坏比其他泵型都要低，结构紧凑，节省安装空间，运行噪声也比其他传统泵型低得多。

由于凸轮转子泵具有独特的干运转能力，紧凑的结构，良好的正排量特性，无死角的全排空容积腔设计，因此相比传统容积泵输送技术而言，其可靠性更高，故近几年凸轮转子泵在混砂设备上得到了大量的应用，从技术性能对比和使用效果来看，混砂设备上传统的容积泵技术应该会逐渐被更为合适的凸轮转子泵技术所取代。

四、管道流动特性分析

由于混砂液是一种由水砂混合组成的黏性液体，其在管道内流动时，液体质点之间的内摩擦力、液体与管壁间的摩擦力、管道流向的变化在每个出口造成的沿程损失并不一致，导致每个出口流量各不相同，为后续的压裂工作载荷及压裂液流量的确定带来了很大的误差。通过有限元分析，确定影响混砂设备各出口流量不均匀的主要因素，为混砂设备管道系统分布提供参考依据。

1. 工况分析

混砂设备管道在混砂液流动过程中，其能耗主要克服沿程损失和局部损失，而影响该能耗的因素多，主要包括管道的长度、直径、摩擦系数，混砂液的黏度、密度、处理量等。根据某型号定型设计的管道系统的布管方式及其结构尺寸，主要分析混砂液的密度、黏度和处理量对各出口流量的影响，具体工况组合见表4-5-3。

表4-5-3 混砂设备分析工况

工况	处理量 $Q/$（m³/min）	含砂比	黏度 $\nu/$（Pa·s）
工况1	12	0.2	0.1
工况2	16	0.2	0.1
工况3	12	0.5	0.1
工况4	12	0.2	0.15

2. 流场模拟分析

根据 HSC210 混砂设备管道现有结构，以 1∶1 的尺寸建立了混砂设备管道流体模型，如图 4-5-12 所示（从左至右出口序号分别为 1～10）。

图 4-5-12　出口管分布

1）网格划分

网格划分的形式直接影响到网格的质量、计算结果和计算的稳定性，因此在划分网格时，除了适当的选择网格类型外，还要考虑初始化的时间、计算花费的时间以及数值耗散等因素的影响。由于管道结构规则，为圆筒形，因此采用四面体结构网格单元，网格分布与计算域的几何形状相一致，能较好地捕捉边界特征，从而更好地给出边界信息。结构模型划分单元 133473 个，节点 27586 个。

2）载荷及边界条件

根据不同工况，在入口施加处理量，即入口速度，各出口为介质压力 0.3MPa，其他为固壁边界。

3）计算结果

以工况 1 分析对象，设置入口速度为 $12m^3/min$，出口压力为 0.3MPa，分析结果如图 4-5-13、图 4-5-14 所示。图 4-5-13 表明在工况 1 下，各出口流量差异较为明显，图 4-5-14 表明流体最大压力在入口处，为 3.14MPa，最小为 2.88MPa，管道系统压力降最大为 0.26MPa。同理，对工况 2、3、4 分析，其结果汇总见表 4-5-4 和表 4-5-5。

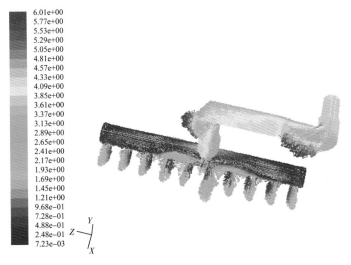

图 4-5-13　速度分布图

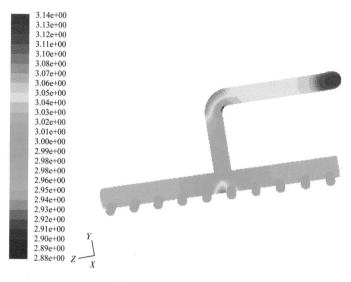

图 4-5-14　压力分布图

表 4-5-4　各工况下出口流量分布　　　　　　　　　　　单位：kg/s

位置	工况 1	工况 2	工况 3	工况 4
input	145.9	194.5	248.6	145.9
out1	−16.3	−23.0	−28.3	−16.5
out2	−15.5	−20.4	−25.7	−15.0
out3	−13.6	−18.5	−23.8	−13.9
out4	−8.9	−11.1	−14.6	−9.1
out5	−24.7	−32.4	−41.8	−24.5
out6	−7.2	−9.3	−12.2	−7.4
out7	−11.4	−14.7	−18.9	−11.5
out8	−14.7	−19.4	−25.0	−14.4
out9	−16.3	−21.9	−27.9	−16.1
out10	−17.3	−23.9	−30.3	−17.5

表 4-5-5　各工况下压力极限值及压降　　　　　　　　　单位：MPa

项目	工况 1	工况 2	工况 3	工况 4
最大	3.14	3.21	3.27	3.15
最小	2.88	2.78	2.71	2.88
压降	0.26	0.43	0.56	0.27

3. 布管设计

在生产作业的过程中，应尽可能降低管道的能量损耗，保证各流体出口质量均匀。通过上述分析表明，各出口流量在不同的条件下差异较大，压力降也偏大，造成较大的能耗损失。如图 4-5-15 所示布管形式，出口为 9 个，错位并排，缩短了管道的长度，在处理量 Q 为 $12m^3/min$，含砂比为 0.2，黏度为 $0.1Pa \cdot s$ 时，采用四面体结构单元，划分单元 109994 个，节点 22578 个。分析各出口流量及管道混砂液压力分

图 4-5-15　双层布管接口

别如图 4-5-16、图 4-5-17 所示。最大流体压力在入口位置，压力值为 3.15MPa，最小值 2.89MPa，在流体出口位置。新型布管出口流量分布见表 4-5-6。

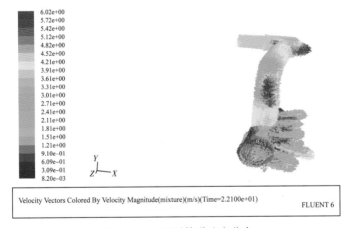

图 4-5-16　双层管道速度分布

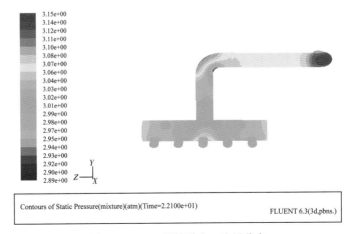

图 4-5-17　双层管道出口流量分布

表 4-5-6　新型布管出口流量分布

位置	流量 / (kg/s)	位置	流量 / (kg/s)
input	145.9	out5	−16.9
out1	−16.6	out6	−16.3
out2	−11.8	out7	−11.2
out3	−31.8	out8	−13.6
out4	−12.5	out9	−15.2

4. 结果分析

设备出口流量为 q_i，平均流量为 $\bar{Q}$，当出口流量与平均流量之差越大，表明管道系统出口流体分布越不均匀，对管道系统的控制、准确计算压裂液流量的难度越大，能耗越高。混砂设备现有布管与新型布管结出口流量与平均流量之差分布关系如图 4-5-18 所示。

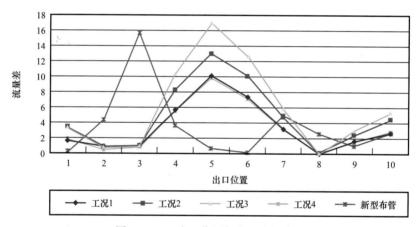

图 4-5-18　出口位置与出口流量关系

通过对混砂设备管道的结构分析，利用 CFD 分析软件，建立了管道有限元模型，对现有的混砂设备管道在 4 种不同工况下进行有限元分析，通过对比分析，形成如下结论：

（1）在流量、含砂比不变的情况下，黏度的变化对管路管道能量损耗很小，对管道各出口流量影响很小，工况 1、工况 4 黏度由 0.1Pa·s 改成 0.15Pa·s，流体压力梯度基本一样，各出口流体流量均匀度有所改善。

（2）在含砂比、黏度不变的情况下，加大介质的流量，流体压力梯度变化较为明显，工况 1、工况 2 压力降由 0.26MPa 升高到 0.43MPa，沿程的能耗也增加，各出口流体的布均匀度明显提高。

（3）在流量、黏度不变得情况，增加介质的含砂比，工况 1、工况 3 含砂比由 20% 增加到 50% 时，压力降明显增大，由 0.26MPa 升高到 0.56MPa，管道磨损较大，沿程损耗较大；各出口流体质量平均差为 3.17kg/s，明显表现不均匀。

（4）在介质不变的情况下，混砂设备新型布管方式与现有布管方式相比，在同样的工况条件下，其压力降不变，均为 0.26MPa，但出口流量的均匀度得到了明显的改善。

综上所述，基于有限元分析的分析，混砂设备管道输送过程中，流体的含砂比对管道效率的影响最大，流量次之，黏度最小；随着流体的含砂比、流量、黏度的增大管道的压力降增大，能源损耗增多；同时含砂比及流量的增大也增加了各出口的流体质量分布不均匀程度，但黏度的增大能够改善各出口的流体质量的均匀程度。

五、纤维伴注技术

纤维加砂压裂工艺是针对特殊地层在加砂压裂时添加纤维。由于高效纤维能够产生超强的悬浮携砂能力和支撑剂固定能力，对油气田增产将产生两个有益效果：一是纤维能够防止支撑剂在缝网中回流；二是纤维的携砂改变了支撑剂的沉降速度，改善铺砂剖面，降低裂缝伤害。适用于闭合压力不高、闭合时间较长的储层，以西南油气田为代表，完成 400 多口井的纤维加砂压裂，与未添加纤维相比，平均单井产量提高 50% 以上，综合成本下降 20%～30%。

目前，国内通过自主研制，研发出可应用于压裂的长度为 6mm 的短纤维产品，具有较好的亲水性、配伍性及分散性，其特性见表 4-5-7。

表 4-5-7　国产某纤维特性

项目	单位	指标
线密度	dtex	1.80～2.40
干断裂强度	cN/dtex	≥13
初始模量	cN/dtex	≥290
干断裂伸长率	%（L/L）	4.0～9.0
热水减量	%	≤2.5
含油率	%	≤0.70
分散性	等级（1～6）	≤3

1.纤维混配设备

国内主要是对混砂设备进行改造，增加纤维破碎、空压机气体输送、旋风分离器等，将固态纤维直接添加到混合罐进行搅拌。其在应用中主要存在以下问题：

（1）混配不均匀：纤维以重力自由落体进入混砂设备混合罐，处理不好纤维将会产生聚集，堵塞后续的压裂柱塞泵、流量计等，施工精度得不到保证。

（2）添加装备集成度不好：由多个模块组成，现场使用的旋风分离器需要吊机始终吊装着进行辅助施工，操作不方便、安全性低。

（3）纤维采用 6mm 的长度，添加的纤维计量精度不高。

SHP20X 型纤维混配设备如图 4-5-19 所示。主要用于油气井压裂过程中，将压裂纤维按照一定速度混合进压裂液中，并随压裂液一起压入井下。施工中混配车从液罐中吸取压裂液，通过文丘里混合器与纤维混合后，排出到混砂设备的混合罐中。

2. 纤维输送机

纤维输送机由上部料斗、中间箱体、下部下料装置、底部球阀和文丘里管呈垂直分布（图 4-5-20），工作时尾部的液压马达通过减速器带动输送机转动。输送机箱体内置 6 根绞龙，加注纤维时绞龙将料斗内的纤维输送至下料装置，然后经过球阀由文丘里管形成的负压吸入文丘里管内与液体混合。经试验数据得到输送机每转输送量为 0.224kg，通过输送机转速传感器能够得到瞬时转速，即可计算出瞬时加注量。

图 4-5-19 纤维混配设备

图 4-5-20 纤维输送机

3. 应用示例

某纤维伴注作业参数见表 4-5-8。通过工业试验验证 SHP20X 型纤维混配车可较好满足特殊的工艺要求。

表 4-5-8 某井纤维伴注作业参数

液体体系	滑溜水	纤维加注量	733.5kg
总液量	496.3m³	纤维最大瞬时加注量	8.4kg/min
压裂排量	4m³/min		

第六节　混砂自动控制系统

混砂自动控制系统包含液位自动控制系统、排出自动控制系统、输砂自动控制系统和添加剂自动控制系统，实现系统协同控制、支撑剂和添加剂配比控制，为压裂泵送设备提供稳定压裂液供给。控制系统功能如图 4-6-1 所示。

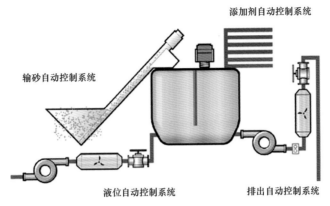

图 4-6-1 混砂自动控制系统

混砂自动控制软件可监控作业的各项参数，通过操作屏完成整个作业过程的参数设置、配比和流量控制，并将作业数据传输给数据采集设备，进行作业数据的实时处理、曲线显示、存储及回放，并输出打印用于分析。混砂运行界面如图 4-6-2 所示。

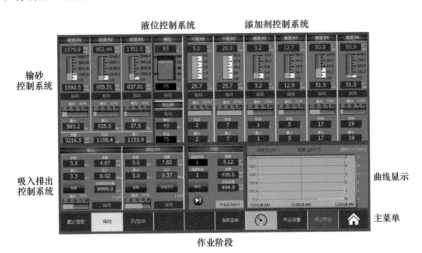

图 4-6-2 混砂运行界面

第五章 仪表设备

作业过程中，仪表设备对压裂泵送设备、混砂设备、混配设备和液氮设备进行集中控制，实时采集、显示和记录压裂作业全过程的数据，并打印输出施工数据和曲线报表，配合全井场视频监控系统，提高施工质量，实现机组的集群化网络控制。

第一节 设备型号与技术参数

一、设备型号

仪表设备由多平台集中控制系统、数据采集分析系统、视频监控系统、通信系统、供电系统、冷暖系统、厢体及扩展机构、减振系统和辅助系统组成，设备整体布置、性能、载荷分布、技术性能符合国家、行业标准和法规要求。机组控制系统采用多级主从网络结构，配置各类设备的多平台远控终端，实现40台设备的远程集中控制。数据采集系统实时采集、显示、记录施工作业数据，并对数据进行处理、记录、保存、打印、输出施工数据和曲线报表，实现压裂作业监控和数据记录分析。

产品名称：SEV5162TBC仪表车，如图5-1-1所示。

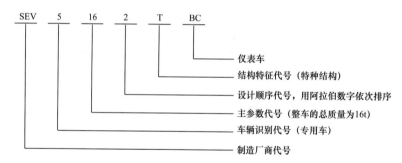

图5-1-1 压裂仪表车型号标识说明

产品名称：YBS-100电动仪表橇，如图5-1-2所示。（仪表橇宽度和高度按照实际需求定制）。

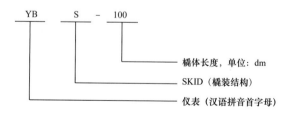

图5-1-2 电动仪表橇型号标识说明

二、技术参数

（1）仪表车参数见表 5-1-1。

表 5-1-1　仪表车参数

名称	参数	名称	参数
底盘	二类底盘（6×4，4×4）	数据采集系统	模拟信号、脉冲信号、压裂机组网络信号
工作电压	220V（AC/50Hz）	控制系统	多平台控制系统，主辅助设备
供电方式	发电机，外接电源	视频监控系统	移动摄像头，固定摄像头
工作功率（最大）	13kW	工作温度	−29℃～+45℃
通信系统	对讲机、排充、车载电台	质量	12000～19000kg
冷暖系统	空调、暖风机		

（2）扩展仪表橇参数见表 5-1-2。

表 5-1-2　扩展仪表橇参数

名称	配置	名称	配置
厢体尺寸	10000mm×2500mm×2800mm	数据采集系统	模拟信号、脉冲信号、压裂机组网络信号
可扩展尺寸	7900mm×850mm	车组控制系统	多平台控制系统，主辅助设备
空间扩展率	27%	通信系统	对讲机、排充、车载电台
工作电压	220V（AC/50Hz）	视频监控系统	移动或固定摄像头
供电方式	发电机，外接电源	工作温度	−29℃～+45℃
工作功率（最大）	13kW	质量	10000kg

第二节　集群化网络控制技术

一、控制系统组成

控制系统需要将页岩气压裂施工中所使用的压裂泵送设备、混砂设备、仪表设备和辅助设备用计算机环形网络的方式连接起来，每台设备上都配备远程自动控制单元，通过网络及处理站来实现对压裂作业的集中自动控制，从而组成集群化网络控制系统（陈永军，2014）。

集群化网络控制系统采用环网冗余工业以太网，网络带宽 100Mbps，机组网络采用三个控制层四个子网控制结构，可集中控制 30 台压裂泵送设备和 10 台辅助设备，实现油电混控作业的全流程控制、状态监测、数据采集、视频监控、作业数据和设备信息集成。主要包含电驱压裂泵送设备远程控制系统、柴驱压裂泵送设备远程控制系统、混砂设备远程控制系统、压裂液连续混配设备远程控制系统、液氮设备远程控制系统、辅助设备远程控制系统、机组数据采集系统、数据远程传输系统、视频监控系统和有线/无线远程控制系统。

二、压裂机组组网技术

压裂机组控制系统有线组网采用环形工业以太网，无线网络采用 AP 组网，设备可就近接入机组，实现机组设备在线监控、故障报警、混机组网、有线和无线控制。

1. 控制系统网络架构

大型压裂作业需要多台设备协同施工，压裂作业频繁移动，机组采用工业以太网作为通信网络，EIP（Ethernet IP）和 CIP（Common Industry Protocols）协议作为通信协议构建设备间的数据传输与远程控制。

机组网络包含压裂泵送设备和辅助设备 4 个独立的网络，通过中央控制网络实现机组的集中监控，压裂机组网络结构如图 5-2-1 所示。

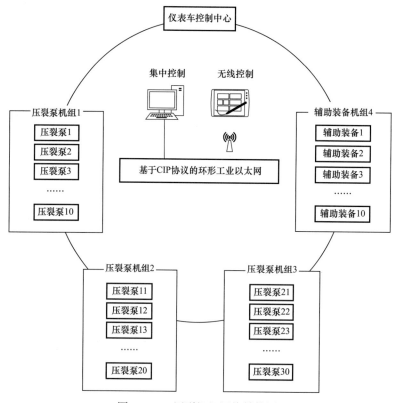

图 5-2-1 压裂机组网络结构图

2.单设备网络系统

机组内各设备间正常通信是多台设备联合作业和集中控制的基础。通过对网络扩展性、传输速率、传输距离、网络安全性等对比测试，最终压裂设备间的通信方式采用工业以太网协议通信，单设备控制方式采用基于CAN总线通信如图5-2-2所示。其中通信1、通信2接口用于构建压裂机组环形网络，CAN总线用于设备发动机ECM和传动箱TCM通信采集。

3.压裂机组有线网络

依据设备在机组作业中的不同分工，压裂机组有线网络在工程应用中分为三个层，包含4个相互隔离的子网，组成多级环网冗余控制网络，实现40台设备组网以及机组之间的集中控制，压裂机组网络结构如图5-2-3所示。

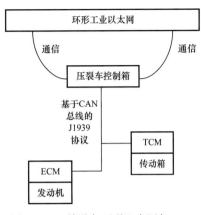

图 5-2-2　单设备环形以太网与CAN网络结构

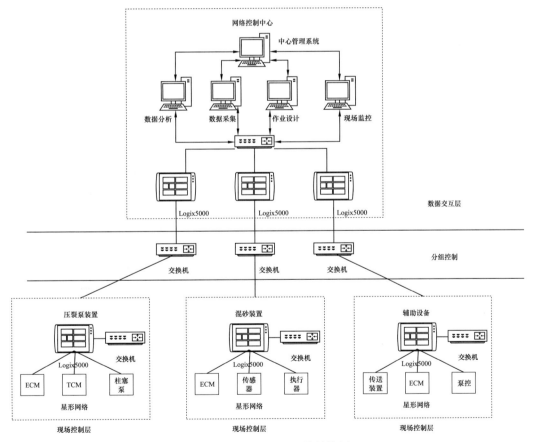

图 5-2-3　压裂机组网络结构图

（1）现场控制层：现场控制层的压裂泵送设备、混砂设备和辅助设备等作为星形网络的中心节点，与其相关配套的单元进行连接。如压裂泵送设备的星形环网为中心控制器配套 ECM、TCM、柱塞泵、交换机与其组成星形网络。

（2）分组控制层：依据压裂作业装备分工的不同，压裂机组有线组网包含压裂泵送设备星形组网和辅助设备星形组网。

（3）数据交互层：多平台控制的 PC 端通过分组控制层与现场控制层与设备进行数据交互，进行指令的发送和数据监测，是集群化网络控制的核心单元。

机组控制网络的数据传输与共享包括三部分：中央级控制器通过以太网下达作业机组的控制命令；系统通信网络用来发送中央级控制器下达的各项控制命令；现场控制器接收并响应系统通信网络发送的控制命令。

基于工业以太网络特性以及 EIP 协议的特殊性，控制系统对数据传输进行优化以提高网络可靠性：增加优化主干网的带宽，过滤多播封包，保障重要数据安全实时的传输；平衡数据和辅助通信包的数量关系，优化数据传输；采用环形物理冗余网络进行通信，提高网络可靠性，断网愈合时间小于 30ms。采用 VLAN 方式将不需要通信的节点单独划分，提高网络的通信速度和安全性。

4. 压裂机组无线组网

机组无线组网在实现数据多点共享的同时，减少了控制接口，避免与现场各种管线混淆，便于携带及检修，无线控制器可在有效通信范围内灵活布置，现场工作人员和指挥中心可快速、准确获取施工数据。无线网络系统主要由无线网卡、无线 AP（Access Point）、无线路由器、无线网桥和无线交换机 / 无线网络控制器构成。

机组无线网络控制方案如图 5-2-4 所示。由无线 AP 组成无线通信网络，从集中控制中心的无线 AP 向监控端的无线 AP 发送控制器实时数据包，并接收从监控端发送过来的远程控制数据包，从而实现在无线网络环境下，远控系统进行远程数据的实时采集以及远程实时控制。

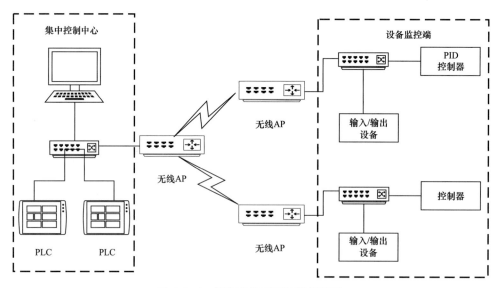

图 5-2-4　控制系统无线网络拓扑图

三、多平台控制技术

在大型压裂施工中，柴驱设备、电动设备和不同批次的设备需要组网控制，多平台控制技术兼容不同设备的控制器，可与之建立通信和数据交换，因此压裂机组单机控制系统可选不同类型的控制器，满足装备混机作业、快速组网和集中远程控制的需求。

1. 压裂泵控制技术

1）系统组成及工作原理

压裂泵送设备自动控制系统包括单泵控制、机组编组控制、自动定排量限压力控制、机组总急停和总快捷停控制。单泵控制包括发动机启动、停止、急停、快捷停（怠速 & 空挡 & 刹车）、挡位设定、油门升降、试压测试和超压复位。机组编组控制就是将某些泵送设备设置为一组，选定该组后同时控制其挡位和油门，编组后的控制包括挡位控制、油门控制和快捷停控制。

柴驱压裂泵送设备自动控制系统由本地控制系统、远程控制系统和信号采集三个部分组成，可实现发动机、传动箱、大泵的状态监测和控制，通过远程控制系统可以实现压裂泵送设备本地 / 远程控制切换。

电动压裂泵送设备自动控制系统由电动机变频单元、压裂泵单元、液压单元、辅助单元和保护系统构成。可实现电动机、VFD 房、离合器、大泵、辅助系统的状态监测、数据采集，具备一键备机、启动、停机、调速和保护控制，通过以太网就近接入机组网络。

压裂泵远控系统是基于 Window 平台开发的 PC 端多类设备的控制软件，支持不同平台的泵送设备，可以实现设备的单泵控制操作、多泵集中控制、油电设备的混网控制、总控指令自动监听、泵送设备的分组控制、信号校准和报警设置。压裂泵送设备的自动控制流程如图 5-2-5 所示。

2）压裂泵单车网络通信方案

柴驱压裂泵送设备的单机控制中，主要涉及到发动机和传动箱的控制，系统包含可编程逻辑控制器、网络交换机和网关。控制器是电气控制系统的核心，所有信号的处理以及控制信号输出都是由控制器完成的；发动机、传动箱控制采用 CAN 总线通信。电动压裂单机的网络中，VFD 单元采用通信接口实时采集电动机参数、变频器参数、泵参数、报警信息和作业数据并在网络中传输。设备间采用环网通信，单台设备预留以太网接口用于设备间的外部通信。

3）定排量限压力自动控制技术

压裂泵送设备自动定排量限压力控制就是将某些泵送设备设置为自动模式，然后设定一个排量值，设定一个压力值，分三个区间进行控制。

当压力低于设定压力的小区间时，设置为自动模式的泵送设备将根据设定的排量值自动调节挡位和油门，让机组内所有泵送设备的实际瞬时排量之和达到设定的排量；当压力介于设定压力的小区间和大区间之间时，设置为自动模式的泵送设备将会维持当前的挡位和油门控制，而不会提高设置为自动模式的泵送设备挡位。当压力大于设定压力大区间时，按照从 10# 到 1# 泵送设备的顺序，泵送设备将会自动降低挡位，直至所有设置为自动模式的泵送设备其挡位均降为空挡。定排量限压力控制系统方框图如图 5-2-6 所示。

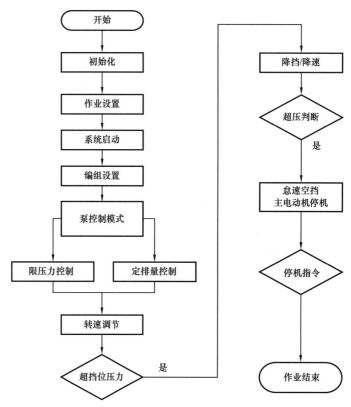

图 5-2-5　压裂泵控制流程

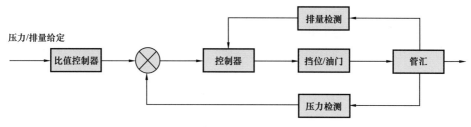

图 5-2-6　定排量限压力控制方框图

2. 混砂控制技术

1）系统组成及工作原理

混砂自动控制技术主要有液位自动控制系统、绞龙自动控制系统、液添自动控制系统、干添自动控制系统和排出自动控制系统，混砂自动控制流程如图 5-2-7 所示。

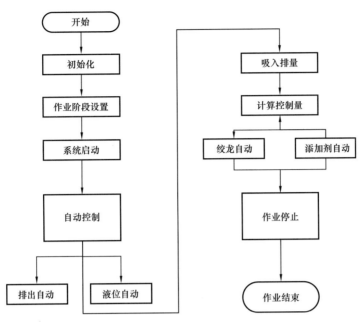

图 5-2-7　混砂自动控制流程图

首先操作员输入作业参数,按"开始"键后开始混砂自动控制。计算机采集混砂罐液位,控制软件比较实际液位和设定液位计算设定吸入流量,并由此来控制吸入阀位和吸入泵转速;计算机采集吸入流量和绞龙转速,控制软件根据实际吸入流量和设定浓度来计算设定绞龙转速,比较设定绞龙转速和实际绞龙转速偏差来调节绞龙转速;计算机采集吸入流量和添加剂速率,控制软件根据实际吸入流量和设定添加剂配比计算设定添加剂速率,比较设定添加剂速率和实际添加剂速率来调节实际添加剂速率;计算机采集排出泵出口压力和排出流量,控制软件根据排出口的压力来调节排出泵的转速,并控制排出口压力在设定压力上限和下限之间,避免排出口压力值太高导致排出泵长时间高速工作,影响机械寿命,或排出口压力值太低导致压裂泵吸入口充盈度不够,导致压裂泵抽空,影响压裂施工的质量和安全。

2)液位自动控制技术

工作时液位计将实时检测到的液面信号反馈给计算机,计算机将该数据与作业设定液位进行比较,输出控制信号给吸入泵驱动单元调节吸入泵转速,维持液面的稳定,通过设置不同的控制区间实现吸入流量的平稳调节。

液位自动控制系统将设定的混合罐液位作为设定值并转化为数字量 SP;采集的实际液位,经控制器处理后转化为数字量的 PV,用 PID 指令进行控制,将计算出的数字量结果转化为控制信号,经计算机的控制输出模块输出给外部电路,再经过外部电路的放大,输出给变量泵控制基液流量大小。在人机界面上设定最低液位上、下限值和最高液位上、下限值;当测量液位达到最低液位下限时,基液流量控制直接为最大值,直到测量液位回到设定最低液位上限,再采用 PID 控制;当测量液位达到最高液位上限时,基液流量控制为最小,直到测量液位回到设定最大液位下限,再采用 PID 进行分区间多级调节控制(常建东等,2016)。液位控制系统方框图如图 5-2-8 所示。

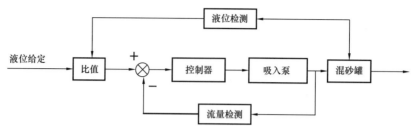

图 5-2-8　液位控制系统方框图

3）砂比自动控制技术

砂比自动控制系统采用输砂绞龙转速测量的方式获得砂比值，由于其产生的频率信号比较直观地反映出加砂量的多少，并且具有输出信号平滑、波动小等优点，便于混砂设备操作员根据其产生的转速信号进行均匀加砂，有助于施工指挥进行实时监控，提高了施工质量。

当绞龙开始工作后，接近开关采集绞龙旋转齿数以测量输砂绞龙转速，将产生的脉冲信号通过采集模块进入控制程序，根据压裂现场施工设计的砂比要求自动计算出绞龙需要的控制转速。砂比计算公式为：

$$S = V_s / V_y = nq\left(Q - nq\rho_{Gs}\right) \times 100\%　　　　（5-2-1）$$

式中　S——砂比，%；

　　　 n——计量绞龙转速，r/min；

　　　 q——计量绞龙每转的输砂量，L/r；

　　　 ρ_{Gs}——支撑剂视密度；

　　　 Q——混砂液流量，L/min。

砂比指的是砂液体积比，是砂量的体积除以携砂液净液量体积（不含砂）得到的百分数；砂浓度是指砂体积与携砂液的比值得到的百分数。

砂浓度控制算法采用步进式单神经元 PID 控制（李力等，2020），控制器根据当前阶段设定的砂浓度值与上一阶段设定的砂浓度值的偏差计算当前阶段的固定步长，再根据固定步长计算出每一步设定的砂浓度值；控制器根据实际吸入流量和每一步设定的砂浓度值计算出每一步设定的绞龙装置转速；控制器采用单神经元自适应 PID 控制算法计算输出值来控制绞龙装置实际的转速，并计算绞龙装置实际的转速和输砂量；控制器再根据实际吸入流量和输砂量计算出实际的砂浓度值；当实际的砂浓度值达到某一步设定的砂浓度值后，设定的砂浓度值增加一个固定步长，重复以上步骤，直至实际的砂浓度值达到设定的砂浓度值。砂比控制系统方框图如图 5-2-9 所示。

4）添加剂比例控制技术

系统采集吸入流量、混合罐液位、添加剂流量 & 转速等信号，根据设定添加剂配比值计算出设定流量，通过比较添加剂泵实际转速与设定转速偏差，自动调节添加剂泵转速，从而实现添加剂比例自动控制，添加剂比例控制系统方框图如图 5-2-10 所示。

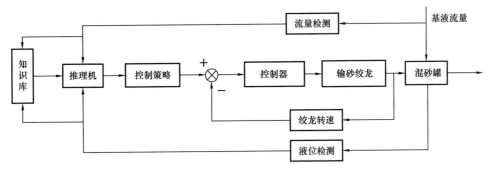

图 5-2-9　砂比控制系统方框图

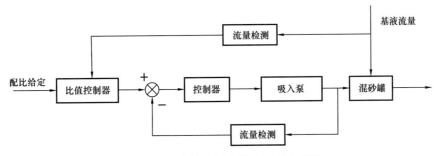

图 5-2-10　添加剂比例控制系统方框图

5）排出恒压控制技术

系统由流量计、排出压力传感器、计算机、排出泵驱动控制单元和手动控制组成。该系统实时监测携砂液压力变化，将排出压力反馈信号与设定排出压力值进行比较，计算机实时调节排出泵转速，将混砂设备携砂液的排出压力控制在设定范围内，以确保排出管线的充盈度，为压裂泵的高效工作提供保障。排出流量控制系统方框图如图 5-2-11 所示。

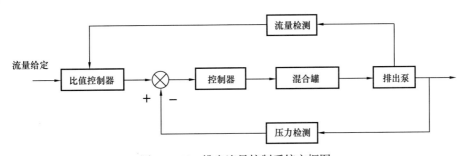

图 5-2-11　排出流量控制系统方框图

3. 压裂液连续混配控制技术

压裂酸化增产作业的成功与否很大程度上取决于压裂液质量的好坏，压裂液主要是由瓜尔胶和水混合配制而成，压裂液连续混配控制技术旨在解决加料不均匀、黏度不均匀、压裂液难以连续快速混配的问题，实现准确连续均匀加料、现配现用和大排量全自动控制。

1）系统组成及工作原理

压裂液连续混配自动控制系统主要由液位控制系统、吸入控制系统、粉比控制系统、兑吸控制系统、液体添加剂控制系统、搅拌系统、动力系统、信号采集系统和电源系统组成。作业前在人机界面上输入施工参数，控制系统为闭环控制，采用定比例混输控制方法，计算机实时采集的混合罐的液位、干粉重量、吸入流量、排出流量、液添排量、喂料机下粉速率等信号，按照设定的模式控制，将这些数据作为反馈与预设的参数对比，然后输出信号调节控制吸入泵、兑吸阀、排出泵、喂料机、液添泵、搅拌器和空气锤等部件，实现在线自动混配。系统通过以太网通信接入机组网络实现远程集中控制和数据采集。压裂液连续混配控制流程如图 5-2-12 所示。

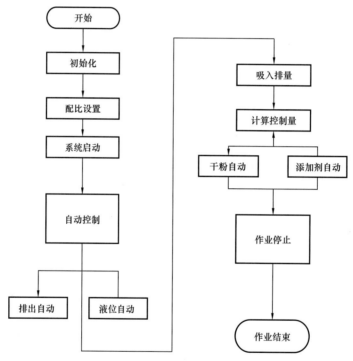

图 5-2-12　压裂液连续混配控制流程图

2）大排量兑稀自动控制技术

在常规油气开采中，压裂作业需求的最大排量一般为 10～12m³/min，页岩气压裂排量要求一般为 12～16m³/min，大型的电动压裂作业的排量大于 16m³/min。大排量混配技术核心在于粉水混配兑稀控制，先混配高浓度瓜尔胶液再兑稀混配的方法，其控制过程包括配比控制、兑稀比模糊控制、大排量小混合罐液位自动控制和排出控制（陈跃，2019）。

大排量混配中清水经吸入泵后分为两路：一路直接进入喷射器直接混配，进行高浓度瓜尔胶液的直混控制；另一路进入兑稀回路，兑稀管汇上配置液控蝶阀，通过调节蝶阀的开启度来调节兑稀流量的大小，再与混合好的高浓度瓜尔胶液进行再混配。兑吸排量和混合排量采用模糊控制方式，即保障直混排量与兑稀排量之和与设定的总排量一样，从而实现混配总量精确控制。兑稀控制系统方框图如图 5-2-13 所示，控制过程中系统实时采集吸入流量、兑稀流量、兑稀阀位、下粉量、排出流量等作业参数，采用 PID 闭环控制，按照设定配比进行自动控制。

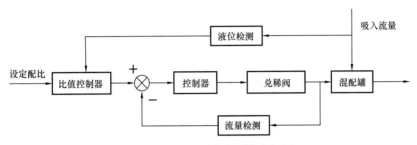

图 5-2-13　兑稀控制系统方框图

3）液位控制技术

在混配过程中，上粉量和添加剂注入量受控于基液清水流量和设定配比控制，排出泵流量需要根据机组排量和混合罐液位进行实时调整，系统始终在一个不稳定的流量变化中工作，当输出量突然增大或减小时，控制系统通常有两种模式来改变吸入流量的大小维持混合罐液面稳定。一是选择在一定泵速的情况下，当液位计检测到罐内液面下降或上升信号时，控制器实时采集液位计信号，计算比较后将控制指令输出给电磁阀，然后电磁阀将控制油缸调节吸入阀开口大小来改变吸入流量大小，以维持混配罐内液面平衡。二是在吸入控制阀开口一定的情况下，通过调节吸入离心泵转速的方式来调节吸入流量大小。

以上两种控制模式的特点为：对于吸入泵调速控制模式而言，因离心泵工作曲线不是一个线性关系，低速线性度最差，但调节过程连续平稳。对于吸入阀控制模式，系统采用先进的闭环反馈控制方式，并设定高、中、低几个区间进行分段控制，将阀门控制在几个位置，再通过调节泵转速，实现液位连续调节控制，这种方式流量控制较平稳，液面波动小，可有效避免混合罐抽空和漫罐，但系统结构和控制过程较复杂。结合兑稀排量和混合排量模糊控制方法，大排量混配采用第一方案进行液位控制。液位控制系统方框图如图 5-2-14 所示。

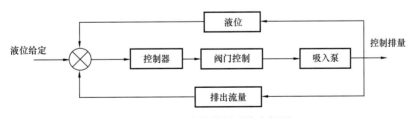

图 5-2-14　液位控制系统方框图

4）配比控制技术

粉液配比控制是指在吸入单位重量的清水中按比例添加一定重量的干粉，系统由流量计、电子秤、计算机、喂料机和手动控制系统组成。控制器根据设定的配比，实时采集单位时间的清水流量和下粉量，根据吸入流量和喂料机理论下粉量计算出喂料机的理论转速，控制过程中实时采集粉罐重量变化，自动根据排量变化修正下粉量，无论作业过程中液体流速如何变化，控制系统会按照设定配置自动调节喂料机转速，实现粉液配比的精确控制（李磊，2016）。配此控制系统方框图如图 5-2-15 所示。

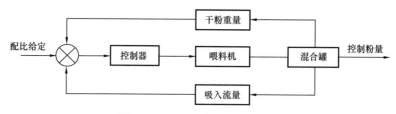

图 5-2-15　配此控制系统方框图

5）液体添加剂控制技术

液体添加剂控制需要采集吸入流量、混合罐液位、添加剂流量和转速等信号，计算机根据设定的添加剂配比值计算出设定流量，通过比较实际添加剂泵排量与设定流量的偏差，调节添加剂泵转速，从而实现添加剂配比的自动控制。系统可对多台添加剂泵进行独立设置和控制，也可由计算机依据作业过程中的需要自动选择液添泵工作。系统设置有手/自动切换开关。液体添加剂控制方框图如图 5-2-16 所示。

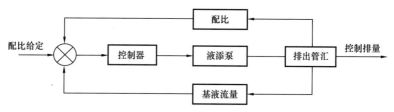

图 5-2-16　液体添加剂控制方框图

6）排出控制技术

混配排量控制需要根据混合罐和排出流量的变化进行实时调节。控制器实时采集排出管汇压力、混合罐液位、排出流量和机组排量信号，根据设定排量实时调节排出流量进行排出泵自动调速。系统设置有两种工作模式：第一种为批混作业模式，系统根据设定排量控制排出泵的转速，压力值作为辅助检测，排出累计总量达到阶段设置总量或液位时停止作业，这种方式排量为恒定值，配比控制相对稳定；第二种为现混现配的控制模式，计算机根据设定排量实时调节排出泵转速，设定排量可以为手动设置，也可为混砂排量或机组的作业排量，设置一个排出压力控制区间，控制区间的最小和最大量有控制死区范围，可以避免泵的频繁启停，保证排出流量平稳控制。排出控制方框图如图 5-2-17 所示。

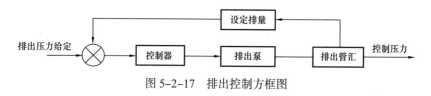

图 5-2-17　排出控制方框图

4. 液氮控制技术

压裂作业中直燃式液氮控制技术主要包括限压定排、排量自适应控制和恒温控制，可与压裂机组联机协同作业，控制系统按照机组排量自动调节液氮排量，系统具备超压、高压和低温等多种保护功能，数据通过机组网络实时共享。

1）系统组成及工作原理

直燃式液氮泵系统包括操作系统、显示系统、液气系统、照明、数据采集和联动保护系统，可集中监控发动机、传动箱、增压泵、液氮泵、蒸发器和管汇阀门，实现设备的启停、调速、冷却、保护控制，实时监测系统状态、排量、压力、温度等工艺参数和报警信息，系统具备恒温和排量的自动控制功能，可接入压裂机组控制网络（骆竖星，2014）。

自动控制系统可配置本地和远程两种控制终端，通过工业环形网络与压裂机组自由组网，实时传输施工压力、排量、温度、报警等参数到压裂机组控制中心，实现装备控制和作业数据记录、存储、曲线呈现和报表生成。液氮自动控制流程如图5-2-18所示。

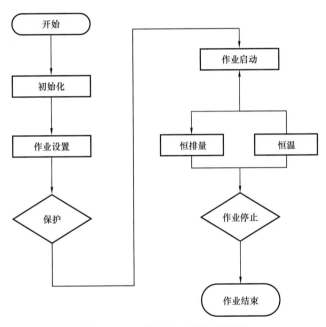

图5-2-18 液氮自动控制流程图

液氮泵控制技术包含排量自适应控制、恒温自动控制和联机保护控制。自动控制系统采用闭环控制，排量控制时，PLC根据预先设定的工作模式，计算出需要控制的排量，将采集的排量和设定排量比较，控制发动机转速，传动箱挡位使实际瞬时排量达到设定排量；温度控制时，PLC将采集的排出氮气温度与设定温度比较计算，自动调节蒸发器火力，将温度控制在设定温度。

2）排量自适应控制技术

排量自适应控制技术包含两种控制模式。第一种自动控制设定一个排量值，控制系统将设定的排量值与采集排量比较，根据传动箱各挡位理论排量参数，调节发动机转速和传动箱挡位,使液氮泵实际瞬时排量达到系统设定的排量。排量控制器的设计选用 PI 控制算法,采用频率响应法来确定 PI 控制器的参数实现排量的稳定控制。第二种给定排量可以通过本地或远程 HMI 给定,也可以采集机组网络或井口排量,若为恒配比控制,设定液氮配比,根据当前混砂/井口给定排量实时计算液氮排量来控制发动机油门和传动箱挡位,保持液氮排量和混砂/井口排量之比为定值,液氮排量 = 混砂排量 × 设定配比。动态跟随机组施工排量,依据配比计算出动态的设定排量值,按照三种规则进行排量自动调节。排量控制系统方框图如图 5-2-19 所示。

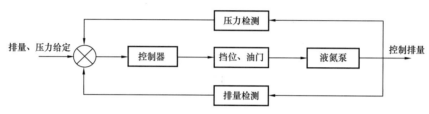

图 5-2-19　排量控制系统方框图

3)恒温控制技术

温度控制要求测量准确、响应迅速,液氮车将采集的排出口氮气温度和系统设定温度比较,控制燃烧器的火力,实现氮气温度的自动调节。

控制系统采集设定的作业温度和燃烧室工作状态,将设定温度与采集的氮气温度进行比较,计算出需要工作的燃烧室数量,控制处于点火状态的燃烧器打开工作。施工过程中系统自动跟踪设备排量和压力改变引起的氮气温度变化,控制燃烧器工作状态,循环燃烧使温度达到设定值。

当前液氮排量和设定的氮气出口温度,计算燃烧器个数:

$$n = Q_z / Q \qquad (5-2-2)$$

$$
\begin{aligned}
Q_z = &\text{ 液氮排量 × 液氮密度 × 液氮汽化热 + 液氮排量 × 液氮密度 ×} \\
&\text{(氮气出口温度 - 氮气入口温度)× 氮气比热容}
\end{aligned} \qquad (5-2-3)
$$

式中　Q_z——单位时间内所需热量;

　　　Q——一个燃烧器单位时间内产生的热量;

　　　n——燃烧器个数。

目前温度控制系统大多采用传统的 PID 结构,一般对系统进行一个预设,相应的控制对象反馈一个实际的参数值,通过两者对比,进行相关反馈修正来达到精确控制,传统 PID 控制器里进行微分计算的只有一个一阶,要求变化信号的变化率只能是常数,而温度控制系统是一个非线性的过程,因此基于传统的 PID 控制的温度控制系统容易出现控制反应时间长、控制精度不高、系统不稳定的现象。液氮泵温度控制采用速度型算法,实现排出温度和设定温度精确控制。温度控制系统方框图如图 5-2-20 所示。

4)联机保护

液氮控制系统的安全性包括操作人员人身安全、设备安全和机组安全,要求可以实现自动保护，联机保护和手动急停保护功能，并充分考虑了必不可少的互锁和失电保护。系统设计在完全满足控制要求和确保系统安全可靠的前提下，尽可能地简单实用，降低设计风险。

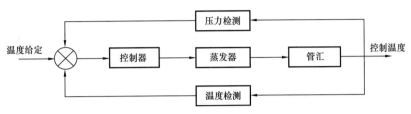

图 5-2-20 温度控制系统方框图

基于 PLC 控制的操作系统结构如图 5-2-21 所示，包括 PLC 单元、操作系统和现场监控单元。PLC 控制系统采集现场监控单元的信号，并发动指令到现场监控单元执行指令，人机交互包括 HMI 和手动控制台。手动模式时，由手动控制台向 PLC 发送指令；自动模式时，由人机界面向 PLC 发送指令，人机界面显示 PLC 采集的现场信号。

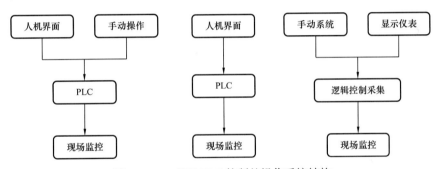

图 5-2-21 基于 PLC 控制的操作系统结构

四、远程集中控制技术

1. 远程控制系统方案

远程控制系统主要由远程控制终端、机组控制网络和设备终端组成，如图 5-2-22 所示。远程终端装载有远程控制软件，配置所有自动控制工艺指令，可为用户提供单装备控制及机组集中控制。机组控制网络主要包含工业交换机、总线网关等构成的工业以太网，以工业控制器为核心的设备自动控制系统，它用于执行压裂工艺流程控制指令。

2. 压裂远程控制技术

压裂泵送设备远程控制系统需要实现单设备和机组泵送设备编组两个方面的控制要求。

单设备控制需要实现单台设备的启停、急停、快捷停、油门控制、换挡等驱动动力的基本控制，根据施工所需压力及排量设计调控驱动动力，满足施工的工艺要求。系统实时监测发动机、传动箱和大泵的报警信息，并依据报警严重程度，按照预设配置自动执行相应的紧急保护措施。系统实时监测施工数据、设备运行状态数据,其中大泵超压会触发超压报警,并自动执行紧急保护措施。设备状况检测与维护也是远程控制系统重要组成部分,具备传感器校准、大泵状况分析、维保管理及试压功能。

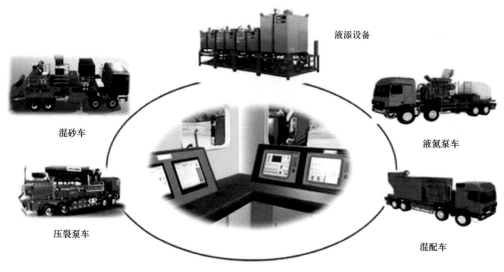

图 5-2-22 远控系统网络图

机组设备编组控制是针对成套压裂机组设备进行集中控制,并监测机组整体施工状况数据。可依据施工工艺要求进行设备分组,对同组设备同步执行控制和监测等操作。系统支持机组应急保护,能监测机组的超压状况,监听机组总快捷停指令、总急停指令,当紧急状况发生时,能快速执行保护措施,确保施工安全。机组泵送控制具备定压力限排量自动控制。

3. 多平台控制器识别技术

多平台集中控制系统包括仪表设备集中控制中心和单机控制系统。仪表设备集中控制中心采用工控机用于机组所有压裂泵送设备的集中控制。机组设备包含压裂设备、混砂设备、混配设备、仪表设备等,支持不同时期出厂的压裂泵设备、柴驱和电驱设备。

多平台系统可识别的压裂设备的类型包括主体设备和辅助设备。其中主体设备为压裂泵送设备,辅助设备包括混砂设备、混配设备、管汇设备、仪表设备等。

支持第三方控制器通信协议,控制器外部程序接口采用统一标准,程序接口见表 5-2-1。广播数据包格式见表 5-2-2。

表 5-2-1 仪表车参数外部程序接口表

控制点	西门子	罗克韦尔	Modbus TCP
油门升	DB7#2232	TH_UP	41000
挡位升	DB8#1231	TH_DOWN	41001
启动	DB8#2312	ENGINE_START	41002

表 5-2-2 广播数据包格式表

0	1～23
0×63	0×00

探测控制器时，主控工控机通过网络发送广播数据包，数据长度 24 字节，装备接收到指令后，按照响应数据包规则应答，响应数据包见表 5-2-3。

表 5-2-3 响应数据包

List Identity Response	Package Length	Session Handle	Status	Sender Context
0×6300	0×3300	0×00000000	0×00000000	0×0000000000000000
Options	Item Count	Res	—	—
0×00000000	0×0100	0×0002	0×AF12	0×0a000f077f
—	—	Vendor ID	Device ID	Product Code
0×00000000	0×00000000	0×0001	0×0C00	0×A600
Revision	Status	Serial No.	Product Name Length	Product Name（ASCII）
0×0A0A	0×0060	0×00EC7DD1	X	ABCDE….

4. 集中控制技术

集中控制技术通过多平台控制器识别技术，识别压裂机组装备配置及控制器类型。在单设备控制流程上，集中控制层依据被识别的装备类型，自动启动相应的控制流程，完成装备控制前预配置工作，再根据控制器平台不同，通信底层启用对应的工业控制协议，确保软件系统正确稳定的与控制器通信。在机组集中控制方面，软件系统借助人机交互技术向用户提供统一的人机界面。远程控制系统通过操控集中管理层，将用户操作指令分发给设备个体执行相应控制流程。远控系统控制界面如图 5-2-23 所示。

五、压裂井场视频监控技术

压裂作业时设备与设备之间需要安排人员巡检（刘艳荣，2019），工作强度大、安全性低、存在监控盲区，遇到设备故障或者突发情况时通过对讲机向指挥人员进行汇报，容易造成时间延误，现场问题不能第一时间得到纠正。在现场安装视频监控，可以实时的反馈设备的工作状态，为指挥人员的决策提供了有效的依据，有效保障施工安全。

1. 系统组成及原理

视频监控系统一般是由摄像部分、传输部分、控制部分和显示部分组成，总体上来说"一机一线"的星形拓扑形式并没有改变，即便是网络摄像机也还是沿用这样的方式。

小型枪机摄像机安装在压裂泵送设备液力端上方，监控泵头状态，车载高速球摄像机安装于仪表车的升降杆上，通过升降杆将其升高后可全方位监控整个井场作业情况。网络摄像机具备"即插即用"的功能，在扩容和现场布控上优势明显，在井场也已广泛等到了应用。

图 5-2-23　远控系统控制界面

控制部分一般根据前端摄像机选择解码器、编码器、画面分割器、矩阵、硬盘录像机和控制键盘，通过选择不同的设备实现不同的监控目的。

2. 视频传输方案

视频监控传输方式包含有线和无线两种。

有线传输的介质可分为同轴电缆、双绞线和光纤。从经济、性能等多方面考量，大多数井场会采用双绞线传输视频信号，60～80m 的传输距离基本可以覆盖整个井场范围。

无线传输主要的传输方式有卫星、微波系统、4G 和 5G 移动网络及宽带等。5.8G 微波传输采用的是基于 IP 的无线传输技术，主要采用点对点应用模式，由于现场相对空旷，发射机和接收机可分别安装在压裂机组各设备与仪表车上，供电可就近使用设备用电，只需考虑车台摆放、现场环境和布线，视频传输容量在 10Mbps 左右就可以满足现场视频信号的无线传输，传输距离 50m 左右为最佳。

3. 装备监控方案

装备端视频监控主要用于单设备的关键部件或区域检测，实现操作人员的可视化操控。每台泵送设备配备摄像机，机组配交换机、硬盘录像机和笔记本，交换机及硬盘录像机安装于一个便携式防护箱内，采用外接电源线辊供电，摄像头供电由设备提供，摄像头通过视频电缆接入便携式视频防护箱内，视频防护箱与笔记本由网线连接。通过在笔记本上安装的视频监控客户端，输入摄像机 IP 地址，从而实现对摄像机的控制及监控。

压裂泵送设备监视柱塞泵的动力端和发动机，混砂设备监视砂斗、混合罐和液压站，每个位置配置无云台定焦 IP 网络摄像头，视频信号可并入机组监控网络，实现远程集中视频监控。混配设备监视罐液位和上粉管汇。

4. 井场监控点布控方案

压裂泵送设备主要是监控柱塞泵液力端是否刺漏、柱塞润滑情况，摄像机一般安装于防冻液水箱上或地面支撑装置上，通过固定支架进行安装，摄像机供电可直接使用控制箱内稳压电源，如果使用无线视频系统则需要制作天线倒伏机构，在作业过程中才能取得比较好的视频信号。其他设备安装要求相同。

井口和地面高压管汇区一般被划分在防爆区域，需选用防爆摄像机，发电动机房是高温监测的重点，摄像机在选择时需要考虑高温使用环境及电磁干扰。仪表设备安装车载云台摄像机，利用厢体前部的升降杆，实现整个井场、作业情况的全方面监控。

现场所使用的摄像机均应该具备红外功能，距离需根据压裂井场布置情况确定。所有视频信号都要通过有线或者无线方式接入仪表设备内。井场监控点布控方案如图 5-2-24 所示。

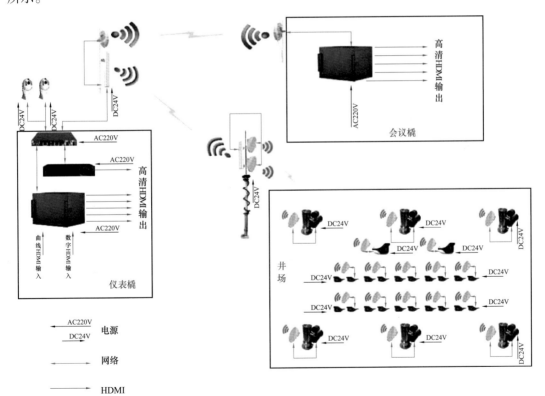

图 5-2-24 井场监控点布控方案

第三节　数据采集技术

一、系统组成及工作原理

压裂数据采集软件基于 WINDOWS 平台开发，用于压裂施工过程数据的实时采集、监测、记录，能够对作业数据进行相关处理，协助现场技术人员精确掌握施工数据，分析施工状态，指挥现场施工，有效保证施工质量，在施工过程中出现问题时及时查找问题和分析原因。系统可采集仪表设备、混砂设备、压裂/酸化泵送设备、液氮泵车、配酸设备、供酸设备、液添设备、混配设备等数据和压裂施工过程中的压力、流量、温度、转速、配比、砂比等作业数据，实现多平台数据集中采集。

硬件部分包含模拟和数字电路，一般由传感器、前置放大器、滤波器、多路模拟开关、采样/保持（S/H）器、模/数（A/D）转换器和计算机系统组成，如图 5-3-1 所示。

图 5-3-1　数据采集硬件系统原理图

二、数据传输

数据传输可以分为有线和无线传输两种。

1. 有线网络传输

有线网络传输是将现场各个采样点通过通信线连成网络，根据通信方式的不同，可以有光纤网、以太网等，这种方式也是现在使用的较多的一种方式。但是这种方式易受距离限制等。

2. 无线网络传输

无线网络传输又分为两种：一种是单独构建的无线网，其工作量是非常大的，包括传输设备、中继站、传输协议制定；另一种是利用 4G/5G 网络，打破了距离的限制，可以实现全国乃至全球漫游的数据采集。

在短距离无线通信领域中，蓝牙、无线局域网和红外技术已经广泛应用。蓝牙协议相对比较成熟，可应用在低功耗、近距离和低成本的场景。无线局域网（Wi-Fi）是以太网的一种无线扩展，其电波的覆盖范围广，传输速率高。

三、数据采集与分析技术

1. 多平台多类型压裂装备集中采集技术

对每种类型设备和每种控制器类型制定标准化数据地址，对每种类型设备制定唯一的设备类型码以及设备逻辑编号等信息。采集系统通过智能扫描获得设备 IP 和设备控制器类型，通过各控制器所支持的通信协议，读取各在线压裂设备的特定数据地址，得到各在线压裂设备的设备类型和设备逻辑编号等信息，并通过以上信息与设备控制器建立通信连接并获取数据。

2. 单信号采集技术

单信号数据采集包括模拟信号和脉冲信号的数据采集。校准方法：在系统模拟校准界面设置最小信号、最大信号、传感器最低量程、最高量程，系统将这些值写入单信号控制器中进行校准，控制器返回计算数值，并显示在采集系统中。采集器信号校准如图 5-3-2 所示。

图 5-3-2　采集器信号校准

3. 机组信号采集技术

机组信号采集技术是通过智能扫描技术与机组内压裂装备控制器建立通信连接，并获得各压裂装备数据的技术。系统可以集中采集压裂泵送设备、混砂设备、液氮泵车和混配设备等的参数。

压裂泵送设备（柴驱）：采集大泵压力、大泵排量、发动机转速等参数。

压裂泵送设备（电驱）：采集电动机转速、电动机功率、用电量、排出排量和压力等参数。

混砂设备（柴驱）：采集井口数据、砂比、排出流量和压力、绞龙输砂速率、液添排量、干添排量等参数。

混砂设备（电驱）：采集除了采集柴驱混砂设备的常规数据以外，增加设备用电量。

液氮泵设备：采集发动机转速、传动箱挡位、排出排量和压力、增压泵数据、温度等参数。

混配设备：采集黏度、温度、压力、排量、液添、配比等参数。

4. 串口数据采集技术

串口数据采集技术是通过串口采集数据的技术。采集系统提供 3 个输入串口的配置界面。通过配置输入串口的端口号、波特率、奇偶校验、数据位、停止位，与输入串口建立连接，建立连接后可以检测到串口接收数据的信道数量，配置是否有时间信道和显示信道的数量，并可以在串口输入数据信道界面配置串口输入数据的信道名称、原始单位和测量单位，查看对应串口的数据。串口输入设置和数据通道如图5-3-3所示。

图5-3-3　串口输入设置和数据通道

5. 数据整合技术

数据整合技术是通过对各设备原始数据信道的整合（包括选择原始数据信道、对原始数据信道或集成数据信道进行公式计算、对原始数据通道或集成数据信道进行累计等）形成这整合的集成数据信道的技术。采集数据整合界面分为基本参数、曲线属性、快捷调整三个部分。基本参数主要配置各信道的名称、单位、精度、数据源、是否阶段累计、是否总累计等信息；曲线属性主要配置各信道的Y轴坐标的最大最小值、曲线颜色、曲线宽度等信息；快捷调整主要配置各信道的系数、增量、增量基数、快捷调整键等信息。集成信道设置如图5-3-4所示。

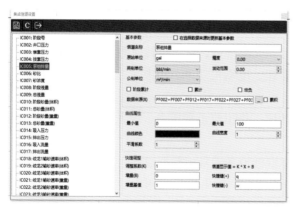

图5-3-4　集成信道设置

6. 数据传输技术

数据传输技术是使用不同的传输方法将数据进行传输的技术。数据采集系统主要包含串口数据传输和数据远程传输两个部分。

串口数据传输是将数据通过串口将数据传输出去。采集系统提供输出串口的配置界面，通过配置输出串口的端口号、波特率、奇偶校验、数据位、停止位，与输出串口建立连接。配置输出串口的输出数据和输出格式等信息，完成输出串口数据的配置。操作人员通常将数采系统与第三方分析软件进行串口通信，将数采系统的数据通过串口输出的方式将数据传输给分析软件，进行数据分析。串口数据远传设置如图 5-3-5 所示。

数据远程传输是将数据传输至物联平台的过程。采集系统中配置数据远传界面如图 5-3-6 所示。编辑数据远传信道和顺序，将数据写入控制器中。智能无线网关作为物联系统的数据采集端与现场设备的核心控制器连接，通过与控制器相应的工业通信协议将施工现场实时作业数据采集至网关，然后将采集到的数据通过随处可得的不间断的 4G/5G 网络接入互联网，通过物联网通用协议将实时数据按一定时间间隔上传至物接入平台，平台将数据存储至 TSDB（时序数据库），然后通过平台强大的数据处理能力实现对现场设备的压力、温度等仪表参数的实时数据显示及历史数据存储及回看。

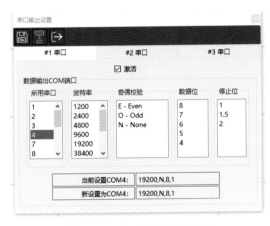

图 5-3-5　串口数据远传设置

图 5-3-6　数据远传配置界面

7. 机组作业数据呈现

数据采集软件通过网络、串口采集所有作业数据，数据呈现方式有曲线显示、数据显示和全流程数据混合显示三种方式。数据和曲线配置多个显示终端，井口数据和关键作业数据显示，辅助数据主显示屏，辅助曲线显示屏和电动机组全流程数据屏，通过分屏显示数值和曲线图。采集和显示的主要数据有泵压、油压、套压、密度、压裂液流量、液添流量、干添流量、左输砂、右输砂、砂浓度/砂比和全流程装备数据。

作业曲线监测界面能够任意选择和设置整合后信道数据，曲线、数值、自定义灵活分屏默认、主/屏辅屏上显示曲线、数据支持图例的自定义。曲线的类型设置包含在曲线名称、位置、曲线范围、数字表的最大值和最小值，作业阶段标记。实时曲线的时间间隔可配置、曲线可放大、左下角显示开始施工时间，如图 5-3-7 所示。

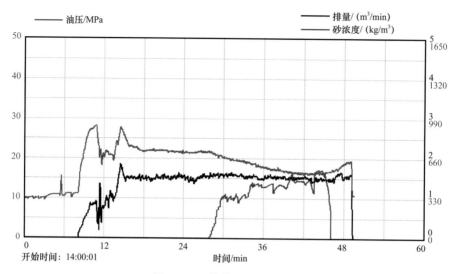

图 5-3-7　某井压裂施工曲线

第六章 压裂管汇系统

压裂管汇系统主要包括高低压组合管汇、分流管汇、井口连接管汇以及配套的连接管线。

第一节 国内外压裂管汇系统发展

一、国外压裂管汇系统发展

北美经过多年页岩气开发技术研究及应用实践，配套装备及工具体系已较为完善。其中高压管汇产品是页岩气大规模水力压裂技术应用的关键设备之一，在美国，有 FMC、SPM 等掌握高压管汇产品领先技术的设计制造厂商。

美国 Halliburton、Schlumberger、FMC、SPM 等公司在高压管汇设计制造及应用方面技术领先。国外常规活接头（由壬）连接压裂管汇技术成熟，种类和结构形式多样。如压裂管汇阀门能够实现远程集中控制且控制系统与仪表车内压裂机组控制系统集成，实现了阀门开关与压裂泵送设备启停联动控制模式。压裂管汇与拖车橇集成，实现在沙漠及平原地区快速移运和转场，无需吊装或专用运输车辆，同时将助力臂系统与压裂管汇橇集成，实现管汇橇入口与压裂泵排出管汇之间的快速连接，降低劳动强度，提高连接效率。除常规活接头连接压裂管汇外，大通径压裂管汇也是国外近几年应用较为广泛的管汇类型，如 Schlumberger 公司设计制造的 $5\frac{1}{8}$in-15K 单管万向压裂管汇近几年在北美页岩气压裂施工中广泛应用，针对井工厂多井口同步施工作业，该技术具有明显优势，体现在管汇使用成本低、降低劳动强度、减少泄漏风险点、现场管路连接简洁等多个方面。北美 GREAT NORTH 在加拿大将分流管汇与井口压裂树集成设计，把单平台多井口法兰管线连接，形成环状串接的法兰管线，实现压裂施工全法兰连接，管路连接清晰简洁，法兰连接可靠性好，泄漏风险点少。Halliburton 公司压裂井口快速连接管汇系统实现了多井口快速连接切换，压裂液单管传输至井口，与常规管汇连接相比，管汇用量减少，连接效率大幅提高。

二、国内压裂管汇系统发展

我国在高压管汇的研发方面则起步较晚，大约起源于 20 世纪五六十年代，最初以模仿苏联、罗马尼亚等国家的产品为主，到了 20 世纪六七十年代才逐渐开始具有一定的设计和制造能力。发展至今，尤其近十几年来，无论在产能上还是在技术水平上均有了快速发展。我国目前约有 150 多家企业在从事该类产品的生产制造工作，生产的高压管汇产品基本能够满足国内常规油气施工需求。特别是 PR2 级、高防硫的陆地、海洋高压采油、采气井口、防喷器等仍然需要进口。

随着高压管汇产品市场需求的增大，更多制造企业加大了对高压管汇产品设计研发的投入，管汇产品制造加工技术不断进步，国内高压管汇产品设计制造整体实力也在不断增强，与进口产品的差距在不断缩小。目前，国内高压管汇的生产厂家主要分布在江苏、上海、山东、四川、甘肃等省市，各油田的机械制造厂也有满足特定需求的产品生产。由于高压流体控制元件的附加值较高，国内相关生产、制造的厂家较多，尤其是以市场使用量较大的闸板阀厂家居多。总体来说，我国高压管汇规格和压力均已达到西方国家先进技术水平，中石化石油机械股份有限公司依托"十三五"重大专项研制的175MPa 高压管汇已在油气开发中进行了应用，为油气开发提供了装备支撑，并降低了工程应用成本。

在技术发展上，部分厂家已完成 140MPa 活动弯头、旋塞阀、直管等产品的设计制造，目前已投入现场应用。特别是在大通径压裂管汇方面具备一定的研发能力，其产品也相继在油气开发中应用。市场需求的不断增大，更多制造企业加大了对高压管汇产品设计研发的投入，管汇产品制造加工技术不断进步，国内高压管汇产品设计制造整体实力也在不断增强，国内压裂管汇技术快速发展，助力臂压裂管汇、远程群控压裂管汇、单管万向等各类型压裂管汇不断在国内油气压裂现场应用，技术水平不断提高，为国内外油气压裂施工提供更优质、更先进的压裂管汇，同时与国外先进压裂管汇技术差距也在不断缩小，在压裂管汇整体优化配套方案技术水平、大通径、智能化等方面发展迅速。

第二节　管汇系统型号与技术参数

一、管汇系统型号

压裂管汇系统表示方法如下：

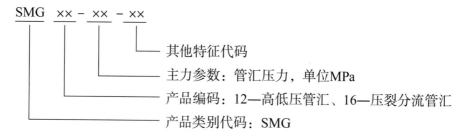

SMG xx – xx – xx
- 其他特征代码
- 主力参数：管汇压力，单位MPa
- 产品编码：12—高低压管汇、16—压裂分流管汇
- 产品类别代码：SMG

示例：

（1）主通径 $5\frac{1}{8}$in，额定压力为 105MPa，压裂分流管汇，其型号表示为：SMG16-105-5 1/8。

（2）主通径 4in，额定压力为 105MPa，高低压管汇，其型号表示为：SMG12-105-4。

二、基本技术参数

1. 高低压组合管汇技术参数

高低压管汇有活接头式高低压管汇和法兰式高低压管汇两种类型（图 6-2-1 和图 6-2-2），两种类型的技术参数见表 6-2-1 和表 6-2-2。

表 6-2-1　活接头式高低压组合管汇技术参数

类别	技术参数		
高压部分	额定工作压力 /MPa	34.5～138	
	主通径 /in	3、4	
	主通道数量	1、2、3	
	侧通径 /in	2、2～3、3	
	工作温度 /℃	P–U	–29～+121
		L–U	–46～+121
	材料级别	AA	
	产品规范等级	PSL3	
低压部分	额定工作压力 /MPa	1	
	主管规格 /in	8、10、12	
	侧管规格 /in	4	

图 6-2-1　活接头式高低压管汇

表 6-2-2　法兰式高低压组合管汇技术参数

类别	技术参数		
高压部分	额定工作压力 /MPa	34.5～138	
	主通径 /in	$4^1/_{16}$、$5^1/_8$、$7^1/_{16}$	
	主通道数量	1、2	
	侧通径 /in	2、2～3、3	
	工作温度 /℃	P–U	–29～+121
		L–U	–46～+121

续表

类别	技术参数	
高压部分	材料级别	AA
	产品规范等级	PSL3
低压部分	额定工作压力 /MPa	1
	主管规格 /in	8、10、12
	侧管规格	4

图 6-2-2　法兰式高低压管汇

2. 分流管汇技术参数

现场常用的分流管汇类型主要有一字型分流管汇、H 型分流管汇、U 型分流管汇和模块分流管汇等几种类型。几种分流管汇的结构型式如图 6-2-3～图 6-2-6 所示。

一字型分流管汇高压部分由一个螺柱多通、4 套闸板阀（闸板阀一备一用）、2 个压裂头总成组成，一个入口、两个出口，适用于两口井连接。

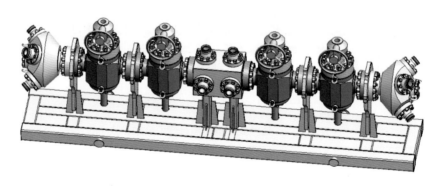

图 6-2-3　一字型分流管汇

H 型分流管汇高压部分由二个螺柱多通、8 套闸板阀（闸板阀一备一用）、5 个压裂头总成组成，一个入口、四个出口，适用于四口井连接。

U 型分流管汇高压部分由二个螺柱多通、4 套闸板阀（闸板阀一备一用）、2 个压裂头总成组成，一个入口、两个出口，适用于两口井连接。该结构特点是整橇结构紧凑，运输方便。

图 6-2-4 H 型分流管汇

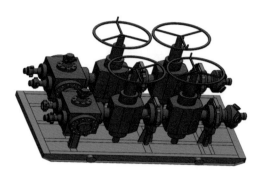

图 6-2-5 U 型分流管汇

模块分流管汇高压部分由一个螺柱多通、2 套闸板阀（闸板阀一备一用）、1 个压裂头总成组成，一个入口、一个出口，往往是多套模块分流管汇组合使用。该结构的特点是整橇结构简单，组装灵活，适用于井工厂压裂作业。模块式分流管汇的技术参数见表 6-2-3。

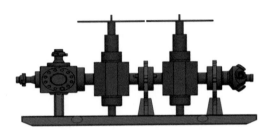

图 6-2-6 模块式分流管汇

表 6-2-3 模块式分流管汇技术参数

通径 /in		$4^1/_{16}$、$5^1/_8$、$7^1/_{16}$	材料级别	AA/EE
额定工作压力 /MPa（psi）		69～138（10000～20000）	性能级别	PR1、PR2
工作温度 /℃	P–U	–29～+121	产品规范等级	PSL3
	L–U	–46～+121	制造规范	API SPEC 6A、API SPEC 16C

3. 连接管线技术参数

压裂系统中连接管线主要是指井口连接管汇和压裂泵送设备与高低压管汇之间的部分，连接管线有法兰式管线和活接头式管线两种类型。法兰式管线常用的有 $5^1/_8$in、$7^1/_{16}$in 两种规格的法兰直管；活接头式管线常用的有 2in、3in、4in 三种规格的整体式活接头管线。连接管线技术参数见表 6-2-4。

表 6-2-4 连接管线技术参数

通径 /in		2、3、4、$5^1/_8$、$7^1/_{16}$	材料级别	AA/EE
额定工作压力 /MPa（psi）		69～138（10000～20000）	性能级别	PR1
工作温度 /℃	P–U	–29～+121	产品规范等级	PSL3
	L–U	–46～+121	制造规范	API SPEC 6A、API SPEC 16C

第三节　管汇系统装备和关键核心部件

一、管汇系统装备

1.高低压管汇

压裂高低压管汇将混砂设备内的低压压裂液汇集并分配给多台压裂泵送设备，并将压裂泵送设备增压后的高压压裂液汇集，通常由高压部分和低压部分组成，也称高低压管汇橇，是实现页岩气大规模压裂的关键设备之一。

高低压管汇按连接形式分为活接头式和法兰式两种，规格见表6-3-1。

表6-3-1　高低压管汇规格参数

类别	主通径/in（mm）	主通道数量	压力等级/MPa	侧通规格/in	侧通数量	特点
活接头式	3（69.8）	2	105/140	3	6～12	体积小、重量轻、连接方便
		3				
	4（89.7）	1	105	3		
		2				
法兰式	$4\frac{1}{16}$（103）	2	105/140	3	6～8	重量较大，连接稳固、安全系数高
	$5\frac{1}{8}$（130）	1	105	3		
	$7\frac{1}{16}$（180）	1	105/140	3		

活接头式高低压管汇在页岩气压裂及其他油气田压裂施工中应用最为普遍，页岩气压裂现场常以两套及两套以上管汇橇组合使用，以连接18～20台压裂泵送设备进行施工，最高额定工作压力140MPa，最大排量可达18m³/min。

活接头式高低压管汇一般由高压管汇和低压管汇组成。高压管汇部分主要由整体直管、活动弯头、旋塞阀、单向阀等高压部件组装而成，根据工况及用户使用习惯不同，高压管汇的结构也有很大区别。在页岩气压裂施工中，活接头式高低压管汇的高压部分结构区别不大，一般有3in三通道、4in两通道、3in两通道的结构形式，单橇可连接10台压裂泵送设备。低压管汇结构形式大致相同，由低压主管和侧管、低压蝶阀及低压法兰组成。活接头式高低压组合管汇主要有3in、105MPa三通道结构（图6-3-1）和3in、140MPa两通道结构（图6-3-2）。

法兰式高低压管汇与活接头式高低压管汇区别在与其高压主体部分采用法兰连接，主要由螺柱式多通、整体式法兰直管、法兰等部件组成。其低压管汇部分与活接头式的低压管汇部分配置基本相同。目前在页岩气压裂现场应用的法兰式高低压管汇有三种规格，分别是 $4\frac{1}{16}$in–15K[①] 双通道结构、$5\frac{1}{8}$in–15K 单通道结构（图 6-3-3）和 $7\frac{1}{16}$in–15K/20K 单通道结构（图 6-3-4）。

图 6-3-1　活接头式 3in、105MPa 三通道高低压管汇

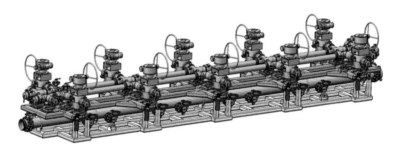

图 6-3-2　活接头式 3in、140MPa 两通道高低压管汇

图 6-3-3　$5\frac{1}{8}$in–15K 法兰式高低压管汇（单橇）

图 6-3-4　$7\frac{1}{16}$in–15K/20K 法兰式高低压管汇

法兰式高低压管汇一般由两个或三个橇组合连接使用，最多可连接 24 台压裂泵送设备，最高设计压力 20000psi，最大施工排量可达 20m³/min。法兰式高低压组合管汇重量大，稳定性强，有效缓解管汇振动带来的不利影响。另外，高压主体部分采用法兰连接，可靠性好，更具安全性。缺点是重量大，吊装和运输不便，且两橇之间采用法兰直管连接，对地面基础的平整性要求较高，现场安装连接存在一定困难。

① 15K 表示压力为 15000psi。

2. 分流管汇

压裂分流管汇橇是将来自高低压组合管汇的高压压裂液汇集再分配的一种高压管汇装置,是实现"井工厂"压裂模式的重要管汇之一。为实施"井工厂"模式下"一平台多井口"同步压裂施工,利用闸板阀的开启与关闭,控制压裂液的走向,可以在不拆卸管汇的情况下实现多口井交替压裂施工,同时进行桥塞坐封及射孔作业,提高压裂施工效率。

大规模压裂高压分流管汇均为法兰结构,由大通径防砂闸板阀、压裂头、螺柱式多通等部件组成,管汇规格有 $5\frac{1}{8}$in-15K/20K 和 $7\frac{1}{16}$in-20K,闸板阀均采用防砂结构,根据用户需求配置液动或手动形式。常规分流管汇有 H 型、一字型和 U 型。如图 6-3-5 所示为 $5\frac{1}{8}$in-15K H 型分流管汇,单路配置液动防砂闸板阀和滚珠丝杠式手动防砂闸板阀,可同时连接 4 口井进行"井工厂"模式压裂施工。

如图 6-3-6 所示为 $5\frac{1}{8}$in-15K 一字型分流管汇,单路采用两套 $5\frac{1}{8}$in-15K 齿轮箱式防砂闸板阀,该型防砂闸板阀具有防沉砂双阀座结构,能够延长阀门使用寿命,降低维修保养频率,且带有齿轮箱助力机构,操作省力。

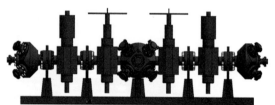

图 6-3-5　$5\frac{1}{8}$in-15K H 型分流管汇　　　　图 6-3-6　$5\frac{1}{8}$in-15K 一字型分流管汇

如图 6-3-7 所示为 $5\frac{1}{8}$in-15K U 型分流管汇和分流管汇模块。U 型分流管汇可连接两口井并进行交替压裂施工,将分流模块连接在 U 型分流管汇两侧,可组装成一套能够同时连接多口井的分流管汇。根据现场施工井口数量选择模块进行组装,降低冗余运输成本,增加管汇选择灵活性,合理使用法兰管线连接,减少活接头管线使用量,优化分流管汇与井口之间的管线连接及占地空间。

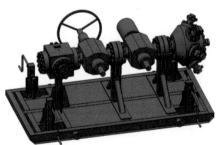

图 6-3-7　$5\frac{1}{8}$in-15K U 型分流管汇及其分流管汇模块

3. 井口连接管汇

井口连接管汇主要包含井口压裂头、分流管汇与井口压裂头之间连接的高压管汇。目前应用广泛的主要是活接头连接和法兰连接，其中以活接头连接为主。常规油气井压裂及页岩气大规模压裂，普遍使用活接头管线（活动弯头、整体直管）连接井口压裂头和分流管汇出口。页岩气压裂一般采用5～6根活接头管线连接至井口，保证每根管线排量不超过其允许使用的排量，延长管汇使用寿命，保证施工安全。

如图6-3-8所示为 $5\frac{1}{8}$in-15K 八通压裂头。主通径130mm，侧通为6个 $\frac{3}{16}$in-15K～3inFIG1502 活接头法兰。最大可设计生产 $7\frac{1}{16}$in-20K 的八通压裂头，主要用于压裂井口及 $7\frac{1}{16}$in-20K 的法兰式高低压组合管汇上。

除活接头管线连接分流管汇与井口压力头外，单管万向压裂管汇是近几年出现的一种全法兰连接方式（图6-3-9、图6-3-10）。分流管汇出口与井口之间通过单根高压法兰管线连接，其三维可调，实现高压压裂液的单管传输，改变了传统多路活接头管线连接至井口的连接方式，使压裂高低压管汇橇出口至井口全部采用法兰连接成为可能，与模块分流管汇组合使用，在"井工厂"模式多井口同步压裂施工中优势明显，为多井口同步压裂施工提供了一种更安全、更高效、更简洁的管汇方案。

图6-3-8　$5\frac{1}{8}$in-15K 八通压裂头

图6-3-9　单管万向连接装置

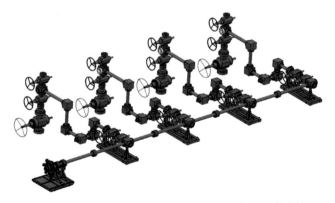

图6-3-10　单管万向连接装置与模块分流管汇组合连接

该管汇系统由模块分流管汇、井口单通道三维可调连接装置及可旋转法兰管线组成，形成单通道压裂管汇系统，相比于传统多路活接头管线连接压裂管汇，实现了从分流管汇出口至井口的单根管线连接，呈现清晰简洁的施工现场。该管汇采用 API 法兰连接替代活接头敲击连接，减少了 90% 的活接头敲击工作量，配置自动化的螺母紧固工具，提高安装效率，降低了劳动强度，减少了 60% 的人工需求。金属密封替代橡胶密封，减少了 75% 潜在的泄漏风险点，提高了压裂施工安全性。提高了施工效率，确保施工安全。

二、关键核心部件

1. 闸板阀

闸板阀主要用于控制管线和其他设备介质的接通和截断，闸板阀的开启和关闭是通过阀板在流体垂直方向的运动来实现的。闸板阀只能用于井口流体完全开启或关闭状态，不能用于调节流体流量，压裂作业中常用有明杆式和暗杆式两种类型。按照操作形式又分为手动、液动和电动三种结构形式的闸板阀。闸板阀技术参数见表 6-3-2。

表 6-3-2 闸板阀技术参数

公称直径 /in		$1^{13}/_{16}\sim7^{1}/_{16}$	材料级别	AA/EE
额定工作压力 /MPa（psi）		34.5～138（5000～20000）	性能级别	PR1、PR2
工作温度 /℃	P-U	−29～+121	产品规范等级	PSL2、PSL3
	L-U	−46～+121	制造规范	API SPEC 6A

2. 旋塞阀

旋塞阀具有强度高、密封性能佳的特点，阀体采用优质的合金钢锻造而成。旋塞阀中的旋塞采用了镀镍磷合金的新工艺，涂层硬度高，耐磨损，可以防各种化学物质的腐蚀，提高了旋塞阀的使用寿命。旋塞和密封弧片之间必须具备良好的密封性能，确保绝无渗漏。按照驱动方式可以分为旋塞帽式、液动式、电动式、手/液一体式四种驱动形式的旋塞阀。旋塞阀技术参数见表 6-3-3。

表 6-3-3 旋塞阀技术参数

公称直径 /in		1、1×2、2、2×3、3、4	材料级别	AA/EE
额定工作压力 /MPa（psi）		69～138（10000～20000）	性能级别	PR1、PR2
工作温度 /℃	P-U	−29～+121	产品规范等级	PSL2、PSL3
	L-U	−46～+121	制造规范	API SPEC 6A

3. 活动弯头

活动弯头采用优质的合金钢锻造而成，通过先进的控制金属熔炼工艺和热处理工艺保证活动弯头强度和硬度。基于重量、耐冲刷和防爆破的分析，采用先进的设备和加工工艺，保证了壁厚的均匀性，使活动弯头在重量不变的情况下，既有最长的冲刷寿命，又有最高的安全系数。活动弯头技术参数见表6-3-4。

表6-3-4 活动弯头技术参数

公称直径 /in		2、3、4	材料级别	AA/EE
额定工作压力 /MPa（psi）		69～138（10000～20000）	性能级别	PR1
工作温度 /℃	P—U	−29～+121	产品规范等级	PSL2、PSL3
	L—U	−46～+121	制造规范	API SPEC 6A

4. 单向阀

单向阀安装在高压管路中，阻止流体返流，当流体返流时挡板或飞镖体自动关闭起密封作用。单向阀采用高强度合金钢锻造成型，外表简洁，两端活接头连接易于管线中的拆装。在承受高压情况下有较长的使用寿命。单向阀有直线挡板式、上盖挡板式、飞镖式三种结构型式。单向阀技术参数见表6-3-5。

表6-3-5 单向阀技术参数

公称直径 /in		1、2、3、4	材料级别	AA/EE
额定工作压力 /MPa（psi）		69～138（10000～20000）	性能级别	PR1
工作温度 /℃	P—U	−29～+121	产品规范等级	PSL2、PSL3
	L—U	−46～+121	制造规范	API SPEC 6A

5. 压裂头

压裂头是一种流体汇集或分流的多通接头，一般用于分流管汇、法兰式高低压管汇和压裂井口。采用优质合金钢锻造而成，适用于大排量、高压力的压裂作业。压裂头技术参数见表6-3-6。

表6-3-6 压裂头技术参数

公称直径 /in		$4\frac{1}{16}$、$5\frac{1}{8}$、$7\frac{1}{16}$	材料级别	AA/EE
额定工作压力 /MPa（psi）		69～138（10000～20000）	性能级别	PR1
工作温度 /℃	P—U	−29～+121	产品规范等级	PSL2、PSL3
	L—U	−46～+121	制造规范	API SPEC 6A

第四节　压裂管汇设计与制造

一、压裂管汇设计

1. 金属材料与非金属密封材料优选

1）金属材料的要求

（1）工况与材料。

压裂管汇所用金属材料应满足表 6-4-1 规定，一般选用 AA 或 BB 级。

表 6-4-1　压裂管汇所用金属材料的要求

材料级别	使用环境	本体、阀盖、端部和出口连接	芯轴吊架、阀孔的密封机构、节流阀调节件和阀杆
AA	一般使用	碳钢或低合金钢，或不锈钢或耐蚀合金	碳钢或低合金钢，或不锈钢或耐蚀合金
BB	一般使用	碳钢或低合金钢，或不锈钢或耐蚀合金	碳钢或低合金钢，或不锈钢或耐蚀合金
CC	一般使用	不锈钢或耐蚀合金	不锈钢或耐蚀合金
DD	酸性环境	碳钢或低合金钢或耐蚀合金	不锈钢或耐蚀合金
EE	酸性环境	碳钢或低合金钢或耐蚀合金	碳钢或低合金钢或耐蚀合金
FF	酸性环境	不锈钢或耐蚀合金	不锈钢或耐蚀合金
HH	酸性环境	耐蚀合金	耐蚀合金

材料等级和额定工作压力组合所需的最小 PSL 之间的关系见表 6-4-2。

表 6-4-2　金属材料级别与工作压力、产品规范级别的关系

材料级别	不同额定工作压力产品规范级别					
	13.8MPa（2000psi）	20.7MPa（3000psi）	34.5MPa（5000psi）	69.0MPa（10000psi）	103.5MPa（15000psi）	138.0MPa（20000psi）
AA，BB，CC	PSL1	PSL1	PSL1	PSL2	PSL2	PSL3
DD，EE，FF	PSL1	PSL1	PSL1	PSL2	PSL3	PSL3
HH，ZZ	PSL3	PSL3	PSL3	PSL3	PSL3	PSL4

（2）金属材料的化学成分。

对本体、阀盖、端部和出口连接材料的钢成分见表6-4-3、表6-4-4及表6-4-5。

表6-4-3　本体、阀盖、端部和出口连接材料的钢成分限制

合金元素	成分限制（质量分数）/%		
	碳钢①和低合金钢②	马氏体不锈钢	焊颈法兰用45K材料③
碳（C）	≤0.45	≤0.15	≤0.35
锰（Mn）	≤1.80	≤1.00	≤1.05
硅（Si）	≤1.00	≤1.50	≤1.35
磷（P）	④	④	≤0.05
硫（S）	④	④	≤0.05
镍（Ni）	≤1.00⑤	NA	NA
铬（Cr）	≤2.75	11.0～14.0	NA
钼（Mo）	≤1.50	≤1.00	NA
钒（V）	≤0.30	NA	NA

① 一种碳和铁的合金，含有质量分数为2%的碳、质量分数为1.65%的锰和其他元素的残余量，但有意加入特定数量的脱氧元素（通常是硅和/或铝）除外。

② 总合金元素质量分数小于5%的钢，或铬质量分数小于11%的钢，但高于规定的碳钢。

③ 在规定的最大含碳量（0.35%）以下，每降低0.01%碳时，锰可比规定最大含量（1.05%）增加0.06%，最大可达1.35%。

④ 见表6-4-4。

⑤ 镍质量分数最大1.00%是用于符合NACE MR0175/ISO 15156标准的酸性介质应用。对于非酸性介质，镍质量分数最大3.00%是可以接受的。

表6-4-4　磷和硫的浓度限制

产品规范等级	成分（质量分数）/%	
	磷（P）	硫（S）
PSL1	≤0.040	≤0.040
PSL2	≤0.040	≤0.040
PSL3	≤0.025	≤0.025
PSL4	≤0.015	≤0.015

应用于材料等级HH设备的所有其他全堆焊设备的成品耐腐蚀堆焊的最小厚度应为3mm。其化学成分见表6-4-6。

表 6-4-5　合金元素最大偏差范围限制（PSL3 和 PSL4）

元素	合金元素的最大偏差范围（质量分数）/%		
	碳钢和低合金钢	马氏体不锈钢	焊颈法兰用 45K 材料
碳（C）	0.08	0.08	NA
锰（Mn）	0.40	0.40	NA
硅（Si）	0.30	0.35	NA
镍（Ni）	0.50	1.00	NA
铬（Cr）	0.50	NA	NA
钼（Mo）	0.20	0.20	NA
钒（V）	0.10	0.10	NA

表 6-4-6　镍基合金 UNS N06625 的化学成分

等级	元素	成分（质量分数）/%
Fe5	铁	≤5.0
Fe10	铁	≤10.0

（3）材料的性能。

本体、阀盖和出口连接材料见表 6-4-7。本体、阀盖、端部和出口连接用标准材料性能要求见表 6-4-8。

表 6-4-7　本体、阀盖和出口连接材料

零件		不同压力等级下的材料代号					
		13.8MPa（2000psi）	20.7MPa（3000psi）	34.5MPa（5000psi）	69.0MPa（10000psi）	103.5MPa（15000psi）	138.0MPa（20000psi）
本体、阀盖		36K，45K，60K，75K，NS	36K，45K，60K，75K，NS	36K，45K，60K，75K，NS	36K，45K，60K，75K，NS	45K，60K，75K，NS	60K，75K，NS
整体端部连接装置	法兰式	60K，75K，NS	60K，75K，NS	60K，75K，NS	60K，75K，NS	75K，NS	75K，NS
	螺纹式	60K，75K，NS	60K，75K，NS	60K，75K，NS	NA	NA	NA
	其他	PMR	PMR	PMR	PMR	PMR	PMR
单件连接装置	盲板式	60K，75K，NS	60K，75K，NS	60K，75K，NS	60K，75K，NS	75K，NS	75K，NS
	其他	PMR	PMR	PMR	PMR	PMR	PMR

注：NA 指不适用，NS 指非标准材料，PMR 指制造商的规定。

表 6-4-8 本体、阀盖、端部和出口连接用标准材料性能要求

材料代号	0.2% 残余变形屈服强度（最小值）/MPa（psi）	抗拉强度（最小值）/MPa（psi）	50mm（2in）的伸长率（最小值）/%	断面收缩率（最小值）/%
36K	248（36 000）	483（70 000）	21	不要求
45K	310（45 000）	483（70 000）	19	32
60K	414（60 000）	586（85 000）	18	35
75K	517（75 000）	655（95 000）	17	35

非标准材料的最小屈服强度应至少等于零件允许的最低强度标准材料的屈服强度，其伸长率不小于 15%；其断面收缩率不小于 20%。冲击值满足表 6-4-9 要求。

表 6-4-9 夏比 V 形缺口冲击值要求（10mm×10mm）

级别	试验温度 /℃（℉）	最小平均冲击值 /J（ft·lbf）			
		横向（锻造或铸造材料，焊接件评定）		纵向（仅对锻造的替代方法）	
		PSL1 和 PSL2	PSL3 和 PSL4	PSL1 和 PSL2	PSL3 和 PSL4
K	−60（−75）	20（15）	20（15）	27（20）	27（20）
L	−46（−50）	20（15）	20（15）	27（20）	27（20）
N	−46（−50）	20（15）	20（15）	27（20）	27（20）
P	−29（−20）	20（15）	20（15）	27（20）	27（20）
S	−18（0）		20（15）		27（20）
T	−18（0）		20（15）		27（20）
U	−18（0）		20（15）		27（20）
V	−18（0）		20（15）		27（20）

（4）材料硬度。

用标准材料制造的零件最小硬度值见表 6-4-10。用非标高强度材料制造的零件最小硬度要求应满足制造商书面规范最小硬度要求。硬度检测按照相关的标准，在规定的位置，并在最后一个热处理循环（包括所有消除应力的热处理循环）和测试位置的所有外部加工之后进行。

表 6-4-10 用标准材料制造的零件最小硬度值

材料代号	最小布氏硬度	材料代号	最小布氏硬度
36K	HBW 140	60K	HBW 174
45K	HBW 140	75K	HBW 197

2）非金属材料的要求

（1）非金属材料规范要求。

非金属承压或控压密封件应有书面材料规范。对于 PSL1～PSL4 的非金属材料，制造商应明确普通基体聚合物、力学性能要求、材料鉴定（应符合装置级别要求）、贮存和老化控制要求。

（2）硬度试验。

硬度试验应按 ASTM D2240 或 ASTM D1415 规定的程序进行。鉴定合成橡胶的物理性能数据应包括表 6-4-11 中的数据。

表 6-4-11　鉴定合成橡胶的物理性能数据

物理性能数据	遵照的文件	物理性能数据	遵照的文件
硬度试验	ASTM D2240 和 ASTM D1414	压缩变形	ASTM D395 和 ASTM D1414
拉伸试验	ASTM D412 和 ASTM D1414	模量	ASTM D412 和 ASTM D1414
伸长率	ASTM D412 和 ASTM D1414	浸液	ASTM D471 和 ASTM D1414

2. 关键部件结构设计

1）承压本体（壳体）设计

压裂管汇件承压本体（壳体）设计主要参考 API 6A 21 版《井口装置和采油树装置》、ASME BPVC Ⅷ.2《锅炉及压力容器规范国际性规范　第Ⅷ卷　第二册　压力容器建造》等标准规定的方法。以闸板阀阀体设计为例，先按照《实用阀门设计手册》进行阀体壁厚、开孔补强等设计计算，再使用 ANSYS Workbench 软件对闸板阀阀体进行强度分析，采用 von Mises 强度理论方法选取危险截面路径进行应力线性化分析，提取出阀体薄膜应力、弯曲应力和峰值应力，根据对应的失效准则进行评定，根据评定结果对阀体应力和变形较大的部位进行优化设计，以达到在限定条件下的最优方案。分析结果表明：阀体最大应力出现在阀体中腔与流道相贯线处，采用应力线性化分析方法，对阀体局部位置进行优化设计，从安全性和经济性角度，可为阀体的结构优化和壁厚设计提供理论依据。阀体示意图如图 6-4-1 所示。

阀体 Mises 应力云图如图 6-4-2 所示。最大 Mises 等效应力位于阀体内部流道的相贯位置，其余较大应力位于阀体的内部流道壁面位置。

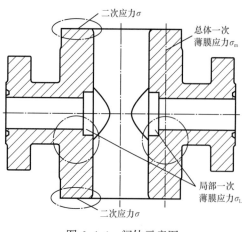

图 6-4-1　阀体示意图

（图中标注：二次应力 σ；总体一次薄膜应力 σ_m；局部一次薄膜应力 σ_L；二次应力 σ）

根据阀体的 Mises 等效应力分布情况，应力最大位置取危险路径、应力最大位置附近取普通路径进行应力线性化分析，其路径如图 6-4-3 所示。阀体应力线性化分布如图 6-4-4 所示。

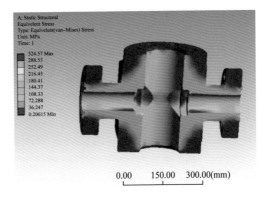

图 6-4-2　阀体 Mises 应力云图

对上述数据进行处理，从路径 1 中可以提取到一次薄膜应力 σ_m、一次薄膜（总体或局部）+ 一次弯曲应力强度 $\sigma_L+\sigma_B$；从路径 2 中可以提取到薄膜应力 σ_m、一次薄膜（总体或局部）+ 一次弯曲应力强度 $\sigma_L+\sigma_B$，因路径 2 为危险路径，薄膜应力以局部薄膜应力为主，故选取路径 1 薄膜应力为总体一次薄膜应力 α_m，选取路径 2 薄膜应力为局部薄膜应力强度 σ_L，选取路径 2 一次薄膜（总体或局部）+ 一次弯曲应力强度 $\sigma_L+\sigma_B$ 进行应力评定。

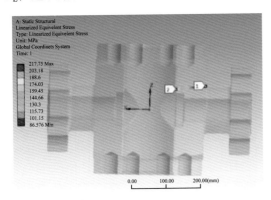

（a）路径1（普通路径）

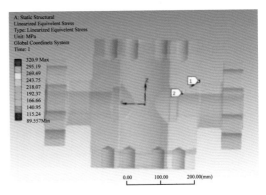

（b）路径2（最危险路径）

图 6-4-3　阀体应力线性化路径

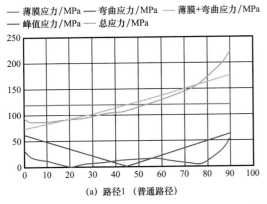

（a）路径1（普通路径）

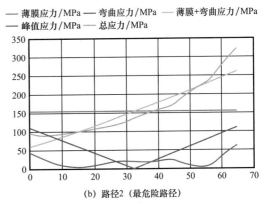

（b）路径2（最危险路径）

图 6-4-4　阀体应力线性化分布

同理，对闸板阀阀体 1.5 倍静水压试验条件下进行总体 Mises 应力和应力线性化分析。另外，承压本体（壳体）壁厚设计验证时，可采用 API 6A 21 版《井口装置和采油树装置》中变形能理论分析法或经验应力分析法进行有限元计算验证，并形成验证报告。

2）阀件密封和润滑结构设计

目前，压裂用闸板阀应用较为成熟的是 WOM 结构的防砂型闸板阀，其结构特点是采用了阀前密封的分体式阀座结构，在阀门开、关两种状态下，内外双阀座能够始终处于密封状态，阻止含砂流体进入阀腔，并在阀座下设有防砂挡板，选择合适的长度和深度，形成相对封闭的阀板腔，阻止砂粒堆积在阀板下方导致闸阀关闭失效，延长使用寿命。

解决闸板阀阀体进砂的关键是解决阀板和阀座的密封结构问题，图 6-4-5 是 WOM、ANSON、FC 和 HPT 公司的闸板和阀座结构形式，在对四种方案进行比较后，选用了与 WOM 公司类似的结构形式，优化阀座密封、阀座结构等，研制出了 $3\frac{1}{16}$in-105MPa 防砂型闸板阀。

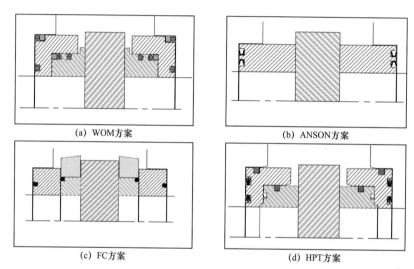

(a) WOM方案　　　　　　　　　　(b) ANSON方案

(c) FC方案　　　　　　　　　　(d) HPT方案

图 6-4-5　阀板和阀座结构形式

阀板采用工作面平行设计，并喷焊后抛光，阀板和阀杆之间通过燕尾槽连接〔图 6-4-6（b）〕，使阀板能沿着导向方向左右平移，阀板和阀体内腔之间对称装有阀座 1 和阀座 2，阀座 1 和阀座 2 之间采用双道 O 形圈活塞密封，阀座 1 和阀板之间为金属面密封，阀座 2 与阀体之间采用端面密封 + 活塞密封结构〔图 6-4-6（a）〕。

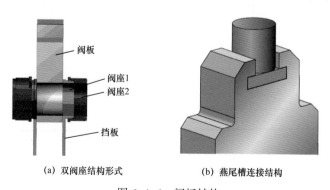

阀板

阀座1
阀座2

挡板

(a) 双阀座结构形式　　　　　　　　(b) 燕尾槽连接结构

图 6-4-6　阀板结构

阀座下设有防砂挡板，选择合适的长度和深度，形成相对封闭的阀板腔，阻止砂粒堆积在阀板下方，导致闸阀关闭失效，延长使用寿命。

工作状态分析：

阀开启［图 6-4-7（a）］：阀板孔与阀座、阀体同心，流体导通，阀板两端阀座 1 和阀座 2 在高压流体作用下分别往两边张开，其两者之间通过密封件密封，阀座 2 与阀体密封，阀座 2 与阀板密封，阻隔高冲蚀性杂质进入阀腔内。

阀关闭［图 6-4-7（b）］：阀板向下运动，阀板堵塞阀座、阀体孔，流体隔断，阀板向右浮动，右端阀座 1 和阀座 2 在阀板的挤压下，阀板、阀座 1、阀座 2、阀体完成密封，同时右端阀座 1 和阀座 2 在高压流体作用下往两边张开，其两者之间通过密封件密封，阀座 2 与阀体密封，阀座 1 与阀板密封，阻隔高冲蚀性杂质进入阀腔内。

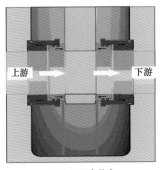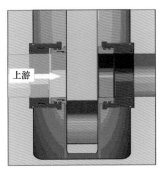

(a) 阀开启状态　　　　　　　　　　(b) 阀关闭状态

图 6-4-7　阀工作状态

国内压裂旋塞阀目前主要仍采用 FMC 旋塞阀结构，旋塞阀采用圆柱式旋塞和弧片的浮动密封结构。当阀门关闭时，旋塞在上游高压介质的作用下与下游弧片紧密贴合形成金属硬密封，下游弧片与阀体间通过两道密封形成可靠的软密封。同时，上游弧片与阀体间通过两道密封，阻止了介质流动，消除了阀体受侵蚀和磨损的潜在风险，延长了阀体的寿命。当阀门打开时，旋塞复位，旋塞径向各处压力相等，保证了阀门的低操作扭矩。因其特殊的结构决定了防砂能力有限，特别是压裂作业中使用的 150 目（100μm）的粉陶，非常容易形成积砂造成旋塞阀密封失效或扭矩过大，目前国内页岩气压裂用旋塞阀的清砂周期一般不超过 60h。

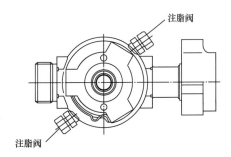

图 6-4-8　双通道注脂阀设计

旋塞阀和闸板阀均采用金属密封结构，必须配合密封脂和润滑脂才能正常工作，闸板阀采用黏度较低的润滑脂，周期性地加注到阀腔内，对阀板和阀座密封面进行润滑。旋塞阀使用高黏度的密封脂，因其黏度高流动性差，旋塞阀采用双通道注脂阀设计（图 6-4-8），通过高压注脂枪挤压密封脂，可减少油流的阻力，使油膜能更均匀布满旋塞部位，提供充分有效的润滑和密封。

3）端部连接设计

压裂管汇常用零部件的端部连接为 API 6A 法兰和活接头，页岩气开发中 $5\frac{1}{8}$in、$7\frac{1}{16}$in 大通径压裂管汇，主通道均采用 API 6A 法兰接口，但连接压裂泵送设备的支路管线中仍采用活接头接口。法兰接口设计可直接按照 API 6A 标准中整体式法兰的压力级别和通径确定法兰尺寸，尽管 API 给出了盲板法兰和试验法兰的免设计开发公告，但对于法兰与本体连接部分的脖颈处设计应按照 ASME BPVC Ⅷ.2《锅炉及压力容器规范 国际性规范第Ⅷ卷 第二册 压力容器建造》等标准规定，进行壁厚设计和开孔补强设计（表 6-4-12）。活接头式端部连接结构一般采用国际通用的 FIG 形式，压力级别可以满足 14～140MPa，采用活接头、活接头密封圈组合结构，连接部分为 ACME 英美统一梯形螺纹，密封件为圆形面密封式橡胶圈，活接头与本体连接部分的脖颈处设计可参考法兰脖颈的设计方法。

表 6-4-12 端部脖颈最小壁厚计算（ASME BPVC Ⅷ.2-2017）

序号	名称	符号	公式	单位
1	额定工作压力	p_1	设计	MPa
2	试验压力	p_2	设计	MPa
3	屈服强度	S_y	给定	MPa
4	设计温度下的屈服强度	S_e	$S_e=Y_r S_y$	MPa
5	材料降低系数	Y_r	给定	
6	设计应力强度	S_m	$S_m=2S_e/3$	MPa
7	最大许用总体一次薄膜应力	S_t	$S_t=0.9S_e$	MPa
9	法兰通径	D	设计	mm
10	法兰脖颈设计壁厚	T	设计	mm
11	腐蚀余量	c	给定	mm
12	焊接系数	E	给定	
13	法兰脖颈最小壁厚	t	$t=\max\ (t_1,\ t_2)$	mm
14	额定工作压力下最小壁厚	t_1	$t_1=D\{\exp\ [p_1/\ (S_m E)]\ -1\}/2+c$	mm
15	试验压力下最小壁厚	t_2	$t_2=D\{\exp\ [p_2/\ (S_t E)]\ -1\}/2$	mm
16	结果：$t<T$，合格			

3. 压裂管汇冲蚀模式试验

1）高压管汇的应力分布状况

与一般的常压管道不同，高压管汇在服役时往往承受很大的内压，最大压力等级可达到 140MPa。对于受内压作用的厚壁圆筒，各类应力沿壁厚是变化的，圆筒横截面上任一点（r、θ）的应力状态如图 6-4-9 所示，在环管横截面平面内存在有环向应力 σ_θ 和径向应力 σ_r 及剪应力 $\tau_{rL}=\tau_{Lr}$，在垂直环管横截面上，还存在着纵向应力 σ_L，径向应力 σ_r 为压应力，随着 r 的增大，σ_r 的绝对值减小，环向应力 σ_θ 为拉应力，它随着 r 的增大而减小。垂直横截面的应力 σ_L 为拉应力，在横截面上基本呈均匀分布，剪应力 $\tau_{rL}=\tau_{Lr}$，其数值相对 σ_θ、σ_r 较小。因此，σ_θ、σ_L、σ_r 就是该点的三个主应力。

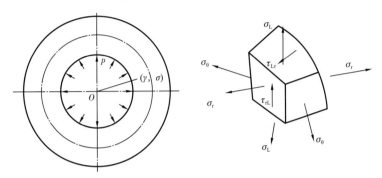

图 6-4-9　内压作用下管道中的应力分布

高压直管和连接弯头是最常用的高压管件，其中弯头的冲蚀问题尤其严重。在此，利用 Ansys 有限元分析软件研究高内压作用下，分析高压管汇直管及连接弯头的应力分布状况，为开发模拟实际工况的高压管汇冲蚀磨损试验装置提供依据。选取的计算模型为国内某石油机械厂生产的高压管汇管件，其规格尺寸见表 6-4-13 和表 6-4-14。

表 6-4-13　高压管汇直管规格尺寸

直管规格	内径 d/mm	外径 D/mm	壁厚 t/mm
2in-105MPa	43.5	63.5	10
3in-140MPa	77	127	25

表 6-4-14　高压管汇弯头规格尺寸

弯头规格	内径 d/mm	外径 D/mm	壁厚 t/mm	曲率半径 R/mm
2in-105MPa	47.8	76.2	14.2	85
3in-105MPa	69.85	106	18	139.7
3in-140MPa	76	140	32	190

2）高压管汇直管的有限元分析

（1）单元类型。

根据高压管汇的结构特点，单元类型选用了三维 20 节点 SOLID95 单元，该单元有 20 个节点，每个节点有 3 个自由度，可以处理蠕变、塑性、应力强化、大变形、大应变等问题，可模拟不规则形状而不会降低精度，适用于含有曲边边界的模型。有限元数值计算中所用到的高压管汇材料力学特性参数设置为弹性模量 $E=2.08\times10^5$MPa，泊松比

$\mu=0.295$，材料的屈服强度为 785MPa，抗拉强度为 980MPa。

（2）应力分布状况。

有限元计算中，取直管模型的四分之一，网格采用六面体扫略划分。计算结果表明，内压作用下的厚壁直管因为结构均匀，等效应力与环向应力沿直管的环向及轴向均匀分布，这是因为内压直接作用在内壁面上，应力沿着壁厚（径向）方向逐渐减小。直管内环向应力、轴向应力、径向应力分布状况如图 6-4-10 所示。

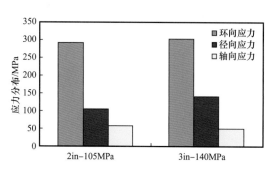

图 6-4-10　ANSYS 计算的直管内壁应力统计图

由图 6-4-10 可知，内压作用下的高压直管，在管道内壁处环向应力最大，约是径向应力的 2～3 倍，是轴向应力的 4～6 倍，对于内压作用下的直管任意一点，三个应力分量中，环向应力最大，对管道的强度起决定作用。

3）高压管汇连接弯头的有限元分析

（1）模型建立、网格划分及加载计算。

高压管汇连接弯头是最常用也是最容易受冲蚀磨损的管件，按表 6-4-14 所示的三种规格的高压弯头建立力学模型。因为弯头沿着中心截面 XY 平面对称，为便于观察与计算，取 90° 弯头的 1/2 模型进行计算分析。单元类型的选择及材料力学特性参数取值与直管相同，建立有限元模型后采用扫略划分的方式将该结构离散划分网格，在弯头中心截面上施加对称的约束，将弯头所受内压均匀加载在弯头的内壁上后求解。

六面体网格划分结果及部分应力云图如图 6-4-11 所示。为了便于分析，将高压弯头内壁沿曲率半径圆弧方向划分为如图所示的两个关键区域，图中 A 区为应力集中区域，位于弯头的内环内壁，图中 B 区为冲蚀磨损区，位于弯头的外拱内壁，将这两处的应力分布状况作为重点研究对象。

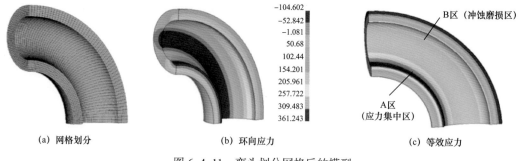

（a）网格划分　　　　　（b）环向应力　　　　　（c）等效应力

图 6-4-11　弯头划分网格后的模型

（2）应力分布状况。

计算结果表明，对于表 6-4-14 所示的三种规格的高压弯头，最大等效应力及最大环向应力均位于弯头的内环内壁处，即 A 区等效应力及环向应力最大，B 区域次之。A、B 两个区域内的环向应力、轴向应力、径向应力分布状况如图 6-4-12 所示。

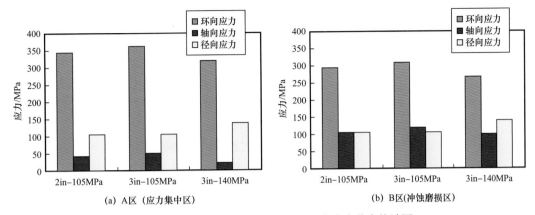

(a) A区（应力集中区）　　　　　　　　　　　(b) B区（冲蚀磨损区）

图 6-4-12　高压弯头内环内壁处的三向应力分布统计图

从图 6-4-12 可以看出，与直管内的三向应力分布相似，内压作用下的弯头，无论是在 A 区（内环—应力集中区）还是 B 区（外拱—冲蚀磨损区），环向应力都远远大于轴向与径向应力，其中，3in-105MPa 规格的弯头在 A 区（内环内壁）的环向应力最大为 361MPa，在 B 区（内环内壁）也就是容易发生冲蚀磨损的区域，3in-105MPa 的弯头的环向应力也最大为 310MPa。B 区域为弯头冲蚀磨损最严重的部位，在进行高压管汇材料的冲蚀磨损试验时，为了尽可能地模拟高压管汇运行时的实际工况，弯头该区域的环向应力状态应加以考虑。

以上研究结果表明：无论是直管还是弯头，在三个应力分量中，环向应力远大于径向及轴向应力，对管道的强度起决定作用，为模拟实际工况，进行高压管汇冲蚀磨损试验时，环向应力对冲蚀结果的影响应考虑在内。

4）高压冲蚀试验系统的开发研制

对于高压管汇冲蚀磨损试验装置来说，全尺寸的冲蚀试验装置有一定的优势，能最大程度模拟水力压裂施工时的实际工况，但是在实验室条件下，对高压管汇内壁施加 140MPa 压力难以实现，且危险性较大。

高压弯头内壁各点受流体冲蚀示意图如图 6-4-13 所示，压裂液中固体粒子冲击壁面时，对试样表面的作用可以分解为垂直于试样表面的冲击作用力和平行于试样表面的切削作用力，如图 6-4-14 所示。

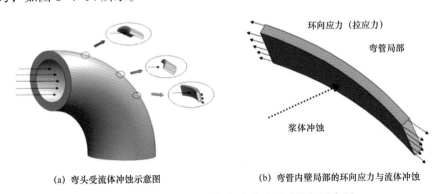

(a) 弯头受流体冲蚀示意图　　　　　　　　　(b) 弯管内壁局部的环向应力与流体冲蚀

图 6-4-13　高压管汇连接弯头应力及冲蚀的示意图

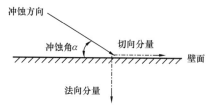

图 6-4-14 颗粒与管壁碰撞的示意图

由于在高内压作用下，无论是直管还是弯头结构，其环向应力都远大于径向及轴向应力，对管道的强度起决定性作用，并且环向应力在管件内始终表现为拉伸应力，并且在管内壁任意一点，冲蚀粒子的切向分量始终与拉伸力（环向应力）垂直，法向分量始终与管壁表面垂直，因此，开发了一种可对试样施加拉伸应力的射流型冲蚀磨损试验装置，通过切片试样的状态来模拟高压管汇内壁局部的应力状况及流体冲蚀作用，通过对试样进行加载，模拟高压管汇内壁局部的应力状况；流体通过喷嘴对试样表面进行冲蚀，模拟高压管汇内壁的冲蚀磨损状况，研究不同冲蚀影响因子如流速、支撑剂粒径、砂粒浓度、冲蚀时间以及高应力状态与流体冲蚀耦合作用下高压管汇的冲蚀磨损规律。

（1）冲蚀试验机工作原理。

研制的射流型冲蚀磨损试验装置的三维设计图及实物图如图 6-4-15、图 6-4-16 所示。

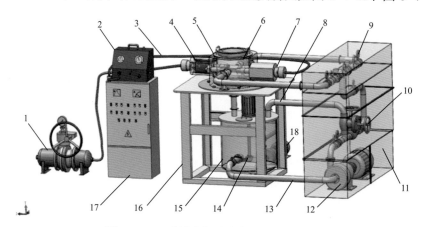

图 6-4-15 冲蚀磨损试验装置三维设计图

1—高压气泵；2—气驱液压泵；3—高压油管；4—拉力传感器；5—冲蚀室；6—喷枪；7—液压拉伸器；8—旁路管道；9—压力表、流量计；10—调节阀；11—管路柜；12—耐腐耐磨砂浆泵；13—进口管道；14—搅拌叶轮；15—混浆桶；16—试验台架；17—集成控制柜；18—排污砂浆泵

图 6-4-16 冲蚀磨损试验装置的实物图

其工作原理为：利用混浆搅拌系统搅动支撑剂或砂粒，根据砂粒性质的不同，可调节不同的搅拌速度，使其在浆体内均匀分布，砂浆泵将搅拌均匀的液固混合物从混浆桶中抽出，通过高压管道输送至喷嘴处，喷射试样表面，从而对试样造成冲蚀磨损，浆料由管道回流至混浆桶循环使用，在冲蚀过程中，数据采集系统实时采集、显示工况参数。通过调节变频器控制砂浆泵流量或使用调节阀、开启旁路回流管道或更换喷嘴口径等方法可实现流体射流速度的调节，利用管路中的流量计测得的流量值除以喷嘴口的横截面积可得到喷嘴口的射流速度，冲蚀速度可在 0～50m/s 之间连续可调。

冲蚀磨损试验装置的性能考核结果表明，开发的冲蚀磨损试验机的供浆流量和供浆浓度具有良好的稳定性，相同试验条件下对试样冲蚀 1h，冲蚀磨损试验机的数据重复性误差均低于 5%，表明该冲蚀磨损试验装置的数据稳定性良好，可以满足试验要求。

（2）磁记忆在线检测系统设计。

为实现检测冲蚀过程中在线检测到冲蚀试样表面磁场的变化，所设计的检测装置必须满足以下几点要求：磁记忆传感器的灵敏度、分辨率要高，能够拾取冲蚀试样表面微弱磁记忆信号的变化；传感器的扫描覆盖宽度要足够宽，能够实现对冲蚀试样的全覆盖；检测装置的传感器的倾斜角度要能够调节，以适应不同冲蚀角度下的冲蚀试样的检测，并能始终能紧贴被测试样表面，保证检测信号不会发生失真现象；传感器要密封处理，防止冲蚀液体进入传感器而使其短路，从而损坏传感器，影响检测效率；要能够自动完成数据的采集与存储。为了满足上述对试验装置的要求，所设计的磁记忆在线检测系统的功能原理如图 6-4-17 所示，其主要由执行机构、运动控制和数据采集系统以及上位机组成。

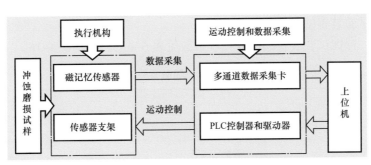

图 6-4-17　高压冲蚀检测系统原理示意图

冲蚀磨损磁记忆检测软件的主界面如图 6-4-18 所示，其中菜单栏包括，数据存储设置、冲蚀磨损检测及退出系统。数据存储设置主要完成数据文件的操作，可根据文件名称的命名规则，设置相应的文件名称，方便数据查询与后续数据的处理，而数据的存储路径可根据实际需要，选择合适的文件存储路径，方便文件整理，其文件存储格式（.xls）和建立文件的时间会显示在界面上，并作为重要信息存储在生成文件中，建立完成后，可点确定按钮，会自动跳转到数据采集界面；冲蚀磨损检测菜单是在不打算保存文件的情况下，测试检测系统用，不需要填写文件名及路径，可直接点击该菜单调出数据采集界面；退出系统即是完成数据检测任务后，退出软件。

上述所提到的数据采集软件界面如图6-4-19所示，该界面可分为波形显示区、数据显示区和控制区。波形显示区有6个波形显示框，每一个框对应一路磁记忆传感器，每一路磁记忆传感器采集的冲蚀试样表面磁场信号，以波形的方式实时显示，信号波形显示的幅值采用自适应的方式，方便观察，如果出现波形跳变可及时发现；数据显示区是将传感器扫描检测的数据，按照传感器的排列顺序，按列显示，其与波形显示同步，可以观察到传感器采集的信号值的大小，可判断传感器采集信号值是否正确，以方便调整磁记忆传感器的安装状态；控制区是向PLC与数据采集卡发送指令，控制电控平移台的前进、后退以及停止，由于上位机向PLC和数据采集卡发送指令有个先后顺序，并且受到指令执行速度的影响，可能会造成漏检情况，为了防止该情况发生，对数据采集和电控平移台启动顺序，做了相应调整，首先开启数据采集，再启动电控平移台移动，这样可保证传感器扫描整个区域，而提前启动所产生的冗余数据，在数据处理时可剔除。

图 6-4-18　冲蚀磨损磁记忆检测软件主窗口

图 6-4-19　冲蚀磨损软件数据采集界面

（3）冲蚀试验装置的主要技术参数。

通过测试，冲蚀试验装置的主要技术参数见表6-4-15和表6-4-16。

表 6-4-15　冲蚀磨损试验装置的主要技术参数

系统组成	项目	技术参数
浆体循环回路	砂浆泵流量	$\leqslant 15m^3/h$
	砂浆泵功率	3kW
	喷嘴射流速度	$\leqslant 50m/s$
液压拉伸装置	螺栓液压拉伸器工作压力	$\leqslant 70MPa$
	最大拉伸力	110kN
	最大拉伸长度	10mm
搅拌储液罐	搅拌罐最大容积	110L
	搅拌罐电动机功率	4kW
	搅拌器转速	$\leqslant 600r/min$

表6-4-16　磁记忆检测系统性能参数

项目	性能参数	项目	性能参数
检测原理	磁记忆	扫描长度	0～130mm
传感器数量	6个	采样频率	0～1000Hz
扫描宽度	50mm	检测方式	全自动扫描检测

（4）冲蚀试验方法。

① 冲蚀磨损试样的制备。由于高压管汇的承压能力较高，一般采用的材料其强度和韧性都较高，所选用的材料均属于亚共析钢，含碳量小于0.5%。结合磁记忆检测的特点，施加拉伸应力作用的试样几何尺寸如图6-4-20所示。

② 冲蚀磨损试验方案。通过应力状态下，高压管汇材料冲蚀磨损试验以及磁记忆在线检测试验研究的目的是分析应力影响高压管汇冲蚀磨损破坏的机理，揭示冲蚀磨损过程中磁记忆信号特征参数的变化规律，为指导高压管汇的结构设计、选材等提供理论依据。

图6-4-20　冲蚀磨损试样的几何尺寸图

用AL204型电子天平称重，并记录冲蚀前样件质量（mg）。清扫冲蚀试验机，检查冲蚀设备的各项参数指标。储砂罐中加入磨料，将样件置于试验台夹具上，调节喷枪到所需角度后固定喷枪，打开气阀，调节粒子速度。开始试验。设置冲蚀时间为60min，每次冲蚀完成后，对材料进行冲洗，除去残留在样件表面的粉尘及少量砂粒，干燥并称重，记录质量损失。同时，对60min内所用磨料进行称重，每次换砂后，重新称重。每种样件在同一条件下重复做三次，结果取平均值。

③ 冲蚀介质的选择。在研究高压管汇冲蚀磨损性能时，冲蚀介质选用水力压裂工艺中常用的陶粒支撑剂。砂粒粒径为20～50目，其表观形貌如图6-4-21所示，其性能见表6-4-17。

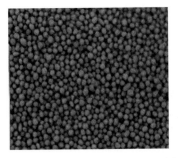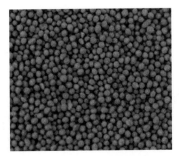

图6-4-21　不同粒径的支撑剂颗粒形貌图

表 6-4-17　不同规格陶粒支撑剂的性能

规格 / 目	粒径 /μm	体积密度 / g/cm³	视密度 / g/cm³	86MPa 破碎率 / %	圆度	球度
20～30	600～850	≤1.90	≤3.3	≤6	≥0.9	≥0.9
30～40	425～600	≤1.85	≤3.5	≤6	≥0.9	≥0.9
40～50	300～425	≤1.80	≤3.5	≤8	≥0.9	≥0.9

5）高压冲蚀磨损试验结果及讨论

主要选取了 4 个试验因素，分别为拉伸应力、冲蚀角、冲蚀速度、材料类型，其他的如浓度、颗粒大小、硬度等，在试验过程中，参数保持恒定。

选取经过热处理（锻—正火—调质—机加工）后的四种高压管汇材料，定义为 A、B、C、D，按照试样的几何尺寸，加工冲蚀磨损试样若干，按照预先设计的试验步骤，将试样进行清洗处理后，安装固定到冲蚀腔内部，开展冲蚀磨损试验。

（1）冲蚀角度对冲蚀磨损结果的影响。

通过试验，B 和 D 在相同冲蚀角度时的冲蚀磨痕形貌相似，只是磨痕的深度和宽度有所区别。当冲蚀角分别为 15°、30°、45°、60° 和 90° 时，材料 B 冲蚀试样的冲蚀磨痕见表 6-4-18。

表 6-4-18　材料 B 冲蚀试样的冲蚀磨痕

应力状态	冲蚀磨痕				
	冲蚀角度 15°	冲蚀角度 30°	冲蚀角度 45°	冲蚀角度 60°	冲蚀角度 90°
拉升应力 0MPa					
拉升应力 300MPa					

从表 6-4-18 可见，横向比较，当应力相同时，随着冲蚀角度的增加，冲蚀磨痕纵向长度逐渐减小；随着冲蚀角度的增加，冲蚀磨痕的深度也不尽相同，可以看出 30° 冲蚀角

时的磨痕深度比其他任何冲蚀角度的磨痕都深。

根据研究，四种高压管汇材料，在拉伸应力作用下，其冲蚀磨损量随角度和拉伸应力的变化规律相同，如图 6-4-22 所示。

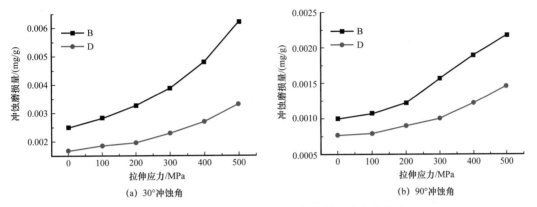

图 6-4-22　B 与 D 的冲蚀磨损量与拉伸应力变化关系

由图 6-4-22 可以看出，不论 30° 冲蚀角，还是 90° 冲蚀角，B 的冲蚀磨损量明显的都大于 D，充分说明 D 的抗冲蚀能力优于 B。

（2）材料类型对冲蚀磨损结果的影响。

为了验证上述四种材料在应力状态下的冲蚀磨损量，增加 A 和 C 两种高压管汇材料在应力状态下的冲蚀磨损情况。四种材料 30° 和 90° 冲蚀角时冲蚀磨损量随应力的变化关系如图 6-4-23 所示。

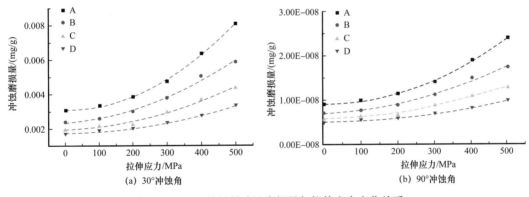

图 6-4-23　四种材料冲蚀磨损量与拉伸应力变化关系

为了分析四种材料在冲蚀角度相同时冲蚀磨损量随应力的变化关系，对图 6-4-23 进行曲线拟合，拟合方程见表 6-4-19 和表 6-4-20。

从曲线拟合系数可以看出，在 30° 和 90° 冲蚀角度时，四种材料的拟合关系式的二次项系数从大到小依次为 A、B、C、D，充分应证了四种材料的抗冲蚀能力从前到后逐渐增加。

（3）冲蚀速度对冲蚀磨损结果的影响。

为了研究应力状态下，砂粒的冲击速度对材料冲蚀磨损量的影响，只选择材料 B，冲蚀角度固定为 30°，拉伸应力有三种状态分别为 0MPa、300MPa、500MPa，冲蚀速为 7.5m/s、

10m/s、12.5m/s、15m/s、17.5m/s、20m/s、22.5m/s，砂粒浓度和类型不发生变化，冲蚀时间均为 1h，试验完成后，计算所得的冲蚀磨损量与冲蚀速度的关系曲线如图 6-4-24 所示。

表 6-4-19　30° 冲蚀角时四种材料冲蚀磨损量与拉伸应力变化关系拟合方程

材料	拟合公式	相关系数
A	$y=2\times10^{-8}x^2-5\times10^{-7}x+0.0031$	$R^2=0.9983$
B	$y=1\times10^{-8}x^2-1\times10^{-6}x+0.0023$	$R^2=0.99$
C	$y=9\times10^{-9}x^2+6\times10^{-7}x+0.0019$	$R^2=0.9867$
D	$y=6\times10^{-9}x^2+2\times10^{-7}x+0.0017$	$R^2=0.9958$

表 6-4-20　90° 冲蚀角时四种材料冲蚀磨损量与拉伸应力变化关系拟合方程

材料	拟合公式	相关系数
A	$y=6\times10^{-14}x^2-1\times10^{-12}x+9\times10^{-9}$	$R^2=0.9969$
B	$y=4\times10^{-14}x^2+4\times10^{-12}x+7\times10^{-9}$	$R^2=0.9951$
C	$y=3\times10^{-14}x^2+2\times10^{-12}x+6\times10^{-9}$	$R^2=0.9959$
D	$y=2\times10^{-14}x^2+5\times10^{-13}x+5\times10^{-9}$	$R^2=0.9981$

从表 6-4-21 可以看出应力的变化对粒子冲击靶材速度指数基本没有影响，而只影响冲蚀公式的系数。

表 6-4-21　不同应力状态下冲蚀磨损量与冲蚀速度关系拟合曲线

序号	应力状态	拟合公式	相关系数
1	500MPa	$y=8\times10^{-6}x^{2.3251}$	$R^2=0.9912$
2	300MPa	$y=5\times10^{-6}x^{2.3194}$	$R^2=0.9802$
3	0MPa	$y=2\times10^{-6}x^{2.3151}$	$R^2=0.9505$

（4）砂粒浓度对冲蚀磨损结果的影响。

为了验证应力状态下，砂粒浓度对高压管汇材料冲蚀磨损结果的影响，选择了材料 B 作为冲蚀对象，其冲蚀角度设定为 30°，砂粒的质量浓度分别为 5%、10%、15%、20%、30%，共五种浓度级别，拉伸应力设为 500MPa 和 0MPa，冲蚀时间不变固定为 1h，冲蚀速度固定为 20m/s。试验完成后，称重所得试验结果如图 6-4-25 所示。

4. 压裂用高低压管汇集成技术

压裂施工均采用的单条 3in 高压管线注入，单条 3in 高压管线允许安全注入的最大排量为 2.8m³/min，如果按照 10m³/min 大型压裂计算，需要同时连接 4 条 3in 高压管线才能满足施工要求。但同时连接多条管线，会造成管线之间排量分配不均，而且井口注入液体汇集对冲导致压裂井口、多条管线抖动严重，安全风险大；连接多条注入管线，劳动强度大，准备时间长。鉴于以上原因，必须设计出一款集成高压注入、低压供液橇装集成管汇，从而满足 $10m^3/min$ 排量注入，排量自由分配，高低压管汇作业平稳，低压供液距离近，保障供液压力，实现多台压裂泵送设备近距离连接，满足作业场所要求。

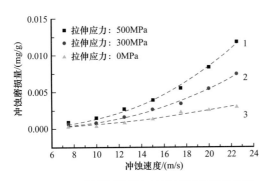

图 6-4-24　冲蚀磨损量与冲蚀速度之间的关系

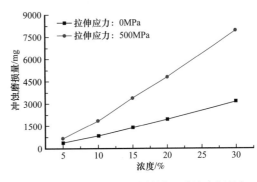

图 6-4-25　30°冲蚀角时材料 B 冲蚀磨损量与砂粒浓度关系

1）页岩气施工井场管汇的布置情况

目前页岩气施工井场压裂泵送设备组与管汇的布置情况如图 6-4-26 所示，压裂机组由 18～20 台压裂泵送设备、两套高低压管汇橇、两套分流管汇组成，压裂泵送设备与高低压管汇橇之间接口型式为 3in FIG1502，高低压管汇橇与分流管汇由 6 条高压管路组成，高压管路的接口型式均为 3in FIG1502。该井场配置能满足压裂施工总排量在 $14m^3/min$ 的要求。

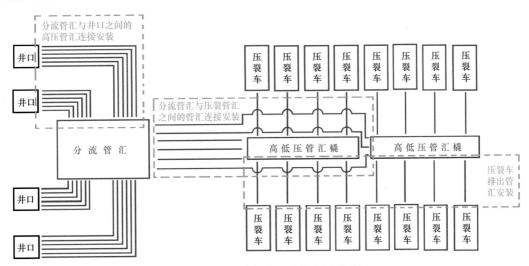

图 6-4-26　页岩气施工井场布置示意图

2）常见管汇橇结构型式及特点分析

目前，各大油田应用的高低压管汇橇主要有以下四种结构型式，每种结构型式都有自己的特点，具体如下：

（1）第一种管汇橇结构型式及特点。

高低压管汇橇采用一体式底座，高压管汇部分垂直安装在低压管汇部分之上，如图 6-4-27 所示。高压管汇主通道采用双通道结构；由 3in×105MPa 歧管接头、直管、旋塞阀组成，形成两条 3in 主通道，"口字形"环形封闭结构。低压管汇采用"工"字形结构。该结构型式的优点是：结构较紧凑，轻便；泵排出管线和管汇侧通道通径一致，不存在节流现象；侧通道采用歧管接头，压力损失较小。缺点是：管汇部分两端封闭，对零部件的安装尺寸要求极高，会导致整个管汇各连接部位极易产生较大附加拉应力；两个管汇橇组合使用，输送压裂液排量最大 11.2m³/min（不能满足 14m³/min 的要求）；高压部分检测后，在施工现场安装工作量大；侧通道采用歧管接头，本体耐冲蚀能力较差。

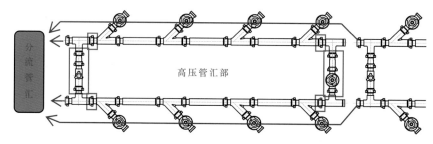

图 6-4-27　第一种管汇橇高压管汇部分示意图

（2）第二种管汇橇结构型式及特点。

高低压管汇橇采用高低压分别成橇的分体式底座，高压管汇部分垂直安装在低压管汇部分之上，如图 6-4-28 所示。高压管汇主通道采用三通道结构；由 3in×105MPa 歧管接头、直管、旋塞阀组成，形成三条 3in 主通道，主通道间由 4 个 3in×105MPa 活动弯头联通。低压管汇采用 T 形结构。该结构型式的优点是：泵排出管汇和管汇侧通道通径一致，不存在节流现象；侧通道采用歧管接头，压力损失较小；两个管汇橇组合使用，输送压裂液排量最大 16.86m³/min；高压部分单独成橇，检测后，在施工现场安装工作量小。缺点是：结构较为复杂，连接点增多，易产生泄漏；高压管汇部分两端封闭，对零部件的安装尺寸要求高；侧通道采用歧管接头，本体耐冲蚀能力较差。

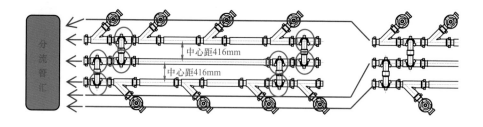

图 6-4-28　第二种管汇橇高压管汇部分示意图

（3）第三种管汇橇结构型式及特点。

高低压管汇橇采用一体式底座，高压管汇部分垂直安装在低压管汇部分之上，如图 6-4-29 所示。高压管汇主通道采用 4in 双通道结构；由 3in-4in×105MPa T 形接头、

4in×105MPa 直管、3in-4in×105MPa 歧管接头、2in-3in×105MPa 旋塞阀组成组成，主通道间由 3in-4in×105MPa 立体五通联通。低压管汇采用 10in 主管的"一字"形结构。该结构型式的优点是：结构较紧凑，轻便；两台橇组合使用，输送压裂液最大排量 18.16m³/min；侧通道采用 T 形接头，接头本体耐冲刷；侧通道上采用 3in-2inFIG1502 旋塞阀，大幅降低操作扭矩；单通道减轻重量 44kg，有利于减小整个设备振动；高压管汇部分一端连通，对零部件的安装尺寸要求较低；加大高压接口之间的间距，缩短了压裂泵送设备排出管的长度（由原来的 3m 减小到 2m；更方便压裂泵送设备在井场的布置）。缺点是：泵排出管汇和侧通道通径不一致，存在节流现象；高压部分检测后，在施工现场安装工作量大；六条管路流量分配不均匀。

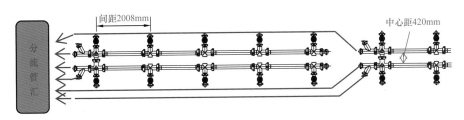

图 6-4-29　第三种管汇橇高压管汇部分示意图

（4）第四种管汇橇结构型式及特点。

从管汇使用的安全性考虑，管汇的高压部分主管和四通采用 API 法兰式单通道结构，主通径 $5\frac{1}{8}$in（130mm），两台橇组合使用，输送压裂液最大排量 19.6m³/min；侧通道采用 $3\frac{1}{16}$in-3inFIG1502×105MPa 的活接头法兰和旋塞阀连接，每个管汇橇设置三条 $3\frac{1}{16}$in-3inFIG1502×105MPa（或两条 $4\frac{1}{16}$in-4inFIG1502×105MPa）的活接头法兰排出端，通过 3in×105MPa（或 4inFIG1502×105MPa）管线连接分流管汇；低压管汇采用 10in 主管的"一字"形结构；高低压管汇橇采用一体式底座，高压管汇部分垂直安装在低压管汇部分之上，如图 6-4-30 所示。该结构型式的优点是：主通道采用 $5\frac{1}{8}$in，两台橇组合使用，输送压裂液最大排量 19.6m³/min；主通道四通采用 API 螺柱式结构，本体耐冲刷；主通道四通和法兰均采用螺栓连接，可靠性好，安全系数高；采用 4 条 4in×105MPa 排出管路，流量分配均匀，连接点少，安全性好（采用 6 条 3in×105MPa 排出管路连接点多，易产生泄漏）。缺点是：管汇橇整体重量重（自重达到 11.6t，是现用管汇橇重量的近 2 倍）；高压部分检测时，拆、装工作量大；制造成本较高。

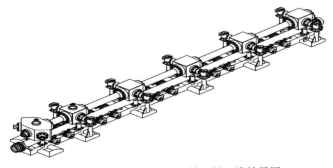

图 6-4-30　第四种高低压管汇橇三维效果图

3）连通管汇对流场的影响

（1）流通能力分析。

为进一步研究不同连接方式的高压管汇对流场的影响，结合现场实际，分别对三种高压管汇结构建立数学模型分析其流场情况。对双通道高压管汇（方案 1 和方案 2）进行对比分析，方案 1 通过在主管汇之间增加连通管汇个数的方式来提高流量分配均匀度，其效果有限，双通道主管汇压降均约为 0.25MPa，各排出口流量比约为：2.03∶1.62∶1；方案 2 在 4 号位增加连通管汇，其通流能力比方案 1 在 1 号位提升约 46%，故对于双通道高压管汇在靠近排出口增加联通效果最佳；管汇排出口不再进行分流，各排出口流量分配比较均匀，结构最佳。三通道结构高压管汇（方案 3）的流场在两个流动参数完全不一样的主管汇间窜流，左右主管汇中的流量能更有效地汇聚到中间管汇，如图 6-4-31 所示。

对比分析方案 1 和方案 2 可知，通过在主管汇之间增加连通管汇个数的方式来提高流量分配均匀度，其效果有限，各排出口流量比约为：2.03∶1.62∶1。

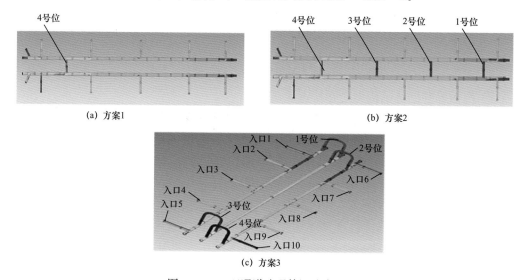

(a) 方案1 (b) 方案2 (c) 方案3

图 6-4-31　双通道连通管汇速度云图

对比分析方案 1 和方案 3 可知，在 4 号位增加连通管汇，其通流能力比在 1 号位提升约 46%。1 号位连通管汇两端压差比 4 号位压差小，因此，其通流流量也较小。

对比分析方案 2 和方案 3 可知，其仿真结果基本一致，表明在 4 号位增加连通管汇后，其他地方的连通管汇基本可以忽略。由图 6-4-32 分析可知，1 号位、2 号位和 3 号位连通管汇其内部基本处于涡旋状态，这是由于在排出管汇入口 4 之前，主管汇 1 和主管汇 2 中的流动状态基本一致，无法形成压差；另一方面，在实际作业中，也并不推荐方案 1 的连接方式，因为其总体结构为超静定结构，容易造成应力集中，同时也增加了连接部位，降低了可靠性。

（2）振动分析及措施。

考虑到流体脉动及压裂设备振动的影响，高压管汇橇上每一个整体接头和旋塞阀部位安装减振装置，以减小高压管汇系统的振动。现设计的高压管汇橇安装支座如图 6-4-33 所示，由原先的单层安装支座改成双层，上下层通过槽钢固定连接。

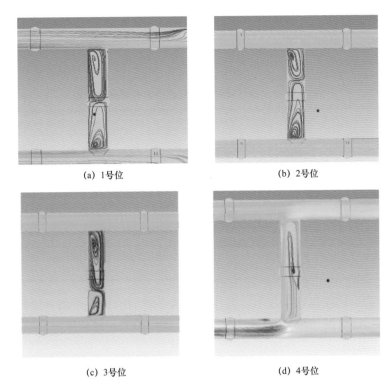

(a) 1号位　　　　　　　　　　　(b) 2号位

(c) 3号位　　　　　　　　　　　(d) 4号位

图 6-4-32　各连通管汇流线图

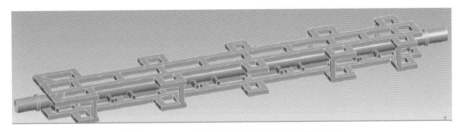

图 6-4-33　现有高压管汇安装支座模型图

　　在实际作业中，高压管汇一般直接固定在刚性基座或地基上，不仅有自身重力引起的静载荷，还受到管汇内流体脉动以及压裂泵送设备排出管汇振动传递的影响。因此，拟从引入阻尼和加装隔振装置方面入手，在高压管汇和安装支座之间安装钢丝绳隔振器（图 6-4-34），在特定振动激励下减少高压管汇橇的动力响应，从而达到减震效果。

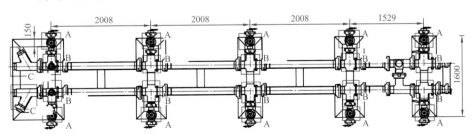

图 6-4-34　钢丝绳隔振器布局图

加装钢丝绳隔振器后，高压管汇橇各阶模态固有频率统计见表6-4-22。从表分析可知，加装隔振器后有效降低了系统固有频率。当外界干扰频率大于11.4Hz时，系统进入隔振区域。

表6-4-22　高压管汇系统各模态固有频率对比表

名称	直接固定在安装支座频率/Hz	加装隔振器频率/Hz
一阶	33.263	7.6823
二阶	45.112	8.316
三阶	48.174	9.099
四阶	49.914	15.832
五阶	50.038	16.652
六阶	60.395	30.669

图6-4-35为不同阻尼比条件下，高压管汇橇系统的位移频谱图。分析可知，当外界激振力频率达到高压管汇橇固有频率7.68Hz时，振幅最大，且随阻尼的增加而振幅减少。

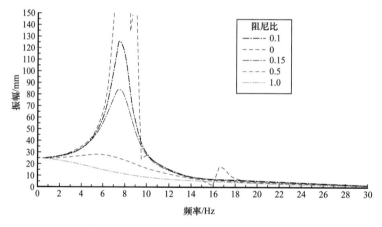

图6-4-35　不同阻尼比条件下位移频谱图

钢丝绳隔振器阻尼比约为0.15，其相位差曲线如图6-4-36所示。相位滞后约36°。分析可知，高压管汇与安装支座间增加钢丝绳隔振器，其隔振效果与外界激励的干扰频率密切相关。

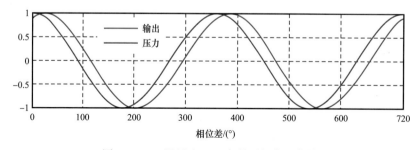

图6-4-36　阻尼比0.15条件下相位差曲线

二、压裂管汇制造

1. 毛坯成型技术

毛坯成型主要兼顾零件的使用要求及工艺特性、生产条件及经济性。零件的使用要求具体体现在对其形状、尺寸、加工精度、表面粗糙度等外部质量和对其化学成分、金属组织、力学性能、物理性能和化学性能等内部质量的要求。对于不同零件的使用要求，必须考虑零件材料的工艺特性（如铸造性能、锻造性能、焊接性能等）来确定采用何种毛坯成型方法；生产条件主要包括现场毛坯制造的实际工艺水平、设备状况以及外协的可能性和经济性，但同时也要考虑因生产发展而采用较先进的毛坯制造方法。

1）阀类零件

（1）零件特点。

阀类零件材料主要为合金结构圆钢，锻件毛坯如图 6-4-37 所示，重量 10～600kg，各规格产品整体形状趋于一致。产品使用过程中受力较大且较复杂，有较高的综合力学性能要求，故选用锻造成型。

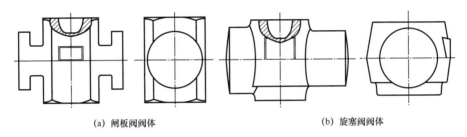

(a) 闸板阀阀体　　　　　　　　　　(b) 旋塞阀阀体

图 6-4-37　阀类零件锻件毛坯

（2）毛坯成型工艺。

① 单型腔阀体锻模。当 $D \geqslant D_{\max}$ 时，坯料直接送入型腔便可锻打，过程中注意清理氧化皮及锻件尺寸的控制。其工装设计思路为单模腔锻造，可设计四角锁扣以提升工装导向精度。

② 镦粗型腔的锻模。当 $D < D_{\max}$ 时，分为两种情况：当 $1.15D \geqslant D_{\max}$ 时，工艺方案及工装设计思路均可参照上述方案执行；当锻件最大截面超过坯料直径 1.15 倍时，若锻件重量在 150kg 左右，且模块足够大，承击面允许的情况下可以在锻模上设计一个镦粗型腔，将坯料进行镦粗后再放入终锻型腔，在镦粗的同时可以去除大部分氧化皮。

③ 自由锻制坯。当锻件最大截面超过坯料直径 1.15 倍且锻件重量较大，分模面较小，不适宜在锤上镦粗时，只能采用自由锻造进行制坯。自由锻制坯时，原材料规格选取方法仍然需参照两端法兰截面。同时需设计一套镦粗用漏盘，镦粗时将漏盘放置在坯料上下端进行自由镦粗，镦粗后坯料总长比热锻件短 30～50mm，其中漏盘要有足够的斜度且口部圆角要足够大，否则易在锻件过度处形成折叠。

（3）工艺难点。

① 锻件表面质量较差。主要原因为氧化皮未能有效去除，导致氧化皮粘在坯料表

面，在锻件上形成凹坑。通过生产过程中严格控制氧化皮去除工序后，表面质量可以得到提升。

② 锻件弯曲。由于部分锻件颈部尺寸较小，当锻模型腔尺寸变大时，切边的过程中切边力也相应地增大，导致颈部及法兰部位切边力激增，而使得锻件在长度方向发生一定量的弯曲。生产中通过及时打磨切边模刃口使其锋利，及时修复锻模。

③ 法兰及颈部产生折叠。主要发生镦粗类产品，其原因主要为坯料镦粗过度，导致过渡部位过于激凸形成台阶，进而在模锻时形成折叠。通过对镦粗高度做出限制，同时对镦粗型腔口部圆角进行加大，此类问题得以解决。

④ 模具塌陷。由于锻模四个颈部位置在生产中极易发生塌陷，一旦未能及时发现工装塌陷，导致锻件局部缺肉可能会生产出批量废品。通过增大锻模端部圆角，并在生产过程中进行冷却，避免锻模局部受热变形。

2）管类零件

（1）零件特点。

管类零件材料主要为 B、Q125-1 等材质的无缝钢管，锻件毛坯如图 6-4-38 所示。长度范围 500～6000mm，各规格产品整体形状趋于一致。产品长度尺寸较长、管壁较薄，对两端镦粗质量要求较高。

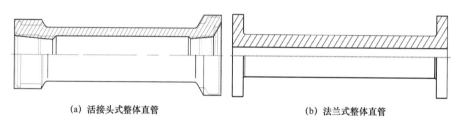

(a) 活接头式整体直管　　　　　　　　　　(b) 法兰式整体直管

图 6-4-38　管类零件锻件毛坯

（2）毛坯成型工艺。

下料—锻造墩粗—正火 + 调质处理—校直处理—去应力退化处理—后处理。

（3）工艺难点。

① 管壁薄，压缩比非常大，很容易失稳，易产生折叠缺陷。通过在锻造中增加扶正装置，在终锻前，拆走扶正装置，既避免了锻造过程中失稳，又保证直管两端镦粗质量。

② 加热均匀化难以保证。管端局部加热，通过在设计加热炉时，考虑到气体的充盈、防逃逸问题，保证管端加热的均匀性和温度梯度，否则会产生严重的锻造缺陷。

③ 管端局部加热后，易产生氧化物，特别是内孔的氧化物。可采用成本较低的二氧化碳气体保护。

3）弯头类零件

（1）零件特点。

弯头类零件材料主要为 E4715 等无缝钢管或合金结构圆钢，锻件毛坯如图 6-4-39 所示。规格范围 2～5$\frac{1}{8}$in，各规格产品整体形状趋于一致。产品对弯曲半径、弯曲角度、壁厚均匀性、镦粗端尺寸以及内腔质量要求较高。

（2）毛坯成型工艺。

下料—锻造墩粗—机加工—中频感应加热煨弯—正火处理—后处理。

（3）工艺难点。

弯头毛坯成型时，通常会出现以下问题：受煨弯部分的金属流向影响，外壁被拉薄，内壁被增厚，从而造成壁厚的不均匀；以及在起弧处波浪褶皱，特别是弯曲半径小于 $3D_o$（D_o 为外径）时，内弧波浪褶皱更大的

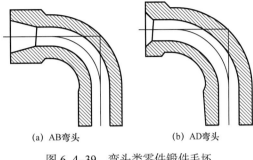

(a) AB弯头　　　　(b) AD弯头

图 6-4-39　弯头类零件锻件毛坯

壁厚及外观质量问题。既要限制金属的流动性，又要利用金属在高温下的合理变形，通过采取机加工预制毛坯、热处理工艺、煨弯工艺，解决这些问题。

4）接头类零件

接头类零件多为端部螺纹、球面、法兰等端部连接接口，中间连接部为非加工面或是非关键加工面。如各种活接头、变径接头、L形接头、T形接头、Y形接头、十字形接头、法兰接头等。接头类零件的用途和工作条件差异很大，故成型方法也有很大的差别。

活接头、变径接头等零件较小，结构简单，端部为螺纹、球面等端部连接接口，中间连接部为非关键加工面。此类零件多为采用合金结构圆钢下料，直接机加工完成。

L形接头、T形接头、Y形接头、十字形接头等零件，外形多为非加工弧面，仅加工端部，此类零件多为模锻件。锻件毛坯如图 6-4-40 所示。

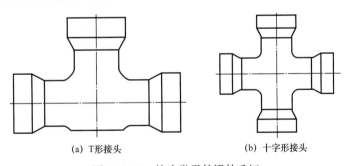

(a) T形接头　　　　　　　(b) 十字形接头

图 6-4-40　接头类零件锻件毛坯

法兰接头等零件的结构特点是某一端径向尺寸远大于另一端径向尺寸，规格范围 $2^{1}/_{16}\sim7^{1}/_{16}$in，并且零件有较高的使用要求。通常此类零件毛坯通常采用胎模锻成型，模具简单、生产准备周期短、成本低。

5）轴杆类零件

轴杆类零件的结构特点是轴向尺寸远大于径向尺寸，轴杆类零件主要作为传动元件或受力元件，一般大多为锻件毛坯，断面直径相差越大的阶梯或有部分异型断面的轴，采用锻件毛坯越有利，如旋塞阀旋塞。但是，对于直径变化较小的轴和力学性能要求不高的轴，一般采用轧制圆钢作为毛坯进行机械加工制造。如闸板阀阀杆、闸板导向杆等。锻件毛坯如图 6-4-41 所示。

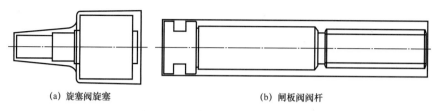

(a) 旋塞阀旋塞   (b) 闸板阀阀杆

图 6-4-41 轴杆类零件锻件毛坯

6）大型承压零件

螺柱式多通、压裂头等产品多为单件生产或极小量生产的大型零件，重量范围150～2000kg，毛坯通常采用自由锻锻造成型，自由锻锻造工装简单、适用性强，灵活性大。

7）非承压结构复杂零件

闸板阀手轮、旋塞阀旋塞帽等受力不大，但是形状复杂尤其具有复杂内腔的零件，毛坯通常采用铸造成型（图6-4-42）。通常工艺路线为：压蜡—制壳—浇注—清理—热处理—后处理。

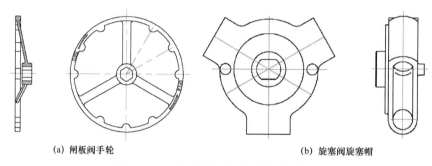

(a) 闸板阀手轮   (b) 旋塞阀旋塞帽

图 6-4-42 非承压结构复杂零件铸件毛坯

2. 热处理工艺

热处理工艺一般包括加热、保温、冷却三个过程。

选择和控制加热温度，是保证热处理质量的主要手段。加热温度随被处理的金属材料和热处理的目的不同而异。当金属工件表面达到要求的加热温度时，还须在此温度下保持一定的时间，使内外温度一致，显微组织转变完全，这段时间称为保温时间。冷却主要是控制冷却速度。一般退火的冷却速度最慢，正火的冷却速度较快，淬火的冷却速度更快。但还因钢种不同而有不同的要求，例如空硬钢就可以用正火一样的冷却速度进行淬硬。

产品应规定硬度范围、硬度试验的位置和频次。在热处理的时候，应考虑工件的最关键部位并对其进行相应的处理，以确保满足所需的性能。

3. 高压测试技术

1）闸板阀、旋塞阀测试

（1）进行静水压壳体测试。保压期间，按壳体静水压测试准则验收。泄压后检查阀体有无裂纹和明显的渗漏痕迹。

（2）进行静水压阀座测试和功能测试。将旋塞阀、闸板阀处于"关闭"状态，对阀的一侧缓慢升压至额定工作压力，此时阀的另一端处于敞开状态（通大气）。保压期间，按静水压阀座测试和功能测试准则验收。接着调头，将原来敞开端装上堵头，接进水口压力源，原来装堵头端拆去堵头敞开通大气。阀仍处于"关闭"位置。继续进行静水压阀座测试和功能测试，并按其验收准则验收。

（3）测试完成后，用压缩空气将旋塞阀或闸板阀内腔的水渍全部吹除干净，从黄油嘴中重新压入润滑脂，以溢出润滑脂为止，并转动旋塞（或提升闸板阀板）数次，使旋塞和密封弧片（或闸板阀板）、阀体内腔都均匀涂上润滑脂。

2）单向阀测试

（1）将单向阀逆向（按阀体上的箭头指向相反）放置，用一顶杆放入阀腔，顶开挡板，水流入口仍为逆向。

（2）给阀内灌满清水，排除阀内的全部空气，重新装上堵头。

（3）进行静水压壳体测试。保压期间，按壳体静水压测试准则验收。泄压后检查阀体有无裂纹和明显的渗漏痕迹。

（4）卸去前端堵头，取出顶杆，使挡板盖住阀口。将单向阀垂直放置，前端敞开灌满水，观察挡板是否密封（应没有水流出）。然后再上紧堵头，将单向阀水平放置，进水口为箭头所指方向，前端敞开，以便观察挡板密封情况。

（5）进行静水压阀座测试。保压期间，按静水压阀座测试准则验收。降压为零后，观察挡板处，应无水流出。

（6）测试后，用顶杆顶开挡板，让少量的水流出。然后抽出顶杆，观察挡板能否缓慢恢复密封，此时允许有极少量的水流出。如不能缓慢密封，或有较多水流出，须更换挡板，再重新测试。

（7）测试完成后，用压缩空气将单向阀内腔的水渍全部吹除干净，接口及活接头螺纹处均匀涂上润滑脂。

3）活动弯头测试

（1）测试时可以将活动弯头组装在一起测试。

（2）进行静水压壳体测试。保压期间，按静水压壳体测试准则验收。泄压后检查阀体有无裂纹和明显的渗漏痕迹。

（3）测试完成后，用压缩空气将活动弯头内腔的水渍全部吹除干净，接口及活接头螺纹处均匀涂上润滑脂。

4）压裂管汇测试

（1）测试压力按设备额定工作压力确定，对于特殊管汇测试压力应分别按上游端和下游端（以较小者为准）的设备额定工作压力确定。

（2）测试方法：

① 管汇内注满自来水，排除管汇内的空气。

② 初次缓慢升压，分别在 1/3、2/3 测试压力段时，每级各保压 2min，观察应无压力降现象，再缓慢升压到测试压力，保压至少 3min。

③ 降压至零。

④ 第二次缓慢升压到测试压力，保压至少 15min。

⑤ 降压至零。

（3）验收准则：

① 在任一保压期间，无可见的渗漏，并在保压期间压力的变化值应小于其稳压后的起始测试压力的 5% 或 3.45MPa（500psi），取两者的较小值，应予验收。初始测试压力不得高于规定测试压力的 5%。整个保压期间，压力不得降至规定测试压力以下。

② 当与螺纹式测试工装连接时，螺纹式零（部）件的静水压测试期间，超过螺纹的工作压力后，沿螺纹渗漏是允许的。在高于工作压力下泄露的螺纹连接应在工作压力下进行额外的保压，保压时间应与次级压力保压时间相同，保压期间不得有可见渗漏。

③ 注脂阀和排气堵头处无可见渗漏和明显变形。

④ 泄压后，检查各被试件不得有"冒汗"、裂纹及影响强度的缺陷。

⑤ 检查所有接头和连接处，不应有肉眼可见的湿润或泄漏现象。

第五节　压裂管汇检测和自动控制技术

一、压裂管汇检测技术

1. 压裂管汇失效形式及在线检测

1）高压管汇常见失效形式

在油气钻井过程中，高压管汇处于高温、高压、强腐蚀的特殊工况，高压管汇不仅承受高达 100MPa 以上的巨大压力，同时受到内部高速流动着的钻井产生的铁屑及岩石碎屑固体粒子的高速冲刷，而且受到腐蚀的作用，因而高压管汇管件极易产生应力集中及冲蚀破坏。总结高压管汇的主要失效形式有以下几种。

（1）弯头冲蚀磨损。弯头冲蚀磨损的主要部位是弯头的外拱内壁处及靠近弯头的附近部位，如图 6-5-1 所示。冲蚀部位呈现出条纹、沟注及麻坑，通过测厚可发现冲蚀部位明显减薄。

弯头表面的冲蚀磨损主要是机械力造成的。压裂液中的砂粒在运动过程中对金属材质表面造成微切削及塑性变形。另外，压裂液在柱塞泵往复式推力作用下，形成脉动反复循环力，弯头表面产生沟注，甚至孔洞和裂纹。通过有限元流体分析，高压弯管的最大冲蚀磨损率与平均磨损率，随着压裂液流量和砂粒浓度的增加而增加，随着管汇内壁直径的增大而减小。流场的最大压力区分布在弯头的外拱内壁区域，同时该区域的疲劳寿命次数最低。

图 6-5-1 弯头冲蚀磨损

（2）活接头连接接头断裂。活接头连接接头的断裂部位大多位于活接头圈中的内螺纹处，裂纹源从螺纹底部过渡部位沿径向向内部扩展，如图 6-5-2 所示。

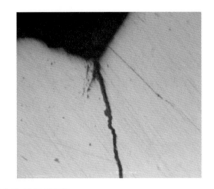

图 6-5-2 活接头连接接头断裂

机械加工缺陷和热处理不当是导致活接头连接接头断裂的主要原因。在机械加工过程中齿根过渡部位的圆弧过渡半径较小，易在该部位形成应力集中区域，在应力集中部位形成裂纹，当裂纹扩展到一定程度时就会发生断裂现象。

（3）内壁腐蚀。高压管汇处于高温、高压、高含硫化氢等苛刻环境中工作，而且管道因迂回转折引起巨大拉压应力，极易产生腐蚀坑，如图 6-5-3 所示。

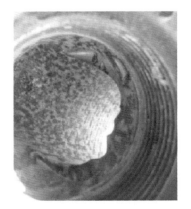

图 6-5-3 内壁腐蚀

图 6-5-4　活动弯头断裂

腐蚀失效为塑性失效，即认为腐蚀缺陷区的等效应力达到屈服极限后管线失效。腐蚀分为均匀腐蚀和局部腐蚀两类，均匀腐蚀区的等效应力随缺陷长度和深度的增加而增加，局部腐蚀区的等效应力随腐蚀深度的增加而增加，随半径的增加而减小。

（4）活动弯头断裂。活动弯头断裂如图 6-5-4 所示，通过对失效产品进行机械性能检测，发现机械性能不合格，低温冲击韧性平均值低于 API 6A 规定的值，导致产品脆性大、韧性差。

2）高压管汇完整性常用检测技术

高压管汇完整性检监测的主要技术包括超声波、涡流、漏磁检测等。表 6-5-1 对比分析了可应用于高压管汇完整性检测新技术。现阶段不存在能够满足高压管汇在线监测所有要求的单一完整性检测技术，需要采用多种手段进行配合；相比较而言，超声波法和超声相控阵法用于高压管汇的在线监测需要克服外表面连续可靠耦合、复杂结构扫描、声波聚焦与偏转控制等一系列关键技术难题，导波检测法定性定量效果差，难以发现微小裂纹缺陷；磁记忆检测法在此方面的应用则更具有明显的技术优势。

表 6-5-1　高压管汇完整性检测技术对比

检测方法	特点	典型产品
超声波法 （专用）	灵敏度高，成本低，检测速度快，仪器轻便，可检测各种取向的缺陷，可对缺陷进行准确定位，需耦合剂，对表面处理要求高	Argus TubeSpec 连续油管超声在线检测装置
导波检测法	长距离、大范围检测效率高，缺陷直接定位，以截面损失反映缺陷大小，适合在线监测；定性难、定量精度差，发现小缺陷难	SIG：超声导波检测工具 美国西南研究院：电磁导波检测系统
超声相控阵法	电子控制声束聚焦和扫描，检测速度高，声束可达性好，适宜复杂形状工件扫查，分辨力、信噪比和灵敏度可控，非接触，仿真成像，成本高	ABSOLUTE NDE/Olympus NDT 相控阵检测系统
磁记忆法	应力集中敏感，非接触，高精度、高可靠、高重复性，提离不敏感，高速高效，适合早期缺陷检测，对表面要求低，内外缺陷敏感，定性定量前景广阔，低成本	俄罗斯动力诊断公司系列通用磁记忆检测装置

3）高压管汇磁记忆法检测系统研制

（1）高压管汇检测系统的组成。

高压管汇检测系统由检测系统、控制系统和数据采集处理系统组成，如图 6-5-5 所示。检测系统的主要功能为利用自主设计的传感器检测管体的磁记忆信号，并将该信号反馈给在危险作业半径之外的上位机以供上位机信号处理系统处理。技术要求传感器能够检测到整个管体表面的磁记忆信号，同时本身不能够对信号造成干扰。检测系统材质应具有减轻装置质量，避免磁性材料对检测结果的影响的特点，因此，检测装置选择硬铝材料，个别零部件采用铜作为加工材质（例如支撑传动轴的滑动轴承），以期达到检测装置便携性和检测结果的精确性。

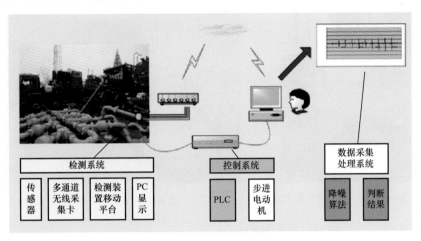

图 6-5-5　高压管汇检测系统组成图

数据采集处理系统功能为将通过检测系统数据采集卡发送的磁记忆信号进行降噪、求梯度等方法处理。操作人员可根据处理的结果并结合直管的外观形貌进行高压管汇的判废处理。由于检测装置检测磁记忆信号的传感器通道较多，数据采集处理系统要处理大量数据，要求系统工作稳定，能够较快速的处理出结果。

（2）高压管汇直管自动检测装置设计。

高压管汇直管自动检测装置分为结构设计与控制设计两个部分。结构设计包括检测装置行走机构和对开检测环；控制设计包括检测控制箱、遥控器及计算机组成，其中，检测控制箱通过线缆给检测装置主体供电，遥控器通过无线接收器控制检测装置主体的运动。高压管汇直管自动检测装置如图 6-5-6 所示。

（3）高压管汇弯管检测装置设计。

检测圆环：检测圆环上均匀地分布有 16 组推靠机构，每组推靠机构的顶端布置有金属磁记忆传感器，在检测传感器的前后各安装有一个滚轮，在拉簧的作用下滚轮紧贴弯管外壁，保证了传感器与弯管外壁的距离。

安装座：检测圆环铰接于安装座上，在电动推杆的作用下，检测圆环可围绕安装座一支点转

图 6-5-6　高压管汇直管自动检测装置

动，支点位于待检测弯头的圆心，检测圆环的旋转可实现对弯头整个弧面的检测。

高压管汇弯管检测装置如图 6-5-7 所示。

为了便于对现场高压管汇进行实地检测，研发了便于携带的弯管检测设备。该设备主要由检测手链、数据采集盒、便携锂电源组成，如图 6-5-8 所示。

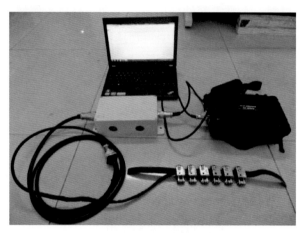

图 6-5-7　高压管汇弯管检测装置实物　　　图 6-5-8　高压管汇便携式弯管检测系统

（4）高压管汇室内磁记忆检测试验。

试验材料选用高压管汇常用材料 30CrMo，冲蚀所用的砂砾为压裂支撑剂——覆膜砂，检测时，冲蚀腔顶盖上安装的电控平移台带动磁记忆传感器支架往复移动，6 通道磁记忆传感器安装在支架前端，紧贴冲蚀试样背面，保证提离值不超过 2mm，角度可随冲蚀角度调节。电控平移台的移动速度、采样频率以及数据的保存处理可通过计算机控制。

冲蚀角度：90° 和 30°；冲蚀速度：20m/s；喷嘴内径：8mm；喷射距离：15mm。

图 6-5-9 为 90° 冲蚀角时，冲蚀试样表面磁记忆信号波形的变化情况，图 6-5-10 为 30° 冲蚀角时，冲蚀试样表面磁记忆信号波形的变化情况。从波形形态来看，试样表面背景磁场也呈"M"形分布，与 90° 冲蚀角时试样表面磁场分布基本一致，不同之处是 30°

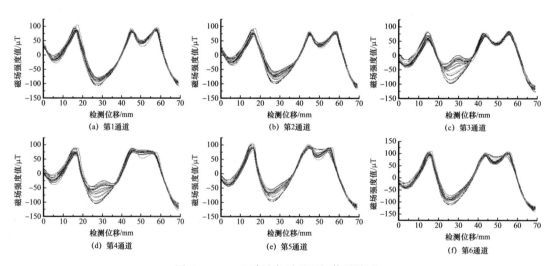

图 6-5-9　90° 冲蚀角时磁记忆信号波形

冲蚀角时，各通道信号波形并未出现对称的情况，而是第4通道磁记忆信号波形变化最大，然后向前依次为第3通道、第2通道、第1通道，向后为第5通道和第6通道。

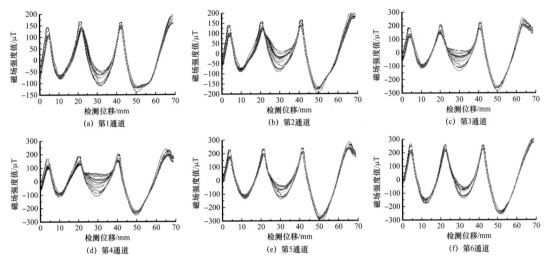

图 6-5-10　30° 冲蚀角时磁记忆信号波形

通过对 90° 冲蚀角和 30° 冲蚀角时冲蚀磨损试样表面磁记忆信号波形分析，可以看出，随着冲蚀时间的增大，即冲蚀坑深度的增加，冲蚀坑位置磁记忆信号强度逐渐增强，波形呈"凸"起状，且边缘处信号过度比较平缓，这是由冲蚀坑的几何形状决定的。此外，还可以通过分析相邻通道传感器采集磁记忆信号波形的变化规律，分辨引起材料发生冲蚀破坏的流体的流向，以及冲蚀角度的大小范围，因从冲蚀实验可得，冲蚀角度从 15° 到 90° 变化时，冲蚀坑长度沿流体流线方向逐渐减小，90° 时最小。

从图 6-5-11 和图 6-5-12 中可以看出，波形在 30mm 位置处 6 路磁记忆传感器采集到的信号波形变化最大，即是冲蚀坑最深处。为了建立磁记忆信号强度值与冲蚀坑深度的对应关系，单独提取 6 个通道 30mm 位置每一次检测磁记忆信号强度值。

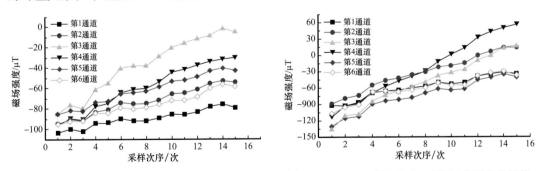

图 6-5-11　90° 冲蚀角时，磁记忆信号变化趋势　　图 6-5-12　30° 冲蚀角时，磁记忆信号变化趋势

图 6-5-11 和图 6-5-12 的共同点为，不论冲蚀角是 30° 还是 90°，6 个通道所检测的磁记忆信号值在 30mm 处均随着冲蚀时间的增加逐渐增大，只是 30° 冲蚀角时变化量较大，而 90° 冲蚀角时变化量较小，并且正对冲蚀坑位置传感器检测信号值变化较大。

图 6-5-11 中第 1、2、5、6 通道检测数据曲线基本平行，曲线斜率基本相等，而第 3 通道曲线斜率最大，第 4 通道次之。图 6-5-12 前三次虽然检测磁记忆信号值逐渐增大，但是第 1 次和第 2 次检测磁记忆信号的差值要比第 3 次和第 2 次之间的差值大，而最后 1 次检测值反而比前 1 次检测值小。通过分析可以发现，第 1 次和最后 1 次测量均是在不受拉伸应力作用的情况下进行的，而第 2 次与倒数第 2 次之间的数据测量时对试样施加了拉伸应力。这是由于施加拉伸应力后，冲蚀试样中会产生应力集中，破坏了试样表面原始的磁场平衡状态，从而使磁记忆信号值增大，但随着时间的推移，试样表面磁场会重新分布，达到新的平衡，因此会出现前三次检测所得的结果，而出现最后一次检测结果的原因是 500MPa 拉应力作用时，材料只发生了弹性变形，而未产生塑性变形，当拉伸应力撤离后，材料的应力集中会消失，所以检测磁记忆信号值变小。由此可见，磁记忆检测技术能够较好地识别高压管汇的冲蚀破坏区域及大小，完成能够实现压裂过程中对高压管汇的在线检测与监测，降低了由于管汇失效引发高风险概率。

2. 高压管汇周期检测技术

1）目视检测

目视检测前要求先对管汇螺纹部分进行全部清洁。检查各零部件内外表面，特别是密封面和危险截面的损坏情况，有无点蚀、锈蚀、凹坑等腐蚀现象；重点检查有无裂纹发生。主要是检查外观、几何尺寸等是否满足压力管汇部件安全使用的要求；被检对象应无肉眼可见的裂纹、点蚀、冲蚀凹坑和夹杂等。如有上述缺陷应进行清除，直至缺陷消失。清除深度管线及弯头不大于 5%，其他管汇件不大于 10%。

法兰管汇应特别关注多通相贯位置交线有无冲蚀凹坑，管体内孔底部有无残液腐蚀痕迹，变径位置是否大量气体腐蚀坑如压裂头大孔变径处。

2）功能检测

检查旋塞阀、闸阀、节流阀、单向阀、活动弯头等高压管汇，应处于正常工作状态，阀件开关、活动弯头转动应灵活、轻便，不得有锈蚀锈死状况。

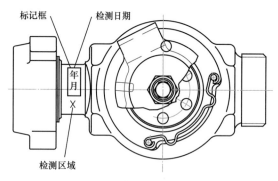

图 6-5-13　旋塞阀壁厚检测区域

3）壁厚检测

使用超声波测厚仪对压力管汇件易受腐蚀、冲蚀易产生变形及磨损的部位进行剩余壁厚测定。测定位置应当有代表性，有足够的测定点数，最低不少于 4 点，对异常测厚点详细标记，如活动弯头弯曲部位、直管和旋塞两端连接部位等，这些部位应选取 2 个以上的测定点。

高压管汇（直管、三通、四通、弯头、旋塞阀等）的测点布置，应符合 SY/T 6270—2017《石油天然气钻采设备固井、压裂管汇的使用与维护》的规定。壁厚检测区域如图 6-5-13～图 6-5-17 所示，壁厚值见表 6-5-2～表 6-5-6。

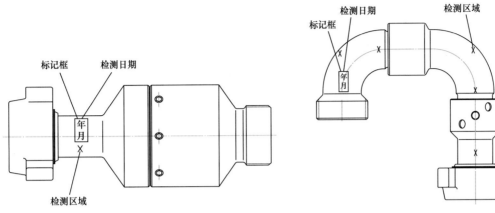

图 6-5-14　单向阀壁厚检测区域　　　　图 6-5-15　活动弯头壁厚检测区域

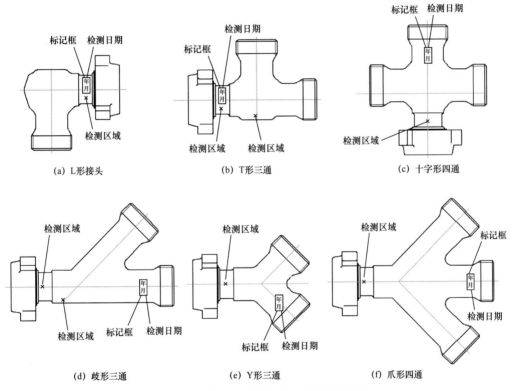

(a) L形接头　　　　　　(b) T形三通　　　　　　(c) 十字形四通

(d) 歧形三通　　　　　　(e) Y形三通　　　　　　(f) 爪形四通

图 6-5-16　各种异形整体接头壁厚检测区域

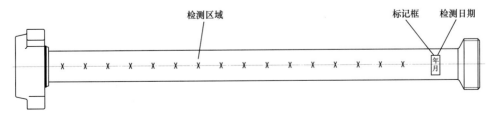

图 6-5-17　刚性直管壁厚检测区域

表 6-5-2 旋塞阀壁厚值

规格型号	额定压力 /MPa（psi）	内径 /mm	出厂壁厚值 /mm	使用壁厚极限推荐值 /mm
1in×2in–1502	105（15000）	22.2	≥14.29	10.52
1.5in×1.5in–1502	105（15000）	38.1	≥16.43	10.84
2in×2in–1502	105（15000）	44.3	≥13.4	10.79
3in×3in–1502	105（15000）	69.7	≥16.5	14.63
2in×2in–2002	140（20000）	33	≥15.68	13.06
3in×3in–2002	140（20000）	76.2	≥29.73	24.92
4in×4in–1502	105（15000）	89	≥23.3	15.85

注：规格型号 1in×2in—1502 指旋塞阀公称内径为 1in，2in—1502 表示连接形式为活接头连接，规格为 2in FIG1502。

表 6-5-3 单向阀壁厚值

规格型号	额定压力 /MPa（psi）	内径 /mm	出厂壁厚值 /mm	使用壁厚极限推荐值 /mm
2in×2in–1502	105（15000）	44.3	≥13.4	10.79
3in×3in–1502	105（15000）	69.7	≥16.5	14.63
2in×2in–2002	140（20000）	33	≥15.68	13.06
3in×3in–2002	140（20000）	76.2	≥29.73	24.92

表 6-5-4 活动弯头壁厚值

规格型号	额定压力 /MPa（psi）	内径 /mm	出厂壁厚值 /mm	使用壁厚极限推荐值 /mm
$1^1/_2$in–1502 长半径	105（15000）	38.1	≥10.92	8.26
2in–1502 长半径	105（15000）	47.75	≥11.43	8.38
3in–1502 长半径	105（15000）	69.85	≥13.46	10.67
3in–2002 长半径	140（20000）	76.2	≥30.5	24.92
4in–1502 长半径	105（15000）	90	≥23.5	21.34

表 6-5-5 各种异形整体接头壁厚

规格型号	额定压力 /MPa（psi）	内径 /mm	出厂壁厚值 /mm	使用壁厚极限推荐值 /mm
$1^1/_2$in–1502	105（15000）	38.1	≥17.07	12.19
2in–1502	105（15000）	44.3	≥13.4	10.79
2in–2002	140（20000）	33	≥15.68	13.06
3in–1502	105（15000）	69.7	≥16.5	14.63

续表

规格型号	额定压力 /MPa（psi）	内径 /mm	出厂壁厚值 /mm	使用壁厚极限推荐值 /mm
3in–2002	140（20000）	76.2	≥29.73	24.92
4in–1002	70（10000）	95.2	≥14.7	12.72
4in–1502	105（15000）	88	≥23.8	20.95

表 6-5-6　刚性直管壁厚值

规格型号	额定压力 /MPa（psi）	内径 /mm	出厂壁厚值 /mm	使用壁厚极限推荐值 /mm
2in–1502	105（15000）	44	≥9.5	7.68
2in–2002	140（20000）	34	≥16.0	13.2
3in–1502	105（15000）	65	≥11.4	9.6
3in–2002	140（20000）	77	≥23.75	20
4in–1502	105（15000）	88	≥24.7	16.44

3. 高压管汇全生命周期信息管理系统

高压管汇全生命周期信息管理系统是针对油气开采中高压管汇从产品发运、入库、现场施工、检测、报废、采购决策等全过程信息的专用型管理系统（图 6-5-18）。系统将传统手工抄录施工参数的管理模式升级为设备扫描和自动记录，实现了高压管汇电子身份证（RFID 或二维码）、使用时间自动计算、检测和使用寿命报警、需求报表及井场结构图自动生成等功能。

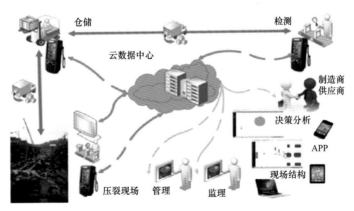

图 6-5-18　全生命周期信息管理系统

使用激光打标机给不锈钢标牌打印上二维码信息，为高压管汇做一个数字身份证铭牌，并将铭牌用不锈钢卡箍卡紧在管汇件上通过手机微信扫码器的二维码识别技术。如图 6-5-18 所示，每个高压管汇的相关参数都记录在终端软件里，当手机扫描到该二维码后，通过搜索，可随时通过手机读出每个装置的当前状态情况，在检测、使用等环节完成后利用手机通过有线或无线 WIFI 以及野外作业时用 GSM 信号和后台服务器接口对接进行数据传递，后台服务器通过全生命周期信息化管理系统（即 PC 主程和数据库）实现高压管汇的使用、检测的记录更新。

整个系统软件具备六大功能：管汇生产厂产品出厂管理系统、现场二维码快速录入系统、现场管汇时实动态系统、使用单位管汇仓储管理系统、现场管汇送检管理系统、数据汇总分析及报表管理系统。

（1）快速录入。通过手持仪扫描 RFID 芯片进行读写操作，两挡读距分别适用于单个扫描和批量扫描。

（2）现场管理。通过手持仪扫描 RFID 芯片快速搭建现场真实拓扑结构，网络客户端同步后生成现场示意图，现场终端根据设定的计时规则自动记录高压管件使用时长；现场结构发生改变时，通过手持仪扫描 RFID 芯片或者现场终端操作进行添加或删除管件，任意搭建，实时监控。

（3）仓储管理。通过手持仪扫描 RFID 芯片对管件进行出入库、送检及返回等操作，上传到云端数据库，现场终端与网络客户端进行数据同步。在网络客户端软件中，管件信息可分别按位置（总览、现场、库房、检测）、平台、型号规格、状态（合格、不合格）进行浏览及管理。

（4）质量管理。现场终端及网络客户端按照设定好的预警及报警规则自动提示需要送检及报废的管件，严格把控管件寿命，杜绝超时使用情况发生，确保管件质量及安全。

（5）物流管理。网络客户端软件内提供交运清单功能界面，管件生产厂家上传发货信息后，客户可在网络客户端软件里进行查询，核对物流信息。

（6）决策分析。管件信息可按平台导出 Excel 表格，表格按照手持仪扫描逻辑显示选中平台所有管件信息；按照平台内不同状态管件（正常、预警、超时）数量比例显示预警信息图。领导通过台账和预警信息图能够详细了解平台高压管件工作状态以便决策。

二、自动控制技术

1. 阀件远程控制技术

常规压裂管汇配置手动阀门，压裂施工过程中，若压裂泵送设备出现故障或液力端排出管汇出现刺漏，需停止运行所有设备，施工中断，管汇泄压后，人员进入高压管汇区操作关闭故障泵车对应的阀门，隔断故障泵车后，再继续施工，严重影响压裂地层改造效果，耽误施工进度。同时，人工手动操作阀门，常发生误操作阀门开关，导致设备损坏及施工失败的情况，也造成安全隐患。

管汇远程控制系统如图 6-5-19 所示，包括液压泵站、远程计算机控制系统、近程控制箱、多联阀组、液压管线及数据线缆、阀门液压驱动器及阀位传感器，实现远程或近程控制管汇多个液动阀门。（1）近程控制：近程控制箱安装在管汇橇上，与多联阀组通过数据线连接，液压泵站连接两路液压管线至多联阀组，为阀门驱动提供液压动力源，多联阀组与阀门液压驱动器通过液压管线连接，各液压驱动器上设置有阀位传感器，可监测阀门开关状态并实时反馈至近程控制箱，在控制箱操作面板上显示。（2）远程控制：远程控制计算机与近程控制箱通过数据线缆连接，在计算机操作界面上操作，阀门开关指令传达至近程控制箱，即可远程控制阀门开关，且阀门开关状态可实时显示在远程计算机操作界面上。为避免误操作，近程控制和远程控制不可同时操作。计算机操作界面上实时显示液压泵站运行状态，液压系统压力、输出压力和各阀门开关状态。

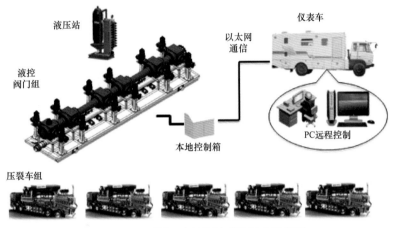

图 6-5-19　管汇远程控制系统组成示意图

2. 远程调压装置

针式节流阀多用于压裂泵送设备高挡位大排量的测试，远程调压泄放装置中采用计算机远控电动机旋转，驱动节流阀开关，整套控制系统、传动系统和阀件的驱动系统的精度设计为全开关行程的4%，压裂泵成功实现30～100MPa间隔10MPa的调压试验。因测试过程中要求系统具有压力控制模式和排量控制模式，并且需要具有较高的控制精度，需要采用控制算法主要为变速积分PID控制算法，采用双闭环回路以提高控制精度及控制的响应速度。定压力控制模式如图6-5-20所示，定排量控制模式如图6-5-21所示。

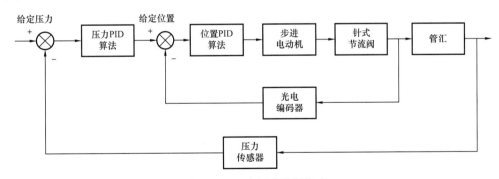

图 6-5-20　定压力控制模式

以 3in×105MPa 针式节流阀调压为例，经过分析计算，采用针式节流阀控制排量 0.6～1.0m³/min、压力范围 30～60MPa，表 6-5-7 是 3in 节流阀的开度。

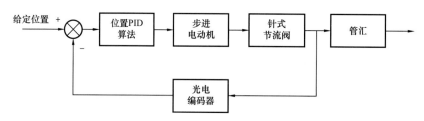

图 6-5-21　定排量控制模式

表 6-5-7　3in 节流阀在压力和排量下的开度

排量 /（m³/min）	节流阀开度 /mm		
	30MPa	50MPa	60MPa
0.6	1.38 （0.46 圈 /165.7°）	0.84 （0.28 圈 /101.3°）	0.71 （0.23 圈 /85.1°）
0.8	1.82 （0.61 圈 /218.9°）	1.11 （0.37 圈 /133.6°）	0.93 （0.31 圈 /112.1°）
1.0	2.26 （0.75 圈 /272°）	1.38 （0.46 圈 /165.7°）	1.16 （0.38 圈 /139°）

假设压力 30～50MPa，径向行程与压力成线性关系（实际可能不为线性关系），则有：

$$1MPa 对应径向行程 =（2.2664-1.3808）/（50-30）= 0.04（mm）$$

$$1MPa 对应旋转角度 =（0.3/20）×360° = 5.4（°）$$

考虑到控制在 1MPa 内，调整控制器的精度一般为要求精度的 10 倍左右，则控制器要求的精度为 0.004mm 或 0.54°。

3. 安全泄放技术

安全阀（紧急减压阀）是压裂设备常用的安全泄放装置，是一种直接作用自复位阀，其释放机构是弹簧加载的球和球座结构，压力超过设定值时就会自动溢流，实现对人身安全和高压系统的自动保护。顶部调节螺栓可以将释放压力从 35～140MPa 调节。可安装于最大工作压力 140MPa 的高压流体控制管线、往复式柱塞泵、压力容器等需要提供超压保护的设备上。当系统中压力超过预先设定值时，依靠系统本身的压力打开阀门，压力降低后阀自动关闭，使人身安全、设备得到保障。

装置结构、进出口端部连接形式及规格与 SPM、FMC 同类产品相同，在出厂时，设置释放压力为 35MPa；必须在使用前重新调节释放压力值（既超压保护设定压力值）或用户在订货时通知厂家调节好释放压力值，以免造成伤害。

第七章 辅助配套设备

压裂成套装备除了主体设备外，还包括井场连续供砂系统、压裂混配设备和液氮泵设备等辅助配套设备，主要完成施工中的支撑剂输送、压裂液混配以及其他特殊工艺。

第一节 井场连续供砂系统

一、国内外发展概述

支撑剂是压裂施工必备的工作介质，早期压裂施工规模较小，采用 $14\sim20m^3$ 砂罐车运砂并直接加注到混砂设备的砂斗。随着油气开发储层变化以及压裂技术的发展，施工规模较以往大幅度提高，支撑剂用量成倍增加，国内外压裂装备制造厂家、压裂工程服务公司纷纷开展新型大规模连续输砂设备的研发与应用，以实现高效、安全连续加砂。

1. 国外井场连续供砂系统

国外主要有圆形立式砂罐、砂罐拖、输砂带以及方形砂罐，砂罐拖和方形砂罐均与输砂带配合作业，其中采用方形砂罐时利用叉车实现砂罐倒换，立式砂罐、砂罐拖的填装采用气力输送，方形砂罐的填装则直接由砂场负责完成。

在砂罐拖＋输砂带的井场连续供砂系统中 [图 7-1-1 （a）]，单个砂罐拖的容积可达 $100m^3$ 左右，其底部配有输砂带实现砂的向外输送，外部配套的输砂带最多可以实现 7 台砂罐拖同时加砂，输砂带直接输送给混砂设备，通过砂罐的倒换可以实现大砂量不间断连续供砂，现场应用如图 7-1-2 所示。在砂罐＋输砂带的井场连续供砂系统中 [图 7-1-1 （b）]，单个砂罐容积 $10\sim15m^3$，通过叉车将其转运到输砂带上，一条输砂带

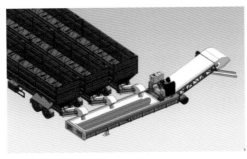

(a) 砂罐拖+输砂带　　　　　　　　(b) 砂罐+输砂带

图 7-1-1　国外井场连续供砂系统

图 7-1-2　国外砂罐拖+输砂带的井场连续供砂系统的现场应用

一般可以适应 3 个砂罐同时加砂，通过砂罐的倒换实现连续加砂，在这种方式中，砂罐的填充在砂场完成并成箱运输，适应井场宽阔和砂场距离井场比较近的条件。

2.国内井场连续供砂系统

国内大规模压裂施工普遍采用多层方罐，采用吊车吊装吨袋的方式填充。这种方式主要存在高空作业的问题，近年来工程公司分别尝试了斗式输送+砂罐、气力输送+砂罐、带式输送+砂罐、螺旋输送+砂罐等方式，基本以多层方罐作为储砂和为混砂设备供砂载体。

在砂罐+螺旋的井场连续供砂系统中［图 7-1-3（a）］，支撑剂通过行吊进入垂直输送螺旋，通过砂罐顶部的水平螺旋进入每个隔仓，砂罐底部也配有螺旋输送器为混砂设备供砂，这种方式改变了传统车载吊机吊砂的方式，可以减少供砂系统的操作人员数量和避免高空作业的风险。在砂罐+提升机的井场连续供砂系统中［图 7-1-3（b）］，支撑剂通过车载吊机进入斗式提升机垂直提升至砂罐，砂罐底部通过自流或者螺旋输送为混砂设备供砂。

(a) 砂罐+螺旋　　　　　　　　　　　　　　(b) 砂罐+提升机

图 7-1-3　国内井场连续供砂系统

二、带式输送系统

带式输送系统主要由金属机架、输送带、驱动装置、滚筒、托辊、张紧装置等组成。带式输送需用张紧装置使输送带产生一定的预张力，以避免输送带在传动滚筒上打滑，同时控制输送带在托辊间的挠度。张紧装置有螺杆式、弹簧螺杆式、坠垂式、绞车式等多种形式。滚筒分为传动滚筒和改向滚筒。

1.带式输送机构

带式输送机构的输砂量需实现与混砂装置输砂量的同步，最大输砂能力一般为 $3\sim8m^3/min$，且能调节供砂量的大小，保证施工过程中砂量的连续供给，解决施工中当需要低砂比压裂液时砂量过多，高砂比时砂量不够的难题。

结合根据施工现场要求，开发的橇装式大倾角波状挡边带式输送结构（周开知等，2015；王云海等，2016）如图7-1-4和图7-1-5所示。由电动滚筒、挡边皮带、控制箱、支架、连接机架、出砂口等组成，具有输送能力高，调节控制性能好，结构紧凑，占地面积小，安装拆卸方便等特点。输砂装置通过电控箱启动电动滚筒，带动挡边皮带运转，根据输砂量的需求调节转速大小，挡边皮带被改向滚筒、压带轮压缩形成张力，在右端的改向滚筒上安装螺旋张紧装置，使改向滚筒能左右移动至合适位置，便于提高输砂效率。支撑剂由储砂罐进入导料槽后随挡边皮带运动，沿上托辊进入护罩所罩的头部漏斗，随后通过三通换向阀控制头部漏斗中的蝶阀开启关闭，出料导管分流后进入混砂设备不同砂斗。

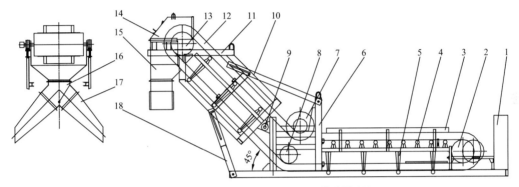

图7-1-4　橇装式大倾角波状挡边带式输送机

1—电控箱；2—改向滚筒；3—导料槽；4—缓冲托辊；5—复式下托辊；6—固定支架；7—压带轮；8—改向滚筒；
9—铰轴；10—上支撑杆；11—转动支架；12—挡边皮带；13—电动滚筒；14—头部护罩；15—头部漏斗；
16—电动三通；17—卸料溜管；18—下支撑杆

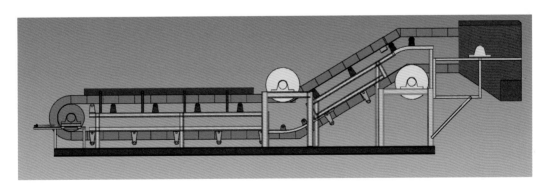

图7-1-5　大倾角波状挡边带式输送机三维图

2. 带式输送控制系统

控制系统具备本地控制与远程控制功能，本地控制在电控箱仪表板上进行，配置远程线控开关，实现"远程/本地"转换；远程控制系统采用基于CAN总线模式实现，可实现远程操作、控制，并入压裂环网实现群控。整机启动、停机、三通阀左右出口控制及变频器调速控制等功能均可在电控箱面板完成，系统参数状态可视化。

3. 带式输送设备系统集成

1）动力配置

带式输送设备运行时输送带与电动滚筒之间产生摩擦力，推动支撑剂向前输送，电动滚筒采用内置变频电动机、减速器等结构方式满足小体积安装要求，可以实现 10～50Hz 调频范围内的无级调速，不同频率下的转速适应不同砂量，电动机采用油冷油浸方式，带逆止器，防止输砂带载停机时发生倒转或顺滑现象。

决定电动滚筒功率的主要因素有输砂速度、滚筒圆周阻力、砂量提升高度等，该输砂装置最大输砂量达 $8m^3/min$，配置电动滚筒功率 30kW，带宽 1200mm，表面线速度 2m/s，滚筒直径 630mm，选用滚筒及电动机功率满足输砂速率、滚筒运动圆周阻力的要求。

2）输送方式

传动机构用于石英砂的输送并分流至混砂设备的左右砂斗，主要由挡边皮带、导料槽、改向滚筒、压带轮、托辊等组成。输送方式的结构特点有：挡边皮带设计时基带为普通的平型带，在基带的两侧加上波状挡边，比普通带具有更大的横向刚度，当输送带绕过滚筒或过渡段时，挡边上部可以自由伸展或压缩，以适应几何形状的要求；改向滚筒轴承座安装在具有螺旋张紧装置的支撑座上，满载启动及运行时，调整挡边皮带张紧力，使其与传动滚筒间不打滑、不跑偏，实现输送设备正常运转。

3）旋转式橇座

旋转式橇座具有工作状态和运输状态两种形式，主要用于支撑动力装置、传动结构、控制系统等，旋转式橇座主要由固定支架、转动支架、铰轴、上下支撑杆等组成。工作时，利用吊机起吊转动支架，使转动支架绕铰轴运转至一定高度后，上支撑杆、下支撑杆同时对转动支架进行支撑，形成橇座高度 4550mm 的工作状态；运输时，卸下上、下支撑杆销轴，转动支架旋转下降，使橇座高度下降至 3000mm 时锁定，形成运输状态。

4）输送带

输送带在挡边机中起拽引和承载作用，由基带、波状挡边和横隔板组成，挡边粘接在基带两侧，横隔板按一定距粘接在挡边之间。基带的外形与普通带输送带相同，但横向刚度比普通输送带大。送输量主要由带速和带宽决定。在输送量一定时，提高带速可减少带宽。目前带式输送机推荐的带速为 1.25～4m/s。根据物料特性，初取带速 $V=2m/s$。

按输送能力选择带宽，同时考虑结构尺寸满足整体布局及工况的要求。根据要求查表初选：基带宽 $B=1200mm$，挡边高 200mm，空边宽 $D_3=180mm$，挡边宽 $B_w=75mm$，有效带宽 $B_2=690mm$。隔板间距 $t_s=252mm$，倾角 45°，此时输送量计算公式为：

$$Q_v=250\times2=500（m^3/h）\tag{7-1-1}$$

4. 带式输送设备试验

为全面验证连续输砂设备的工作性能，利用 40～70 目石英砂、$100m^3$ 储砂罐等进行连续输砂装置输砂试验测试，通过储砂罐存储总量为 $5m^3$ 的石英砂，测得不同恒定转速下输砂所需时间，计算可得设备的输砂能力。电动滚筒频率与转速对应，采用输出频率多段开关实现不同转速要求，将电动滚筒电动机的全部运行频率分成 10Hz、15Hz、⋯、50Hz 共 9 个挡位进行试验，测得不同频率下的实际输砂量即为不同转速下设备的输送能力。试验结果如下：

（1）输送量额定值 $8m^3/min$；

（2）带速为额定带速的 95%；

（3）输送带在输送机全长范围内中心线偏差低于带宽的 5%；

（4）输送机空载噪声值低于 100dB；

（5）输送机运转平稳，所有辊子应运转灵活，拉紧装置调整方便，动作灵活。

三、螺旋输送系统

螺旋输送技术是利用旋转动力带动螺旋回转，推移物料以实现输送目的。它能水平、倾斜或垂直输送，具有结构简单、横截面积小、密封性好、操作方便、维修容易、便于封闭运输等优点。螺旋输送机在输送形式上分为有轴螺旋输送机和无轴螺旋输送机两种，在外形上分为 U 形螺旋输送机和管式螺旋输送机。有轴螺旋输送机适用于无黏性的干粉物料和小颗粒物料，而无轴螺旋输送机适合输送机有黏性的和易缠绕的物料。

1. 螺旋输送机构

螺旋输送机的工作原理是旋转的螺旋叶片将物料推移而进行螺旋输送，使物料不与螺旋输送机叶片一起旋转的力是物料自身重量和螺旋输送机机壳对物料的摩擦阻力。螺旋输送机旋转轴上焊的螺旋叶片，叶片的面型根据输送物料的不同有实体面型、带式面型、叶片面型等型式。螺旋输送机的螺旋轴在物料运动方向的终端有止推轴承以随物料给螺旋的轴向反力，在机长较长时，加中间吊挂轴承。

螺旋轴上的螺旋叶片有右旋和左旋两种，物料的输送方向是由螺旋的旋向与螺旋轴的转向确定的，螺旋头数可以是单头、双头和三头，多头螺旋主要用于需要完成搅拌及混合作业的输送装置中。螺旋面母线通常采用垂直于螺旋轴线的直线，采用这种螺旋叶片形式的螺旋成为标准形式螺旋。以输送物料为目的的水平螺旋输送机应首先考虑采用标准形式的右旋单头螺旋。

螺旋叶片有实体式、带式、叶片式、齿形式四种形态，如图 7-1-6 所示，应根据被输送物料的种类、特性进行选用。实体式螺旋是最常用的形式，适用于流动性好、干燥、小颗粒或粉状的物料；带式螺旋适用于块状物料或具有一定黏性的物料；叶片式与齿形式螺旋适用于容易压实挤紧的物料。若螺旋输送机有对物料进行搅拌、松散等工艺要求时应考虑选用叶片式或齿形式螺旋。在井场连续供砂系统中，由于支撑剂的流动性较好，而且没有搅拌松散工艺要求，通常选用实体式螺旋。

2. 螺旋输送控制系统

螺旋输送系统的控制主要包含 PLC 控制器、触摸屏人机界面、转速传感器和变频器

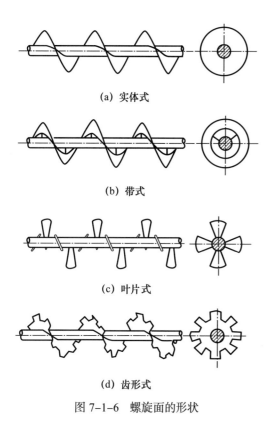

(a) 实体式

(b) 带式

(c) 叶片式

(d) 齿形式

图 7-1-6　螺旋面的形状

四部分。控制系统以 PLC 控制为主体，控制系统的整体工作逻辑。PLC 控制器与人机交互界面进行通信，可以设置输送机每次的给料质量，并且可以观测输送机的运行情况；螺旋输送机参数设置完成后，由 PLC 根据参数控制螺旋启停及转速。螺旋输送散料的速率可用转速进行计量，但是螺旋每旋转一圈所输送的物料体积需要通过试验测得。

3. 螺旋输送设备集成

1）输送设备的类型

螺旋输送机按其空间布置可分为水平、倾斜、垂直及空间可弯曲四种类型。螺旋轴线与水平面夹角小于 15° 的为水平螺旋输送机；螺旋轴线与水平面夹角大于 15°，小于 80° 的为倾斜螺旋输送机；螺旋轴线与铅垂面的夹角在 ±10° 范围内的为垂直螺旋输送机；螺旋轴线为空间曲线的为空间可弯曲的螺旋输送机。空间可弯曲的螺旋输送机由高强度挠性螺旋所构成，它可根据工作情况和输送工艺要求进行任意弯曲布置，弹簧螺旋输送机也属于一种空间可弯曲的螺旋输送机，以挠性螺旋弹簧代替螺旋轴作为输送构件。在井场供砂系统中，通常采用水平或者垂直螺旋输送形式。

螺旋直径应根据输送量的要求确定，且应按标准系列选取。螺距可根据螺旋直径、物料特性、输送机的倾角及填充率等因数确定。在井场供砂系统中，螺旋转速一般在 200r/min 以下，可以有效降低设备的振动。

2）螺旋轴

螺旋轴的驱动有液压马达驱动和电动机驱动两种方式。螺旋驱动（减速器或马达）与螺旋轴的连接可采用弹性连接或直插硬连接，采用直插硬连接时，对驱动轴和螺旋轴的同轴度要求较高。螺旋轴是通过首端、末端轴承安装在圆筒内，首端是指物料移运前方的一端。采用直插硬连接时，首端轴承建议采用成对安装的止推轴承，这样可以准确定位首端轴头，承受物料运动阻力所引起的轴向力，且使螺旋轴全长仅受拉伸作用；末端轴承只承受径向载荷，可采用径向轴承。

基于压裂所用支撑剂颗粒在 40～200 目粒径大小，容易进入轴承，在螺旋轴较长时（超过 4m），采用多螺旋组合方式，而不采用安装中间轴承的方式。

4. 螺旋输送设备试验

螺旋输送机安装完毕后，螺旋输送机试验工作如下：

（1）螺旋输送机运行稳定可靠，紧固件不能松动；

（2）运行 2h 后，轴承温度为 30℃，润滑密封良好；

（3）减速机无漏油、无噪声、电气设备、联轴器安全可靠；

（4）空载运行时，功率不超过额定功率的 30%；

（5）实际输送能力测试，修正输砂因子；

（6）带载启动及辅助配套功能性测试工作正常。

第二节　压裂液快速混配技术与设备

一、国内外发展概述

国内外压裂相关配套装备及工艺技术取得了长足的发展，尤其是近年来以页岩气开发为代表的大规模压裂施工，使压裂液的配制方式由固定站配液向移动式现场配液模式转变，主要解决原有配液模式下配液时间长、液体易腐败和余液浪费等问题。

1. 国外混配设备

压裂液混配装置主要生产厂家有美国 Halliburton、双 S 等公司，其混配车采用拖装结构，主要配置有拖车底盘、动力系统、吸排系统、混合系统、添加剂系统、液压系统和自动控制系统等，实现液体与液体的混配，一般单机最大混配能力均在 16m³/min 左右。混合过程是吸入泵排出的清水和各种液体添加剂同时注入混合罐，在混合罐中搅拌混合后供给混砂设备，实现即配即用。

双 S 公司 CT-5CAS/BT-200 压裂液混配拖如图 7-2-1 所示，它采用拖装结构，整机配置 1 台 600hp 的发动机、5 套或以上液体添加泵、200bbl 水化罐，最大混配能力 16m³/min。

图 7-2-1　双 S 公司 ST-5CAS/BT-200 压裂液混配拖

2. 国内混配设备

为了适应山区道路的移运性要求，国内柴油机驱动的混配设备主要采用车载式结构，如图 7-2-2 所示，整机主要包括有车载底盘、动力系统、干粉添加计量装置、水粉混合系统、吸排系统、混合罐、添加剂系统、液压系统和控制系统等。其中，干粉添加计量装置包括链条式升降机、粉罐、电子称和螺旋输送机，电子称、螺旋输送机及控制系统的协同工作实现干粉的精确添加与计量；水粉混合系统则主要采用射流混合器，由吸入泵供给射流混合器形成负压将干粉吸入后在混合器内初次混合后进入混合罐进行搅拌混合。这类设备混配能力 4～8m³/min。

图 7-2-2　车载式柴油机驱动压裂液混配橇

近年来，随着大型压裂装备电动化研发与应用顺利推进，为了实现混配设备的电动化配套，研制开发了最大混配流量达 20m³/min 的电动混配橇，如图 7-2-3 所示，适用于干粉与水的混配，最大配比 0.6%。该设备采用混配主橇、粉料供给橇、供电房三个橇装模块组合模式，设备输入电压 10kV，供电房配有高压变压器，经过变电实现 690V 主电动机供电和 380V 辅助供电。其控制系统能够根据设定指令，自动将水和瓜尔胶按比例配制成压裂液，并且可以根据施工的需要，随时对已经设定的参数进行修改，自动控制系统可根据修改后的参数调整运行。

图 7-2-3　橇装式电动压裂液混配橇

二、混配工艺

我国水基压裂液配制从早期的粗放配液模式、射流配液模式，已发展到智能配液模式。粗放配液模式采用人工加入稠化剂和添加剂的方式，配液效率低，压裂液质量无法保证。射流配液模式采用离心泵将液体注入射流混合器产生负压，实现干粉自动添加，提高了配液速度。智能配液模式则是利用高效混合、精确计量及自动控制进行配液。压裂液的混配工艺有"干＋液"和"液＋液"两种。

基于功能、配置上的差异，使得两种混合工艺在使用上也不尽相同，国外混配车由于采用液体和液体混配方式，所配制的压裂液均匀性和品质更好，甚至不需要缓冲罐直接对混砂设备进行供液，较国内采用大量缓冲罐的方式大大减少了施工准备周期、工作量以及整个压裂设备的占地面积。

1. "液 + 液" 混配工艺

"液 + 液" 混配是浓缩压裂液与清水、液体添加剂的混配，其实现混配的主体是混合罐，从设备的配置上来说相对简单。适用于液体 + 液体混配的压裂液混配装置如图 7-2-4 所示，它是将浓缩的压裂液按照压裂工艺设计的浓度要求进行兑稀，工作时，吸入泵将地面水池中的清水泵送至高能混合罐内，同时干添系统通过高压射流喷头技术，将干粉添加剂通过高压水流携带至混合罐与混合罐中清水产生强烈的冲撞而释放黏度，液添系统可以同时添加多种液体添加剂，最后经排出泵泵送至液罐或者混砂设备。

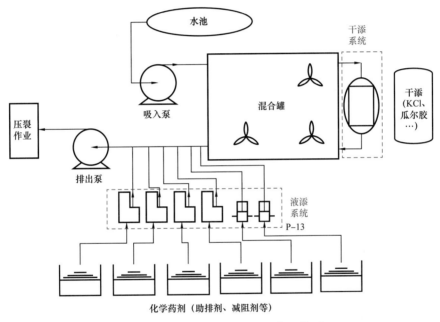

图 7-2-4　液 + 液压裂液混配设备工作原理

2. "干 + 液" 混配工艺

"干 + 液" 混配是干粉与清水、液体添加剂的混配，混配主体包括有射流混合器、混合罐以及静态混合器实现多重混合，但由于干粉瓜尔胶的溶胀时间特性，所配制的压裂液溶胀程度也无法达到 100%，必须借助于外部缓冲罐增加溶胀时间，以保证混合液达到使用要求。适用于干粉混配的压裂液混配装置如图 7-2-5 所示，它的作用就是使得瓜尔粉与水的快速溶胀，设计装置工艺流程的关键在于瓜尔粉与水的溶胀时间的把控。水和粉混合后，充分利用 3min 的水合时间便可得到较理想出口黏度。在设计时，必须保证瓜尔胶液能够充分溶胀 3min 后泵送到混砂设备。其工作流程为：一个吸入泵（离心泵）向喷射器提供清水，螺旋喂料机向喷射器提供胶粉，清水与瓜尔胶粉在喷射器里混合后喷射到混合罐；经过混合罐充分搅拌变成溶液后，由一个排出泵（离心泵）排给水合罐，液添泵将液添按比例排到输出管汇的胶液中，也由排出泵排给水合罐，混砂装置吸入口连接在水合罐上，保证混配装置为混砂装置连续供液，在清水离心泵的排出口有一个旁路，可选择兑稀部件是否参与工作。

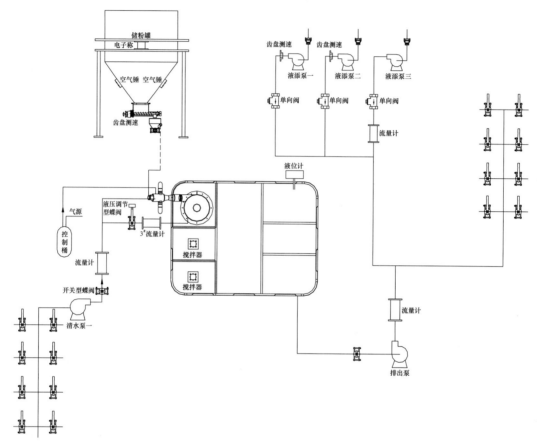

图 7-2-5　干粉压裂液混配设备工作原理

三、快速混配技术

用于水力压裂的压裂液性能对压裂施工作业的成败起着重要作用，因此对基液的性能有很高的要求。而基液的重要成分——瓜尔胶，本身具有易与水快速亲和、易溶不易分散的特性。在配制胶液时，因瓜尔胶高分子亲水性的特点，外部极快亲水形成包裹，形成大量"水包粉"（鱼眼）现象，导致基液中出现胶结块状沉淀，施工作业时极易堵塞油气裂隙，造成压裂液的导流能力下降。因此解决瓜尔胶与水的混合是提高压裂液性能的难点之一。在短时内提高压裂液性能的难点之二是水与粉的融合时间。在自然条件下水与粉的融合时间需要 1~2h，由于本装置结构特点导致空间有限，需要解决液体的混合方式及流程以提高融合速度，实现"现配现用"的功能。

1. 文丘里混合器

在自然条件下水与粉的融合时间长，无法适应即混即用的要求，而且移动式压裂液体混配设备的空间有限，需要研究多介质快速水合技术，提高液体流动能量，以提高干粉和清水融合速度，实现"现配现用"、快速混拌的功能。文丘里混合器是一种在混配设备中常用的混合装置，可以有效提高混配效率。文丘里混合器由喷嘴、吸入室、扩压管三部分组成，其工作过程是具有一定压力的工作流体通过喷嘴高速喷出，使压力能转化成速度能，在喷嘴出口区域形成真空，从而将干粉吸入，干粉和水在扩压管内进行混合及能量交换，并使速度能还原成压力能经管道排出。基于这种原理，国产混配车的吸入泵排出压力一般要高于 0.3MPa，部分设备甚至要求达到 0.6MPa，比国外 0.1MPa 以下的要求明显高得多。在工作时先打开增压泵，提高增压泵转速，待增压泵转速增大到一定程度时，打开三通上的蝶阀，添加干粉。作业结束后，先关闭蝶阀，再关闭增压泵（刘灼，2017）。文丘里混合器原理如图 7-2-6 所示。

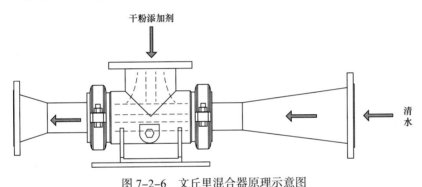

图 7-2-6　文丘里混合器原理示意图

2. 高能恒压混合器

高能恒压混合器针对油田用瓜尔粉、聚合物等物料专门设计的，工作时它能维持恒定的工作压力不变。通过设定的压力来自动调整阀门的开度，这样不论工作流量如何变化，清水工作压力始终维持外界设定的数值，以确保混合时高压对粉体的冲击，达到好的混合效果，彻底消除水包粉等现象。

高能恒压混合器原理图如图 7-2-7 所示，高能恒压混合器上设有压力控制口，通过调节气压用气顶液的方式为压力控制口提供控制压力。工作时，当混合清水压力过大，喷嘴变大，使得压力变小；当混合清水压力过小，喷嘴变小，使得压力变大；这样无论工作流量如何变化，清水压力始终维持设定值，确保混合时高压对粉体的冲击，达到好的混合效果，消除水包粉等现象。

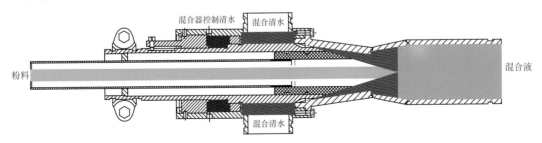

图 7-2-7　高能恒压混合器原理示意图

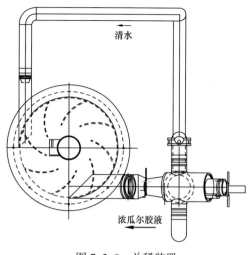

图 7-2-8 兑稀装置

3. 兑稀装置

兑稀装置如图 7-2-8 所示，它的作用为实现将浓瓜尔胶液与清水快速均匀兑稀。兑稀装置配有喷射器，最大排量为 8m³/min，当混配排量大于 8m³/min 时，一部分清水从旁通管汇排出进入兑稀装置，清水与浓瓜尔胶液在高压力下对冲混合，同时在兑稀装置里的特殊结构里剪切，使得浓瓜尔胶液与水混合，从排出口排出到混合罐里。通过流量计计量两种液体的流量，通过管线上的阀门开启度和供液离心泵控制流量。

4. 高效水合及先进先出混合罐技术

先进先出混合罐和搅拌器如图 7-2-9 所示，它采用单轴双层叶片的搅拌方式，上下叶轮设置 180° 的角度差，使得液体能够上下对流，起着搅拌及剪切作用。搅拌器搅拌液体。雷诺数的大小与液体密度及黏度、叶轮大小有关系，在搅拌转速相同的情况下，雷诺数经验公式如下：

$$Re=\rho nd^2/\mu \tag{7-2-1}$$

式中　d——搅拌器直径，mm；

　　　n——搅拌器转速，r/s；

　　　μ——瓜尔胶液黏度，Pa·s；

　　　ρ——瓜尔胶液密度，kg/m³。

搅拌器直径 d=380mm，搅拌器转速 n=6.67r/s，瓜尔胶液黏度 μ=60mPa·s=60×10⁻³Pa·s，瓜尔胶液密度 ρ=1.1×10³kg/m³，得搅拌器搅拌液体雷诺数 $Re=\rho nd^2/\mu$=17737。

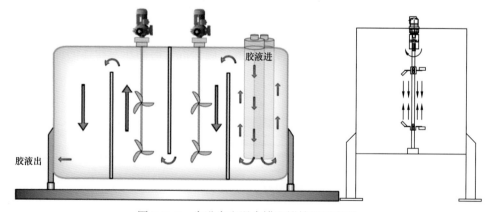

图 7-2-9 先进先出混合罐和搅拌器示意图

　　根据计算得到的搅拌器搅拌液体雷诺数可以知道流体的运动形式是湍流。湍流使得管内流体流动状态为各分子互相激烈碰撞，非直线流动而是漩涡状，流动摩擦损失较大，在这样的流动方式下，可以加速瓜尔胶与水的溶胀。

四、精确混配控制技术

1.压裂用瓜尔胶精确计量技术

　　系统由流量计、电子秤、可编程控制器、吸入泵驱动板、喂料机控制器和手动控制组成。瓜尔胶液配比控制是指在吸入单位体积的清水中按比例添加一定重量的瓜尔胶粉。例如设计配比为 0.4%，即 $1m^3$ 中加入 4kg 瓜尔胶粉，电子秤计量瓜尔胶粉重量，采用失重法计量下粉量（减少的瓜尔胶粉重量为下粉量），吸入流量计量清水流量，单位时间的下粉量和清水流量的比值即为瓜尔胶液配比。可编程控制器实时采集以上各量，经过配比计算后与设置的配比参数进行对比，如果不符合要求，将调节喂料机转速，然后再进行配比对比，直到符合要求；如果符合要求，将维持不变。配比控制方案如图 7-2-10 所示。

　　配比自动控制系统是实现作业中良好胶液配比的重要前提。系统可实现混配车全作业过程的自动控制，将施工程序事先编好并输入计算机，在工作期间不用操作人员协助，混配车依据程序执行配液程序。配比控制算法如图 7-2-11 所示，配比控制逻辑如图 7-2-12 所示。无论作业过程中液体流速和配比如何变化，程序会自动调节喂料机转速，实现胶液配比精确控制。

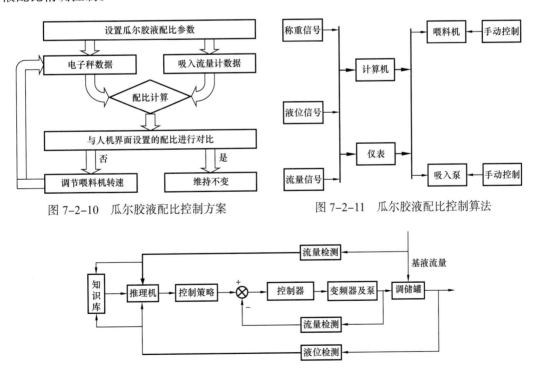

图 7-2-10　瓜尔胶液配比控制方案　　　　图 7-2-11　瓜尔胶液配比控制算法

图 7-2-12　瓜尔胶液配比控制逻辑

2. 混配作业自动控制系统

混配装置自动控制系统主要由液位控制系统、水 / 胶粉配比控制系统、液添配比控制系统、发动机控制系统、搅拌控制系统、空调系统、液气路指示系统、照明系统和传感器系统组成。

基本工作原理如下：操作员输入作业参数后，按"开始"键后开始混配作业，计算机采集混合罐液位，控制软件比较实际液位和设定液位来设定吸入流量，并由此自动控制吸入泵转速；计算机采集吸入流量和电子秤重量，控制软件根据实际吸入流量和设定浓度计算设定喂料机转速，通过计量单位时间清水流量和电子秤的变化计算实际配比，与设计配比进行比较，自动调节喂料机转速；计算机采集排出流量和液体添加剂流量，计算出液添实际配比，与设计配比进行比较，自动调节液添泵转速。自动控制系统构成如图 7-2-13 所示。

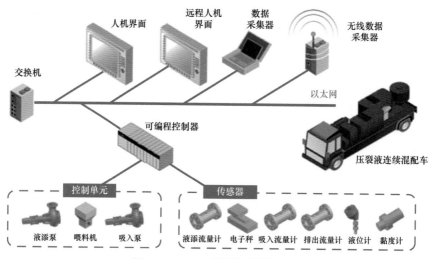

图 7-2-13 自动控制系统构成图

大型压裂作业对压裂设备的要求更高，混配自动系统构建流程如下：

（1）系统建模分析，采用先进控制算法提高胶液配比、液添配比控制响应速度和精确性，液位的自动控制的可靠性；

（2）分析压裂工艺要求，完善控制范围；

（3）参与压裂机组整体网络通信和控制。

如图 7-2-14 所示，混配工艺流程如下：

（1）设定混合罐液位，根据雷达液位计采集到的实时液位信号调节吸入 / 排出流量，并在作业过程中使混合罐的液位保持在设定高度；

（2）根据设定的胶液配比浓度，采集实时吸入流量，电子秤重量，计算出设定的喂料机转速以确定胶粉的输送量；

（3）根据设定的添加剂配比和采集的实时排出流量计算出设定的添加剂流量，并根据采集的实时添加剂的流量，以 PID 控制方式自动调节各种添加剂的流量。

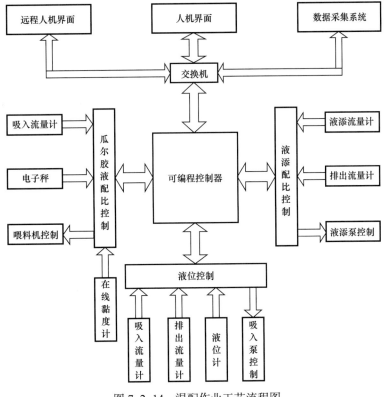

图 7-2-14　混配作业工艺流程图

第三节　液 氮 泵 车

一、国内外发展概述

1. 国外液氮泵车

国外对液氮泵车的研制已有很长时间，美国于 1958 年成功研制出了液氮泵送、蒸发系统。随着液氮泵车的持续应用与改进，液氮泵、蒸发器的结构设计得到不断优化，在液氮泵车的研发与应用技术上一直处于世界领先水平（何霞等，2011）。

美国生产液氮泵车主要有 Halliburton、双 S、Hydra Rig、NOWSCO 等公司。Halliburton 公司生产的液氮泵车以自用为主，国内进口的液氮泵车基本上以双 S 公司和 Hydra Rig 公司的居多。双 S 公司生产的液氮泵车主要有 $180 \times 10^3 ft^3/h$ 非直燃式液氮泵车和（$660 \sim 1270$）$\times 10^3 ft^3/h$ 直燃式液氮泵车，最高工作压力有 10000psi、15000psi 两种。非直燃式液氮泵车受限于热回收方式，处理能力明显小于直燃式液氮泵车。

双 S 公司 NRF-3000-DF 直燃式液氮泵车如图 7-3-1 所示，配置五缸柱塞泵 1 台，最高输出压力 10000psi（可选 15000psi），最大氮气排量达到 $1270 \times 10^3 ft^3/h$。

图 7-3-1　双 S 公司 NRF-3000-DF 直燃式液氮泵车

液氮泵是液氮泵车的关键部件，具有高压和低温的特点，液氮泵的生产厂家主要有 ACD 公司、Hydra Rig 公司、AIRCO 公司和 Cryoquip 公司等，其中 ACD 公司产品在全球液氮设备市场占有率最高。

ACD 公司生产的 SLS 系列液氮泵如图 7-3-2 所示。SLS 液氮泵采用强制供油润滑，动力端由重型铝制曲轴箱和中间体、硬质阳极氧化十字头活塞、热处理合金钢曲轴和偏心轮、工业强度球墨铸铁连杆和坚固的巴氏合金轴承构成，可延长产品寿命并提高动力端的可靠性。SLS 液氮泵有 3 或 5 缸两种配置，适用于各种流量范围，并配有数字转速表端口。SLS 液氮泵可配置 6 种不同尺寸的重型高压冷端，实现最大强度和耐用性，同时优化质量分布，实现快速冷却。

图 7-3-2　ACD 公司 SLS 液氮泵

2. 国内液氮泵车

液氮设备制造的技术门槛相对较高，而且国内起步较晚，从 20 世纪 80 年代初引进美国的液氮泵车以来，先后有兰州通用机器厂、四川空气分离设备厂、四机赛瓦石油钻采设备有限公司、烟台杰瑞石油装备技术有限公司和三一重工等公司尝试液氮泵车的集成制造，最终形成产品的厂家主要有四机赛瓦石油钻采设备有限公司、烟台杰瑞石油装备技术有限公司、科瑞和三一重工，产品覆盖 90～1000K、直燃式和非直燃式，如图 7-3-3 所示，广泛应用于国内各油田，全面取代了进口设备。

图 7-3-3 国产液氮泵车（车装和橇装）

二、液氮泵车原理与组成

氮气压裂作业的关键设备是液氮泵车。根据蒸发液氮方式的不同，液氮泵车分为热回收式和直燃式，其中热回收式俗称"非直燃式"。非直燃式液氮泵车的工作过程与直燃式液氮泵车的区别在于蒸发器的热量来自于发动机冷却液、发动机尾气、液压油等。

热回收式蒸发系统利用发动机冷却液、发动机尾气、液压油等的热量蒸发液氮。热回收式蒸发系统存在加热能力有限的缺点，用在小排量装置上效能较好，单台液氮泵车的排量受限，400K 液氮泵车已是当前车载热回收式蒸发系统的最大配置。直燃式蒸发系统通过直燃式蒸发器直接燃烧柴油产生热量来蒸发液氮，加热能力大大增加，当前大排量液氮装置多采用直燃式液氮蒸发系统。

直燃式液氮泵车工作过程为：液氮罐中的液氮经灌注泵增压后泵送到三缸泵，发动机带动液力变速箱驱动高压三缸泵增压液氮，高压液氮经过蒸发器吸收热量转化成高压氮气，经过高压氮气出口输出。增压泵、蒸发器风扇、三缸泵润滑等系统由液压泵提供动力，工作稳定可靠。直燃式高压蒸发器的工作原理为：柴油被增压后喷进炫燃烧室并充分雾化，经过丙烷辅助柴油燃烧系统点燃已雾化的柴油，燃烧的火焰对高压盘管进行加热，盘管里的液氮吸收热量后变成氮气。

直燃式液氮泵车主要由牵引卡车、动力系统、增压离心泵、高压柱塞泵、直燃式液氮蒸发系统、液氮储罐、液压系统和控制系统等几部分组成，如图 7-3-4 所示。

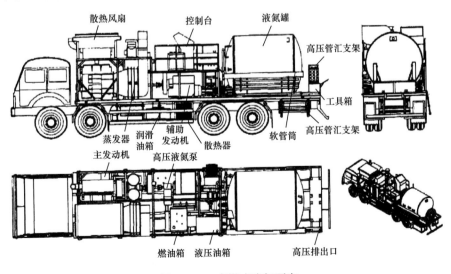

图 7-3-4 直燃式液氮泵车

三、液氮泵车核心技术

1. 液氮泵技术

液氮泵实现对液氮的高压泵送，是液氮泵车的关键部件，主要由冷端和热端（动力端）两大部分组成。冷端要耐超低温、耐高压，所有的零部件都需要在低温下有很好的机械性能，常规材料无法适应低温要求，而且涉及耐高压材料的热处理也是一个很关键的问题。基于液氮泵车快速移动要求，热端需要尽可能小且轻，于是缩小尺寸、增加主要零部件疲劳寿命，降低整泵重量是液氮柱塞泵开发的一个关键点。

美国 ACD 公司的 SLS 系列 3 缸或 5 缸液氮泵是专门为油气井作业用液氮泵车、液氮泵橇、液氮拖车等研发的，结构紧凑，工作可靠，在油田应用广泛，其冷端的结构设计及其密封形式可以为液氮泵的国产化提供参考。

根据冷端个数和柱塞直径的不同配置和组合，ACD 公司液氮柱塞泵各种规格的参数见表 7-3-1。

表 7-3-1　ACD 公司液氮柱塞泵性能参数

型号	冷端直径 / in（mm）	压力 / psi（bar）	不同泵转速的排量 / [gal/min（L/min）]				
			100r/min	300r/min	500r/min	700r/min	900r/min
3-SLS	2.00 （50.8）	18000 （1241）	7.80 （29.53）	23.41 （88.60）	39.01 （147.67）	54.62 （206.74）	70.23 （265.81）
	2.52 （64）	11600 （800）	12.39 （46.89）	37.16 （140.67）	61.94 （234.44）	86.72 （328.22）	111.49 （422.00）
	2.70 （68.5）	10000 （689）	14.22 （53.83）	42.66 （161.48）	71.10 （269.13）	99.55 （376.78）	127.99 （484.44）
	2.875 （73）	9000 （620）	16.12 （61.03）	48.37 （183.09）	80.62 （305.15）	112.87 （427.71）	145.12 （549.27）
5-SLS	2.00 （50.8）	18000 （1241）	13.00 （49.22）	39.01 （147.67）	65.02 （246.12）	91.03 （344.57）	117.04 （443.01）
	2.52 （64）	11600 （800）	20.65 （78.15）	61.94 （234.44）	103.23 （390.74）	144.53 （547.03）	185.82 （703.33）

综合国内油气田混气压裂工艺参数，一般对液氮泵要求在压力须大于 70MPa，排量在 600～1000ft^3/h。按此要求，对高压液氮泵原型机的设计参数确定为：最大输入功率 1000hp，排出压力最高达 103.4MPa，最大排量 413L/min。

1）冷端材料的选择

液氮泵泵送介质的低温特性决定了冷端材料需具备很好的耐低温性，即在 -196℃仍具有良好的机械性能。奥氏体不锈钢的组织为面心立方结构，低温下没有脆性转变现象，除非存在第二相或出于导致应力腐蚀断裂的环境下，否则不会发生脆性断裂，韧性也不会随温度下降而突然下降。其主要原因是当温度降低时，面心立方金属的屈服强度没有显著变化，而且不易产生形变孪晶，位错容易移动，局部应力容易松弛，裂纹不易传播，一般没有从延性到脆性的转折（温度），所以在超低温下，仍能保持较好的冲击性能。

综合考虑市场常用奥氏体不锈钢特性及经济型，选定304L作为冷端缸体和柱塞等结构件材料。304L材料在温度77K时的力学性能数据为：杨氏模量：214GPa；剪切模量：84GPa；泊松比：0.278。304L在不同温度下的强度如图7-3-5所示。

后续的液氮泵注试验中，冷端泵出口压力达到103.4MPa，冷端运行正常，通过试验证明采用

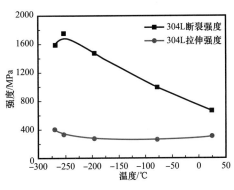

图 7-3-5　304L 在不同温度下的强度

奥氏体不锈钢304L作为柱塞、缸体、密封压块等结构件材料，在-196℃条件下仍能保持良好的力学性能。

2）冷端的尺寸设计及参数计算

ACD公司液氮泵采用64mm冷端时最高压力只有80MPa，配备50.8mm冷端压力能达到103.4MPa。考虑国内地层压力较高，研制的64mm冷端设计压力为103.4MPa，为此对结构件的强度进行了计算和效核，并对密封件的数量和结构进行了优化。

NPA1000液氮泵采用3个冷端，其性能参数见表7-3-2。

表 7-3-2　NPA1000 液氮泵性能参数

参数		数值				
发动机转速	r/min	2100				
柱塞个数		3				
冲程	in	2.25				
减速箱减速比		2.38				
连杆负荷	kN	327				
柱塞直径	in	2.52				
每转流量	gal/r	0.14				
挡位		1	2	3	4	5
变速比		4.24	2.32	1.69	1.31	1
输入转速	r/min	495	905	1243	1603	2100
曲轴转速	r/min	208	380	522	674	882
流量	gal/min	26.87	49.10	67.40	86.95	113.90
压力	psi	15000	15000	15000	15000	12188
制动功率	hp	290.25	530.46	728.21	939.45	1000
水功率	hp	235.11	429.65	589.86	760.93	809.95
输入扭矩	N·m	4169.49	4169.49	4169.49	4169.49	3387.98

冷端由缸套、柱塞、吸入阀、排出阀、密封端盖和密封环组成，采用 solidworks 软件辅助建模，得到冷端的结构模型如图 7-3-6 所示。

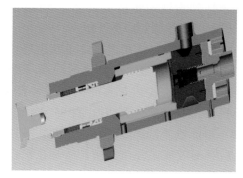

图 7-3-6　冷端结构

冷端的密封是设计冷端时遇到的关键问题之一。冷端须在极低的工作温度下运行，其是通过液氮冷却。金属和密封件材质不同，热膨胀系数也不一样，故各零部件之间的间隙和公差难以确定，只能通过不断的试制和反复试验来确定最合适的间隙和公差范围。

3）液氮泵集成与试验

根据多年用户的反馈及使用液氮泵的情况，经过反复论证，确定借鉴 TPD600 泵的成熟设计经验，对结构进行优化。新设计的液氮泵最高转速 900r/min，比常用压裂柱塞泵的330r/min 泵转速高。研制开发的液氮泵具有如下特点：

（1）结构更紧凑、体积更小、更轻。

（2）高转速对润滑系统的要求也高，设计时充分考虑冷却和润滑。

（3）泵的体积更小、更紧凑。单独制定泵动力端的制造及装配工艺。

冷端和动力端装配后如图 7-3-7 所示。

图 7-3-7　液氮泵装配后冷端和动力端

验证三缸液氮泵能否达到设计要求，对其进行液氮泵注试验。采用 C27+S8610 的动力组合作为动力源。其具体参数如下：

发动机：CATEPILLAR C27 1150hp@2100r/min。

传动箱：ALLISON S8610 最大输入功率 1100hp。

液氮泵试验现场如图 7-3-8 所示，试验结果为泵注压力达到 104MPa，最大排量达到

413L/min，试验数据显示液氮泵性能达到设计要求。

2. 直燃式蒸发器技术

蒸发器是液氮泵车上最重要的部件之一，其主要作用是提供热量并和液氮实现热交换，使液态氮气化成一定温度的气态氮。对于大排量的液氮设备，通常采用直燃式蒸发器，燃料一般为柴油。

目前生产液氮蒸发器的厂家主要有美国Cryoquip 公司、Hydra Rig 公司等，Cryoquip 公司直燃式蒸发器如图 7-3-9 所示。

图 7-3-8　新设计的液氮泵试验现场

图 7-3-9　Cryoquip 公司直燃式蒸发器

1）直燃式蒸发器工作原理

柴油通过燃油泵增压，随着油路电磁阀的开启，经过引火喷嘴和主火喷嘴进行雾化，点火系统将雾化柴油点燃燃烧。液压驱动的强力风扇将主火燃烧的热量吹向换热盘管，盘管中流经介质为液态氮，由此发生热交换，液氮吸收热量并气化，从蒸发器流出。根据液氮的流量大小，可手动或自动控制点燃的主火个数和燃烧时间，来获得具有理想温度的气态氮气。

2）蒸发器设计要点

（1）材料选择。翅片管要承受内壁 -196℃的低温，外壁要承受 1000℃左右的高温，同时耐压 103.4MPa。

（2）翅片管需要承受低温和高压，焊接工艺非常重要。

（3）温度控制。通过控制火头数量来控制喷油量，进而控制液氮温度。为了避免出现盘管的某一区域长时间被火头燃烧，火头的点燃和熄灭需交替进行。

（4）蒸发器的安全性保障。直燃式蒸发器的翅片管因工况恶劣，长期使用和误操作时容易损坏。设计时需增加传感器监测各点的温度并进入保护程序，以提高蒸发器的安全性和耐用性。

3）蒸发器盘管设计

蒸发器盘管为蒸发器重要部件之一，如图 7-3-10 所示。中间两根粗管为液氮和气氮的汇集口，为了增大换热面积，液氮会从很多小的盘管分道进入，管道耐压 103.4MPa。

盘管焊接后如图 7-3-11 所示，需要对其进行静压试验。静水压试验中，高压状态执行 API 高压试压标准，选取 1.5 倍最高压力进行试验，装置完成了 170MPa 下静水压试验 10min 保压，通过试验可以发现，盘管压降在 7MPa 以内，满足试压要求。

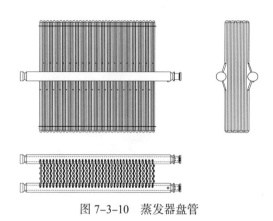

图 7-3-10　蒸发器盘管

图 7-3-11　焊接后盘管

3. 高效余热回收技术

热交换系统是热回收式液氮泵车中的关键子系统，该系统设计的合理性很大程度上决定了设备最终的整体性能。主要作用是利用设备产生的热量加热冷却液，然后进入液氮增发器中与液氮进行热交换，使得液氮迅速蒸发后以一定的温度和压力排出。

设备工作过程中以下系统会产生热量：发动机的缸套水、液压系统的液压油、液氮泵润滑系统中的润滑油。设计多个热交换器来吸收上述系统中产生的废热，冷却液吸收热量后进入水浴式蒸发器中与液氮进行热交换来迅速蒸发液氮。另外，在系统中加入了一个涡轮加热器，当热量不够或者遇到某些特殊工况时，采用涡轮加热器提供热量来加热冷却液，从而确保系统所需的足够热量。热交换系统的原理如图 7-3-12 所示。在热交换系统中还包括了一些节温器、闸阀、溢流阀、温度表和压力表等辅助装置，来保证系统中的冷却液的流向、流量、压力以及温度等满足设计要求。

在设备泵注作业过程中，冷却液流出水浴式蒸发器降温后可以分成两路：一路经过涡轮加热器加热后进入冷却液箱，该路的流量可以通过闸阀 6 手动调节；另一路冷却液陆续经过管壳式换热器、板式换热器，在充分吸收了系统液压油、液氮泵润滑油、发动机缸套水的热量后再进入冷却液箱。升温后的冷却液经过冷却液泵泵入水浴式蒸发器中循环进行热交换。

4. 氮气排出温度恒定控制技术

在控制系统中设定氮气排出温度，根据设定温度和采集的压力、排量、温度的比较值，实时动态调整进入冷却液入水刹车的流量，使排出温度稳定在设定值。

液氮蒸发器是系统热交换的关键部分，系统热交换部分由多个物理上独立、热量交换相互耦合的系统组成，温度是系统热量控制的一个重要指标，但温度控制系统本身滞后明显，因此系统采用串级控制的方式。其中循环液回路控制为主调节器，其余回路控制为副调节器。氮蒸发器余热回收控制系统实验方案是基于满足系统的温度控制要求，从而完成对系统各部分的功能模块及控制流程的设计。控制系统采用闭环控制的方式实现对温度、功率等的 PLC 模拟量控制。为保证系统能够正常运行，首先，设定运行状态值并随时监测关键位置温度，然后，根据监测到的温度值大小控制相应的调节机构，保证各回路的温度值处在设定范围内。典型控制系统的主界面如图 7-3-13 所示，控制系统主界面上会显示排出氮气的实时温度。

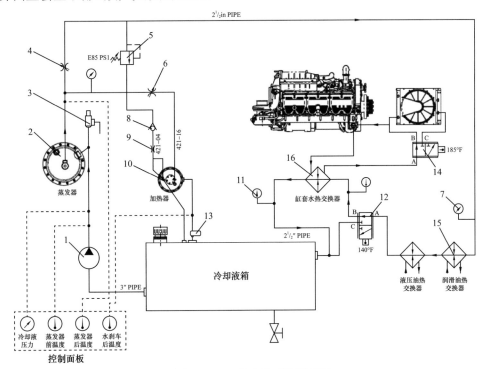

图 7-3-12　热交换系统原理图

1—威肯齿轮泵头；2—水浴式蒸发器；3—安全阀；4—$2\frac{1}{2}$in 闸阀；5—溢流阀；6—1in 闸阀；
7—直感表；8—单向阀；9—流量控制阀；10—1390 型涡轮加热器；11—直感表；12—节温器；
13—排气阀；14—节温器；15—管壳式油冷却器；16—钎焊板式换热器

在设备运行过程中，控制系统运行界面如图 7-3-14 所示，系统会对冷却液进入蒸发器前的温度、蒸发器后的温度、经过水刹后的温度进行实时监控，恒温控制系统会保证热回收系统处于热平衡状态。

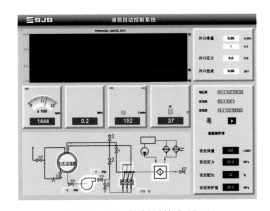

图 7-3-13　控制系统主界面

图 7-3-14　控制系统运行界面

在直燃式控制系统中，当给温区开始加热之后，并不能立即观察得到温区温度的明显上升；同样的，当关闭加热之后，温区的温度仍然有一定程度的上升。另外，热电偶对温度的检测，与实际的温区温度相比较，也存在一定的滞后效应。这给温度的控制带来了困难。因此，如果在温度检测值（PV）到达设定值时才关断输出，可能因温度的滞后效应而长时间超出设定值，需要较长时间才能回到设定值；如果在温度检测值（PV）未到设定值时即关断输出，则可能因关断较早而导致温度难以达到设定值。为了合理地处理系统响应速度（即加热速度）与系统稳定性之间的矛盾，把温度控制分为两个阶段。

PID（proportional-integral-derivative）调节前阶段，因为温区的温度距离设定值还很远，为了加快加热速度，蒸发器处于满负荷输出状态，只有当温度上升速度超过控制参数才关闭输出。实际温度和设定温度的偏差反映了温度升降的快慢，用这个偏差限制温升过快，为了降低温度进入 PID 调节区的惯性，避免首次到达温度设定值（SV）时超调过大。在这个阶段，PID 调节器不起作用，仅由偏差控制温升快慢。PID 调节阶段，在这个阶段，PID 调节器调节输出，根据偏差值计算，保证偏差（EV）趋近于零，即使系统受到外部干扰时，也能使系统回到平衡状态，使温度快速达到设定值。

5. 液氮泵车集成技术

液氮泵车的集成包括底盘、动力系统选型、蒸发器喷油量计算以及整机布置与优化等，研制开发的 640K 直燃式液氮泵车配置参数见表 7-3-3。

表 7-3-3　640K 直燃式液氮泵车配置参数表

序号	名称	配置参数
1	液氮蒸发方式	直燃式
2	底盘	奔驰 4144 型，8×6
3	三缸泵驱动方式	台上发动机驱动
4	台上发动机	CAT C27 1150BHP@2100r/min
5	台上变速箱	Allison S8610，1104BHP
6	液氮三缸泵	SJS NTPA-1000，64mm 冷端
7	液氮蒸发器	SJS DFV-1000 直燃式液氮蒸发器
8	液氮增压泵	ACD AC-18HD 2in×3in×6in
9	燃料油箱容量	大于 1100L
10	氮气排出最高压力	103.4MPa（15000psi）
11	氮气排出最大排量	301.8Sm³/min
12	液氮最大排量	433L/min（64mm 冷端）
13	额定氮气排出温度	15～60℃

续表

序号	名称	配置参数
14	低压管汇	304/316L 不锈钢
15	高压管汇	304/316L 不锈钢；2in FIG1502
16	控制系统及数据采集	蒸发器全自动控制；有线数据监测及采集
17	液氮罐	3.785m³
18	设备外形尺寸	12.00m×2.5m×4.0m
19	整车质量	<31000kg（不包括液氮）

640K 直燃式液氮泵车采用原装奔驰底盘作为载体，运用卡特 C27 发动机作为动力源，搭载自制液氮泵和自制直燃式蒸发器，配备 1000gal 的液氮罐。氮气最高排出压力 103.4MPa，液氮最大排量达 433L/min，该液氮泵车样机如图 7-3-15 所示。

图 7-3-15　640K 直燃式液氮泵车

1）动力系统功率计算及选型

640K 液氮泵车设备功率主要需考虑液氮泵驱动、液压油泵驱动、燃油泵驱动和润滑油泵驱动。液氮泵由传动箱和传动轴直接驱动；液压油泵、燃油泵及润滑油泵由传动箱取力器驱动。

设备需满足以下工况：最大工作压力 15000psi（103.4MPa）；最大工作排量 640000ft³/h，对应液氮排量约为 433L/min（压力 101.325kPa 状况下，1L 液氮转化为 21℃的氮气体积为 24.6ft³/h）；液氮泵最大输出功率 700hp。

液氮泵为发动机通过传动箱、传动轴直接驱动，则液氮泵输入功率：

$$P_{液氮泵} = \frac{P_{输出}}{\eta_{传动轴}\eta_{传动箱}} = \frac{700}{0.97 \times 0.9} = 729\text{hp} \qquad (7-3-1)$$

式中　$P_{液氮泵}$——液氮泵输入功率，hp；

　　　$P_{输出}$——液氮泵最大输出功率，hp；

　　　$\eta_{传动轴}$——传动轴效率；

　　　$\eta_{传动箱}$——传动箱效率。

根据工况要求，选择三缸柱塞泵 TPA-1000A，搭载 2.5in 冷端，最大输入功率 1000hp，所选柱塞泵基本参数见表 7-3-4。

表 7-3-4　柱塞泵基本参数

参数	数值	参数	数值
冷端数量	3	冲程 /in	2.25
减速箱减速比	2.38	柱塞直径 /in	2.5
每转流量 /gal	0.14		

液氮泵的输入转速根据最大流量、每转流量以及减速比等确定，计算公式如下：

$$n_{输入} = \frac{Q_{最大}}{Q_{每转} \times \eta_v} \times R_{减速箱} = 433/（0.146 \times 3.785 \times 0.9）\times 2.38 = 2072 \text{r/min} \qquad （7-3-2）$$

式中　$n_{输入}$——输入转速，r/min；

　　　$Q_{最大}$——最大液氮排量，L/min；

　　　$Q_{每转}$——泵每转液氮排量，L；

　　　η_v——泵容积效率（0.9）；

　　　$R_{减速箱}$——泵减速箱减速比。

因此，根据冷端规格，要达到最大排量要求，液氮泵的输入转速应为 2072r/min。

（1）液压系统消耗功率计算。

蒸发器最大气氮蒸发量为 $800 \times 10^3 \text{ft}^3/\text{h}$，满足液氮泵最大排量时的蒸发要求。蒸发器配备液压马达驱动的强力风扇，用于将柴油燃烧的热量传给高压盘管。正常工作时蒸发器液压马达消耗功率 95hp，配套液氮离心泵性能曲线如图 7-3-16 所示，由此可得离心泵液压马达最大消耗功率为 26hp。

（2）润滑系统消耗功率计算。

TPA-1000A 三缸液氮泵润滑流量要求 36gal/min，润滑压力最高 110psi，由此得润滑油泵输入功率为：

$$P_{润滑} = \frac{Q \times \Delta p}{1741 \eta_m} = \frac{36 \times 110}{1741 \times 0.85} = 2.72 \text{hp} \qquad （7-3-3）$$

式中　$P_{润滑}$——润滑油泵输入功率，hp；

　　　Q——润滑流量，gal/min；

　　　Δp——润滑油压力，psi；

　　　η_m——润滑泵效率（0.85）。

（3）燃油系统消耗功率计算。

蒸发器正常工作时燃油流量为 2.42gal/min，燃油压力为 325~400psi，由此得燃油泵输入功率为：

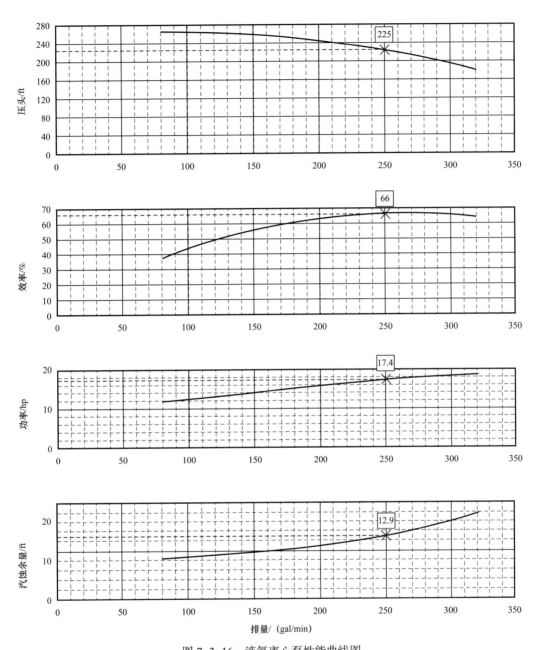

图 7-3-16　液氮离心泵性能曲线图

$$P_{燃油泵} = \frac{Q \times \Delta p}{1741\eta_m} = \frac{2.42 \times 400}{1741 \times 0.85} = 0.66\text{hp} \tag{7-3-4}$$

式中　$P_{燃油泵}$——燃油泵输入功率，hp；

　　　Q——燃油流量，gal/min；

　　　Δp——燃油压力，psi；

　　　η_m——润滑泵效率（0.85）。

除发动机附件，如空压机和散热水箱风扇，设备按预定工况正常工作时，需要的最大功率为：

$$P_{需要} = P_{三缸泵} + P_{蒸发器} + P_{润滑} + P_{离心泵} + P_{燃油泵} = 729 + 95 + 2.72 + 26 + 0.66 = 853.4hp \quad (7\text{-}3\text{-}5)$$

式中　$P_{需要}$——除发动机外，需要的最大功率，hp；

　　　$P_{三缸泵}$——液氮泵输入功率，hp；

　　　$P_{润滑}$——润滑泵输入功率，hp；

　　　$P_{离心泵}$——离心泵输入功率，hp；

　　　$P_{燃油泵}$——燃油泵输入功率，hp。

取发动机附件消耗功率120hp，则总消耗功率 $P_{总} = P_{需要} + 120 = 973.4hp$。根据功率要求，选取卡特 C27 发动机，1150hp@2100r/min 作为动力源，其满足工况对功率和转速的要求。

结合发动机功率，选 Allison 8610 传动箱与 C27 发动机配套。传动箱最大输入功率 1104hp，最大输入扭矩 4474N·m。传动箱各挡位减速比见表 7-3-5。

表 7-3-5　传动箱各挡位减速比

挡位	1	2	3	4	5	6
减速比	4.24	2.32	1.69	1.31	1	0.73

备注：6 挡为增速，出厂时被锁定。

设备搭载 C27 1150hp@2100r/min 和 Allison 8610 变速箱，驱动 TPA1000 三缸液氮泵，能获得的排量和压力数据见表 7-3-6。

表 7-3-6　TPA1000 液氮泵压力和排量表

参数	数值				
发动机转速 /（r/min）	2100				
冷端数量	3				
冲程 /in	2.25				
减速箱速比	2.38				
连杆负荷 /kN	327				
柱塞直径 /in	2.52				
每转流量 /gal	0.146				
传动箱挡位	1	2	3	4	5
传动速比	4.24	2.32	1.69	1.31	1
输入转速 /（r/min）	495	905	1243	1603	2100
曲轴转速 /（r/min）	208	380	522	674	882
排量 /（gal/min）	29.85	54.55	74.89	96.61	126.56

参数	数值				
排出压力 /psi	15000	15000	15000	12419	10090
制动功率 /hp	290.25	530.46	728.21	778	778
水功率 /hp	261.23	477.42	655.39	700	700
输入扭矩 / (N·m)	4169.49	4169.49	4169.49	3451.97	2804.95

由表 7-3-6 中计算的三缸泵输入扭矩最大值 $T_{输入 max}$=4169.49N·m，发动机转速 2100r/min 时输出扭矩能达到 3900N·m，在传动箱处于各挡位时，输出的扭矩见表 7-3-7。

表 7-3-7　各挡位扭矩

挡位	1	2	3	4	5
减速比	4.24	2.32	1.69	1.31	1
传动箱输入扭矩 / (N·m)	3900				
传动箱输出扭矩 / (N·m)	16536	9048	6591	5109	3900

对比得出：发动机处于额定工作转速时，传动箱能输出的最大扭矩能满足液氮泵处于各挡最高排出压力时的扭矩输入要求。

综上所述，选用 CAT C27 1150@2100r/min 发动机和 Allison 8610 传动箱能满足设备功率要求和扭矩要求。

2）蒸发器喷油量计算

液氮车对蒸发器主要要求：氮气产生量 800×10³ft³/h=22653.47728m³/h（标准状态下，即温度 0℃、压力 101.325kPa，1ft³/h=0.0283168466m³/h）；温度：15～60℃。

蒸发器满载荷工作参数：液氮温度 -196℃；氮气温度 15～60℃；风扇转速 5000r/min（液压驱动控制转速）。

蒸发器通过对燃油的控制达到对氮气产生量的控制，因此需计算出燃油供给参数。

$$Q_{总量} = Q_{尾气} + Q_{氮气} \qquad (7\text{-}3\text{-}6)$$

式中　$Q_{总量}$——氮气和尾气总的气体热量，kJ；

$\quad\quad Q_{尾气}$——尾气热量，kJ；

$\quad\quad Q_{氮气}$——氮气热量，kJ。

-196℃的液氮加热成 21℃的热态氮气，需要吸收 184Btu/gal 的热量，1gal 液氮转化为 21℃的氮气体积为 93.11ft³（温度 21℃、压力 101.325kPa），因此 1h 蒸发器蒸发的氮气需要吸热 $Q_{氮气}$ 为 1580925.7867Btu（1Btu=1055J），即：$Q_{氮气}$ 为 1667940.57875kJ。

空气助燃以及加热后参与热交换，最终变为 80～420℃（报警温度为 420℃）的尾气排放掉。按照常温 20℃加热到 150℃计算，风扇进气量为 32500ft³/h，约等于 920.2975m³/h。

空气密度 1.226kg/m³（15℃），空气比热 1.005kJ/（kg·K）（26℃时，定压比热）、1.003kJ/（kg·K）（-23℃时，定压比热）。

按照理想状态，1h 尾气热量：

$$Q_{尾气} = C \times \rho_{空} \times \Delta t = 1.005 \times 1.226 \times 920.2975 \times（150-20）= 147410.40295（kJ）\quad (7-3-7)$$

式中　　C——空气比热，kJ/（kg·K）；

　　　　$\rho_{空}$——空气密度，kg/m³；

　　　　Δt——温度变化量，℃。

由此可得，$Q_{总量} = Q_{尾气} + Q_{氮气} = 1667940.57875 + 147410.40295 = 1815350.9817（kJ）$

柴油燃烧值 $q = 4.3 \times 10^7$J/kg（完全燃烧释放的热量），$0^{\#}$ 柴油密度 $\rho = 0.84 \times 10^3$kg/m³，理想情况下 1min 需要燃烧柴油 $M = Q/q = 42.217$kg，柴油体积 $V = \rho_{空}/\rho \approx 0.05025$m³（换算为 132.75US gal）。

蒸发器由 8 个主燃烧室和 8 个引火室组成，因此每个燃烧室（含 1 个主燃烧室和 1 个引火室）需供应 16.59375gal 的燃油。

根据此要求两个喷油嘴需要喷油流量为 16.59375gal/h，考虑到此计算为理想状况，其他因素影响下（如柴油不完全燃烧，热量不完全利用，壳体吸热等），流量至少需大于此计算值。引火室主要是点燃主燃烧室的作用，因此不需要提供大量的燃油，蒸发器系统可以提供 380psi 压力的燃油，再根据喷油嘴雾化要求选用如下两种：引火喷油嘴：0.6（380psi 时，流量为 1.04gal/h）；主燃烧室喷油嘴：10.0（380psi 时，流量为 17.32gal/h），此型号通过后续的工业试验中验证合适可行。

3）设备保护与温度测量

液氮设备是特种设备，配置超压、低温和高温的设备安全保护系统，使设备快速空挡和刹车；配置大气含氧量低的人身安全保护系统和声光报警系统，保障设备和人身安全。

针对不同的测量位置和要求，选择适用的温度测量传感器，以达到最优的效果，排出口氮气测量要求能耐高压（15000psi），温度响应速度快，经过比较采用带高压接头的 E 型接点的 K 型热电偶，低温液氮测量要求低温区测量准确、稳定，选用铠装的带放大的热电偶，蒸发器部分的温度测量要求高温测量准确，传感器选用耐温防水外皮。

4）控制系统

自动控制系统为闭环控制，计算机根据设定的工作模式，计算出设定排量，将采集的排量和设定排量比较，通过 CAN 总线控制发动机转速，传动箱挡位达到设定排量；调节增压泵转速保持液氮泵吸入压力稳定；根据反馈的排出氮气温度和设定温度的偏差，调节燃烧器火力，将温度控制在设定范围内；当作业过程中出现超压、高温、低温等报警时，安全保护系统快速启动，使发动机怠速，传动箱空挡刹车，燃烧器熄火。手动操作控制包括发动机启动、油门升降、熄火、急停，挡位设定，保护复位，试压测试，排量清零，蒸发器点火、熄火和主燃烧器控制等。

（1）限压定排自动控制。自动限压定排控制就是将液氮车设置为自动模式，然后设定一个压力值，设定一个排量值，根据此设定排量和反馈的排量控制设备的发动机油门、传动箱挡位和灌注泵，使排出流量稳定在设定值，并在限定压力范围内。

（2）恒温自动控制。设定排出温度，根据设定温度和采集的压力、排量、温度的比较值，控制蒸发器火力，使排出温度稳定在设定值。

（3）安全保护。控制系统具备超压、低温、高温报警保护，当控制系统检测到压力或温度超过设定的保护值时，控制设备快速空挡和刹车，蒸发器熄火，保障设备和人身安全。

（4）数据采集。采用工业以太网（Ethernet）通信，采集距离不小于50m。

（5）在线检测。自动检测车辆在线状态，保证网络故障在第一时间被排除。

自动定排量控制采用带死区的Bang-Bang—PI复合控制。Bang-Bang控制是一种时间最优控制，又称快速控制法。它的输出只有开和关两种状态。在输出低于设定值时，控制为开状态（最大控制量），使输出量迅速增大。在输出预计达到设定值的时刻，关闭控制输出，依靠系统惯性，使输出达到设定值。它的优点是控制速度快，执行机构控制比较简单（只有开、关两种状态）。但它的缺点是如果系统特性发生变化，控制将发生失误，从而产生大的误差，并使系统不稳定。

Bang-Bang控制参数见表7-3-8，首先通过查表法，快速获取使得输出排量距离给定排量最近的传动箱挡位，剩下的误差通过调整发动机的油门来实现。

表 7-3-8　Bang-Bang 控制参数表

传动箱挡位		1	2	3	4	5	6	7
发动机转速 /（r/min）		2100						
传动箱减速比		3.75	2.69	2.20	1.77	1.58	1.27	1.00
液氮泵动力端减速比		2.38						
液氮泵转速 /（r/min）		235	328	401	498	558	695	882
液氮泵实际排量	L/min	115	161	197	245	274	341	433
	$10^3ft^3/h$	171	238	291	362	405	504	640
	m^3/min	80.5	112.2	137.2	170.5	191.0	237.6	301.8
额定工作压力 /MPa		103.4	103.4	103.4	103.4	103.4	98.3*	77.4*
输出水功率 /hp		266	372	456	567	634	750	750

在发动机油门控制时，采用比例积分调节器（PI），可提高系统的抗干扰能力，减小静差，适用于有自平衡性的系统。为了避免油门控制动作过于频繁，消除由此引起的振荡，且流量的控制过程要求尽量平稳，可以人为设置一个不灵敏区，即采用带死区的非线性控制。

死区是一个可调参数。值太小，调节动作过于频繁，达不到稳定控制过程的目的；值太大，又会产生很大的误差和滞后。所以应根据实际情况来设定死区的数值。

因此，定排量的控制可综合PI和Bang-Bang两种控制方式。在偏差大时，使用Bang-Bang控制，以加快系统的响应速度；在偏差小时，使用PI控制，提高控制精度。

第八章 井下压裂工具

常用的井下压裂工具包括桥塞、封隔器、滑套等工具，其在水力压裂中主要起到封堵、封隔地层的作用，从而实现对油气层的精准压裂。

本章主要介绍了桥塞、封隔器、滑套等压裂工具的分类、结构原理和技术参数，以及结合单层压裂管柱、多层压裂管柱及施工工艺进一步阐述这些压裂工具的作用。

第一节 桥 塞

一、桥塞类型

1. 按是否回收分类

桥塞分为永久式桥塞和可取式桥塞两种。永久式桥塞是一种坐封后不可回收的一次性桥塞，主要用于套变、带喷、结蜡及井况正常的油、气、水井，代替分层填砂及打水泥塞工艺。可取式桥塞是一种施工完后可回收重复使用的桥塞，可进行临时性封堵、选择性封堵等，在油田勘探和开发中广泛用于对油水井分层压裂、酸化和试油。

2. 按材料分类

按照材料类型，桥塞可以分为铸铁桥塞、复合桥塞和可降解桥塞。

1）铸铁桥塞

铸铁桥塞是第一代桥塞，按照其回收方式，又可分为永久式桥塞（可钻桥塞）和可取式桥塞。其坐封方式可分为电缆坐封、电动坐封、液压坐封、机械坐封和自坐封形式。

铸铁桥塞的四种类型，A、B、C三种类型为永久式，可通过钻头进行钻除。D型为可取式，可直接解封，如图8-1-1所示。

A型桥塞［图8-1-1（a）］，可通过液压、电缆、电动工具进行坐封，用于水平井和大斜度井，坐封工具内部芯轴与释放栓（释放环）连接，外部坐封套抵住桥塞锁环背圈，通过坐封工具分别施加上提、下压载荷拉断释放栓（释放环）来坐封。

B型桥塞［图8-1-1（b）］，为机械坐封式，主要用于直井井况，坐封工具与桥塞中心管上部螺纹连接，外部连接坐封套，通过坐封工具分别施加上提、下压载荷来坐封。

C型桥塞［图8-1-1（c）］，为自坐封式，可通过油管下入，不需要任何坐封工具，投球打压拉断桥塞内部释放栓实现坐封。

D型桥塞［图8-1-1（d）］，为可取式，通过液压、电缆、电动工具进行坐封，坐封工具内部芯轴与释放栓连接，外部坐封套抵住外中心管，通过坐封工具分别施加上提、下压载荷拉断释放栓来坐封。

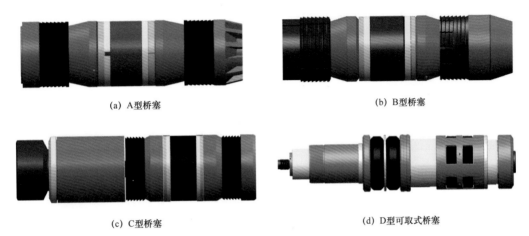

(a) A型桥塞　　　　　　　　　　　　　(b) B型桥塞

(c) C型桥塞　　　　　　　　　　　　　(d) D型可取式桥塞

图 8-1-1　铸铁桥塞的四种类型

2）复合桥塞

复合桥塞主要由桥塞与压裂球两大部分组成，目前国内常用的复合桥塞包括复合可钻桥塞与大通径桥塞，如图 8-1-2 所示，通过电缆、液压、电动工具进行坐封，在压裂施工完成后，通常用钻头、磨鞋等钻磨工具钻掉各级桥塞并将碎屑返排出地面。

大通径桥塞如图 8-1-3 所示，具有内通道较大，无须使用坐封工具进行坐封的特点，通常配合可溶压裂球使用，通过打压直接坐封。压裂完成后，可将可溶球溶解后留下大通径，直接进行后续生产。

图 8-1-2　复合可钻桥塞

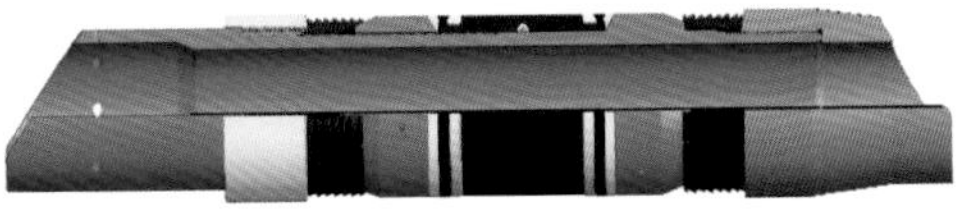

图 8-1-3　大通径桥塞

3）可降解桥塞

可降解桥塞如图 8-1-4 所示，是在大通径桥塞基础上发展的，桥塞金属部分采用可降解的 Al-Mg 合金材料，橡胶材料采用特殊可溶橡胶，产品在 Cl^- 溶液中溶解后，可通过放喷将桥塞剩余部件返排出地面。可溶桥塞的关键点在于桥塞的溶解性，其溶解时间会受到井筒介质中 Cl^- 浓度和温度的影响，必须根据井下介质和溶解情况及时调整（刘巨保等，2020）。

图 8-1-4　可降解桥塞

二、单层压裂桥塞技术

单层压裂桥塞技术采用电缆连接桥塞及坐封工具入井，在预定位置坐封桥塞并进行射孔、压裂作业。对井筒内套管的完整性要求低，具有易于施工、作业风险低、事故便

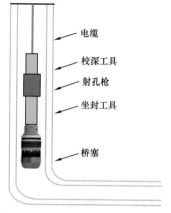

图 8-1-5　单层压裂电缆桥塞工具串

于处理、封隔可靠性高、压裂定位精确等优点，该技术应用比较广泛且效果明显。

1. 管柱结构

单层压裂电缆桥塞工具串由电缆 + 校深工具 + 射孔枪 + 坐封工具 + 桥塞五部分组成，如图 8-1-5 所示。

2. 施工工艺

单层压裂是利用电缆泵送工具串至预定坐封位置，点火并通过坐封工具坐封桥塞，再用射孔枪对压裂层进行射孔，起出射孔枪，进行压裂作业。

压裂施工完后，可下入钻磨工具钻掉桥塞，放喷排液。磨铣管柱：连续油管接头 + 双向压阀 + 液压丢手接头 + 非旋转扶正器 + 双启动循环阀 + 双向震击器 + 马达 + 磨鞋。

三、多层压裂桥塞技术

桥塞分段压裂技术适用于套管完井，具有排量大、封隔可靠性高、压裂层位精确，压裂级数不受限制等优点。主要采用复合桥塞、大通径桥塞和可溶桥塞。

1. 复合桥塞技术

1）工作原理

复合桥塞用于水平井和垂直井的多层压裂，适应于页岩气勘探开发，其非金属化的设计大大节省了磨铣时间。

复合桥塞入井后，利用坐封工具（电缆或油管传输液压）产生的推力作用于上卡瓦，拉力作用于剪切接头，通过上下锥体对密封胶筒施以上压下拉两个力，在一定拉力范围内，桥塞上下卡瓦破裂并镶嵌在套管内壁上，胶筒膨胀并密封，完成坐封。当拉力持续上升达到一定值时，剪切销钉被拉断，坐封工具与桥塞脱离，完成丢手。

2）管柱结构

以水平井套管分段压裂工艺设计为基础，根据储层条件，水平段有效长度，水平段与储层主应力方位关系等因素综合考虑，确定水平井套管分段压裂工艺管柱结构如图 8-1-6 所示。

管柱设计时应考虑以下因素：

（1）管柱的安全下入性。为了确保管柱在下入过程中的安全

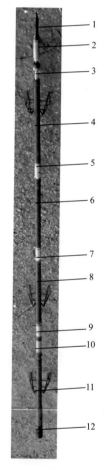

图 8-1-6　基于复合桥塞水平井套管分段压裂工艺管柱结构图
1—电缆头；2—磁定位仪；3—压控导通装置；4—3# 射孔枪；5—多级起爆装置；6—2# 射孔枪；7—多级起爆装置；8—1# 射孔枪；9—多级起爆装置；10—安全起爆装置；11—电缆坐封工具；12—复合桥塞

性，桥塞上应设计有防中途坐封机构，同时需优化管柱下入技术，如水平段管柱采用倒角油管，合理接配扶正器以及控制下入速度等。

（2）多级起爆装置的可靠性。如何通过地面传递信号让复合桥塞丢手，同时避免信号错乱开启射孔枪。

（3）复合材料桥塞的易钻铣性。在压裂施工完成后，必须通过钻铣将各级复合桥塞钻掉，才能下入生产管柱正常生产，若桥塞不能正常钻铣，将造成难以弥补的损失（邹刚等，2013）。

3）关键技术

（1）材料强度测试。

板材拉伸强度测试：由于板材具有多向异性的特性，针对板材的拉伸强度分别沿 X、Y、Z 三个方向取样进行测试，见表 8-1-1。

表 8-1-1　复合材料拉伸强度

方向	厚度 /mm	宽度 /mm	作用力 /N	拉伸强度 /MPa
Z	10	10.1	35500	466.9
Y	10.1	15.1	34180	224
X	15.1	20.4	30700	100

（2）胶筒密封技术。

在不降低质量的情况下，通过开展补强剂、防老化剂、硫化体系的正交试验，寻找最佳组合，满足胶筒性能，降低成本，见表 8-1-2。

表 8-1-2　补强剂、防老化剂和硫化体系正交试验

试验组别		1组	2组	3组
补强剂	HAF 炭黑	50	—	25
	喷雾炭黑	—	50	25
防老化剂	NBC	2	—	—
	RD	—	2	—
	4010	—	—	3
	NA-22	3	1.5	—
硫化体系	二碱式亚磷酸铅	5	—	—
	Pb204	—	5	5
	HMDAC#1	—	—	1.5

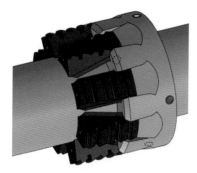

图 8-1-7 卡瓦与锥体嵌入式
结构示意图

（3）易钻防转技术。

常规桥塞在磨铣时卡瓦与锥体之间会相互转动，导致磨铣时间长、碎屑大。复合桥塞的卡瓦与锥体采用燕尾槽式结构，如图 8-1-7 所示。磨铣时卡瓦与锥体在周向上相互约束，有利于卡瓦钻除，并且产生的碎屑更小，桥塞平均磨铣时间从 50min 减少到 30min。

（4）桥塞地面磨铣参数研究。

桥塞地面磨铣实验（SPE-179088-MS）是在套管里进行的，如图 8-1-8 所示。套管被固定在一个机床平台上，钻压控制在 5～20kN，分高、中、低三种不同钻压进行实验，转速是 315r/min，扭矩小于 480N·m。

图 8-1-8 桥塞地面磨铣实验装置

分别采用三牙轮磨鞋、PDC 钻头和平底磨鞋进行桥塞的钻磨测试，图 8-1-9（a）和图 8-1-9（b）分别是其中两组实验产生的橡胶碎屑和卡瓦碎屑，采用 PDC 的碎屑要明显大于采用平底磨鞋的碎屑。基于该方法和多组实验结果发现：钻压对碎屑尺寸大小影响不大；三牙轮磨鞋磨铣桥塞产生的碎屑最小，其次是平底磨鞋，PDC 产生的碎屑最大。在实际作业时，磨铣一个桥塞最好不要短于 10min。图 8-1-10 是从实际磨铣作业时收集的桥塞碎屑样品，显示 7min 磨铣产生的桥塞碎屑明显大于 35min 磨铣产生的桥塞碎屑。

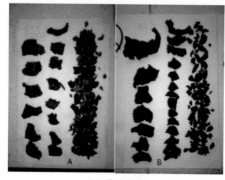
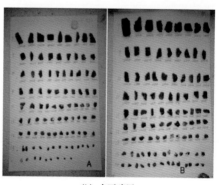

（a）橡胶碎屑　　　　　　　　　　　（b）卡瓦碎屑

图 8-1-9 不同桥塞部件的碎屑

(a) 7min　　　　　　　　　　　　(b) 35min

图 8-1-10　不同桥塞磨铣时间产生的碎屑

（5）桥塞碎屑流体返排技术。

清洗桥塞碎屑受到水力参数和井几何参数的影响。这一过程的复杂性给现场工程师带来了挑战，其中包括如何清洗桥塞碎屑，并确定这些参数如何影响固体运移效率。实践证明由于泵排量有限（最大环空流体流速通常小于 1m/s，对应于 $5\frac{1}{2}$in 套管和 $2\frac{1}{8}$in 连续油管环空流量是 590L/min），而连续油管管柱不能旋转，上提拖动清洗是连续油管作业时最有效的井筒清洗技术。现场作业证明提钻速度的控制对如何更有效地清洗井里的碎屑是非常关键的。以前很少有人进行过桥塞碎屑流体平台实验（Schneider C，2012），所以需要更多的流体测试数据，以指导现场工作人员可靠和有效地执行提钻作业。现场工程师可利用开发的工程软件选择合适的泵排量、流体类型和提钻速度，更好地优化桥塞磨铣作业。

2. 大通径桥塞技术

1）工作原理

大通径桥塞可用于对油、气、水层进行临时封堵，具体可配合用于生产井封窜、堵水、压裂、酸化等施工。大通径桥塞开采期间留在井底，在桥塞—射孔式完井中无须实施钻磨桥塞的作业。这种桥塞有一个很大的直通内径，配合可溶性压裂球，产液在桥塞下入后仍可流动，节省完井时间，且无须承担与连续油管作业相关的成本和风险。大通径桥塞可以实现无限级数的压裂施工，由于其特有的大通径和可溶球特点，可以实现压裂后快速投产，极大提高措施效果。

桥塞入井后，利用坐封工具（电缆或油管传输液压）产生的推力作用于上卡瓦，拉力作用于剪切接头，通过上下锥体对密封胶筒施以上压下拉两个力，在一定拉力范围内，桥塞上下卡瓦破裂并镶嵌在套管内壁上，胶筒膨胀并密封，完成坐封。当拉力持续上升达到一定值时，剪切销钉被拉断，坐封工具与桥塞脱离，此过程完成丢手。

2）关键技术

大通径桥塞的关键技术是薄壁零件的安全性和可靠性。

（1）大通径桥塞总成结构。

双卡瓦三胶筒大通径桥塞结构如图 8-1-11 所示。采用铝制中心管和复合材料引鞋，钻除速度快，与复合桥塞相当。

双卡瓦单胶筒大通径桥塞结构如图 8-1-12 所示。锚定可靠，60min 钻磨桥塞卡瓦及桥塞本体，质量稳定可靠，与常规铸铁桥塞相当。

单卡瓦单胶筒大通径桥塞结构如图 8-1-13 所示。结构紧凑，坐封可靠，20min 钻磨桥塞卡瓦并直接打捞出井。大通径桥塞的规格参数见表 8-1-3。

图 8-1-11　双卡瓦三胶筒
大通径桥塞

图 8-1-12　双卡瓦单胶筒
大通径桥塞

图 8-1-13　单卡瓦单胶筒
大通径桥塞

表 8-1-3　大通径桥塞的规格参数表

大通径桥塞	温度 /℃	承压 /MPa	中心管材质	内通径 /mm	外径 /mm
5in 三胶筒式	150	70	7075 铝合金	50.8	105
5in 双卡瓦单胶筒式	150	70	QT700	66.68	103
$5\frac{1}{2}$in 双卡瓦单胶筒式	150	70	QT700	70.3	110
$5\frac{1}{2}$in 单卡瓦单胶筒式	150	70	4140 合金钢	71.4	103.2
$5\frac{1}{2}$in 单卡瓦单胶筒式	150	70	4140 合金钢	76.2	110

（2）大通径桥塞薄壁中心管。

中心管作为大通径桥塞的主要承力件，受到内外压差和轴向载荷的共同作用。在内外径尺寸受到限制的情况下，中心管必须采用高强度薄壁件。通过对不同结构的大通径桥塞的特性进行分析，考虑到易钻性和稳定性，优选材料并作了相应的材料分析与强度实验，见表8-1-4。

表 8-1-4　优选的中心管材料性能对比

材料	拉伸强度（25℃）/MPa	屈服强度（25℃）/MPa	硬度 /HB	延伸率 /%
HT300	300		231	
4140 合金钢	1080	930	217	12
7075 铝合金	572	503	150	11
QT700	700	420	225～305	2

（3）大通径桥塞的密封系统。

大通径桥塞的密封系统包含三种结构：三胶筒加肩保结构、单胶筒加肩保结构和硫化成型密封结构，如图8-1-14所示。

(a) 三胶筒加肩保结构　　　　(b) 单胶筒加肩保结构　　　　(c) 硫化成型密封结构

图 8-1-14　大通径桥塞的三种密封系统结构

通过开展胶筒密封系统的实验性评价，三种结构胶筒都能在 150℃ 下承压 70MPa，测试结果见表 8-1-5。

表 8-1-5　大通径桥塞胶筒性能测试表

密封系统	试验初始条件					结构性评价	
	胶筒外径 /mm	胶筒内径 /mm	耐温 /℃	套管内径 /mm	坐封力 /tf	耐压 /MPa	结果
双卡瓦单胶筒	100.4	81.4	150	115	13	70	可行
双卡瓦单胶筒	106.2	86.4	150	121	13	70	可行
单卡瓦单胶筒	102	82	150	118.6	13	70	可行
三胶筒	102	68	150	115	13	70	可行
硫化成型胶筒	107	82	150	115	13	70	可行

（4）大通径桥塞的锚定系统。

锚定系统参数见表 8-1-6。通过对大通径桥塞锚定系统的试验，以 $5\frac{1}{2}$in 大通径桥塞为例，锚定系统有效锚定在 Q125 钢级 124mm 内径的套管后的轴向力可以达到 90tf。

表 8-1-6　大通径桥塞锚定系统参数

序号	卡瓦齿倾角 /（°）	锥体的锥度 /（°）	卡瓦齿形角 /（°）	齿数	齿尖差 /mm	承压能力 /tf
1	20	10	90	7	0	109
2	30	30	90	7	0	81
3	25	20	90	7	0.25	115
4	20	15	90	7	0.25	135

（5）总成试验。

模拟井下工况，在一定温度下，通过对 $5\frac{1}{2}$in 大通径桥塞的下入、坐封丢手、密封承压、压裂球降解能力试验。桥塞可承压 70MPa，稳压 15min 无泄漏。如图 8-1-15～图 8-1-17 所示。

图 8-1-15　单卡瓦大通径桥塞坐封连接图

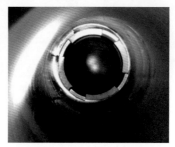

图 8-1-16　单卡瓦大通径桥塞承压后留下的大孔径通道

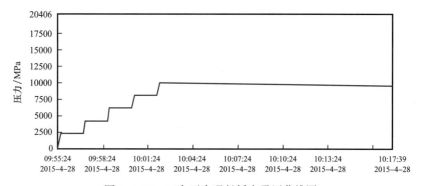

图 8-1-17　双卡瓦大通径桥塞承压曲线图

（6）可降解球研究。

可降解压裂球可与地层盐反应降解，在低浓度酸液中可快速消融，为无限径生产管柱提供了保证，无须后期井筒干预作业（图8-1-18）。根据不同降解材料制成的可降解压裂球，研究同样外径的球与不同角度锥面配合，承压测试结果见表8-1-7，在满足承压要求的条件下选出球的外径与中心管内径差最小的匹配值。

通过可降解球与球座配合实验，进一步验证了球与球座锥度剖面线接触的点正好是相切点时，球的承压性能最为稳定。

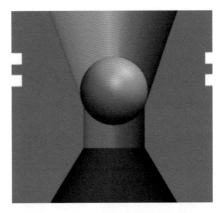

图 8-1-18 可降解球与球座配合图

表 8-1-7 可降解球球座锥角承压表

球直径 /mm	锥角 /（°）	承压 /psi	承压后球面质量
82.55	20	12000	破坏轻微
82.55	25	15000	质量良好
82.55	30	12000	破坏轻微
82.55	35	10000	破坏较重
82.55	40	8000	破坏严重
82.55	45	不起压	

3. 可溶桥塞技术

随着分段压裂技术的发展，应用于压裂工艺的井下工具由可钻向可溶方向发展，目前压裂用井下工具的可溶材料主要有非金属可溶材料和金属可溶材料。

可溶材料的井下工具密度小，较其他常规金属工具具有重量轻、强度高，且耐高温的特点，能够满足分段压裂工具技术的要求；工具在一定的温度和介质中，可以自行分解变小甚至完全溶解，不需要后期对工具进行磨铣。

1）工作原理

可溶桥塞用于水平井和垂直井的多层压裂，是页岩气勘探开发中最新的非常规完井工具产品，高性能的压裂桥塞提供可靠的层位隔离。采用先进的可降解金属和橡胶材料，实现了桥塞的完全降解，帮助用户减小使用风险，不需要连续油管钻塞，减少作业成本。完全降解后，全通径内径为后续改造作业提供了条件。

桥塞入井后，利用坐封工具（电缆或油管传输液压）产生的推力作用于中心管，拉力作用于引鞋下接头，通过锥体对卡瓦以及密封胶筒施以拉力，在一定拉力范围内，桥塞卡瓦破裂并镶嵌在套管内壁上，胶筒膨胀并密封，完成坐封。当拉力持续上升达到一定值时，下接头剪切螺纹被剪切，坐封工具与桥塞脱离，此过程完成丢手。为了确保压裂施工顺利完成，尽量缩短可溶球作业前在井底的停留，可溶桥塞一般需要在压裂前投球（杨小城等，2018）。

2）管柱结构

可溶桥塞施工管柱：电缆头＋磁定位仪＋射孔枪＋分级点火装置＋电缆坐封工具＋可溶桥塞。

3）关键技术

（1）可降解材料力学性能。

可降解材料主要分三种：抗拉型可降解金属材料 A1；抗压型可降解金属材料 A2；抗压型可降解金属材料 A3。其中 A3 材料用来做压裂球。

（a）抗拉实验　　（b）抗压实验

图 8-1-19　可降解材料性能测试实验

抗拉试验［图 8-1-19（a）］和抗压试验［图 8-1-19（b）］均符合 ASTM 相关要求。抗拉型材料和抗压型材料的材料性能测试试验数据见表 8-1-8。从试验结果来看，抗拉型可降解材料的抗拉强度为 376MPa，而抗压型可降解材料的抗拉强度为 154MPa，说明抗拉型材料的抗拉强度要比抗压型材料大很多，而抗压型可降解材料较抗拉型可降解材料的抗压强度却相差较小。可根据桥塞的受力状态合理选择抗压型或抗拉型可降解材料。

表 8-1-8　材料性能测试试验数据

试验类型		直径 /mm	力值 /kN	材料强度 /MPa
抗拉试验	抗拉型 -A1	10	29.56	376
	抗压型 -A2	10	12.07	154
抗压试验	抗拉型 -A1	15	60.15	340
	抗压型 -A2	15	61.45	350

（2）材料的可溶性测试。

为了方便测试结果分析，选择样块规格：25.40mm×ϕ12.70mm，分别在 60℃、70℃、80℃、90℃的温度下，氯离子浓度分别是为 1000mg/L、2000mg/L、3000mg/L、4000mg/L…12000mg/L，共计 12 个氯离子浓度梯度的条件下，进行可溶材料溶解测试。图 8-1-20 为可溶材料在 90℃、5000mg/L 浓度的氯离子溶液中的溶解过程。

通过图 8-1-21 可以发现，温度越高，可溶材料的溶解速度越快，氯离子浓度越高，溶解速度也越快。试验获得的可溶材料在不同温度和氯离子浓度下的溶解速度曲线，有助于可溶球在不同井况下进行材料优选。

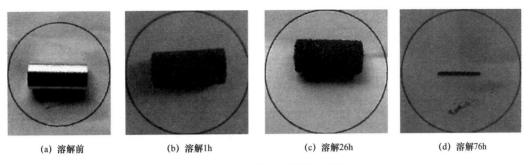

  (a) 溶解前   (b) 溶解1h   (c) 溶解26h   (d) 溶解76h

图 8-1-20　可溶材料溶解过程图

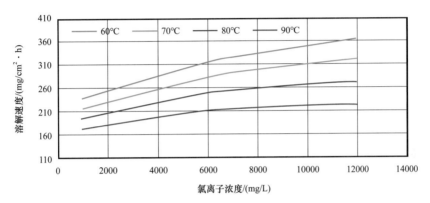

图 8-1-21　可溶材料溶解速度曲线

（3）橡胶的溶解性能。

可溶橡胶在溶解过程中呈现块状分解的特点。块状分解是指溶解过程是发生在材料整体，并非从表面或者某个部分开始分解。溶解橡胶的溶解过程除了受温度的影响之外，还与井下的压力、含水量以及酸性/碱性条件相关，机械强度随着时间推移而降低。

独特的胶筒配方以及胶筒和背圈结构，确保在温度150℃、压差70MPa的条件下有效密封。同时针对中低温井，适配中温（93℃）和低温（50℃）两种溶解的胶筒，可更好的溶解。胶筒参数见表8-1-9。

表 8-1-9　可溶桥塞胶筒参数

密封系统	试验初始条件					最低溶解温度/℃	结构性评价	
	胶筒外径/mm	胶筒内径/mm	耐温/℃	套管内径/℃	坐封力/tf		耐压/MPa	结果
三胶筒	107	70	150	121	13	93	70	可行
双胶筒	107	70	150	12	13	93	70	可行
单胶筒	107	70	150	121	13	93	70	可行
低温胶筒	102	68	120	115	13	50	70	可行

（4）可溶桥塞的整体试验。

基于材料研究特点，充分考虑井筒液体类型、矿化度及井筒温度等因素影响，结合现场井况和工艺的需求，可对桥塞坐封丢手性能、高温承压密封性能及溶解性能进行试验，确保桥塞的可靠性。

第二节 封 隔 器

一、封隔器组成与分类

封隔器是用于封隔油管与油气井套管或裸眼井壁环形空间的井下工具，广泛用于分层采油、分层注水、酸化、压裂等各种生产及增产措施作业。

1. 封隔器的组成

封隔器一般由密封机构、锚定机构和锁紧机构组成，如图 8-2-1 所示。

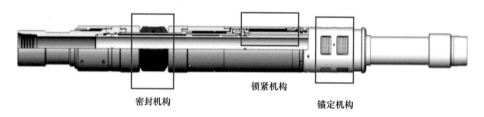

锁紧机构
密封机构　　　　　　锚定机构

图 8-2-1　封隔器结构示意图

1）密封机构

封隔器密封机构主要由密封元件、各种防止密封元件肩部突出的防突部件等构成。压缩式封隔器在坐封时，胶筒被轴向压缩的长度称为压缩距。胶筒压缩到位后，泄去液压，胶筒轴向回弹的长度称为后坐距。这两个数据与胶筒使用的材料，胶筒的尺寸、硬度，以及锁紧机构的设计均有关系，是封隔器结构设计时要考虑的重要参数。封隔器坐封后所能承受的压差和温度关键取决于胶筒材质、结构及其肩部保护机构。

2）锚定机构

锚定机构将封隔器固定在井壁或管柱上，防止封隔器由于轴向移动而影响密封性能，或引起封隔器过早解封。锚定机构的锚定作用主要由锚爪或卡瓦来实现。锚爪和卡瓦分布在圆柱面上，其起锚定作用的面通常被设计成齿形。卡瓦根据齿形方向和所起的作用分为单向卡瓦和双向卡瓦。只带一个单向卡瓦的封隔器称为单向卡瓦封隔器。带有整体式双向卡瓦或上、下均带有单向卡瓦的封隔器称为双向卡瓦封隔器。为了防止封隔器的轴向移动，在深井和高压作业中，往往采用正、反多级卡瓦，或配套采用其他锚定工具，即使是支撑式封隔器，也往往采用这种方式，以防止压坏尾管。

3）锁紧机构

锁紧机构是使封隔器保持密封状态的机构。主要零件为包含内、外齿形的锁环。锁环与封隔器其他零件啮合构成锁紧机构。由于封隔器锁紧机构及动作方式在很大程度上影响封隔器的可取性，在设计时应确保易入锁、锁得紧，需要时易解锁。

除开上述三大机构以外，可取式封隔器还包含解封机构，解封机构形式多样，包括销钉剪切解封机构、J形爪旋转＋上提解封机构、棘爪上提解封机构和螺纹旋转解封机构等。

2. 封隔器的分类

按照使用部位分类：用油管或钻杆下在套管井段的，叫套管封隔器，一般简称作封隔器；用套管下至滤管或带眼衬管上部的，叫套管外封隔器，简称管外封隔器；用油管或钻杆下在裸眼井段的，叫裸眼封隔器。

按照使用目的分类：可分为注水封隔器、注汽封隔器（或热采封隔器）、注聚（合物）封隔器、堵水封隔器、酸化压裂封隔器（或压裂封隔器）、防砂封隔器、桥塞封隔器（简称桥塞）和用途广泛的多功能封隔器等。

按照承压方向分类：只能承受上压或下压的，叫单向承压封隔器；既可承受上压又可承受下压的，叫双向承压封隔器。

按照技术参数分类：可承常压、耐常温、不耐硫化氢和二氧化碳腐蚀的，一般不特别称谓；可承高压、耐高温的，称高温高压封隔器；可抗硫化氢腐蚀的，称抗硫封隔器。外径较大的，称大直径封隔器；外径较小的，称小直径封隔器，特别地，需要穿越油管下入的，称过油管封隔器。

按照固定方式分类：分为尾管支撑式封隔器、卡瓦支撑式封隔器和悬挂式封隔器。

按照密封元件的工作原理分类：分为压缩式封隔器、扩张式封隔器、自封式封隔器和组合式封隔器。

按照坐封原理分类：分为水力式封隔器（或液压式封隔器）、机械式封隔器、电缆式封隔器（常用于电缆桥塞）、温控封隔器、金属封隔器、自膨胀封隔器（如遇油膨胀封隔器、遇水膨胀封隔器）和智能封隔器等。

按照取出特点分类：具有解封机构，必要时采用动管柱和其他非破坏手段解封取出的，叫可取式封隔器（或可回收式封隔器）；较长时间封隔地层，通常采用钻铣等破坏手段从井下取出的，叫永久式封隔器（或可钻封隔器）。特别地，可取式封隔器中坐封后与上部管柱脱离的称丢手封隔器，丢手封隔器中工作时需要下入插入管柱的称插管封隔器。

按照解封方式分类：解封解卡方式采用逐级或步进方式的，称逐级解封封隔器；有两种解封方式的，称双解封封隔器。

按照内通道的多少分类：分为单管封隔器、双管封隔器和多管封隔器。双管封隔器和多管封隔器中需要穿越电缆的，又称过电缆封隔器（朱晓荣，2012）。

3. 封隔器的型号

封隔器型号由以下 8 部分组成：

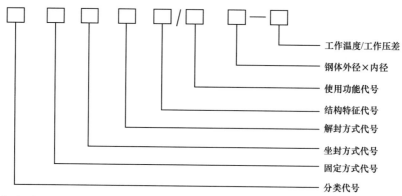

工作温度/工作压差
钢体外径×内径
使用功能代号
结构特征代号
解封方式代号
坐封方式代号
固定方式代号
分类代号

1）分类代号

分类名称用第一个汉字的汉语拼音大写字母表示，组合式用各式的分类代号组合表示，见表8-2-1。

表8-2-1　分类代号

分类名称	扩张式	压缩式	自封式	组合式
分类代号	K	Y	Z	用各式的分类代号组合表示

2）固定方式代号

固定方式代号用阿拉伯数字表示，见表8-2-2。

表8-2-2　固定方式代号

固定方式名称	尾管支撑	单向卡瓦	悬挂	双向卡瓦	锚瓦	组合式
固定方式代号	1	2	3	4	5	用各式的分类代号的组合表示

3）坐封方式代号

坐封方式代号用阿拉伯数字表示，见表8-2-3。

表8-2-3　坐封方式代号

坐封方式名称	提放管柱	转动管柱	自封	液压	下工具	热力
坐封方式代号	1	2	3	4	5	6

4）解封方式代号

解封方式代号用阿拉伯数字表示，见表8-2-4。

表8-2-4　解封方式代号

解封方式名称	提放管柱	转动管柱	钻铣	液压	下工具	热力
解封方式代号	1	2	3	4	5	6

5）结构特征代号

结构特征代号用封隔器结构特征两个关键汉字汉语拼音的第一个大写字母表示。如封隔器无下列结构特征，可省略结构特征代号，见表8-2-5。

表 8-2-5　结构特征代号

结构特征名称	插入结构	丢手结构	防顶结构	反洗结构	换向结构	自平衡结构	锁紧结构	自验封结构
结构特征代号	CR	DS	FD	FX	HX	PH	SJ	YF

6）使用功能代号

使用功能代号用封隔器主要用途两个关键汉字汉语拼音的第一个大写字母表示，见表8-2-6。

表 8-2-6　使用功能代号

使用功能名称	测试	堵水	防砂	挤堵	桥塞	试油	压裂酸化	找窜找漏	注水
使用功能名称	CS	DS	FS	JD	QS	SY	YL	ZC	ZS

7）钢体最大外径

钢体最大外径用阿拉伯数字表示，单位为毫米（mm）。

8）工作温度/工作压差

工作温度用阿拉伯数字表示，单位为摄氏度（℃）。工作压差用阿拉伯数字表示，约到个位数，单位为兆帕（MPa）。

二、单层压裂封隔器技术

封隔器单层压裂管柱是通过单封隔器以及相关配套工具来实现油套环空分隔，对封隔器以下的层位进行压裂，适于各种类型油气层，特别是深井大型压裂。封隔器单层压裂管柱可分为机械封隔器单层压裂管柱及液压封隔器单层压裂管柱。

1. 机械封隔器单层压裂管柱

1）管柱结构

该工艺管柱自上而下：油管＋伸缩管＋油管＋机械封隔器＋油管＋喇叭口（图8-2-2）。

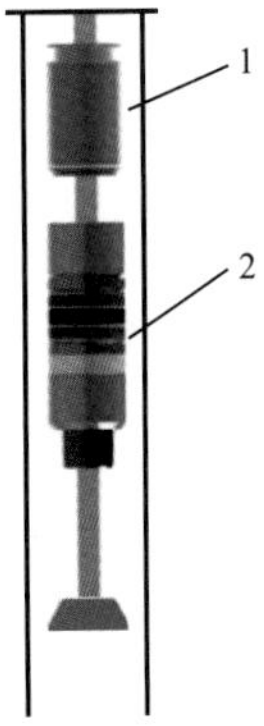

2）管柱工作原理

压裂施工前，通过地面操作上提下放、旋转管柱产生机械力对封隔器进行坐封，分隔油套环空。压裂施工时，按照压裂设计进行单层措施施工或全井笼统改造施工；完成压裂施工后，油套压力达到平衡，封隔器解封，起出施工管柱。

图 8-2-2　机械封隔器单层管柱结构示意图
1—伸缩管；2—机械封隔器

3）常用机械封隔器

（1）RTTS 封隔器。

RTTS 机械封隔器是一种大通径、可承受双向压力的悬挂式封隔器。设计用作地层测试、酸化压裂、完井、验漏、管外封串、配合换装井口、注水泥塞井等作业中，大通径使用在需要较小压力泵送大量流体的作业中，并可通过过油管射孔。RTTS 机械封隔器在一次下井中可完成各种功能作业。其具有承受压差大、耐温高的特点，是目前各油田广泛使用的工具。

RTTS 机械封隔器主要由 J 形槽换位机构、机械卡瓦、封隔胶筒和液压锚定机构组成，结构如图 8-2-3 所示，规格参数见表 8-2-7。封隔器下到设计深度后，调整管柱，保证封隔器坐封在设计位置。根据不同井深正旋转管柱，等待 1~2min 后，根据施工要求加压至相关吨位，坐封封隔器。封隔器坐封后油套不连通。当井下地层压力大于封隔器环空液柱压力时，封隔器液压锚伸出卡在套管壁上，可防止封隔器下部压力过大时推动封隔器使工具推出井眼或失封。封隔器解封前，首先平衡封隔器上下的压力，然后确定水力锚锚爪收回后，上提管柱解封。

图 8-2-3 RTTS 封隔器结构示意图

表 8-2-7 RTTS 封隔器规格参数

规格 /in	内径 /mm	外径 /mm	长度 /m	适用套管内径 /mm	耐温 /℃	工作压力 /MPa	坐封力 /kN
5	45.7	96	1.27	102.72	204	70	80
5	45.7	103.1	1.17	108.62~111.96	204	70	100
$5\frac{1}{2}$	45.7	108	1.17	114.30~118.62	204	70	120
$5\frac{1}{2}$	45.7	111.8	1.17	118.62~121.36	204	70	120
$5\frac{1}{2}$	48.3	115.6	1.18	121.36~127.98	204	70	120
7	61.2	146.1	1.33	157.08~161.37	204	70	140
$7\frac{5}{8}$	61.2	161.3	1.33	168.28~174.64	204	70	160
$7\frac{7}{8}$	61.2	165.1	1.33	174.64~180.78	204	70	160
$9\frac{5}{8}$	101.6	209.6	2.18	216.80~229.56	177	53	200

（2）JS 封隔器。

JS 封隔器结构如图 8-2-4 所示，规格参数见表 8-2-8。JS 可取式封隔器是广泛用于油管传输射孔、地层压裂、酸化、挤水泥、砾石充填、采油及试井作业的全开放坐放式封隔器。该封隔器推荐用于井斜角大于 40° 井况。

图 8-2-4　JS 封隔器结构示意图

表 8-2-8　JS 封隔器规格参数

规格 / in	内径 / mm	外径 / mm	长度 / m	适用套管内径 / mm	耐温 / ℃	工作压力 / MPa	坐封力 / kN
$4\frac{1}{2}$	46.02	91.95	2.27	99.56~103.88	204	70	100~120
5	46.02	104.00	2.47	108.62~111.96	204	70	100~120
$5\frac{1}{2}$	46.02	108.00	2.47	115.82	204	70	120~140
$5\frac{1}{2}$	49.00	114.00	2.53	118.62~121.36	204	70	120~140
$5\frac{1}{2}$	49.00	121.00	2.53	125.74~127.98	204	70	120~140
7	60.45	147.00	3.03	152.50~157.08	204	70	140~170
$7\frac{5}{8}$	61.2	163.00	3.03	168.28~171.84	204	70	140~170
$9\frac{5}{8}$	76.20	214.30	4.04	220.50~224.40	204	50	180~220

JS 封隔器具有三节胶筒组成的密封系统和水力控制平衡阀结构，以保证封隔器坐封时旁通平衡通道顺利关闭。水力锚位于压力平衡阀下面，在管柱内压力升高时防止管柱受上顶力作用而上窜，同时增加封隔器坐封负荷，增强坐封可靠性。封隔器底部的 J 形槽机构使坐封、解封易于操作。

当封隔器下入、回收和井液循环时，该大通道可使液体自由流动，极大地减轻了胶筒的摩擦的同时还避免了球齿的碰撞。该封隔器可用于地层压力很大的井，利用水力锚有效地防止封隔器上行，同时该压力也作用在平衡活塞上，平衡活塞向下运动抵住中心管和密封套。该原理将消除多余的坐放负荷并保持封隔器的旁通平衡通道关闭。

2. 液压封隔器单层压裂管柱

1）管柱结构

该工艺管柱自上而下：油管 + 伸缩管 + 油管 + 压井滑套 + 油管 + 水力锚 + 液压封隔器 + 油管 + 球座接头 + 油管鞋（图 8-2-5）。

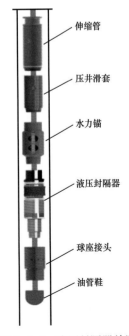

图 8-2-5　液压封隔器单层压裂管柱结构示意图

伸缩管
压井滑套
水力锚
液压封隔器
球座接头
油管鞋

2）管柱工作原理

压裂施工前，通过地面设备进行油管正打压时前置液通过截流球座时，管柱内外产生压差使封隔器坐封分隔油套环空，水力锚锚爪伸出锚定管柱；压裂施工时，按照压裂设计进行单层措施施工或全井笼统改造施工；完成压裂施工后，油套压力达到平衡，封隔器解封，水力锚锚爪回收解卡，起出施工管柱。

3）常用液压封隔器

（1）PHP封隔器。

PHP封隔器是一种液压坐封可取式封隔器，结构如图8-2-6所示，规格参数见表8-2-9，可单个或多个一起下入井中。特别适合于机械和电缆坐封封隔器不适宜下入的大角度斜井或水平井中。两个或两个以上的封隔器可被一次坐封或按照设计的秩序依次坐封。该封隔器广泛用于分层采油、分层注水、酸化、压裂等各种生产及增产措施作业。

图 8-2-6　PHP 封隔器结构示意图

表 8-2-9　PHP 封隔器规格参数

规格 / in	内径 / mm	外径 / mm	长度 / m	适用套管内径 / mm	耐温 / ℃	工作压力 / MPa	坐封压力 / MPa 启动	坐封压力 / MPa 最终	解封力 / kN	两端螺纹
5	49.28	103.38	1.82	108.71～112.01	204	53	8.96	26	217.7	$2^7/_8$in EUE B×P
$5^1/_2$	49.28	108.97	1.82	111.96～115.82	204	53	7	26	217.7	$2^7/_8$in EUE B×P
$5^1/_2$	49.28	114.30	1.77	118.01～121.01	204	70	6	26	217.7	$2^7/_8$in EUE B×P
$5^1/_2$	49.28	114.30	1.93	118.59～125.73	204	70	6	26	217.7	$2^7/_8$in EUE B×P
7	76.20	147.62	2.00	152.50～157.07	204	70	13.79	26	217.7	$3^1/_2$in EUE B×P
7	76.20	161.26	2.00	152.50	204	70	13.79	26	217.7	$3^1/_2$in EUE B×P
$7^5/_8$	76.20	170.94	2.00	178.44～180.98	204	70	10.34	26	217.7	$3^1/_2$in EUE B×P
$7^5/_8$	76.20	161.26	2.00	167.13～172.72	204	70	11.31	26	217.7	$3^1/_2$in EUE B×P
$9^5/_8$	76.20	207.95	2.24	216.8～222.4	204	53	11.03	26	217.7	$3^1/_2$in EUE B×P

　　该封隔器具有组合式胶筒，并设计有上端平衡阀、中间坐封活塞缸套和下端双向卡瓦，可承受双向高压差。下端卡瓦可在有剪切销的卡瓦套中充分收缩，以避免其外径超过卡瓦套下方的导引套外径，导致在下井过程中磕碰套管。设计合理的双活塞在坐封过程中起到了重要作用，打压坐封时液压压力作用在上下活塞上，首先下活塞下行剪断锁环挡圈以及卡瓦套上各剪切销，下活塞带动上锥体下行，张开卡瓦完成坐封；同时上活塞上行剪断泄油套上剪切销后，上活塞带动缸筒及泄油套导环继续上行压缩胶筒。压力越高活塞推力越大，胶筒越压越实，密封效果越显著；锥体挤入卡瓦越多，双向卡瓦越张越大，使双向锚定更为有效。

　　该封隔器有两种方法解封：上提和右旋。上提解封是依靠上提剪断剪切螺母上的剪切销，从而释放油管。而右旋解封则是首先右旋管柱，在封隔器上施加右旋扭矩，剪断两个剪切销钉，销钉剪断后，管柱即可右旋大约 8 圈，使剪切螺母和中心管脱扣（左旋螺纹连接），从而释放油管。然后再上提油管完全释放封隔器，以便取出。在解封区内有一个压力平衡阀，在解封过程中，该阀将自动打开以平衡内外压力并使得油管与套管之间的液体可以相互流动。另外，胶筒衬套下有一个大孔径的旁通阀，在上提取出封隔器的时候允许液体快速流动，以减小胶筒的磨损。

　　（2）SHP 封隔器。

　　SHP 封隔器是一种液压式的卡瓦可取式套管封隔器，结构如图 8-2-7 所示，规格参数见表 8-2-10。可单个下入井中，适用于水平井和斜井中，坐封封隔器无需移动油管。坐封后，封隔器通过双向整体卡瓦固定，封隔器可丢手，插入插管后能承受双向压差。该封隔器必须下入专用解封工具，通过上提解封。

图 8-2-7　SHP 封隔器结构示意图

表 8-2-10　SHP 封隔器规格参数

规格 / in	内径 / mm	外径 / mm	长度 / m	适用套管内径 / mm	耐温 / ℃	工作压力 / MPa	坐封压力 / MPa		解封力 / kN	两端螺纹
							启动	最终		
$5\frac{1}{2}$	50.60	112.00	2.47	118.62～121.36	204	70	15.17	28	120	特殊螺纹 ×$3\frac{3}{4}$in −4P B
7	82.55	147.57	1.99	152.5～157.1	204	70	15.17	28	120	特殊螺纹 ×$4\frac{1}{2}$in LTC B
$7\frac{5}{8}$	82.55	162.00	2.52	168.28～171.84	204	70	15.17	28	120	特殊螺纹 ×$4\frac{1}{2}$in LTC B
$7\frac{7}{8}$	82.55	170.99	1.99	178.56～−181.1	204	70	15.17	28	120	特殊螺纹 ×$4\frac{1}{2}$in LTC B
$9\frac{5}{8}$	82.55	211.00	2.67	220.50～224.40	204	50	15.17	28	120	特殊螺纹 ×$4\frac{1}{2}$in LTC B

该封隔器的活塞在坐封过程中向上移动首先坐封卡瓦，继续打压时，活塞缸带动中心管下行压缩胶筒，封隔油套环空。油管泄压，胶筒的回弹力将锁环推开并卡在活塞上的锯齿螺纹处，使封隔器胶筒以及活塞下端的外围部件不能退回，胶筒始终处于涨开状态。工作时解封机构棘爪支撑体处的解封销钉不受力，封隔器不会解封。

三、多层压裂封隔器技术

多层压裂封隔器技术分为套管多层压裂封隔器技术和裸眼多层压裂封隔器技术，能实现套管内不动管柱一次完成多段压裂，具有全过程液压动作，不泄压投球、储层改造针对性强的特点。针对套管完井，该技术采用封隔器来封隔相邻的储层，针对裸眼井则采用可膨胀封隔器分段来封隔不同的储层。将水平井封隔成设计的级数后，从水平段末端开始逐级投球来打开压裂滑套进行水力压裂施工（图 8-2-8）。

图 8-2-8　多层封隔器压裂管柱示意图
1—水力锚；2—压裂封隔器；3—滑套压裂封隔器；4—压差滑套

1. 套管多层压裂封隔器技术

套管多层压裂封隔器技术是采用油管柱进行压裂液输送，工具串随管柱一并下入井内，管柱和环空形成循环通道，压裂后工具和管柱可起出回收，对井筒内套管的完整性要求低，具有易于施工、作业风险低、事故便于处理等优点，适用于工具可靠性低、井下环境复杂和事故易发生的井筒压裂。其缺点是油管柱内流道小、沿程压力损失大，加砂量、排量受到限制，与套管（环空）压裂比，多了一趟油管柱和起下作业，但可作为生产管柱。

套管多层压裂封隔器滑套技术较常规压裂管柱有效地提高了水平井、直井压裂分段数，简化了油气开发作业工序，缩短了施工作业周期，减少了压井、多次改造对储层的伤害，方便油气井后期管理，降低了开发成本，提高了油气田的整体开发水平和开发效益。该技术及配套工具广泛适应于石油、天然气直井、水平井分段酸化、压裂改造。还可以作为生产管柱，应用于需要定点开关滑套的石油天然气生产领域中。

双封单卡分段压裂技术是针对大庆低渗透油田储层薄而多、层间物性差异大的特点，自主研发的水平井分段压裂技术，双封单卡分段压裂工具串如图 8-2-9 所示。主要由丝堵、两个封隔器、喷砂器、水力锚、扶正器、安全接头、防喷器等组成。其工作原理是：将工具串随油管或连续油管下入井筒，通过油管加压，坐封封隔器，继续加压和加砂对目的层进行压裂，压完后放喷，完成本层段压裂后，上提管柱到下一层段，重复上述工序，直到完成所有层段压裂。该项技术若使用油管柱，需要反复拆装井口、上提管柱，施工效率低、劳动强度大，并且存在井控风险；若使用连续油管，由于直径较小，排量和加砂量会受到限制。

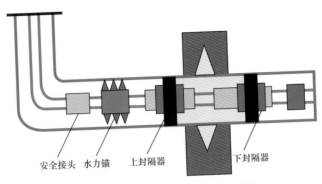

安全接头　水力锚　上封隔器　下封隔器

图 8-2-9　双封单卡分段压裂工具串

封隔器滑套分段储层改造工艺是一项全新的技术，是油气勘探开发的重要手段，管柱主要由安全接头、水力锚、滑套、封隔器、扶正器等组成（图 8-2-10）。

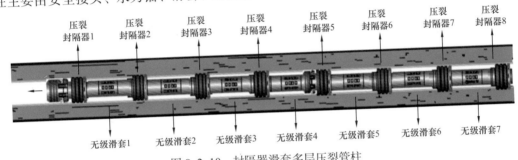

压裂封隔器1　压裂封隔器2　压裂封隔器3　压裂封隔器4　压裂封隔器5　压裂封隔器6　压裂封隔器7　压裂封隔器8

无级滑套1　无级滑套2　无级滑套3　无级滑套4　无级滑套5　无级滑套6　无级滑套7

图 8-2-10　封隔器滑套多层压裂管柱

采用油管下放工具串，下放后井口固定，投球打压实现封隔器坐封，再向油管内投入不同或同一直径球或专业钥匙，油管内加压打开滑套，压裂完本段后，再向油管投球，打开下一级滑套；重复上述过程完成逐级压裂。通过设计不同结构的滑套，可做到管柱内通径逐级缩径或等直径。该技术已成为国内老井筒油藏改造的第一选择，在苏里格气田、吐哈油田等多口井成功实施了分段压裂改造。

2. 裸眼多层压裂封隔器技术

裸眼完井可以更好地实现全水平段的泄油气，这是因为水平段上的水泥固井阻碍了环空的生产，而页岩气储藏通常是天然裂缝和节理发育，裸眼完井恰恰可以大大发挥这些天然裂缝对产量的贡献。

1）工艺原理

液压坐封封隔器将每层封隔开，液压坐封悬挂器将管柱悬挂，将不同大小的球送入油管，然后将球泵送到相应的压裂滑套内，增压打开滑套就可以对相应的产层进行处理，并封堵其他产层。施工过程中，从下而上逐级投球，逐段压裂施工，压裂施工完毕后，放喷将球返出。

2）管柱结构

裸眼封隔器分段压裂管柱主要由悬挂封隔器、裸眼封隔器、投球滑套、球座及筛管引鞋等组成（图 8-2-11）。用水力坐封或遇油遇水膨胀坐封裸眼封隔器代替水泥固井来隔离各层段，生产时不需要起出或钻铣封隔器，利用滑套工具在封隔器间的井筒上形成通道，来代替套管射孔。

标准配置：悬挂封隔器 + 裸眼封隔器 + 多层压裂滑套 + 裸眼封隔器 + 液压滑套 + 坐封滑套 + 浮鞋。

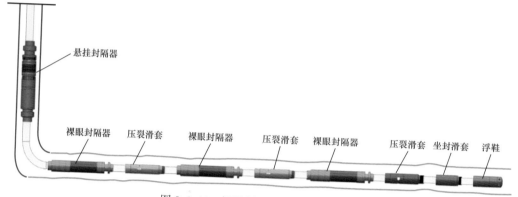

图 8-2-11　裸眼封隔器多层压裂管柱

3）关键配套工具

（1）密封插管送井工具。

密封插管送井工具由密封插管和密封回接筒组成（图 8-2-12）。整体设计简单便于井下操作可取式可反复使用的密封插管的重要特点：外部高强度的马牙螺纹，高性能的密封环。密封回接筒的整体设计有助于承受高扭矩高压力。当管串连接好后，裸眼封隔器和悬挂器坐封和测试完后，施加 1tf 左右的张力右旋若干圈即可丢手。回接压裂管柱能通过密封插管和密封回接筒再次连接。全通径内孔设计，内孔的大小决定了管柱压裂层数的多少，因此全通径大内孔的密封插管送井工具保证了压裂层数的最大化。其具有全通径内孔、耐温 150℃，耐压 70MPa 的特点，可被用作送入工具和回接密封工具。

图 8-2-12　密封插管送井工具

（2）悬挂封隔器。

悬挂封隔器是具有大通径密封内孔的永久式生产封隔器（图 8-2-13）。在管柱中不需要额外的坐封工具。其主要作用是作为裸眼封隔器管柱的悬挂器，另一个作用是在管柱坐封后丢手，再通过下入插管密封总成完成压裂施工，并在施工结束后作为生产管柱进行生产。

图 8-2-13　悬挂封隔器

（3）压缩式裸眼封隔器。

压缩式裸眼封隔器被使用在水平井裸眼分段压裂管柱的两个压裂滑套之间（图8-2-14）。在水平井裸眼分段压裂管柱中可使用任意数量的裸眼封隔器。压缩式裸眼封隔器通过嵌入式的双胶筒设计增加了裸眼井的隔绝性能，减少安装过程中潜在的伤害，同时双胶筒系统在裸眼井中作为一道双重保障去确保隔绝层位。液压坐封帮助井筒内流体循环，没有封隔器预坐封时位移的风险。水平井裸眼分段压裂裸眼封隔器管柱一趟压力循环能坐封所有封隔器，也能选择性坐封某个层段封隔器。

图8-2-14　压缩式裸眼封隔器

（4）坐封滑套。

坐封滑套是水平井裸眼分段压裂系统工具中在浮鞋上面的工具（图8-2-15）。坐封滑套允许水平井裸眼分段压裂系统工具安装时充满液流，当下放到预定的坐封位置后允许液流循环。当关闭坐封滑套通道后，坐封滑套将提供压力坐封裸眼封隔器，悬挂封隔器和打开压差滑套。

图8-2-15　坐封滑套

投球激活，坐封滑套保持敞开状态便于循环，当对应的球被循环到球座上将开启滑套，液压关闭压力在安装之前可以根据要求调整。其具有的锁紧截留的功能能保证一旦坐封滑套移动关闭，它将保持永久锁定。

（5）液压压差滑套。

液压压差滑套在坐封滑套之上（图8-2-16）。液压压差滑套在水平井裸眼分段压裂系统中作为第一级（最底层）滑套使用。当油压大于套压，压差值达到设计值后无需投球即可打开压差滑套，进行第一级的压裂。

图8-2-16　液压压差滑套

（6）压裂滑套。

压裂滑套通过球激活打开滑套连通油套环空（图8-2-17）。当球坐落在内滑套球座上，滑套以上空间被隔离，施加压力在球上，球、球座、内滑套下行打开油套环空通道。压裂滑套的开启压力可以调整，一颗销钉1.85MPa（268psi），总共10颗。一旦打开，内滑套将

图 8-2-17　压裂滑套

处于锁定状态防止上移。液体能够通过侧面流道孔压裂，流道孔面积 $20in^2$。通过使用不同大小的球座和球，一趟管柱能压裂 21 层。在所有层位压裂完成后，压裂球最后能放喷返回地面，球和球座也能被钻磨掉。

压裂滑套适用于 7in 套管和 6~6.5in 裸眼，工具外径是 5.75in。在水平井裸眼分段压裂系统中，压裂滑套能配合液压压缩式裸眼封隔器、扩张式裸眼封隔器和遇油膨胀裸眼封隔器使用。

（7）单向阀浮鞋。

单向阀浮鞋连接在水平井裸眼分段压裂管串系统的最下端，在下井的过程中起导向的作用，浮鞋内部有单向阀，施工完成后可以磨铣钻除，实现井筒全通径（图 8-2-18）。

图 8-2-18　单向阀浮鞋

四、桥塞和封隔器测试技术

桥塞和封隔器的室内试验研究，是封隔器研制工作极其重要的一个环节。国际标准化组织 ISO 和美国石油协会 API 建立了相关标准，对产品的设计认证等级按照 API 11D1 的 V6 至 V0 七个设计认证等级开展验证工作。对产品的压力、温度和轴向性能等级进行说明。符合设计认证等级的桥塞和封隔器需达到预定的性能要求。图 8-2-19 是用于对桥塞和封隔器在压力和轴向载荷逐渐变化时所受的综合作用进行描述的性能包线图，桥塞和封隔器失效时的状态参数构成了包线边界，边界内部区域划分为不同性能包线等级。

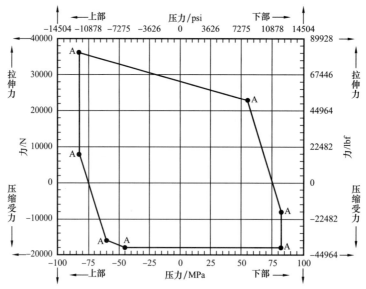

注意：A 点为两个或两个以上失效状态的交汇点

图 8-2-19　桥塞和封隔器性能包线示例图

第三节 滑 套

目前在威远－长宁、云南昭通地区和重庆涪陵地区页岩气勘探开发主要使用的压裂方式为多级桥塞封隔分段压裂技术，该技术已经取得了很好的效果，但是开发成本较为昂贵，其中桥塞的消耗较大。所以需要探索新的压裂方式来解决这一系列问题。

一般页岩气开发主要用到水平井多级压裂技术，其中滑套多级分段压裂的压裂效果和施工时间上较多级桥塞封隔分段压裂技术有明显的优势，因此该技术将逐步用于国内页岩油气资源的开发。

有些封隔器滑套管柱作业存在工期长、成本相对较高等问题。对于狗腿度较大或水平段过长的水平井，下入压裂管柱可能存在一定风险，压裂级数受滑套种类尺寸限制，同时裂缝起裂控制较难，可能影响裂缝效果。有些固井滑套多级分段压裂在面对页岩气工况中也有着各自的缺陷，如有的工艺会影响到井筒的全通径，从而影响到大排量体积压裂；有的在下入开关工具的时候均需要精确定位，而连续油管的精确定位现阶段很难做到。同时在固井滑套多级分段压裂技术中，最重要的部分是滑套及其配套工具的研究，所以需要从不同滑套种类的研究入手，来研究滑套多级分段压裂技术在页岩气开发中的应用情况，对其中的一些缺陷进行研究，验证该工艺面对实际工况时的可行性，从而为指导现场施工。

一、固井滑套定点压裂技术

固井滑套定点压裂技术是在固井技术的基础上结合投球或开关式固井滑套而形成的多层分段压裂完井技术。该技术利用固井滑套选择性的放置在气层位置，固井完成后，利用投球或钥匙打开或利用连续油管携带井下工具将滑套打开，然后通过环空进行压裂作业。

优点：（1）压裂滑套一次压裂只打开一个，保证了每一级都会被压裂；（2）滑套的个数可以无限级（因此压裂级数也无限级）；（3）不需要连续油管喷砂射孔，连续油管环空压裂或直接套管笼统压裂，各级压裂间隔时间减少；（4）需要时用喷砂射孔井下工具，可以随时增加射孔级数；（5）作业完毕井筒可以实现全通径；（6）一次只压裂一级，可以很大程度降低泵送排量，减少完成作业所需的设备总的功率，从而降低成本。

缺点：（1）该套管滑套内径变化，固井配件通用性差；（2）套管压裂无法使用分级箍，全井段封固对固井胶塞密封性能提出了更高的要求；（3）滑套外径大，可能对滑套附近固井质量产生不利影响。

二、变径滑套压裂技术

1. 管柱结构

管柱主要由浮鞋、浮箍、生产套管、投球滑套、趾端压差滑套等组成，如图 8-3-1 所示。

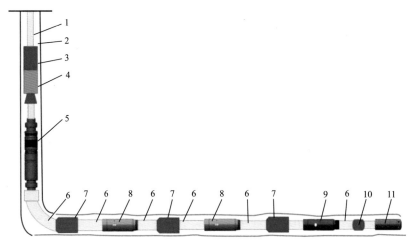

图 8-3-1　变径滑套管柱

1—送入管柱；2—技术套管；3—丢手及插入密封筒；4—回接及插入密封筒；5—尾管悬挂器及悬挂封隔器；

6—油管；7—刚性稳定器；8—投球滑套；9—趾端压差滑套；10—胶塞；11—浮鞋

2. 工作原理

首先趾端压裂滑套随套管下入井内，通过固井水泥环封隔储层，完成套管固井，其中下入投球滑套的数量为根据压裂储层分段设计要求减一。接着井口大排量注入压裂液，当憋压达到趾端压差滑套设计开启压力后，该滑套开启打开压裂过流通道，并实现第一级的压裂作业，完成储层沟通。然后按照由小到大的直径依次投入压裂球，当滑套对应尺寸的压裂球被投入井中与特定的滑套内部的球座配合后，滑套内部流道被堵，进入憋压状态（图 8-3-2），当压力达到设计值时，剪钉被剪短，此时内滑套下行。当内滑套上的压裂通道与外筒上的压裂通道相重合时滑套处于打开的状态（图 8-3-3）。实现该层级的压裂施工。压裂完成后便可投产。若后期需要进行修井操作等井下施工措施，则应钻铣球座或溶解球座和球。因此，该类滑套属于有限级压裂滑套，可以实现水平井段有限不同层数的压裂作业（李德远等，2020）。

图 8-3-2　滑套关闭状态

图 8-3-3　滑套打开状态

3. 技术特点

（1）采用滑套与生产套管组合固井的完井方式，对井壁的适应力强，能很好地减小井壁垮塌可能对压裂施工作业带来的影响。

（2）一趟工艺管柱完成全部压裂施工，极大地节省了施工时间，提高了施工效率。

（3）工艺管柱无需常规压裂施工中用到的封隔器，不用考虑封隔器密封问题，有效地避免了其他压裂方式因封隔器密封问题导致的分段压裂施工失效的风险。

（4）压裂施工完成后进行钻铣球座，可以实现油气通道全通径，有利于后期井下施工。

4. 投球滑套

投球滑套的结构主要包括外筒、内滑套和球座（图 8-3-4）。外筒的两端一般与生产套管或其他井下工具螺纹连接，外筒上有压裂通道，当滑套被打开时内滑套上的压裂通道同外筒的压裂通道相连通，内滑套通过外筒的内部凸台设计被限位在外筒中，同时在压裂作业前，外筒与内滑套之间由剪钉限制内滑套的位移，防止内滑套被意外打开压裂通道。内滑套上设计有球座，球座的内径和压裂球相配合，保证密封良好。球和球座可以设计成钻铣材质的，也可采用可溶材质的。

图 8-3-4 投球滑套示意图

三、水平井多级预置滑套分段压裂技术

水平井多级预置滑套分段压裂技术是近几年发展起来的一种新型多级压裂技术，该技术是在钻井作业完成后，按储层地质分层（段）要求下入固井滑套（张道鹏等，2020）。后期使用连续油管带着液控开关工具或拖动压裂工具或钥匙进行滑套的开关，完成相关层位的压裂。该技术具有压裂级数不受限制，管柱保持统一通径，可满足大排量、大规模网缝压裂的需要，后期可选择性开关滑套实现生产控制或重复压裂等特点。

1. 管柱结构

水平井多级预置滑套分段压裂完井工艺管柱主要由套管串、工作筒、多个预置可开关滑套和液压扶正器等工具组成，其结构如图 8-3-5 所示。

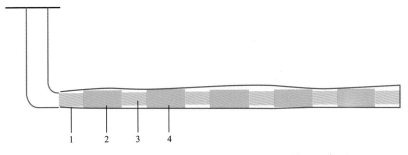

图 8-3-5 水平井多级预置滑套分段压裂工艺管柱示意图
1，3—短套管；2，4—全通径滑套

2. 工艺原理

水平井多级预置滑套分段压裂完井技术是将水平井预置可开关滑套配接的套管串下入后固井，通过连续管配接液控开关工具作为启闭滑套的钥匙，下入套管串内，当启闭滑套的钥匙到达第1个预置可开关滑套内，往油管内加压，启动液控开关工具，使启闭滑套的钥匙开始工作，开启预置可开关滑套，进行压裂。压裂完成后，再启动液控开关工具，关闭预置可开关滑套。如此动作反复对每一级进行开启、关闭，完成每一级的压裂工作。

水平井多级预置滑套钥匙开关原理：将滑套按照产层位置下放到预制位置；注水泥固井；投胶塞将管内水泥刮削到井底；注入特定溶液将可溶占位环溶解；投钥匙开启滑套一层一层压裂。随着可溶材料的发展，将可溶材料应用在预置滑套中带来了技术的革命，避免后期固井施工对滑套开启功能的影响。

3. 技术特点

预置可开关滑套随套管一同下入井内。完井管柱对井眼质量要求低，能够满足薄互层泥沙交互、页岩等储层钻井难度大以及井眼质量难以保证的复杂井况要求。

水平段可根据分段压裂优化设计安置多个预置可开关滑套，每个预置可开关滑套的内通径和套管内径一致，分段级数不受限制。

采用套管压裂方式，预置可开关滑套打开后，压裂通道的过流面积大，能实现大规模、大排量压裂改造工艺，达到形成网状裂缝和体积改造的目的，满足滩坝砂薄互层油藏多层改造以及页岩油网缝压裂的需要。

4. 关键工具

1）预置可开关滑套

预置可开关滑套下井时处于关闭状态，与配接套管一同下入井内固井完井，压裂时依靠专用工具自下而上打开或关闭预置可开关滑套上的压裂通道，实现多级分段压裂。

预置可开关滑套结构优化设计：设计了开关滑套定位凹槽机构，只有使用专用开关工具，且在一定提拉或下压载荷下才能开启或关闭，避免常规作业管柱起下对开关状态的影响；设计了密封结构，密封压力高，且满足多次工作后的密封要求；设计了滑套工作状态到位显示机构，到位后开关工具自动脱开，便于地面操控；设计了无阻压裂流通结构，打开后滑套的过流面积大于连接套管的过流面积，满足大规模压裂的需要。

滑套防固镜面涂层技术设计：研制了复合材料镜面涂层，避免固井水泥对滑套启闭影响。研制了可溶材料对滑套沟槽机构临时性保护。

2）压差打开式开关工具

利用井下组合工具（BHA）（例如钥匙）、压裂滑套内滑套与BHA或钥匙外壳之间形成液腔，内滑套在液压力驱动下向下滑动，开启滑套压裂口。利用钥匙压差打开滑套，不需要连续油管下入工具开启滑套，节约时间和成本，降低风险。也可以利用连续油管拖动压裂管柱坐封于滑套内滑套上压差打开滑套进行环空压裂（图8-3-6）。实现水力喷射射孔与压裂联作，无需另外射孔；一趟钻具可进行多段压裂，减少起下钻作业次数，缩短了作业周期；具有实时监测井底压力、施工规模较大的优点。

图 8-3-6　连续油管拖动压裂管柱

3）机械打开式开关工具

由连续油管下放开关工具到达压裂段后，连续油管打压，开关工具锁块外突，与滑套台肩配合，上提管柱，液控式固井滑套关闭工具随着作业管柱向上移动，突出的开关块勾住固井滑套内部移动套上的台阶，向上移动直至将压裂滑套完全关闭，此时开关块上部锥面与固井滑套内部缩颈台阶发生挤压，开关块缩回，与固井滑套内部移动套脱离，完成固井滑套关闭操作（罗建伟等，2020）；当压裂完成后，将开关工具移动到其他滑套处，实现下一段压裂，直到所有层段压裂完成，关闭不需要的层段，取出连续油管。采用液压机构和弹簧控制配合来启闭操控机构，有压差时操作块伸出，无压差时操作块收回，伸展尺寸大，伸缩驱动力小，灵活可靠；设计与滑套相配的启闭台阶，保证伸出的操作块能顺利进入预置可开关滑套启闭台阶内，完成滑套的启闭动作，到位后又能自动脱开，有明显的载荷变化显示。

5. 核心技术

1）滑套包覆技术

在滑套入井及固井过程中，井内碎屑及水泥浆会通过滑套固井压裂口（过流孔）进入滑套内，进而影响滑套的密封性能及开关性能。通常在滑套内涂抹油脂，防止水泥浆进入滑套内。然而，在滑套下入过程中或者注水泥前，油脂也有可能在压力作用下被挤出。解决这一问题的主要方法是在本体压裂孔外侧覆盖复合材料包覆层，这样可以有效防止井内碎屑及水泥浆进入滑套，大大提高施工的可靠性。

滑套的包覆层主要有可降解高分子材料包覆层和水泥式暂堵材料包覆层。包覆层的性能要求为：（1）不密封，但能防止井内固井材料进入滑套压裂孔内；（2）具备一定的强度和耐磨性，在入井过程中防止滑脱和损坏；（3）可在较低压力下顺利击碎，不能影响地缝起裂压力；（4）入井后至固井候凝期间不降解，一旦压裂滑套打开，压力通过压裂口（过流孔）后进入复合材料包覆层，使其分层降解纤维化，消除包覆层对地层压裂的影响。

2）预置可开关滑套与液控开关工具配合启闭

将预置可开关滑套与液控开关工具配合后，安放到卧式拉压试验装置上，连接传感器及试压泵进行预置可开关滑套的开启、关闭配合及密封试验。预置可开关滑套与液控开关工具启闭配合百余次，密封良好，性能稳定，实现了运动过程中密封性及开启、关闭的可靠性。

试验结果表明，预置可开关滑套的开启、关闭载荷20kN，液控开关工具的工作压力5MPa，整体密封压差70MPa，各项指标符合设计要求，能够满足现场需求。

3）水泥环对压裂破裂压力影响

将预置可开关滑套放入相应规格的打孔套管中，将水泥按现场规格进行配比并灌入套管环空中凝固，配接试验泵，对预置可开关滑套加压，观察套管有无水溢出，确定管内水泥环破裂压力。试验结果表明，25.4mm厚的固井水泥环增加的破裂压力小于2MPa，水泥环对压裂破裂压力影响很小。

6. 压裂工艺对比

水平井套管固井预置滑套多级分段压裂完井技术可满足大排量、大规模分段压裂的需要，具有施工工艺简单、费用低廉和压裂级数不受限制等特点，在油田非常规勘探开发中具有较大的技术优势和较好的经济性。

预置可开关滑套在模拟固井状态下开启和关闭可靠，密封压力达到70MPa，能够满足现场需求。

投球式固井滑套多级分段压裂工艺在压裂施工中由于滑套内球座的存在会对压裂累的要求更高，所以一般相同的井况，投球式工艺会需要更多的压裂泵送设备机组。除此之外，由于球座内径的不同，且球座及压裂球的配合要求相当的精度，造成了投球滑套的设备投入费用很高。开关式滑套对泵压的要求和传统压裂方式的需求相差不大，和传统压裂所需要的压裂泵送设备机组几乎一致，且滑套规格相对统一，可以批量生产，相比传统方式成本增加不大。但是每次压裂指定储层时需要用连续油管接驳滑套开关工具打开指定滑套，在压裂完成后在下入工具关闭滑套进行下一级的压裂，所以施工时间较长，这部分造成了成本的增加。

当分段级数较少时，选用投球式打开滑套有很好的经济效应，当分段级数较多时，选择开关工具打开滑套比较具有经济效应（徐建，2016）。

随着我国页岩气开发技术的成熟，水平井滑套压裂的应用将越来越广泛，但是滑套在使用过程中存在一个明显的难题就是如何判断井下滑套的状态，国外有厂商研制出带传感器的智能滑套，但是现阶段该滑套还不成熟，不仅价格高昂，而且当面对井下复杂的环境容易出现不可靠的情况。所以对如何准确可靠的判断井下滑套状态的，是未来研究的一个方向。

第九章 典型工程应用

随着勘探开发和石油工程技术的发展，非常规油气资源的开发所占比例逐年增大，对压裂施工提出了大规模、大功率、大排量、长时间的施工要求，给成套压裂装备的研发、应用、操作维护带来了新的变化。

第一节 页岩气压裂工程应用

一、页岩气压裂设备配置

页岩气开发建设促进了国产压裂装备和完井工具的研发制造。针对 3500m 以深的压裂工艺和工具装备等瓶颈，成功研制出具有自主知识产权的 2500 型、3000 型压裂泵送设备，已在焦石坝地区批量投入使用。

1. 主力装备配置

目前在涪陵页岩气区块服务的主力装备，包括 2300 型、2500 型、3000 型、5000 型四种机型，其中以 2500 型、3000 型为主，占 81.8%。

2. 辅助装备配置

针对页岩气压裂的"四多一长"的特点，除了主力装备外，最多的是辅助装备，按照功能划分，主要包括配液、加砂、供液、井口装置和高低压管汇等，见表 9-1-1。

表 9-1-1 页岩气压裂辅助装备配置表

设备	规格	数量	备注
混配设备		2 台	
高低压管汇橇	140MPa、105MPa（4in）	2 套	
高压分流管汇	140MPa、105MPa	1 套	
供液设备		2 台	一台供酸、一台泵送
砂罐	10m³、20m³	2	
砂罐	100m³	1	
吊机	70t	3 台	
液罐	容积不等	多个	减阻水、胶液
酸罐	容积不等	多个	
缓冲罐	容积不等	多个	

3. 压裂液连续混配系统

针对不同工区、地质特征及压裂液体系，压裂液连续混配系统减少了储存、运输等中间环节，实现压裂液现场"即配即注"，压后零残留胶液，提高了压裂液的均一性和稳定性，解决了压裂液因使用不及时而腐败变质的问题。压裂液连续混配系统如图9-1-1所示。

图 9-1-1　压裂液连续混配系统

4. 连续加砂装置

页岩气压裂一般采用2～3种支撑剂。常用的有粉陶（100目，149μm）、树脂覆膜砂（40/70目，425～212μm）和树脂覆膜砂（30/50目，395～600μm）。我国页岩气大规模压裂多在山地丘陵地区，受道路运输及作业现场空间影响，拖挂式砂罐不适合国内使用。

在连续加砂装置的选择上，常用200m³砂罐、100m³砂罐、20m³砂罐等几种砂罐组合使用的方式，按照设计支撑剂规格、数量和供砂速度，可以优化完成1～3种不同规格支撑剂的储存和连续输送（图9-1-2）。单罐输砂速度＞3m³/min，同时采用吊车吊装吨包补砂，可满足单段施工连续供砂能力220m³以上。

（a）吨包　　　　　　　（b）立式组合砂罐支撑剂　　　　　（c）连续输送模式吊装吨包

图 9-1-2　组合砂罐现场连续加砂

5. 连续供液系统

连续供液系统（图 9-1-3）由水源、供水泵、储液等主要设备及输水管线、水分配器等辅助设备构成。根据井场情况，选择应用合适的储液配液方案：（1）配套 45m³、50m³ 储液大罐和软体罐储水储液；（2）修建储水池；（3）即配即供技术；（4）配制浓缩液。

图 9-1-3　连续供液系统

非常规页岩气压裂单段液体规模一般在 1000～2000m³，单个储液罐容积一般为 40～50m³，单段压裂需要的储液罐不少于 30～40 套。采用 10in 低压供液管汇后，可以直接把多个储液罐连接起来直接给混砂设备供液。

6. 井口装置

页岩气压裂施工配套了专用压裂井口（图 9-1-4）。压裂施工中，四路高压管线从压裂六通四个对应的方向注入。为适应更大排量施工要求，按照六通技术标准研发了压裂八通，可以连接六路高压管线，满足排量 15～20m³/min 压裂施工需要。

图 9-1-4　六通型压裂井口

7. 高压管汇

由于页岩气压裂流量大，高压管汇（图 9-1-5）多应用并行的两组或多组大通径管汇，其中一组输送滑溜水，另一组输送携砂液。

8. 低压管汇

低压管汇（图 9-1-6）与高压管汇对应由多个橇串联组成，根据施工模式，形成 2 组独立的低压管道，安装于对应高压管汇上方。

图 9-1-5　大通径高压管汇橇

图 9-1-6　低压管汇及连接

二、页岩气压裂典型施工

大型压裂装备适用于国内页岩油气超高压、水平井长时间连续作业的超大型压裂施工作业。2014 年 8 月在重庆涪陵 ×× 号平台压裂施工中，包含 3000 型压裂泵送设备、HS20 混砂设备、仪表设备、连续配液装置、连续供砂装置在内的 3000 型成套压裂机组完成首次全配套作业。在焦页 ×× 号平台 4 口井"井工厂"同步交叉压裂施工取得圆满成功，创造了国内页岩气单平台压裂连续压裂施工段数最多（75 段）、总加砂量最多（4321m³）、总加液量最多（133283m³）、平均单井压裂周期最短（4.25m³）以及单日压裂施工段数最多（8 段）、单日加液量最多（12965m³）、单日加砂量最多（339m³）等 7 项施工纪录，提高施工效率 50% 以上，减少压裂泵送设备动用量 35%。

1. 南页 ×× 井单井分段压裂施工

1）井况说明

南页 ×× 井是在四川盆地部署的重点水平预探井。井斜深 5820m，水平段长达 1047.91m。

通过压裂设计优化，共分 14 段压裂。压裂岩层属于页岩，采用泵送桥塞射孔联作工艺进行分段压裂，压裂施工参数见表 9-1-2。

表 9-1-2　南页 ×× 井压裂施工参数

井名	段数	簇数	排量 / (m³/min)	规模	胶液比例 /%	综合砂液比 /%	水功率 /hp
南页 ××	14	2	12～14	一般规模	40	2.3	42000 （1.2 倍功率储备系数）

2）材料准备

南页 ×× 井 14 段主压裂液共 37186m³，其中酸液 300m³，滑溜水 21671m³。

支撑剂共 822m³，其中 70/140 目粉陶 212m³，40/70 目低密高强度覆膜陶粒 542m³，30/50 目低密高强度覆膜陶粒 68m³。

3）装备配置

压裂现场划分为水源区、主力设备区、液体配置区、现场指挥区等四个主要区域，如图 9-1-7 所示。

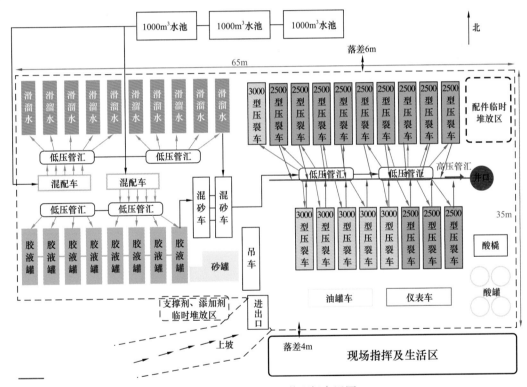

图 9-1-7　南页 ×× 井现场布置图

压裂施工配置压裂泵送设备、混砂设备、仪表设备、高低压管汇等，压裂装备见表 9-1-3。

4）装备使用分析

12 台 2500 型、6 台 3000 型压裂泵送设备在国内页岩气施工最高压力井南页 ×× 井完成施工作业（图 9-1-8）。在应用过程中通过远程监控系统实现了对压裂装备施工运行数据的初步监测。

表 9-1-3　南页 ×× 井压裂装备配置

序号	名称	型号规格	数量/台（套）
1	压裂泵送设备	2500	12
2	压裂泵送设备	3000	6
3	混砂设备	16m³/min	2
4	高低压管汇		1
5	仪表设备		1
6	连续混配设备	8m³/min	2
7	压裂液罐	50m³	44
8	立式酸罐	20m³	15
9	立式砂罐	100m³	2
10	立式砂罐	20m³	1
11	压裂管汇	140MPa	4
12	油罐车	20t	2
13	吊车	35t	2
14	供液橇及供水系统		2
15	低压管汇		4
16	酸泵车		1

图 9-1-8　南页 ×× 井压裂施工现场

　　3000 型压裂泵送设备工作挡位分别运行了第二挡、第三挡、第五挡，其中 80% 的施工时间采用第三挡作业，10% 的工作时间为第四挡作业。3000 型压裂泵送设备施工中作业最高压力达 118MPa，平均工作压力为 92MPa。

2. 焦页 ×× 平台多井分段压裂工程

焦页 ×× 号平台内部署 4 口页岩气水平井，分别为焦页 ××-1 井、焦页 ××-2 井、焦页 ××-3 井、焦页 ××-4 井。2 套压裂机组同平台 4 口井同步压裂施工，参与施工主压裂泵送设备 38 台，共计 98800hp 施工水马力。

1）井况说明

施工现场平面井场面积约为 10000m²，设计工作压力为 70MPa 左右，设计施工排量为 12~14m³/min，预计施工压力为 64~78MPa。平台作业井的基本情况见表 9-1-4。

表 9-1-4　焦页 ×× 号平台施工作业井基本情况

井编号	焦页 ××-1HF	焦页 ××-2HF	焦页 ××-3HF	焦页 ××-4HF
水平段长 /m	1434	1534	1522	1764
人工井底 /m	4446	4427	4168	4563
射孔及压裂层段	18	17	19	21
施工总液量 /m³	32010	30214.4	33803	37868
总砂量 /m³	1210.5	1160	1252.1	1422.8

焦页 ×× 号平台其施工现场平面图如图 9-1-9 所示。平台采用井工厂化同步压裂主要作业模式：采用 2 套机组及相应的配套设备同步对 4 口井进行交替压裂，有效提高了压裂机组作业效率。

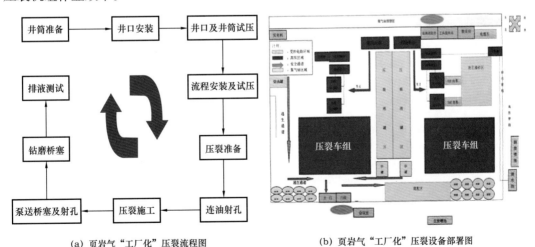

(a) 页岩气"工厂化"压裂流程图　　　　(b) 页岩气"工厂化"压裂设备部署图

图 9-1-9　焦页 ×× 号平台施工现场平面图

2）装备配置

焦页 ×× 号平台装备组成见表 9-1-5，部分装备及现场布置如图 9-1-10 所示。

表 9-1-5　焦页 ×× 号平台井场压裂装备组成表

设备		规格	数量	备注
压裂车		2500A 型	4 台	射孔作业（2 用 2 备）
		2500 型	22 台	压裂作业（A 套机组：10 台 3000 型 +6 台 2500 型；
		3000 型	10 台	B 套机组：16 台 2500）
供液	混砂设备	SHS16	2 台	A、B 两套机组各 1 台 SHS16+1 台 SHS20
		SHS20	2 台	
	配液装置	8m³	4 台	3 车 +1 橇（A、B 各 2 套）
	高低压管汇		4 套	A、B 两套机组各 2 套
	离心泵橇		2 台	为液罐提供清水
	供酸泵橇		4 台	A、B 两套机组各 2 台分别用于从酸罐泵酸及为泵送工具时供液
	25m³ 酸罐		50 具	储酸（各 25 具）
	90m³ 液罐		20 具	24 具配胶液，26 具配滑溜水
供砂	立式砂罐	20m³	4 具	A、B 两套机组各 2 具
	立式砂罐	100m³	2 具	A、B 两套机组各 1 具
辅助设备	仪表车		3 台	A、B 两套机组各 1 台，1 套用于泵送工具检测
	吊车	（30t、75t）	5 台	吊砂、吊井下工具
	油罐车		1 台	供油

图 9-1-10　焦页 ×× 号平台压裂现场

3）装备使用分析

焦页 ×× 号台 4 口井的最大排量为 14m³/min，地面施工压力取 55MPa，则所需的总功率为：$14 \times 55 \times 1000/60 = 12833$kW。

压裂施工所使用的压裂机组：A 套机组由 10 台 3000 型压裂车、6 台 2500 型压裂车，B 套机组由 16 台 2500 型压裂车组成。机组的配置总功率为：

A 套机组：（10×3000+6×2500）×0.745kW＝33525kW

B 套机组：16×2500×0.745kW＝29800kW

实际用到的功率系数为：

A 套机组：12833/33525×100%＝38%

B 套机组：12833/29800×100%＝43%

功率储备系数分别为：62%、57%。

此次施工过程中，压裂车功率配置比较充裕，平均负荷只有 40%。配置更多压裂车是考虑故障、易损件寿命、管汇故障等综合因素。

混砂设备为 1 台 HS16 与 1 台 HS20 配合作业，作业模式为 HS16 仅供清液 4m³、HS20 供携砂液 10m³，满足现场压裂排量 14m³、供液压力 0.5MPa 的要求。

3. 焦页 ×× 东平台全电动压裂施工

西南地区是我国页岩气开发的主战场，电力资源相对发达，利用电力开展页岩气水力压裂可以降低施工成本，实现页岩气的绿色开发。目前多家公司先后推出电动压裂设备，整机结构有单机双泵、单机单泵等多种结构型式，标称最大输出功率有 3000hp、5000hp、6000hp、7000hp，并先后在川渝、新疆进入工业应用。

1）井况说明

焦页 ×× 东平台实施 4 口井，共 101 段（实际完成 100 段）的压裂作业。压力区间 40～83MPa，排量 14～16m³/m，累计用电 279×10⁴kW·h，耗电包括压裂、混砂、配液、砂罐、供液、供酸以及井场生活用电，平均每段耗电 2.79×10⁴kW·h。

2）设备配置

压裂施工水功率 15670～23500hp，按照单台装备 60% 的平均负载计算，实际泵注设备 8 台。由于首次应用，增加了 4 台装备备份，两外两台作为泵送作业。最大用电负荷 19000kW。电动混砂采用双系统 HS40 型，一路系统用于混砂，为六台电橇提供混砂液；另一路用于清水输出，为另外六台电橇提供清水泵注，设备配置见表 9-1-6。

表 9-1-6　全电动压裂设备配置表

序号	设备名称	数量	备注
1	DY5000 型压裂橇	14	其中两台泵送
2	HS40 电动混砂	1	进行供砂和供液
3	电动输砂罐	1	
4	油电混控仪表橇	1	
5	PY20 电动配液	1	含电控房
6	105MPa 管汇组及管汇件	1	
7	12500kV·A 变电站	2	开闭所＋变压器
合计	全电动压裂机组	21	

3）电力保障供应

焦页××东平台电源点从110kV变电站至焦石专线T接，共敷设35kV电缆38km，整个电网总容量25000kV·A。

4）安全要求

（1）用电一般要求。

35kV变压器和高压电缆安装，参照GB 50217《电力工程电缆设计标准》与GB 50054《低压配电设计规范》执行。

检测电缆、设备、地基之间的绝缘性，10kV电缆测试绝缘电阻值需要大于10MΩ。电力线路连接安装后应通过第三方电力公司的检查，检查合格后方可送电。

检查所有电气设备是否连有接地线。要求接地桩打入地下深度不小于0.7m；接地体引出线的垂直部分和接地桩焊接部分作防腐处理；接地电阻小于4Ω。

（2）设备安全要求。

设备布置按照Q/SH 31400040《页岩气井试气作业现场布局规范》设置四个作业区（压裂作业区、泵送射孔区、配液作业区、试气作业区），新增加电驱压裂辅助配套设备区（35kV变压器和高压电缆）。

压裂作业区按照Q/SH 31400040《页岩气井试气作业现场布局规范》进行压裂泵送设备组摆放，电驱压裂泵送设备组间距不小于0.5m，两列泵车间距不小于6.0m，主压机组下方垫防渗膜，周围使用围堰防护，压裂泵送设备组区域必须用水泥浇筑，地面承压应不小于0.12MPa。

高低压管线连接方式同柴驱压裂泵送设备组相同，参考柴驱压裂泵送设备施工高低压管线连接规范执行，按照企业标准Q/SH31400039《页岩气水平井分段压裂作业规程》中的相关要求执行。

配液作业区的酸罐区在与电气和高压设备保持安全距离的前提下，设计足够的送酸车辆通道。

5）装备应用分析

电动压裂施工在压裂供水等保障充足的前提下，进行连续不断压裂施工。焦页××东平台平均工作压力55.3MPa，最高工作压力85.53MPa，平均单段加砂94m³，整个施工工艺向强加砂方向转变。

（1）用电分析。

通过各段平均施工压力与单方液耗电，统计出压力与单方液耗电量之间的关系，采用线性拟合，得出单方液耗电y与压力x的函数关系为$y=0.2148x+5.3159$。可预测不同压力、液量施工规模下耗电量，为工程及电网建设提供成本依据。施工用电分析见表9-1-7。

（2）噪声分析。

对井场11个点位进行了噪声测试，整个井场为长105m，宽70m标准型井场，以对角线中心（即井场中心为中心点），建立直角坐标系，不同区域噪声分布表见表9-1-8，不同区域噪声分布如图9-1-11所示。

表 9-1-7 全电动压裂施工用电分析

序号	平均施工压力 /MPa	单方液耗电量 /（kW·h）	单段不同液量的耗电量 /（kW·h）		
			1500m³	1800m³	2100m³
1	50	16.06	24084	28901	33717
2	60	18.20	27306	32767	38288
3	70	20.35	30528	36633	42739
4	80	22.50	33750	40500	47250
5	90	24.65	36972	44366	51761
6	100	26.80	40194	48233	56271

表 9-1-8 不同区域噪声分布表

位点	位置	噪声 /dB
A	10kV 电网侧	60.9
B	避雷针处	67.4
C	DQ008 橇	89.3
D	混砂周围	92.8
E	吊机周围	79.7
F	混配橇周围	99.8
G	井场正面入口	79.8
H	公路与井场交汇	70.1
I	民宿处	76.5
J	试气值班室	78.6
K	仪表控制周围	73.5

根据测试结果，井场除配液、混砂周围噪声在 90dB 以上，其他区域均可控制在 80dB 左右，公路与井场交汇处噪声最小，噪声为 70.1dB，周围民宿、压裂内场噪声均在 70～80dB 之间，与马路上噪声相当，电动压裂施工降噪效果明显。

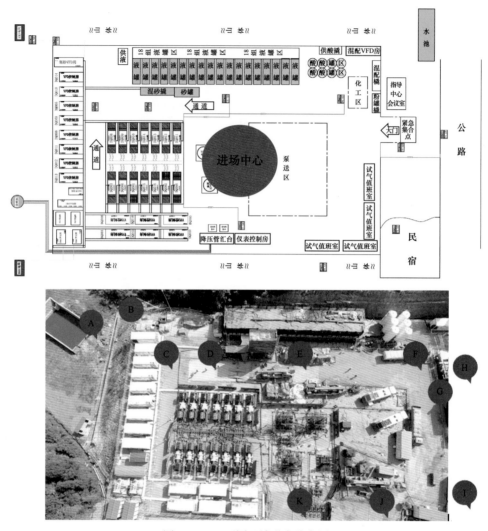

图 9-1-11　不同区域噪声分布图

第二节　海洋油气压裂工程应用

国内海洋油气压裂作业主要应用于海洋油气低渗储层改造，通常压力低于 70MPa ；排量低于 4m³/min ；最高砂比 40% 左右，平均砂比约 25% ；单层总液量不超过 400m³ ；单层总砂量不超过 40m³。

2014 年中海油首次采用以海水作为压裂液配制的基液进行压裂施工，解决了平台或驳船无法大量储存用于配液的淡水的难题，并且减少了对岩心的伤害。

海洋油气压裂作业中使用配液能力为 2.0～8.0m³/min 的连续混配装置，如图 9-2-1 所示，实现了边压边配的作业模式，解决了平台空间、承载、配液的问题。

图 9-2-1　海洋油气压裂作业连续混配设备

海上压裂的未来发展发现主要实现两个目标：第一是发展海上压裂船，实现船舶压裂，船舶与平台用高压软管连接，并有紧急脱离装置；第二是发展海上压裂作业支持平台，实现全方位立体压裂，覆盖整个压裂区域，并且不受气候限制。

一、海洋 CX-XX 井压裂施工

1.油气井基本数据

CX-XX 井是一口开发兼预探井（井型：定向井），完钻井深 4433m，水深 104m。根据 CX-XX 井储层厚度、物性等基本参数，利用三维压裂软件模拟了裂缝延伸情况，输出施工参数见表 9-2-1。

表 9-2-1　CX-XX 井施工参数

砂量 /m³	平均砂比 /%	排量 /（m³/min）	液量 /m³	前置液比例 /%
30	18.9%	0～3	308.3	45

2.施工区域平台顶甲板

施工区域平台顶甲板如图 9-2-2 所示。

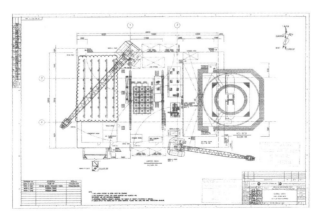

图 9-2-2　CX-XX 井施工区域平台顶甲板

3. 压裂设备标准配置清单

压裂设备标准配置清单见表 9-2-2。

表 9-2-2　CX-XX 井压裂设备标准配置清单

序号	设备名称		数量	单位	尺寸 /m	单位重量 /t	占地面积 /m²	总重量 /t	总占地面积 /m²
1	压裂泵橇	散热橇	3	台	2.00×2.50×3.03	4.50	5.00	13.50	15.00
		动力橇	3	台	4.42×2.50×2.50	12.25	11.05	36.75	33.15
		泵橇	3	台	3.30×2.50×2.50	9.84	8.25	29.52	24.75
2	混砂橇	液力端	1	台	7.00×2.50×3.00	11.65	17.50	11.65	17.50
		动力端	1	台	4.42×2.50×3.30	9.72	11.05	9.72	11.05
3	连续混配橇	动力橇	1	台	3.80×2.52×2.90	6.60	9.58	6.60	9.58
		液力橇	1	台	7.23×2.52×2.90	8.80	18.22	8.80	18.22
4	仪表橇		1	台	6.00×2.50×2.50	6.51	15.00	6.51	15.00
5	砂罐		1	个	2.51×2.51×5.20	6.50	6.30	6.50	6.30
6	工具箱		2	个	3.20×2.20×2.20	7.00	7.04	14.00	14.08
7	长笼		2	个	11.8×1.10×1.16	4.00	12.98	8.00	25.96
8	喂入泵		1	台	1.00×1.00×3.00	1.00	1.00	1.00	1.00
9	缓冲罐		2	个	3.40×3.40×4.35	6.50	11.56	13.00	23.12
10	十通		1	个	2.80×1.00×0.80	0.50	2.80	0.50	2.80
11	方井口		1	个	2.25×1.77×0.68	2.00	3.98	2.00	3.98
12	隔膜泵		2	台	0.50×0.50×1.00	0.20	0.25	0.40	0.50
13	5m³ 罐		1	个	2.4×2.25×1.6	2.00	5.40	2.00	5.40
14	15m³ 罐		1	个	2.9×2.9×4.7	4.00	8.41	4.00	8.41
总计								174.5	235.8

4. 压裂设备摆放及施工流程

压裂设备摆放示意图如图 9-2-3 所示，平台摆放 3 台压裂泵橇、1 台混砂橇、1 台连续混配橇、1 台仪表橇、1 个 5m³ 罐、1 个 15m³ 罐共占地面积 235.8m²。CX-XX 井位于井口区东南角，图中黄色设备可移动，红色设备不可移动。施工流程示意图如图 9-2-4 所示。

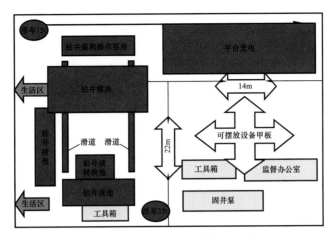

图 9-2-3　CX-XX 井压裂设备摆放图

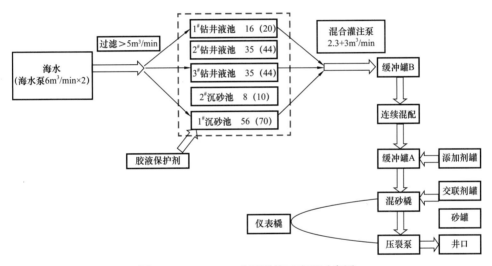

图 9-2-4　CX-XX 井压裂施工流程示意图

5. 配液

CX-XX 井平台配制压裂液配液使用钻井液池及沉砂池，总容积为 188m³，预计可用容积为 150m³；平台生活水储罐体积为 120m³，可用量为 100m³ 左右。

正式压裂施工前，将钻井液池、沉砂池及缓冲罐全部放好满足配液条件要求的淡水，并配好基液，之后按照施工流程进行连续配液、即配即压施工作业。在小型压裂测试结束后，利用测压降时间，将各个储罐补满相关液体。

二、海洋 NB31-XX 井压裂测试工程

NB31-XX 井完钻井深 4801.9m，水深 85.6m。

1. 平台压裂作业能力

（1）吊机能力：平台共有三部，作业半径 48m，大钩设计工作载荷 50t，小钩设计工

作载荷 10tf。

（2）甲板承重：主甲板左右弦钻具盒承重为 $3t/m^2$，悬臂梁下甲板承重为 $2t/m^2$。单个砂罐不能超过 $10.67m^3$，两个不能超过 $21m^3$，剩余砂量可采用吊机配合加砂。

（3）平台钻井液池：钻井液池共 10 个，总容积为 $704.39m^3$。本次压裂最大用液量 $425m^3$，可以满足施工要求。压裂设备摆放如图 9-2-5 所示。

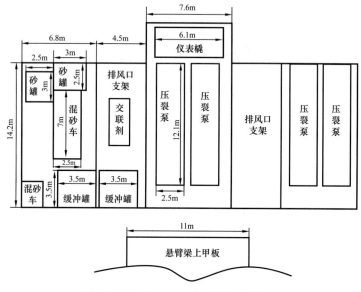

图 9-2-5　NB31-XX 井压裂设备摆放图

2. 海上压裂施工步骤

（1）出海前准备工作。

检查落实作业用主要动力设备、高压容器、防喷器以及主要修井工具的密封性能和安全性能，要求有关部门提供有效合格证书，并逐一确认。

根据出海器材清单和施工设计要求备好压裂设备及器材。易丢失、怕海水浸泡的器材、小型设备和工具应装箱或打包。做好所有出海人员的资格认证，包括"MTS"卡、特殊作业人员要求具有岗位操作证。

（2）平台设备就位。

查看场地，确认设备摆放位置。清理场地。按设备摆放图，由远及近，由重到轻依次吊设备并就位。设备吊上平台后需整体查看有无磕碰、漏油、缺失现象。

（3）流程及设备连接。

压裂泵组装连接、混砂橇及砂罐组装连接、固定打标、压裂泵组装、砂罐与混砂橇固定、设备组装连接到位固定牢靠。工作中注意平台其他作业对自己的影响，该避让的就避让，必要时可先停止作业。然后连接压裂井口装置流程。施工流程如图 9-2-6 所示。

高压流程：压裂泵高压出口分别安装单流阀，用高压三通并泵，并泵后连接高压三通放压流程，放压出口到缓冲罐，放压三通出口上钻台，与测试树压裂侧连接。

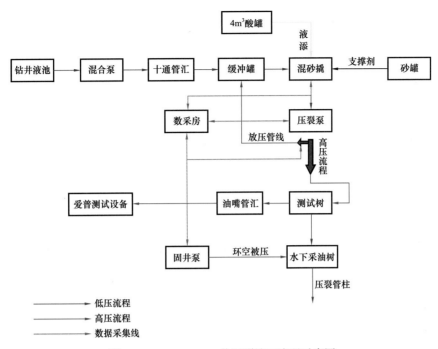

图 9-2-6　NB31-XX 井压裂施工流程示意图

低压流程：由钻井液池混合泵出口接 1 趟供液管线（快速接头管线）到缓冲罐上的十通管汇，由十通管汇控制缓冲罐液量，从缓冲罐接四趟管线进混砂撬，由混砂撬接 4 趟管线分别接入压裂泵上水口，管线为 206 活接头。

第十章　页岩气压裂工程与压裂装备发展展望

压裂是一项系统工程，压裂工艺对压裂设备提出了更高的要求，而高性能的压裂设备可以更好地服务于压裂工艺。把二者统一起来，不断提高，更好地解放油藏、增加油气采收率是未来的发展方向。

第一节　页岩气压裂工程发展展望

随着致密油气、页岩气勘探开发的推进，中国水平井和压裂为主的成套钻采技术会日趋成熟。为进一步提高生产效率，丛式水平井技术应用将上升，压裂规模从"千方液百方砂"跃升到"万方液千方砂"。

根据中国页岩气勘探开发整体处在发展初期以涪陵、威远、长宁等页岩气田取得的成功经验为基础，采取平台式"井工厂"生产模式和区块间接替，每一平台钻探水平井4～8口（平均6口）等因素评价，得出中国页岩气产量增长趋势预测如图10-1-1所示。

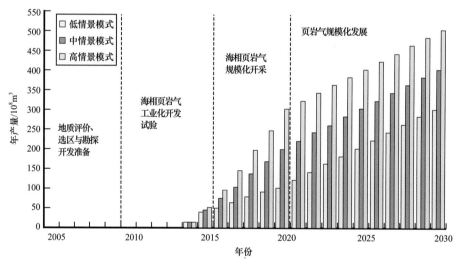

图 10-1-1　中国页岩气产量增长趋势预测

（1）低情景模式：页岩气勘探开发关键技术与装备稳定发展，气价保持稳定，市场与政策补贴部分到位，地面设施建设部分具备，埋深小于3500m的海相页岩气取得突破。2020 年产量突破 $100 \times 10^8 m^3$，2030 年产量达 $300 \times 10^8 m^3$。

（2）中情景模式：关键技术与装备主体突破，气价保持稳定并增长，以埋深2000～4500m 范围为主，其他页岩气取得重大突破。2020 年产量突破 $200 \times 10^8 m^3$，2030年产量达 $400 \times 10^8 m^3$。

（3）高情景模式：关键技术与装备全面突破，气价稳定并增长，突破3500m的限制，海相页岩气规模化开发，其他页岩气工业化生产。2020年产量突破$300×10^8m^3$，2030年产量达$500×10^8m^3$。

由此可见，中国页岩气的勘探开发前景总体乐观，但与关键技术、工程装备密切相关。页岩气压裂工程的发展主要包括提升页岩气压裂施工效率、采用先进的压裂技术和降低页岩气压裂对环境的影响。

一、提升页岩气压裂施工效率

高昂的开采成本是制约页岩气开发的重要因素，如何提高压裂施工效率，降低成本仍是未来页岩气压裂技术发展的重要方向。

为了避免无效压裂作业，国内外正在探索可有效识别断层、出水层段以及油气富集区的随压"甜点"监测技术，以便显著提高页岩气压裂施工效率。然而，真正能够做到准确无误地高效压裂，还有待进一步的研究和突破。

以尽可能低的投入获取尽可能多的油气产储量是石油工业技术创新的价值所在，也是石油企业得以持续发展壮大的活力，但就目前我国页岩气开采来看，尚未达到实现经济产量的要求，单井成本远高于美国页岩气开采成本。实际上，美国页岩气气田的开采成本，也伴随对地层条件、储层位置、钻井技术和压裂技术的熟练程度提高，呈下降趋势，目前页岩气单井成本由第一口750万美元降至430万美元，最大降幅达到40%。

伴随中国石油、中国石化对国内页岩气示范区内的地层条件、储层位置、钻井技术和压裂技术的熟练程度提高，以及丛式井的实践应用，页岩气开采成本也在逐年下降，其中，钻井服务将是成本弹性较大的部分，单井成本从1亿元左右降至4000万元以内（图10-1-2）。

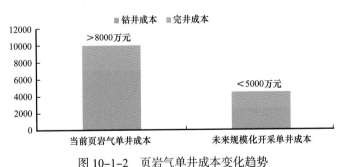

图10-1-2　页岩气单井成本变化趋势

二、采用先进的压裂技术

从2000年初开始，技术创新使页岩气开发成本每年降低20%~30%。其中三维勘探、水平钻井（定向钻井）技术的成熟，使钻井成本下降30%左右；大规模水力压裂显著提高采收率，增加单井产气量。

大规模压裂改善页岩气的渗流条件是提高页岩气产量的关键。在常规压裂过程中，支撑剂的嵌入降低了裂缝的导流能力，而HiWAY高速通道压裂技术的出现颠覆了传统压裂理念。整合了完井工艺、填砂工艺、流体控制工程的 HiWAY 高速通道压裂技术，通过间歇式交替注入支撑剂和高浓度凝胶压裂液，在支撑剂填充区形成开放性的高速渗流通道，极大地改善了页岩气的渗流状态。该技术已在全球多个地区得到了应用。

如图 10-1-3 所示，高速通道压裂工艺裂缝内的网络通道是传统支撑剂充填层内孔道大小的 10 倍以上。与常规压裂缝内支撑剂铺置对比可见，该工艺可提高裂缝导流能力和抗污染能力，降低加砂难度，使相同加砂量造出的有效缝更长，可减少支撑剂用量和提高油气经济开发。

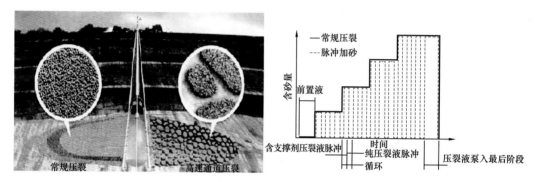

图 10-1-3　高速通道压裂与常规压裂缝内支撑剂铺置对比

采用非连续铺砂方式进行人工裂缝支撑可获得较连续支撑裂缝高出约 2 个数量级的裂缝导流能力。同时，采用纤维悬砂方式可实现脉冲式加砂条件下支撑剂段塞的稳定和段塞间的有效分隔。研究人员还探索了脉冲时间、支撑剂砂柱稳定性控制、纤维与砂浓度优化配比等压裂关键技术，初步形成了脉冲式加砂压裂工艺。

采用高效脉冲式加砂压裂技术较常规加砂压裂平均支撑剂用量降低 28.3%，平均加砂强度降低 21.88%，压后平均日测产气量提高 26.8%。

三、降低页岩气压裂对环境的影响

页岩气压裂消耗大量的水资源，造成水资源紧张。根据美国能源局公布的统计结果，Barnett 地区的页岩气井平均用水量高达 10000m³/ 口，其中水力压裂的水量占绝大部分。其次，压裂液对生态环境也有重大危害，在压裂过程中，有高达 80% 的压裂液不能返排，因其含有杀菌剂、阻垢剂、润滑剂以及表面活性剂等多种化学添加剂，有可能导致饮用水污染。因此，降低页岩气压裂造成的环境影响逐渐成为页岩气压裂技术的重要指标。国内外已经开展 LPG（液化石油气）压裂、超临界 CO_2 压裂以及液氮压裂等新型无水压裂技术的可行性研究和应用。

LPG 压裂以液化石油气作为压裂液，与常规水力压裂相比，可显著增大有效裂缝长度，提高产能，同时避免水敏、返排液回收困难等问题，该技术已在北美地区取得了成功。然而 LPG 易燃，具有爆炸风险，需要进一步改进技术并完善安全标准。

超临界 CO_2 不同于气体和液体，其黏度低，易扩散，同时表面张力可忽略不计。因此，在页岩气压裂中，超临界 CO_2 压裂具有许多优势，不仅有利于产生复杂的缝网，同时由于不含液相和固相，对储层无污染，可有效避免黏土膨胀、水敏等危害。

液氮压裂技术，同样具有不错的应用前景。然而，超临界 CO_2 压裂以及液氮压裂技术主要还停留在理论研究及室内实验。

第二节 压裂装备技术发展

一、满足国家标准强制约束条件

目前国产 2500 型、3000 型压裂泵送设备全部采用进口四桥车作为承载底盘，各轴承承载能力及实际重量见表 10-2-1，根据 GB 1589—2016《汽车、挂车及汽车列车外廓尺寸、载荷及质量限值》要求，"油田专用作业车的最大允许总质量不应超过 55t，各轴最大允许轴荷不超过 13t"。由于目前压裂泵送设备底盘的 1、2 轴最大承载能力只有 9.5t，如果 3、4 轴采用 13t，整个压裂泵送设备的重量只能控制在 45t，而且现有的设备 3、4 轴轴荷明显超过标准要求。另外标准要求 2017 年实施第五阶段机动车排放满足 GB 18352.5 要求，同时要求台上发动机排放满足 GB 17691 国Ⅲ要求。

表 10-2-1 大型压裂泵送设备承载能力及实际重量表

压裂泵送设备部位	底盘轴荷 /t（标准要求）	压裂泵送设备重量 /t（超标情况）
1 轴和 2 轴	9×2（13×2）	16.7（满足）
3 轴和 4 轴	16×2（13×2）	28.5（超标）
整机	50（55）	45.6（超标）

对照表 10-2-1 可以看出，国家标准中轴荷的限制和排放的提升对于装备制造厂家带来了困难，主要体现在 3、4 轴的超载问题，超过标准 2t 以上。解决方案从以下方面考虑。对于底盘可以采用加大 2、3 轴距或者将整体上装前移来平衡前后轴的负荷分配；更重要的是对上装结构件进行优化减重才能控制整机的重量。减重的重点就是发动机和传动箱两大关键部件，近期国际上已有多款经过优化配置的产品推出，其集成后的质量可以减小 2~3t，能够满足国家道路行驶和非道路发动机国Ⅲ排放标准的要求。其次就是结合大型工程的特点对压裂泵送设备上装不必要的附件（高压管架、平台等）进行优化配置达到上装部件的轻量化的要求。所以，针对国家标准的要求，制造厂商应该提出系统的整机集成方案满足重量和尺寸的约束条件。

压裂工程装备施工的噪声达到 100dB（A）以上，最高达到 110dB（A），噪声扰民以及对施工人员身体的损害已经引起相关部门的高度关注。虽然目前还没有制定压裂工程噪声控制相关法规，但是依据 GB 3096—2008《声环境质量标准》中 3 类规定的最大噪声为 65dB（A）的要求有较大的差距。压裂泵送设备的工作噪声主要来源于发动机的排气和冷却风扇，单纯的对压裂泵送设备进行降噪或隔噪处理的效果无法达标并且实施的难度较大，比较可行的方案是对施工作业现场的压裂装备外加装隔声墙板，利用隔声材料和隔声结构来阻挡噪声的传播。经过现场测试和计算分析在压裂泵送设备外 1~2m 处加装隔声墙板后 50m 外的噪声值下降到 73dB（A），100m 以外可以控制在 65dB（A）以内。隔声墙板可以与现有安全防护钢板进行整合，在工程现场进行区域组合安装和拆卸。

二、减少功能冗余

随着国内压裂工程作业模式的变换，压裂设备整机结构也应该相应的改变。对于特定区块的页岩气压裂施工通常的布井相对集中，开发半径在 50km 范围内。单井的作业时间 20 天，单平台作业时间两个月以上，年行驶里程在 500km 以内，压裂泵送设备的行驶功能大幅降级。另一方面，随着我国乡村公路建设的逐步完善，现有的道路状况已经具备中大型拖挂车进入井场的条件，所以拖挂式或者橇装结构的大型压裂装备更加具有经济性。

在施工排量达到 14m³/min 以上的施工中，从施工安全和供液能力综合考虑，通常配置两台混砂设备进行联合作业。目前形成的模式是一台混砂设备进行加砂供液，另一台混砂设备只是提供压裂液的输送，这样一来该混砂设备的输砂功能就失去作用，所以部分的施工现场采用一台供液泵代替混砂设备进行供液。虽然排量满足要求，但混砂系统失去了备用的目的。新型混砂设备可以在考虑将两台混砂设备进行功能整合，成为单台装备。首先混砂设备具有两套混配系统，各系统的实际混砂能力要达到 14m³/min 以上，即可以同时进行使用，也可以单独满足施工要求；输砂系统可以分别对两个混合罐进行加砂；液添和干添系统可以根据工程要求进行简化配置。

随着计算机和网络通信技术的发展，压裂机组的控制系统也进入到升级和换代周期，功能键和多屏操作的模式对于多装备的联合作业带来不便。采用基于 PC 计算机替代以前的单机功能屏将提升控制系统的界面交互特性，提升系统响应速度并简化仪表车硬件的配置。对于混砂设备的控制系统可以采用触摸屏实现控制和显示功能，同时去除现有混砂设备手动操作旋流和显示仪表，由此带来整个混砂设备控制系统的简化。另外采用无限技术对压裂机组进行自动联网，可以减少现场连线带来的困难，该项技术已经在国外压裂装备中得到应用。

三、快速连接压裂管汇系统

在压裂管汇技术领域，随着国内页岩气开发逐渐深入，压裂管汇技术也得到了快速发展。目前，国内压裂施工作业普遍应用活接头式压裂管汇，法兰连接大通径高压管汇正在陆续开展应用，但在管汇模块化设计、自动化水平、管汇系统标准化等方面与国外先进技术仍然存在一定差距。

压裂液法兰管线传输已成为近几年发展的趋势，围绕压裂施工高压管汇法兰连接、提高管汇使用安全性、提速提效、降低使用成本、降低人员劳动强度、高压管汇规范化、标准化等多方面，不断出现种类多样压裂管汇，法兰连接大通径、助力系统等先后出现在管汇设计中，管汇设计系列化、标准化水平较高。压裂管汇自动化、智能化、集成化设计已成为发展趋势。

四、电动压裂装备应用

电动压裂装备具有零排放、噪声小、使用维护成本低的特点，在美国大型压裂工程上已经开始试验性应用。我国页岩气开发区块主要集中在西南山区，电力资源比较发达，目前钻井施工大多采用电动钻机。以涪陵地区页岩气开发为例，全部采用电动钻机进行多井阶段作业，现有钻井电网电压有 10kV 和 35kV 两种级别，电网容量在 10000kV·A（8000kW）～30000kV·A（24000kW），实际使用功率在 4000～6000kW，已经具备部分实施电动压裂装备的条件。结合我国特有的电网资源，从节约能源、减少排放考虑重新规划用电容量或采用已有的网电用于压裂工程，将成为未来我国大型压裂装备的发展方向。

除单独架线外，电动压裂装备的初期应用还是基于现有的电网容量进行配置。可以配置部分的电动压裂装备与现有的压裂泵送设备进行混合作业，即根据电网容量使用部分的电动压裂装备替换现有的压裂泵送设备。网电直接与变电和变频控制房接线，控制房通过电缆与电动压裂橇连接，将压裂橇的控制单元通过网线在仪表车内实现集中控制。电动压裂装备可以采用单电动机双泵或单电动机单泵的驱动模式，由于电驱变频可以实现电动机的无极调速功能，同时电动机的恒扭矩输出以及长时间的连续工作的特性可以有效地提升压裂装备的功率利用率并简化传动系统，从而带来大幅降低压裂装备的投资和维护费用。电压等级可以根据配置功率的大小进行选择，在电驱功率小于 3300kW 的情况下可以采用 600V 的电压等级，这与目前的电动钻机相同。如果采用电动压裂机组作业可以重新进行网电的规划，增大电网的容量。如果电驱功率增大可以采用 3.3kV 或 6.3kV 的电压以减小用电电流。针对电动压裂装备研发已列入国家"十三五"重大科技专项，目前国内制造厂家已经针对页岩气的开发提出了电动压裂装备的系统方案并正在实施过程中。

参考文献

常建东, 虎恩典, 赵文贤, 等, 2016. 基于 PID 参数自整定的液位控制系统设计及其实现 [J]. 现代电子技术, 39 (5): 152-154+160.

陈翔, 吴汉川, 乔春, 等, 2012. 基于正交实验法和流场模拟的搅拌罐结构优化设计 [J]. 机械设计与制造 (3): 55-57.

陈跃, 2019. 20 方 / 分电驱压裂液自动混配橇的设计与研究 [J]. 辽宁化工, 48 (12): 1217-1219+1259.

陈永军, 2014. 页岩气大型压裂机组网络控制系统及其设计 [J]. 仪器仪表与分析监测 (4): 10-13.

郭士英, 2020. 油田井下压裂技术的现状与完善 [J]. 化学工程与装备 (8): 122-123.

何霞, 王德贵, 刘清友, 等, 2011. 浅析液氮泵车的国内外现状 [J]. 石油矿场机械 (6): 11-14.

胡大平, 2007. 滚筒中颗粒混合的 2-D 离散元模拟 [D]. 北京: 中国农业大学.

胡勇克, 戴莉莉, 皮亚南, 2000. 螺旋输送机的原理与设计 [J]. 南昌大学学报, 22 (4): 29-33.

华寅初, 战人瑞, 1993. 爆炸处理提高 43CrNi2MoV 钢疲劳强度的试验研究 [J]. 石油机械 (11): 20-26.

黄天成, 王德国, 周思柱, 等, 2012. 混砂设备搅拌叶轮流固耦合模态分析研究 [J]. 西南石油大学学报 (自然科学版), 34 (1): 165-170.

雷晶, 2010. 基于 FLUENT 软件搅拌器的流体模拟 [J]. 油气田地面工程 (8): 25-26.

冷冰冰, 2007. 基于 FLUENT 的螺旋输送机输送机理初步研究 [D]. 太原: 太原科技大学.

李磊, 2016. 电驱压裂液混配装置自动控制系统 [J]. 仪器仪表与分析监测 (2): 10-12.

李力, 2020. 基于步进式单神经元 PID 控制算法的砂浓度控制方法: 202010904369 [P].

李英, 许诘, 刘光蓉, 2002. 基于 VC++6.0 的水平螺旋输送机选型设计研究 [J]. 武汉工业学院学报 (3): 51-54.

李德远, 龙川, 2020. 压裂滑套专利技术分析与展望 [J]. 科技创新与应用 (20): 19-20.

李海燕, 2009. 用 EDEM 分析不同填充率对垂直螺旋输送机性能的影响 [J]. 物流工程三十年 (4): 385-389.

李良超, 2004. 固液搅拌槽内近壁区液相速度研究 [D]. 北京: 北京化工大学.

廖建敏, 周思柱, 李宁, 等, 2014. 自增强疲劳寿命的理论分析 [J]. 机械工程师 (11): 3-5.

刘灼, 2017. 大型压裂液连续混配装置的研制与试验 [J]. 石油机械 (7): 93-96.

刘巨保, 黄茜, 杨明, 等, 2020. 水平井分段压裂工具技术现状与展望 [J]. 石油机械, 49 (11): 110-119.

刘艳荣, 2019. 多种视频监控方案在非常规压裂井场的应用 [J]. 中国机械 (5).

罗建伟, 刘鹏, 霍宏博, 等, 2020. 无限级压裂固井滑套及关闭工具的研制 [J]. 石油机械, 48 (6): 105-110.

骆竖星, 2014. 基于 PLC 的直燃式液氮泵装备自动控制系统研制 [J]. 仪器仪表与分析监, (3): 5-8.

沈学海, 1990. 钻井往复泵原理与设计 [M]. 北京: 机械工业出版社: 21-29.

王福军, 2004. 计算流体动力学分析——CFD 软件原理与应用 [M]. 北京: 清华大学出版社.

王云海, 陈新龙, 吴汉川, 等, 2016. 页岩气压裂连续输砂关键设备的研制 [J]. 石油机械, (3): 102-

104.

吴汉川，2008. 我国压裂设备现状及国产装备研发目标. 石油机械，36（9）：154-158 转 209.

吴汉川，刘伯修，2011. 非常规天然气勘探开发中压裂装备的研制［J］. 石油天然气学报，33（6）：372-374.

吴汉川，王峻乔，仇黎明，2013. 混砂车吸入排出性能研究［J］. 石油机械，41（3）：92-95.

徐建，2016. 页岩气水平井压裂滑套开关工艺研究［J］. 武汉：长江大学.

许岚，2006. 变径变螺距螺旋输送机的理论与实验研究及仿真［D］. 湘潭：湘潭大学.

严奉林，周思柱，李宁，等，2013. 自增强超高压柱塞泵泵头体设计［J］. 机床与液压（6）：102-104.

杨小城，李俊，邹刚，2018. 可溶桥塞试验研究及现场应用［J］. 石油机械，46（7）：94-97.

袁恩熙，2005. 工程流体力学［M］. 北京：石油工业出版社.

战人瑞，陶春达，吕瑞典，2003. 自增强容器最佳超应变数值分析［J］. 石油化工设备，32（6）：23-26.

张帅，单忠德，张杰，2016. 基于离散元方法的型砂流动性仿真研究［J］. 铸造技术，37（2）：288-291.

张道鹏，谢明，李斌，等，2020. 无限级套管滑套分段压裂工具研制与应用［J］. 钻采工艺，43（4）：82-84+88+11.

张丽娜，2007. 涡轮桨搅拌槽内搅拌特性数值模拟研究［D］. 郑州：郑州大学.

郑小波，罗兴琦，邬海军，2005. 轴流式叶片的流固耦合振动特性分析［J］. 西安理工大学学报，21（4）：342-346.

周建柱，2006. S&S2000 型混砂设备输砂螺旋支撑系统改装技术. 内蒙古石油化工（2）：97-98.

周开知，王云海，彭飞，2015. 大型压裂 LS08 型输砂装置的研究与试验［J］. 石油和化工设备，（10）：13-15.

周思柱，刘奔，华剑，等，2013. 基于均匀设计的混砂车搅拌桨结构改进［J］. 机械设计与制造（5）：120-122.

周思柱，袁新梅，黄天成，等，2014. 混砂车搅拌罐试验模型相似设计及数值模拟. 中国科技论文，9（5）：616-619.

朱晓荣，2012. 封隔器设计基础［M］. 北京：中国石化出版社.

邹刚，李一村，潘南林，等，2013. 基于复合桥塞的水平井套管分段压裂技术［J］. 石油机械，41（3）：44-47.

A.W.Roberts，1999. The influence of granular vorte× motion on the volumetric enclosed screw conveyors［J］. Powder Technology，104（3）：56-67.

Rademacher F J C，1978. Accurate measurement of the kinetic coefficient of friction between a surface and a granular mass［J］. Powder Technology，19（1）：65-77.

Rademacher F J C，1981. On possible flow back in vertical screw conveyors for cohesionless granular materials［J］. Journal of Agricultural Engineering Research，26（3）：225-250.

Schneider C，2012. Composite Plug Milling Challenges and Solutions -3 Case Histories［C］. ICoTA Canada Round Table，Calgary，Alberta Oct. 18t.